Filipović · Elektrische Bahnen

Žarko Filipović

Elektrische Bahnen

Grundlagen, Triebfahrzeuge, Stromversorgung

4, überarbeitete Auflage
mit 150 Abbildungen

Springer

Professor Dr. sc. techn., Dipl.-Ing. Žarko Filipović
Wettingen, Schweiz

Bibliografische Information Der Deutschen Bibliothek
Die Deutsche Bibliothek verzeichnet diese Publikation in der Deutschen Nationalbibliografie; detaillierte bibliografische Daten sind im Internet über <http://dnb.ddb.de> abrufbar

ISBN 3-540-21310-4 4. Aufl. Springer-Verlag Berlin Heidelberg New York

Springer ist ein Unternehmen von Springer Science+Business Media
springer.de

Einbandgestaltung: Struve & Partner, Heidelberg
Satz: Reproduktionsfertige Vorlage des Autors

68/3020xv - 5 4 3 2 1 0 - Gedruckt auf säurefreiem Papier

Vorwort zur vierten Auflage

Die weitgehend überarbeitete vierte Auflage liegt hiermit vor. Das Grundkonzept und der Aufbau wurden beibehalten. Die technische Entwicklung der letzten Jahre, die auf dem Gebiet der elektrischen Bahnen keine revolutionären Neuheiten, jedoch viel Fortschritt gebracht hat, ist im gegebenen Rahmen berücksichtigt. Somit erläutert das Buch in knapper Form die neueste sowie die heute noch eingesetzte ältere Technik elektrischer Bahnen systematisch.

Wettingen, im Juni 2004 Ž. Filipović

Vorwort

Dieses Buch erscheint hiermit zum ersten Mal im Springer-Verlag. Die Erstausgabe von 1967, wie die drei folgenden im Eigenverlag herausgegeben, richtete sich in Form und Inhalt nach dem seinerzeitigen Lehrplan für das Fach *Elektrische Bahnen* an der Ingenieurschule Zürich. Für die jetzige Ausgabe wurden das Konzept und die vermittelten Inhalte vollständig überarbeitet und die neuesten Entwicklungen auf dem Gebiet der Traktionstechnik mitberücksichtigt.

Einerseits richtet sich das Buch an Ingenieure und Studierende der Elektrotechnik, die sich – mit den Grundbegriffen elektrischer Maschinen und der Leistungselektronik vertraut – in die Problematik elektrischer Triebfahrzeuge einarbeiten möchten.

Andererseits werden Elektroingenieure aus anderen Spezialgebieten angesprochen, die sich mit der Projektierung, dem Betrieb und Unterhalt von Fahrzeugen befassen oder in ihrer Tätigkeit bestimmte Komponenten elektrischer Triebfahrzeuge, wie Transformatoren, Maschinen, Apparate und die Leitelektronik auslegen.

Aber auch im Fahrzeugbau tätige Maschineningenieure, die täglich mit der elektrotechnischen Seite des Bahnantriebes in Berührung kommen, werden eine systematische Übersicht über die Gesamtproblematik elektrischer Bahnen finden. Ebenso wie Interessenten aus anderen Fachrichtungen müssen sie nur über elementare Grundkenntnisse der Elektrotechnik verfügen, um das Buch benutzen zu können.

Im ersten Teil behandelt das Buch allgemeine Aspekte der Zugförderung sowie als Basis für die Auslegung der Triebfahrzeuge die Bestimmung der Zugkraft und der Antriebsleistung (Traktionsberechnung). Der Hauptteil befasst sich mit den Fahrmotoren und der elektrischen Ausrüstung elektrischer Lokomotiven und Triebwagen. Der mechanische Teil wird nur in dem für den Elektroingenieur notwendigen Rahmen erläutert. Die Verbindung zu benachbarten Gebieten, wie thermoelektrische Traktion und elektrische Strassenfahrzeuge, wird hergestellt. Die Hinweise auf die Energieversorgung der Bahnen erfolgen ebenfalls aus der Sicht elektrischer Triebfahrzeuge.

Ergänzt wird der theoretische Stoff mit Berechnungsbeispielen und Übungsaufgaben. Diese stellen im Unterricht eine Notwendigkeit dar. Zum Teil werden auch die leichten Beispiele ausführlich kommentiert, weil die Grundprobleme mit Vorteil an übersichtlichen, einfachen Aufgaben geübt werden. Bei den rein elektrotechnischen Problemen genügt dem angehenden Elektroingenieur ein kurzer Hinweis, um den richtigen Lösungsweg zu überprüfen.

Damit der Umfang des Buches nicht gesprengt wird, habe ich auf die Wiedergabe von Originalunterlagen konkreter Triebfahrzeuge (Schemata, Charakteristiken, Bilder) verzichtet; diese können sehr detailliert in den von Bahnen und Industrie herausgegebenen Druckschriften gefunden werden. In diesem Sinne habe ich mich in der Beilage auf die Auflistung der Hauptdaten einiger charakteristischer Ausführungsbeispiele beschränkt.

Um den Preis des Buches in angemessenen Grenzen zu halten, habe ich mich auf Anregung des Springer Verlages entschlossen, Text und Bilder selber reproduktionsreif zu erstellen – dies möge der Leser bei seiner gestalterischen Kritik mitberücksichtigen. Das Textverarbeitungssystem wurde mir in verdankenswerter Weise vom Technikum Winterthur zur Verfügung gestellt. Für die Unterstützung und die wertvollen Ratschläge bin ich dem Verlag sehr dankbar.

Herzlichst möchte ich der Industrie und den vielen Bahnen, namentlich der Deutschen Bundesbahn, den Schweizerischen Bundesbahnen, der Rhätischen Bahn, der SLM, der AEG, Siemens und der ABB (bei deren Vorgängerin, der BBC, ich jahrelang tätig war) für die vielen Informationen und Angaben danken.

Für wertvolle Anregungen jeder Art und für die mühsamen Korrekturen danke ich meinen beiden Söhnen.

Wettingen, im Januar 1989 Ž. Filipović

Inhaltsverzeichnis

Formelzeichen und Einheiten

a	Beschleunigung	m/s^2
A	Energieverbrauch	J
A^*	Spezifischer Energieverbrauch	J/tkm
c	Diverse Koeffizienten	div.
C	Kapazität (auch mit Indizes)	F
d, d'	Teilkreisdurchmesser der Zahnräder	m
D	Raddurchmesser	m
D_i	Raddurchmessser zur einzelnen rotierenden Masse	m
f	Frequenz	Hz
f_T	Taktfrequenz beim Gleichstromsteller	Hz
F	Zugkraft	N
F'	Zwischenkraft im Zahnradgetriebe	N
F_H	Durch Haftreibung übertragbare Zugkraft	N
F_{max}	Höchstzulässige Zugkraft	N
F_1	Zugkraft am Radsatz	N
F_{1H}	Übertragbare Zugkraft des belasteten Rades	N
g	Fallbeschleunigung	m/s^2
G	Gewichtskraft	kN
G_1	Gewichtskraft des belasteten Rades	kN
i	Getriebeübersetzung	1
i_i	Übersetzung zur einzelnen rotierenden Masse	1
i_{max}	Maximaler Momentanwert des Stromes	A
i_{min}	Minimaler Momentanwert des Stromes	A
i_t	Momentanwert des Stromes	A
I	Neigung der Strecke	‰
I_E	Strom des Fahrmotors (Bremsbetrieb)	A
I_C	Strom des Kondensators	A
I_d	Dauerstrom des Fahrmotors	A
I_E	Erregerstrom (auch mit Indizes)	A
I_h	Stundensstrom des Fahrmotors	A
I_L	Netzstrom (auch mit Indizes)	A
I_{max}	Höchstzulässiger Strom	A
I_M	Strom des Fahrmotors (Motorbetrieb)	A
I_R	Strom im ohmschen Wendepolshunt	A
I_s	Leiterstrom (Wicklung)	A
I_w	Wendepolstrom	A
J	Trägheitsmoment der rotierenden Masse	tm^2
J_i	Trägheitsmoment der einzelnen rotierenden Masse	tm^2

L	Induktivität (auch mit Indizes)	H
L_M	Induktivität des Fahrmotors	H
k, K	Diverse Koeffizienten (auch mit Indizes)	div.
m	Masse (Gewicht) des Zuges	t
m_r	Adhäsionslast (Reibungsgewicht)	t
n	Drehzahl des Fahrmotors oder Generators (auch mit Indizes)	1/min
n_D	Drehzahl des Radsatzes	1/min
n_G	Drehzahl des Fahrmotors beim Übergang Motor/Generator	1/min
n_{max}	Höchstzulässige Drehzahl	1/min
n_o	Drehzahl des Fahrmotors ohne Vorschaltwiderstand	1/min
n_P	Drehzahl des Fahrmotors bei Parallelschaltung	1/min
n_R	Drehzahl des Fahrmotors mit Vorschaltwiderstand (auch mit Indizes)	1/min
n_{syn}	Synchrone Drehzahl	1/min
n_S	Drehzahl des Fahrmotors bei Serieschaltung	1/min
N	Windungszahl	1
p	Anzahl der Polpaare	1
P	Leistung	kW
P_B	Bremsleistung	kW
P_M	Leistung des Fahrmotors	kW
r	Krümmungsradius (Bogenradius)	m
R	Widerstand (auch mit Indizes)	Ω
R_B	Bremswiderstand (auch mit Indizes)	Ω
R_M	Widerstand der Fahrmotorwicklungen im Ankerstromkreis	Ω
s	Weglänge (Streckenlänge)	m
s_H	Schlupf bei Kraftschluss	1
S	Scheinleistung	kVA
t	Zeit (auch mit Indizes)	s
t_{aus}	Ausschaltzeit beim Gleichstromsteller	s
t_{ein}	Einschaltzeit beim Gleichstromsteller	s
t_w	Kommutierungszeit	s
T	Drehmoment des Fahrmotors	Nm
T_{max}	Höchstzulässiges Drehmoment	Nm
T_t	Momentanwert des Drehmomentes	Nm
u_t	Momentanwert der Spannung	V
U	Spannung (auch mit Indizes)	V
U_C	Spannung des Kondensators	V
U_F	Funkenspannung	V
U_L	Netzspannung	V
U_{max}	Höchstzulässige Spannung	V
U_M	Klemmenspannung des Fahrmotors (auch mit Indizes)	V
U_q	Quellenspannung des Fahrmotors (auch mit Indizes)	V
U_r	Reaktanzspannung der kommutierenden Spule	V
U_t	Transformationsspannung	V
U_w	Wendefeldspannung	V
v	Fahrgeschwindigkeit	km/h
v_F	Geschwindigkeit des Wanderfeldes	km/h
v_{max}	Höchstzulässige Fahrgeschwindigkeit	km/h
v_{syn}	Synchrone Fahrgeschwindigkeit	km/h
w	Gesamter spezifischer Fahrwiderstand	N/kN

w_a	Spezifischer Beschleunigungswiderstand	N/kN
w_b	Spezifischer Bogenwiderstand	N/kN
w_f	Spezifischer Laufwiderstand	N/kN
w_i	Einzelner spezifischer Fahrwiderstand	N/kN
w_I	Spezifischer Neigungswiderstand	N/kN
w^*	Gesamter spezifischer Fahrwiderstand (mit den gleichen Indizes wie bei w)	N/t
W	Gesamter Fahrwiderstand (mit den gleichen Indizes wie bei w)	N
z	Anzahl der Fahrmotoren im Triebfahrzeug	1
α	Zündwinkel	1
β	Neigungswinkel der Strecke	1
Δh	Bewältigte Höhendifferenz	m
Δi	Stromwelligkeit	‰
ΔI_E	Feldschwächung	‰
ΔI_L	Änderung des Netzstromes (auch mit Indizes)	A
ΔI_M	Änderung des Motorstromes (auch mit Indizes)	A
Δm	Zusatzmasse (Anteil der rotierenden Massen)	t
Δn	Drehzahlerhöhung	1/s
Δs	Befahrene Weglänge	m
$\Delta s'$	Horizontalprojektion der befahrenen Weglänge	m
ΔT	Drehmomenterhöhung	Nm
ΔU	Spannungsabfall	V
ΔU_L	Schwankung der Netzspannung	V
Δv	Zuschlag zur Fahrgeschwindigkeit (Wind)	km/h
$\Delta \vartheta$	Erwärmung	K
$\Delta \vartheta_a$	Anfangserwärmung	K
$\Delta \vartheta_\infty$	Enderwärmung	K
$\Delta \Phi$	Flussänderung	Wb
η	Wirkungsgrad des Fahrmotors	1
η_g	Getriebewirkungsgrad	1
λ	Leistungsfaktor (bei nicht sinusförmigem Strom)	1
μ	Haftwert (Adhäsionskoeffizient, Kraftschlussbeiwert)	1
ξ	Zuschlagfaktor für rotierende Massen	1
τ	Thermische Zeitkonstante	s
τ_p	Polteilung	m
φ	Phasenverschiebungswinkel (auch mit Indizes)	1
Φ	Hauptpolfluss (magnetischer Fluss) (bei Wechselstrom die Amplitude)	Wb
Φ_t	Momentanwert des Hauptpolflusses	Wb
Φ_w	Wendepolfluss (bei Wechselstrom die Amplitude)	Wb
Ψ	Interner Phasenverschiebungswinkel (Fahrmotor)	1
ω	Winkelgeschwindigkeit (Kreisfrequenz)	1/s

Einleitung

1. Allgemeine Bahnproblematik

1.1 Entwicklungstendenzen

Die Eisenbahn ist das Kind des neunzehnten Jahrhunderts. Sie hat in ihrer mehr als 170-jährigen Geschichte manche epochemachende Entwicklungen mitgetragen; erinnern wir uns nur an den Bau der Gotthardbahn als Alpentransversale oder an die Auswirkungen der Bahndurchquerung des nordamerikanischen Kontinents.

Aus ihrem Alter darf man keinesfalls auf Veralten schliessen. Insbesondere in der heutigen wenig erfreulichen ökologischen Situation brauchen wir für die Zukunft dringend ein umweltfreundliches, energiesparendes und dabei rasches, sicheres und bequemes Landtransportmittel. Dafür ist gerade die Eisenbahn mit elektrischem Antrieb prädestiniert.

Falls noch die Entwicklung eines konzentrierten Stromspeichers, des Hochleistungsakkumulators, gelingt, könnte dazu im neuen Jahrhundert an Stelle des Benzinautos das Elektroauto, technisch ein Verwandter der elektrischen Eisenbahn, als Flächenverteiler unser Strassenbild bestimmen.

Es ist somit zu erwarten, dass der elektrische Fahrzeugantrieb eine wichtige Rolle in den Bemühungen um die Erhaltung der Lebensqualität der nachfolgenden Generation spielen wird.

Der Stand der Technik zeigt, dass elektrische Eisenbahnen konventioneller Bauart bei günstiger Streckenführung, gutem Unterhalt und optimal konzipierten Fahrzeugen ohne besondere Probleme Geschwindigkeiten von 300 bis 350 km/h bewältigen. Dies dürfte der Massstab für die nähere Zukunft der Rad/Schiene-Technik sein.

Die Traumgrenze von 400 km/h ist vor einigen Jahren bei gezielt vorbereiteten Versuchsfahrten in Deutschland und Frankreich deutlich überschritten worden.

Höhere Geschwindigkeiten bis ca. 500 km/h oder mehr lassen sich durch unkonventionelle Mittel, wie berührungsfreie magnetische Spurführung und Linearmotor als Antrieb, realisieren. Allerdings dürfte ihr Einsatz in erster Linie auf Sonderanwendungen, wie Flughafenverbindungen und ähnliche Strecken, beschränkt bleiben. Die vor einigen Jahren vielversprechende Vision eines unkonventionellen transkontinentalen Verkehrsnetzes mit höchsten Geschwindigkeiten geht mit einer realistischeren Variante, dem Hochgeschwindigkeitsnetz konventioneller Bauart, Strecke für Strecke, langsam in Erfüllung.

In Europa beherrscht heute das elektrische Triebfahrzeug das Feld, in Übersee ist die Diesellokomotive mehr verbreitet. Die Dampflokomotive gehört technisch der Vergangenheit an. Die Zukunft der Diesellokomotive hängt weitgehend von der Brennstoffproblematik ab. Ein Ersatz für Erdöl liegt für Verbrennungsmotoren noch in weiter Ferne.

Das bestehende Bahnnetz wird ständig ausgebaut. Neue Bahnlinien, mit bedeutend höheren Geschwindigkeiten befahrbar, haben in den letzten Jahren einen gewaltigen Aufschwung des Personenverkehrs in einigen Ländern (Japan, Frankreich) zur Folge gehabt. Grössere Projekte in dieser Richtung werden auch in anderen Ländern ausgeführt oder geplant (z.B. Deutschland, Italien, Schweiz). Allgemeine Netzverbesserungen, insbesondere in den Agglomerationsgebieten grösserer Städte, sind fast überall im Gange. Durch alle diese Massnahmen werden die Reisezeiten verkürzt und die Anschlussmöglichkeiten verbessert. Damit dürfte die Attraktivität der Bahnbenutzung noch mehr steigen.

Der gewaltige Ausbau der Nahverkehrssysteme folgt an vielen Orten in Europa und in Übersee dem steigenden Bedarf nach öffentlichem Verkehr.

Durch die spürbare Erhöhung der Geschwindigkeit der Güterzüge sowie durch den Netzausbau wird ausserdem der Güterverkehr beschleunigt.

Nach dem Anschluss Grossbritanniens an das europäische Festland verdient ein weiteres Grossvorhaben besondere Beachtung: Die neue Alpentransversale mit zwei Basistunneln, Gotthard und Lötschberg.

Der Bau neuer Bahnstrecken wird oft auch durch den Bedarf an Transport von Massengütern, wie Kohle, Erz und Phosphat, veranlasst (z.B. Kanada, schwere Kohlenzüge).

Neue Bahnlinien werden meistens von Anfang an elektrifiziert. Ältere wichtige Strecken werden in vielen Ländern auf elektrischen Betrieb umgestellt. Es ist zu erwarten, dass sich dieser Trend, wegen volkswirtschaftlicher und ökologischer Vorteile der elektrischen Bahnen, in Zukunft noch verstärken wird.

So sollen in den nächsten Jahren in China 7000 km Bahnstrecken neu gebaut und 6000 km elektrifiziert werden. Zu erwähnen ist auch eine 1400 km lange, soeben fertiggestellte Neubaustrecke in Australien [1].

1.2 Grundbegriffe

Nach antriebstechnischer Betrachtung sind Bahnen *spurgebundene Verkehrssysteme* für den Personen- und Gütertransport, wobei die als Transportmittel eingesetzten Fahrzeugkompositionen (Züge) mit *eigenem Antrieb* versehen sind [2].

Diese antriebstechnische Charakterisierung deckt sich nicht vollständig mit dem geläufigen verkehrstechnischen Begriff einer Bahn oder mit den nach anderen Kriterien erstellten Definitionen. Beispielsweise gehören zu den so betrachteten Bahnen die Seilbahnen nicht, da ihre durch Seil gezogenen Züge nicht mit eigenem Antrieb versehen sind und deswegen eine wesentlich andere Antriebsproblematik aufweisen (Bild 1.1).

Die *konventionellen Bahnsysteme* (Eisenbahnen, Strassenbahnen) benutzen für die Spurhaltung ein Schienennetz. Dem Paar Fahrzeugrad/Schiene wird dabei die dreifache Aufgabe zugeteilt:

- *Tragen:* Abstützung des Fahrzeuggewichtes;
- *Führen:* Spurhaltung der Fahrzeuge;
- *Antreiben:* Übertragung der zur Bewegung der Züge notwendigen Kräfte.

Die Übertragung dieser Kräfte der *Zugförderung* oder *Traktion* wird durch die Reibung (Adhäsion) zwischen Rad und Schiene ermöglicht – was zum Begriff *Adhäsionsbahnen* führt.

Bei den *Zahnradbahnen* übernimmt diese Aufgabe eine zusätzliche, im Gleis verlegte Zahnstange.

Einige Bahnen spezieller Bauart benutzen für die Spurhaltung besondere Trag- und Führungsbalken in Kombination mit entsprechenden Trag- und Leiträdern an den Fahrzeugen *(Einschienenbahn, Schwebebahn, Hängebahn).*

Bei den in neuerer Zeit entstandenen *unkonventionellen Bahnsystemen* werden zum Tragen und Führen der Fahrzeuge berührungsfreie magnetische Systeme mit ebenfalls berührungsfreien elektrischen Linearmotoren als Antrieb verwendet *(Magnetschwebebahnen).*

In Bezug auf die antriebstechnische Definition ist hier zu erwähnen, dass ein wesentlicher Teil des Antriebssystems im Gleis eingebaut ist.

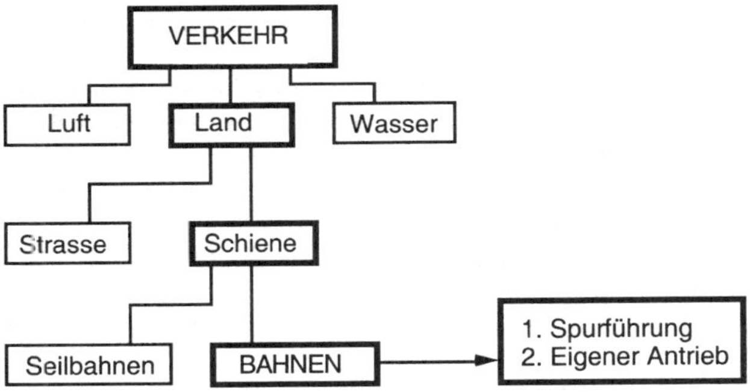

Bild 1.1. Zur antriebstechnischen Definition der Bahnen

Bei den *elektrischen Bahnen* wird die zur Bewegung der Züge notwendige Energie über eine Fahrleitung als elektrische Energie den Zügen zugeführt. Zu diesem Zweck muss die Strecke elektrifiziert sein.

Auf den nicht elektrifizierten Strecken führen die Züge die benötigte Energie als Brennstoff (Kohle, Öl) oder in einer anderen Form gespeichert (z.B. in Akkumulatoren) mit.

Zur *Deckung des Energiebedarfs* der Züge wird in erster Linie benutzt:
- der aus Kohle oder aus einem anderem Brennstoff erzeugte Wasserdampf: *Dampftraktion*;
- die von aussen über die Fahrleitung zugeführte elektrische Energie: *Elektrische Traktion*;
- die in Dieselmotoren erzeugte mechanische Energie: *Dieseltraktion*.

Im beschränkten Umfang wird ausserdem benutzt:
- die in Benzinmotoren, Gasturbinen und anderen thermischen Maschinen erzeugte mechanische Energie,
- die in Akkumulatoren, Druckbehältern oder rotierenden Schwungmassen gespeicherte Energie.

Projekte für Lokomotiven mit Kernenergie als Antrieb sind nicht realisiert worden. Die seinerzeit gemachten Studien haben gezeigt, dass neben anderen Problemen die notwendige schwere Reaktorabschirmung einen wirtschaftlichen Einsatz nicht erlaubt.

1.3 Einige Daten aus der Geschichte

Diese kurze Aufstellung soll lediglich einige für die Bahnentwicklung wichtige Ereignisse markieren [2...8]:

Altertum	Rillen in Granitplatten – erste Anwendung der Zwangsführung der Wagen durch eine Spurbahn.
16. Jahrhundert	Hölzerne Schienen in englischen Bergwerken, Spurkranz.
18. Jahrhundert	Eiserner Schienenstrang in englischen Bergwerken, Pferdeeisenbahn.
1825	Erste Eisenbahnlinie des öffentlichen Verkehrs, Stockton–Darlington (England), von Stephenson gebaut. Die Spurweite von 4' 8 1/2" (1435 mm) wurde als das zur verwendeten Lokomotivkonstruktion passende Mass gewählt und wird noch heute als "Normalspur" bezeichnet.
1835	Deutschlands erste Eisenbahn zur Personenbeförderung eröffnet (Nürnberg–Fürth).
1872...1882	Bau der Gotthardbahn (Schweiz) als Alpentransversale mit dem 15 km langen doppelspurigen Tunnel.
1879	Erste elektrische Lokomotive, gebaut von Werner von Siemens für die Berliner Gewerbeausstellung. Geschwindigkeit mit 3 Wagen 7 km/h, Leistung 2,2 kW, Speisung mit Gleichstrom von 150 V.
1881	Erste elektrische Bahn: eine Strassenbahnstrecke in Berlin, gebaut von Werner von Siemens.
1892	Eröffnung der bis heute höchsten Eisenbahn der Welt in den peruanischen Anden: 4818 m über Meer.
1895	Erste elektrische Vollbahnlokomotive, gebaut von General Electric Co. für die Baltimore & Ohio Railroad, USA.

1899	Erste drehstromgespeiste Vollbahnlokomotive, gebaut von Brown, Boveri & Cie für die Burgdorf-Thun-Bahn, Schweiz.
1903	Schnellfahrversuche in Deutschland mit Drehstrom-Triebwagen von AEG und Siemens, 210 km/h erreicht.
1905...1909	Versuche mit Einphasen-Wechselstrom verminderter Frequenz (damals 15 Hz) auf der Strecke Seebach–Wettingen (Schweiz) und in Deutschland führen mit der Entwicklung des Einphasen-Bahnmotors durch die Maschinenfabrik Oerlikon zum Erfolg des Wechselstroms von 16 $^{2}/_{3}$ Hz.
1908	Erste Diesellokomotive, entwickelt von Rudolf Diesel.
1916	Abschluss des grössten jemals realisierten Eisenbahnprojektes der Welt: Transsibirische Eisenbahn (Entfernung Moskau–Wladiwostok über 9200 km).
1918	Beschluss der allgemeinen Elektrifizierung der Schweizerischen Bundesbahnen (SBB), massgeblich durch Kohlenknappheit im ersten Weltkrieg beeinflusst.
1936	Versuche mit verschiedenen Lokomotiven für Einphasen-Wechselstrom unverminderter Frequenz (50 Hz) auf der Höllentalbahn (Deutschland) führen nach dem zweiten Weltkrieg zuerst in Frankreich, dann allgemein, zum Durchbruch des 50-Hz-Systems.
1952	Weltweite Elektrifizierung mit Einphasen-Wechselstrom von 50 Hz fängt in Frankreich an (Strecke Valenciennes–Thionville).
1960	Vollelektrifizierung der SBB abgeschlossen: über 99 % der Strecken auf elektrischen Betrieb umgestellt.
1964	Die japanischen Eisenbahnen fahren fahrplanmässig zwischen Tokio und Osaka mit Geschwindigkeit von 210 km/h .
1987...1993	Bau der Ärmelkanal-Unterquerung, um Grossbritannien an das europäische Festland anzuschliessen. Der Euro-Tunnel mit zwei Einspurröhren unter Meer ist 50 km lang.
1990	Geschwindigkeitsweltrekord für konventionelle Schienenfahrzeuge, 515 km/h, Frankreich.
2003	Geschwindigkeitsweltrekord für schienenlose, spurgebundene Fahrzeuge, 581 km/h (Versuchsstrecke Magnetschnellbahn System Maglev, bemannt), Japan.
2004	Eröffnung der ersten kommerziell betriebenen Strecke einer Magnetschnellbahn, Länge 30 km, System Transrapid, China.

1.4 Verkehrstechnische Unterteilung

Neben Erläuterungen sind in Klammern Beispiele für viel gebrauchte Ausdrücke zu finden. Sie werden nicht überall einheitlich benutzt. Deswegen wird hier auf eine genauere Definition verzichtet.

Hauptbahnen	nationaler und internationaler *Fernverkehr* als Grundaufgabe (Österreichische Bundesbahnen)

Nebenbahnen	räumlich beschränkter Verkehr:
Überlandbahnen	Personen- und Güterverkehr in einer Landregion (Appenzeller Bahnen, Schweiz)
Bergbahnen	Touristen- und Sportverkehr in den Bergen (Gornergratbahn, Schweiz)

Eine andere viel verwendete Bezeichnung für Hauptbahnen als Träger des Personen- und Güterfernverkehrs ist *Vollbahnen.* Auch die Nebenstrecken einer Hauptbahn können als Nebenbahnen betrachtet werden. Die Spurweite (Normal-, Breit-, Schmalspurbahn) ist nicht massgebend.

Als *Gebirgsbahnen* werden Bahnstrecken im Gebirge bezeichnet (z.B. die Gotthardstrecke der Schweizerischen Bundesbahnen, kurz Gotthardbahn genannt).

Als Folge der Privatisierung und der Umstrukturierung der früher vom Staat geführten *Staatsbahnen* ist der Unterschied zu den *Privatbahnen* (nichtbundeseigene Eisenbahnen) verkehrstechnisch noch kaum von Bedeutung.

Gewisse Hochgeschwindigkeitsstrecken einer Bahn werden oft als *Hochgeschwindigkeitsbahnen* bezeichnet.

Bahnen des Nahverkehrs	öffentlicher Personennahverkehr in Städten und Ballungsräumen mit kurzen Zugfolgen:
Strassenbahnen	Stadtverkehr, auf Strasse geführt (Zürich)
Stadtbahnen	Stadtverkehr, weitgehend getrennt von der Strasse geführt (Raum Köln/Bonn)
Untergrundbahnen	Stadtverkehr, in der Regel unterirdisch geführt (Metro Paris, U-Bahn Berlin)
Vorortbahnen	Vorortverkehr einer Grossstadt (Calcutta)
Stadtschnellbahnen	Verkehr einer Stadtregion, in der Regel oberirdisch geführt (S-Bahn München)
Regionalschnellbahnen	schnelle Verbindungen in Ballungsräumen

Einige Bahnen des Nahverkers benutzen auch das Netz der Hauptbahnen oder werden von diesen betrieben (S-Bahnen oder Vorortstrecken im Bahnnetz).

Industriebahnen	nichtöffentlicher Industrieverkehr, z.B.:
Werkbahnen	werkeigener Transport (Stahlwerk)
Abraumbahnen	Abraumtransport (Kohlentagebau)
Grubenbahnen	Verkehr in den Gruben (Kohlengrube)
Zechenbahnen	Zechenanschluss (Bahnnetz, Hafen)
Erzbahnen	Erztransport (Eisenerz)
Hafenbahnen	Transport im Hafen
Plantagenbahnen	Transport auf den Plantagen (Zuckerrohr)

Spezialbahnen	Bahnen besonderer Art:
Treidelbahnen	Treideln der Schiffe bei Schleusen (Panama-Kanal)
Ausstellungsbahnen	Ausstellungsverkehr (Weltausstellung Montreal)
Verbindungsbahnen	Besondere Schnellverbindungen (Einschienenbahn Tokio Zentrum–Flughafen, Transrapid China)

Für Liebhaber werden gelegentlich alte Anlagen als *Touristikbahnen* oder als *Museumsbahnen* unterhalten (z.B. Blonay-Chamby, Schweiz).

1.5 Der Zug im Bahnbetrieb

Der *Zug* ist eine betriebliche Einheit zusammengekuppelter Bahnfahrzeuge, bestehend aus mindestens einem Triebfahrzeug und einer beliebigen Anzahl antriebsloser Wagen.

Die *Triebfahrzeuge* sind Fahrzeuge mit eingebautem Antrieb (Lokomotiven und Triebwagen). Sie ziehen bzw. schieben die restlichen Wagen des Zuges.

Auch ein alleinfahrendes Triebfahrzeug wird betrieblich als ein Zug betrachtet.

Die *Lokomotive* ist ein Triebfahrzeug, welches nur die zum Antrieb notwendige Einrichtung enthält und keine Nutzlast aufnimmt.

Der *Triebwagen* ist ein Triebfahrzeug, welches neben der zum Antrieb notwendigen Einrichtung auch Personen- bzw. Gepäckabteile enthält und somit eine Nutzlast aufnehmen kann (Personentriebwagen, Gepäcktriebwagen).

Der Zug als betriebliche Einheit kann aus mehreren *Zugskompositionen* gebildet werden. Eine solche Zugskomposition, bestehend aus zusammengekuppelten Triebfahrzeugen mit oder ohne Wagen, kann auch allein als Zug verkehren [9].

Je nach Art des Triebfahrzeuges kann vom *Lokomotivzug* bzw. vom *Triebwagenzug* gesprochen werden. Bei einer Zugskomposition geschlossener Bauart (auch *Triebzug* genannt) wird die Antriebseinheit oft an einem Ende des Zuges angeordnet und dann als *Triebkopf* bezeichnet.

Der Zug wird vom *Triebfahrzeugführer* (*Fahrer*) gesteuert. Zu diesem Zweck werden Triebfahrzeuge mit einem oder zwei *Führerständen* (*Führerraum*) ausgerüstet. Diese Bezeichnungen sind auch für das weibliche Personal gebräuchlich.

Der *Steuerwagen* (auch *Zugführungswagen* genannt) ist ein Wagen ohne Antrieb, welcher die zur Fernsteuerung der Triebfahrzeuge benötigte Apparatur (Führerstand) enthält. Alle zwischen dem ferngesteuerten Triebfahrzeug und dem – normalerweise an der Spitze des Zuges laufenden – Steuerwagen eingesetzte Wagen müssen zwecks dieser *Fernsteuerung* mit den nötigen Steuerleitungen versehen sein.

Die vereinigte Führung von mehreren Zugskompositionen oder Triebfahrzeugen (in einem Zug) wird *Mehrfachtraktion* genannt (z.B. Doppeltraktion, Dreifachtraktion).

Bei der Mehrfachtraktion *mit* Fernsteuerung werden sämtliche Triebfahrzeuge des Zuges nur von einem Führerstand aus bedient. Auch in diesem Fall müssen alle dazwischen eingesetzte Wagen mit den nötigen Steuerleitungen versehen sein. Diese Betriebsart ist heute bei elektrischen Bahnen üblich.

Bei der Mehrfachtraktion *ohne* Fernsteuerung wird jedes nicht ferngesteuerte Triebfahrzeug von einem Triebfahrzeugführer bedient. Diese Betriebsart ist beispielsweise bei Dampflokomotiven üblich.

Der *Pendelzug* (auch *Wendezug* genannt) ist eine mit durchgehenden Steuerleitungen und Führerständen an beiden Enden versehene Zugskomposition, welche somit uneingeschränkt in beiden Richtungen, ohne Umsetzen des Triebfahrzeuges, verkehren kann.

Nach Bedarf wird der Verwendungszweck einer Lokomotive näher angegeben: Schnellzug-, Güterzug-, Rangier-, Mehrzweck-, Universallokomotive.

Besondere Namen sind bei Kleinfahrzeugen zu finden: *Traktor* für kleine Rangierlokomotiven, *Schienenbus* für kleine Personentriebwagen.

Unter *Rollmaterial* (oder auch *Flotte*) wird die Gesamtheit dieser Bahnfahrzeuge verstanden.

1.6 Die Stellung der Bahn als Verkehrssystem

Dem Personen- und dem Güterverkehr stehen grundsätzlich drei Transportwege zur Verfügung: Land, Wasser und Luft.

Der *Luftweg* ist der schnellste und überall vorhanden. Er ist naturgemäss grobmaschig, weil an bestimmte, relativ weit entfernte Anschlusspunkte (Flughafen) gebunden. Auf grosse Distanzen ist er für den Personentransport der sicherste und auch der billigste Weg, wenn die Kosten für Unterkunft und Verpflegung während der Reise mitgerechnet werden. Für den Gütertransport ist er dagegen sehr teuer. Hier ist er in erster Linie für Postsendungen und dringende Warenlieferungen gut geeignet. Für Sonderaufgaben auf kürzeren und mittleren Distanzen (wie Spital-Zubringerdienst) ist der Hubschrauber von Vorteil.

Der *Wasserweg* ist der langsamste, jedoch für den Gütertransport der billigste. Naturgemäss bleibt er auf die See- und bestimmte Flusswege beschränkt. Für Personentransport auf grosse Distanzen hat er lediglich noch touristische Bedeutung. Bei gewissen geographischen Konfigurationen, wie in Inselgebieten oder im Urwald ist er oft die einzige Möglichkeit für Transportdienste auf kurze bis mittlere Entfernungen. Im Küstengebiet sowie im Landesinnern wird er gerne als die Alternative für den sonst üblichen Landweg benutzt (z.B. Rheinland). Für den Transport von Massengütern (Öl, Kohle, Erz) ist er in bezug auf die Ladekapazität und den Preis insbesondere auf grosse Distanzen unschlagbar.

Der *Landweg* bietet in erster Linie zwei Möglichkeiten, welche sich gut ergänzen, jedoch oft als Konkurrenten auftreten: *Schiene und Strasse*, bzw. Bahn und Auto. Er kann in beiden Fällen mit Fähren auch Wasserwege überqueren. Der Landweg kennt für Sonderaufgaben auch andere Alternativen, wie die für den Öl- und Gastransport gut geeigneten Rohrleitungen.

Beide Landtransportsysteme haben eigene spezifische Vorteile, eigene Stärken und Schwächen [10]. Ein zweckmässiger Einsatz auf Grund ökonomischer und ökologischer Überlegungen liegt im Interesse der Volkswirtschaft und des Umweltschutzes.

Vorteile des Strassenverkehrs:
- Der aufwendige Fahrweg der spurgeführten Bahn entfällt.
- Praktisch jede Stelle ist transporttechnisch erreichbar, weil die Strasse fast überall Zugang hat (z.B. Warenlieferungen von Haus zu Haus) und die Fahrzeuge frei lenkbar sind.
- Auch kleinste Transporteinheiten (Einzelpersonen, Kleinware) lassen sich bequem bewegen.

- Bei kleiner Verkehrsdichte ist er wirtschaftlicher und anpassungsfähiger als der Schienenverkehr mit allen benötigten Einrichtungen.
- Kein Fahrplanzwang: Individualwünsche in bezug auf die Zeit und den Weg sind mit eigenem Fahrzeug problemlos realisierbar.
- Aus den erwähnten Gründen ist der Strassentransport in vielen Fällen der rascheste Weg, insbesondere auf kürzere, jedoch oft auch auf mittlere Distanzen.

Vorteile des Schienenverkehrs:
- Grössere Transportkapazität: Je nach Beschaffenheit der Strecke (Steigung, Ausbau) sind bei normalspurigen Bahnen und durchschnittlichen Verhältnissen Züge mit einer Masse von ca. 1000...5000 t möglich. Das ist ungefähr hundert mal mehr als bei schweren Lastwagen erreichbar. Die Extremwerte liegen viel höher.
- Geringerer Aufwand an Fahrpersonal im Güter- und Personenverkehr wegen der grösseren Transportkapazität.
- Bei einigermassen beachtlichem Transportbedarf beansprucht der Verkehrsträger Schiene weniger Platz als die Strasse und ist im Unterhalt billiger. Dies ist bei schwachem Verkehr natürlich nicht der Fall.
- Kleinerer Energieverbrauch pro Transporteinheit (Person bzw. Tonne) wegen geringem Rollwiderstand der Stahlräder auf Stahlschiene. Im Vergleich zu einem Lastwagen liegt der Energieverbrauch der Züge um mindestens 30...50 % tiefer.
- Umweltfreundlichkeit, insbesondere bei elektrischen Bahnen: keine Abgase (Schadstoffe, Kohlendioxid), weniger Lärm, sauberer Betrieb, das kostbare Erdöl wird nicht verbraucht.
- Die elektrischen Bahnen sind aus heutiger Sicht das einzige leistungsfähige Transportsystem überhaupt, welches nicht auf das Erdöl angewiesen ist.
- Die elektrischen Bahnen können im Lichte der heutigen Energiesituation als energetisch gesichert betrachtet werden. In der Schweiz, wo die Bahnen praktisch 100 % elektrifiziert sind, entfallen auf die Bahnen nur knapp 5 % des Landesverbrauches an elektrischer Energie, entsprechend 1 % des Primärenergieverbrauches.
- Der Schienenweg ist bedeutend witterungsunabhängiger als die Strasse: Regen, Eis und Nebel behindern den Betrieb kaum, der Schnee viel weniger.
- Im Personenverkehr ist ein hoher Reisekomfort möglich.
- Hohe Geschwindigkeiten bei extrem sicherem Betriebsablauf sind wegen der fixen Spurführung erreichbar. Ein eindrucksvolles Beispiel sind die Hochgeschwindigkeitsstrecken in Japan mit durchgehend 210 km/h oder höher und einem 40-jährigen unfallfreien Betrieb seit 1964 [1].
- Der mit dem Fahrplan im voraus festgelegte Fahrbetrieb ist wegen der Spurführung bei hohem Sicherheitsgrad weitgehend automatisierbar. Damit wird der Personalaufwand nochmals reduziert.

Zu erwähnen sind noch gesamthaft kurz die Vorteile des öffentlichen Verkehrs (Schiene und Strasse) im Vergleich zum individuellen Privatverkehr: Weniger Umweltbelastung, weniger Raumbeanspruchung, keine Parkplatzsorgen, weniger Strassenverstopfung für Mitbenutzer, Entspannung während der Fahrt, weniger Unfälle, keine Privatinvestitionen (Auto), meistens kostengünstiger. Diese Vorteile sind allerdings mit dem Fahrplanzwang zu erkaufen [11, 12].

Alle Überlegungen zeigen, dass der Strassenverkehr als Flächenverteiler und für individuelle Sonderwünsche unentbehrlich ist, dass jedoch für grosse Transportaufgaben die Schiene als Landweg vorteilhafter ist.

1.7 Vergleich der Traktionsarten

In vielen Ländern, insbesondere in Europa, stellt sich die Frage der Zweckmässigkeit einer Bahnelektrifizierung mindestens für die Hauptstrecken nicht mehr. Da jedoch erst ein Bruchteil des Weltschienennetzes elektrifiziert ist, verliert die Problematik auch heute nicht an Aktualität. Ein Vergleich der Eigenschaften der drei Traktionsarten – Dampf, Diesel, Elektrisch – muss im konkreten Fall die Entscheidungsgrundlagen für eine Umstellung bilden.

Die nachstehend aufgeführten Vergleichszahlen [6, 13...19] sind informative Richtwerte zur besseren Erläuterung der Problematik.

Gegenüber der Dampftraktion weist die elektrische Traktion grundsätzlich folgende Vor- und Nachteile auf:

Vorteile:

- Umweltfreundlicher Betrieb, keine Belästigung durch Rauch, Russ, Funkenflug und Kohlenstaub, dadurch Vorteile für Umgebung, Ladegut (z.B. Automobile), Bahnanlagen (kleinere Korrosion), Reisende und Bahnpersonal (bequeme und witterungsgeschützte Bedienung der Lokomotive).
- Möglichkeit zur Ausnutzung minderwertiger Kohle in thermischen Kraftwerken kohlereicher Länder für die Energieversorgung der Bahnen. Die Dampflokomotiven dagegen verlangen hochwertige Kohle oder Heizöl.
- Möglichkeit zur Ausnutzung landeseigener Wasserkräfte für die Energieversorgung der Bahnen in kohlearmen, jedoch wasserkraftreichen Ländern (z.B. in der Schweiz).
- Kleinerer Energieverbrauch, im Vergleich ca. 1:3 bei gleicher Brennstoffart (Kohle in Dampflokomotiven bzw. in thermischen Kraftwerken für die Energieversorgung elektrischer Bahnen), weil die Dampflokomotive einen schlechten Wirkungsgrad aufweist (ca. 12 % im Bestpunkt, im Durchschnitt bei mittlerer Belastung ca. 6 %).
- Die Betriebsvorräte (Kohle oder Heizöl, dazu Wasser) müssen nicht mitgeführt werden. Zusammen mit grundsätzlich anderer Antriebsmaschine ergibt dies ein kleineres Gewicht der Triebfahrzeuge pro Leistungseinheit, im Verhältnis ca. 1:4, dadurch grössere Nutzlast der Züge.
- Grössere Betriebsstundenzahl der Triebfahrzeuge, im Verhältnis ca. 3:2, da bei elektrischem Betrieb die Zeit für Kohle- und Wasservorbereitung, Aufheizung und Reinigung entfällt. Aus diesem Grunde werden entsprechend weniger Triebfahrzeuge benötigt.
- Als Ergebnis der höheren Laufleistungen und der höheren Nutzlast ersetzt eine elektrische Lokomotive 1,5 bis 3 Dampflokomotiven.
- Kleinere Unterhaltskosten, im Verhältnis ca. 1:3, weil der Unterhalt des Dampfkessels und der Feuerungsanlage teuer ist.

- Bessere Ausnutzung der Strecken dank der Überlastbarkeit und der hohen Anfahrbeschleunigung elektrischer Triebfahrzeuge.
- Kleinere Personalkosten, im Verhältnis mindestens 1:2, weil bei elektrischem Betrieb der Heizer nicht benötigt wird und die Lokomotiven im allgemeinen leistungsfähiger sind.
- Gesamthaft billigere Triebfahrzeuge.

Nachteile:
- Erforderliche Investitionen für ortsfeste Anlagen (Fahrleitungen, Stromversorgung), wobei gewisse für den Dampfbetrieb notwendigen Einrichtungen entfallen (Kohle- und Wasserversorgung).

Gegenüber der Dieseltraktion weist die elektrische Traktion grundsätzlich folgende Vor- und Nachteile auf:

Vorteile:
- Kleinere Energiekosten, ausgenommen wenn besonders billiges landeseigenes Dieselöl zur Verfügung steht (z.B. USA, Arabische Länder).
- Verzicht auf Öl als Brennstoff. Damit werden die gesamthaft knappen Ölvorräte geschont und der wertvolle Rohstoff gespart.
- Möglichkeit zur Ausnutzung landeseigener Wasserkräfte oder minderwertiger Kohle für die Energieversorgung der Bahnen.
- Umweltfreundlicher Betrieb, keine Abgase, weniger Lärm, kleinere Gefahr von Ölverschmutzung.
- Die Energierückgewinnung durch Zurückspeisung der Energie beim Bremsen ist möglich.
- Besserer Wirkungsgrad bei Teillast.
- Der Energievorrat und die schwere Krafterzeugungsanlage (Dieselmotor) müssen nicht mitgeführt werden. Bei gleichem Gewicht der Triebfahrzeuge werden damit fast doppelte Leistungen erreicht.
- Die eingebaute Nennleistung kann besser ausgenutzt werden, weil die kurzzeitige Überlastfähigkeit elektrischer Maschinen beim Dieselmotor fehlt.
- Grössere Betriebsstundenzahl der Triebfahrzeuge wegen einfacherem Unterhalt und weil die Vorwärmzeit für Dieselmotor sowie die Ergänzung der Brennstoffvorräte entfallen.
- Kleinere Unterhaltskosten, im Verhältnis ca. 1:2, weil der Unterhalt des Dieselmotors teuer ist.
- Gesamthaft billigere Triebfahrzeuge.

Nachteile:
- Erforderliche Investitionen für ortsfeste Anlagen.
- Aktionsbereich auf elektrifizierte Strecken begrenzt.

Ein Kostenvergleich zwischen diesen Betriebsarten führt bei gleicher Transportleistung zu folgendem Ergebnis:

Dampftraktion:	höchste Betriebskosten
Elektrische Traktion:	kleinste Betriebskosten höchste Kapitalkosten
Dieseltraktion:	mittlere Betriebs- und Kapitalkosten

Als Resultat zeigen die gesamten Jahreskosten eines Bahnsystems grundsätzlich die Abhängigkeit von der erbrachten jährlichen Transportleistung gemäss Bild 1.2. Die Schnittpunkte der drei annähernd geraden Linien definieren die *Wirtschaftlichkeitsgrenzen* für den elektrischen Betrieb.

Die Transportleistung der Strecke lässt sich durch die Verkehrsarbeit oder durch den Energie- bzw. Brennstoffverbrauch beziffern. Leistung und Arbeit sind hier nicht im physikalischen Sinne zu verstehen. Übliche Kennzahlen sind:
- Verkehrsarbeit (transportierte Bruttolast der Züge in t multipliziert mit der jeweils befahrenen Förderstrecke in km), angegeben pro Jahr (a) und pro Kilometer Streckenlänge in tkm/akm;
- Verbrauch an elektrischer Energie für Zugförderung, angegeben pro Jahr und pro Kilometer Streckenlänge in J/akm (bzw. kWh/akm);
- Verbrauch an Kohle bei Dampftraktion, angegeben pro Jahr und pro Kilometer Streckenlänge in kg/akm.

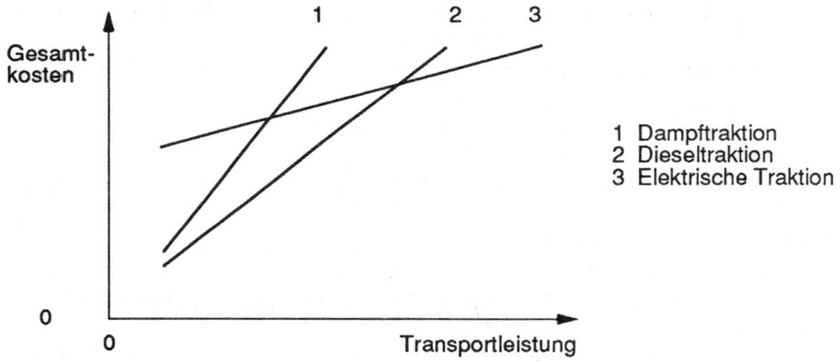

Bild 1.2. Wirtschaftlichkeitsgrenzen der Bahnelektrifizierung

Diese Grenzen sind von vielen veränderlichen Faktoren (Energie- und Brennstoffpreise, Löhne usw.) abhängig und variieren dementsprechend vom Jahr zu Jahr und vom Land zu Land. Es ist auch nicht gleich, ob ein geschlossenes Bahnnetz oder einzelne Strecken in einem zum Teil bereits elektrifizierten Netz mit gemeinsamen Einrichtungen (Energieversorgung, Werkstätten) zu betrachten sind. Das für die Elektrifizierung gewählte Stromsystem beeinflusst den wirtschaftlichen Vergleich ebenfalls.

Aus diesen Gründen können nur grobe Richtwerte für die Wirtschaftlichkeitsgrenzen der Bahnelektrifizierung als Mittelwerte verschiedener Untersuchungen für Verhältnisse in Europa aufgeführt werden [14...18]:
- Verkehrsarbeit von ca. $12 \cdot 10^6$ tkm/akm (dies entspricht einem Zug von 1350 t jede Stunde) im Flachland; im Gebirge reduziert sich dieser Wert noch weiter;
- Energieverbrauch von ca. 300 MWh/akm, d.h. 1080 GJ/akm (dies entspricht einer mittleren Belastung von 35 kW/km);
- Kohlenverbrauch von ca. 600 t/akm Lokomotivkohle.

Im Vergleich zur Dieseltraktion dürften diese Zahlen heute etwas höher, im Vergleich zur Dampftraktion dagegen eher tiefer liegen.

Die wirtschaftlichste Traktionsart (kleinste Gesamtkosten) ist nach dieser Überlegung:
- bei schwachem Verkehr die Dampf- oder die Dieseltraktion,
- bei starkem Verkehr die elektrische Traktion.

Bei allen Überlegungen betreffend die Elektrifizierung der Bahnen oder eventuell der Umstellung wenig wirtschaftlicher Strecken auf Dieseltraktion darf die Umweltfreundlichkeit des elektrischen Betriebes nie ausser Acht gelassen werden.

1.8 Stromsysteme elektrischer Traktion

Die heute weltweit bei der elektrischen Traktion anzutreffenden *Stromsysteme* (Stromart in der Fahrleitung) sind:

Gleichstrom

220 V...4,0 kV	verschiedene Bahnen jeder Art, insbesondere:
ab 220 V	Grubenbahnen
600 V	Bahnen des Nahverkehrs, z.B. Strassenbahn in Zürich
750 V	Bahnen des Nahverkehrs, z.B. Hamburger Hochbahn oder die Metro in Paris
1,5 kV	Hauptbahnen, z.B. in Frankreich (teilweise), in den Niederlanden verschiedene Nebenbahnen, z.B. Berner Oberland-Bahnen in der Schweiz
3 kV	Hauptbahnen, z.B. in Italien, Belgien, Chile
Merkmale:	Speisespannung mässig, durch Schaltapparatur und seinerzeitigen Motorbau (Kollektor) begrenzt, ungünstige Energieübertragung grösserer Leistungen, aufwendige Energiezuleitung (Gleichrichter-Unterwerke auf kurzer Distanz, schwere Fahrleitung bei Hauptbahnen).

Einphasenwechselstrom verminderter Frequenz

16 ⅔ Hz	Hauptbahnen in Österreich, Deutschland, Schweiz, Schweden und Norwegen
25 Hz	Hauptbahnen, z.B. in den USA (nur noch in geringem Ausmass)
Merkmale:	Speisung mit Hochspannung von 3,3...15 kV, meistens 15 kV, günstige Energieübertragung mit Hochspannung, einfache Energiezuleitung, separate Energieversorgung notwendig (Kraftwerke, Netze).

Einphasenwechselstrom unverminderter Frequenz (Landesfrequenz)

50 Hz	Hauptbahnen, z.B. in Russland (teilweise), Frankreich (teilweise), Portugal, Indien, Ungarn
60 Hz	Hauptbahnen, z.B. in Japan (teilweise), Südkorea
Merkmale:	Speisung mit Hochspannung von 6...50 kV, meistens 25 kV, günstige Energieübertragung mit Hochspannung, einfache Energiezuleitung, einfache Energieversorgung aus dem Landesnetz, asymmetrische Belastung des Landesnetzes.

Drehstrom (Dreiphasenwechselstrom) beliebiger Frequenz

–	Einige Zahnradbahnen, z.B. Jungfraubahn und Gornergratbahn (Schweiz), Corcovado (Brasilien)
Merkmale:	komplizierte Fahrleitung, sehr einfacher, jedoch schlecht regulierbarer Motor, abgesehen von Sonderfällen für Bahnen veraltet.

Die wichtigsten Stromsysteme für die Elektrifizierung der Hauptbahnen sind:
- Gleichstrom 1,5 kV,
- Gleichstrom 3 kV,
- Einphasenwechselstrom 16 $^2/_3$ Hz, 15 kV,
- Einphasenwechselstrom 50 Hz, 25 kV.

In technischer Hinsicht sind diese Stromsysteme, was die Triebfahrzeuge anbetrifft, gleichwertig. Die wirtschaftlichen Unterschiede zwischen ihnen sind so gering, dass sich eine Umstellung bei einem bereits elektrifizierten Netz kaum lohnt.

Für Neuelektrifizierungen der Hauptbahnen kommt fast ausschliesslich nur der Einphasenwechselstrom mit Landesfrequenz (50 Hz bzw. 60 Hz) in Betracht. Die Hochspannungsspeisung ist besonders bei höheren Leistungen und grösseren Entfernungen vorteilhaft. Die asymmetrische Belastung verursacht nur bei einem schwachen Landesnetz erwähnenswerte Probleme.

Der Einphasenwechselstrom verminderter Frequenz (16 $^2/_3$ Hz) kommt für Neuelektrifizierungen nicht mehr in Frage, weil er eine separate Energieversorgung benötigt und in bezug auf die Triebfahrzeuge dank der Leistungselektronik keine Vorteile mehr aufweist.

Für viele Bahnen des Nahverkehrs sowie für Nebenbahnen kommt auch beim heutigen Neubau in erster Linie das Gleichstromsystem mit 600...1500 V zur Anwendung. Die mässige Speisespannung ist hier bei bescheidenen Leistungen und engen Raumverhältnissen eher von Vorteil.

Das Drehstromsystem ist wegen der zweipoligen Fahrleitung schon lange veraltet. Die wenigen seinerzeit betriebenen Strecken (z.B. ein ausgedehntes Netz in Italien) sind im Laufe der Jahre auf andere Stromsysteme umgestellt worden.

Die Benennung Gleichstrom-, Wechselstrom- und Drehstrombahnen bezieht sich immer auf das Stromsystem der Speisung.

Der Prozentsatz an elektrifizierten Bahnstrecken ist von Land zu Land sehr verschieden. Eine kurze Übersicht soll auf die Unterschiede hinweisen [19...23]:

Nach der Jahrtausendwende hat die weltweite Elektrifizierung des Schienennetzes (Gesamtlänge der Hauptbahnen ca. 1050 000 km) einen Anteil von ungefähr 23 % erreicht. Auf die einzelnen Stromsysteme entfallen folgende Anteile::

Gleichstrom	38 %
Einphasenwechselstrom verminderter Frequenz	14 %
Einphasenwechselstrom unverminderter Frequenz	48 %

Einige Beispiele für den Elektrifizierungsgrad:

Deutschland	53 %	USA	2 %	China	29 %
Österreich	63 %	Chile	42 %	Japan	60 %
Schweiz	99 %	Südafrika	46 %	Indien	23 %
Russland	48 %	Marokko	53 %	Indonesien	2 %
Frankreich	49 %	Australien	20 %	Türkei	20 %

1.9 Erste Übersicht

In den fünfziger Jahren des vergangenen Jahrhunderts waren weltweit zwei Stromsysteme für die Bahnelektrifizierung anzutreffen: Gleichstrom und Einphasenwechselstrom verminderter Frequenz (in Europa 16 $^2/_3$ Hz). Beide Systeme, um den geeigneten Traktionsmotor gebaut, hatten sich technisch gut bewährt. Die Steuerung mit Stufenwiderständen bzw. mit Stufentransformatoren entsprach den damaligen Möglichkeiten der Technik.

Im Rahmen der intensiven Streckenelektrifizierung zwecks Ablösung der Dampftraktion wurde der Wunsch immer lauter, die Bahnen aus dem allgemeinen Stromnetz landesüblicher Frequenz (in Europa 50 Hz) zu versorgen. Die Schwierigkeiten lagen in der Suche nach einem passenden Fahrmotor. Die leidenschaftlich geführten Diskussionen wurden dank der Entwicklung der Leistungselektronik zu Gunsten des neuen Stromsystems – 50 Hz – entschieden. Anschliessend, und bis heute, erfolgten die Neuelektrifizierungen in der Regel mit diesem System.

Die zur Ansteuerung des Bahnmotors verwendete Leistungselektronik brachte auch den beiden alten Stromsystemen namhafte Vorteile. Eine Umstellung bestehender Bahnnetze auf das neue Stromsystem aus wirtschaftlichen oder technischen Gründen wäre somit weder sinnvoll noch notwendig..

Die Leistungselektronik, zuerst als Quecksilberdampf-Gleichrichter eingesetzt, dann als Silizium-Diode, Thyristor, abschaltbarer Thyristor (GTO) und Leistungstransistor (IGBT) verwendet, veränderte die elektrische Lokomotive wesentlich. Heute wird der Bahnmotor als Käfigläufer-Asynchronmotor, die einfachste elektrische Maschine überhaupt, gebaut. Damit hat sich ein hundert Jahre alter Traum der Bahningenieure erfüllt.

Der Stand der Technik ist ein Triebfahrzeug, der mit Käfigläufer-Asynchronmotoren als Antrieb und mit Leistungstransistoren als Ansteuerung ausgestattet ist. Dazu kommt ein weitgehender Einsatz der Informatik als Leittechnik zur Fahrzeugbedienung, Überwachung und Sicherung des Betriebsablaufs.

Die Fahrzeuge der älteren technischen Generation sind dank ihrer Langlebigkeit noch im grossen Umfang überall im Einsatz. Sie werden in diesem Buch dementsprechend behandelt. Gleichzeitig werden damit die faszinierenden Entwicklungsschritte aufgezeigt.

Die heutige Welt stellt hohe Ansprüche an den Reisekomfort. Zur Erhöhung der Mobilität gehört auch eine hohe Reisegeschwindigkeit dazu. Die Bahntechnik verfolgt diese Tendenz in drei Richtungen:

- Hochgeschwindigkeitszüge, die neue Strecken oder mindestens den Umbau bestehender Bahnlinien verlangen. In der ganzen Welt werden solche Strecken für Geschwindigkeiten von 200 bis 350 km/h gebaut. Beispiele: Frankreich, Japan, Deutschland, Spanien, Südkorea.
- Neigezüge, die auf bestehenden kurvenreichen Bahnstrecken verkehren und durch Ausgleich der Fliehkraft eine um ca. 30% höhere Geschwindigkeit ermöglichen. Beispiele: Italien, Schweiz, Deutschland, Spanien.
- Berührungsfreie Schwebesysteme, mit Linearmotor angetrieben. Sie werden für Geschwindigkeiten von 400 bis 550 km/h in Deutschland und Japan entwickelt. Zur Zeit geht die erste kommerzielle Anwendung (Transrapid) in China in Betrieb.

Der Wunsch nach höherem Komfort im europäischen Bahnverkehr führte bereits vor Jahrzehnten zum Einsatz der heute verschwundenen Trans-Europ-Züge (TEE), die – zuerst mit Dieselantrieb, dann mit Mehrsystem-Triebfahrzeugen – den durchgehenden Betrieb unter den europäischen Stromsystemen (Gleichstrom 1,5 und 3 kV, Einphasenwechselstrom 16 $^{2}/_{3}$ und 50 Hz) ermöglichten.

Nun besteht eine vermehrte Tendenz zu diesem grenzüberschreitenden Bahnbetrieb, wobei durch den Bahnanschluss Grossbritanniens ein zusätzliches Stromsystem (750 V Gleichstrom mit Stromschiene), wenigstens noch vorläufig, zu berücksichtigen ist.

Dem grenzüberschreitenden Bahnbetrieb, nicht nur im Reise- sondern auch im Güterverkehr, stehen manche technische Hindernisse im Wege: verschiedene Stromsysteme (sogar im gleichem Land, wie in Frankreich), andere Spurweite in den Randländern (wie in Spanien oder Russland), nicht passende Stromabnehmer wegen ungleicher Geometrie der Fahrleitung, auch bei sonst gleichem System (Deutschland/Schweiz), grosse Abweichungen in den Einrichtungen der Zugsicherung. Die europäische Harmonisierung der Gesamttechnik ist hier im vollen Gange. Die erbrachten Resultate sind wegen der hohen Kosten und der Komplexität der Problematik noch bescheiden (Beispiel: Zugsicherung).

2. Zugförderung

2.1 Der Zug auf der Strecke

Durch die Spurführung der Bahn reduziert sich die Bewegung des Zuges auf einen eindimensionalen translatorischen Vorgang. Auf diese Bewegungsrichtung entlang der Strecke (*Fahrtrichtung*) beziehen sich alle Vorgänge der Mechanik (Bild 2.1).

Als unvermeidliche Auswirkung verschiedener Störeinflüsse entstehen während der Fahrt zusätzlich zu dieser Translation auch kleinere Bewegungen und Schwingungen in der Quer- bzw. Vertikalrichtung, die den Reisekomfort beeinträchtigen.

Neben der Länge als Dimension ist die Streckenführung in jedem Punkt durch die Neigung und eventuelle Krümmung (Kurve, Bogen) charakterisiert. Je nach geographischen Verhältnissen ändern sich diese Parameter verschieden oft. In Berggegend sind 5...10 Parameterwechsel pro Kilometer keine Seltenheit. Eine sprunghafte Änderung wird in der Regel mit besonderen Übergangsbögen vermieden.

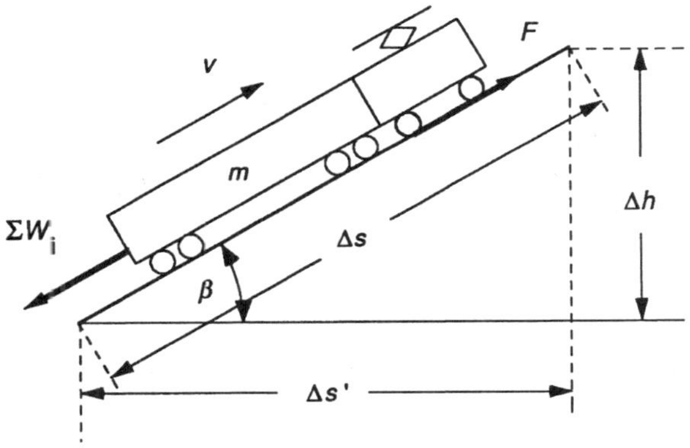

Bild 2.1. Der fahrende Zug auf der Strecke

Um den Kraft- und Leistungsbedarf für die Bewegung des Zuges ermitteln zu können, müssen die Streckenparameter sowie die gewünschten und die zulässigen Fahrgeschwindigkeiten auf der ganzen Strecke bekannt sein. Dazu werden noch nähere Angaben über die Zusammensetzung des Zuges benötigt.

Für jeden betrachteten Streckenpunkt erfolgt diese *Traktionsberechnung* in drei Schritten:

- Aus der Summe der zu erwartenden Fahrwiderstände wird die notwendige *Zugkraft* bestimmt.

- Anschliessend muss kontrolliert werden, ob bei gegebenen Verhältnissen diese Zugkraft durch die *Adhäsion* auf die Schiene übertragen werden kann. Andernfalls sind die Fahrwiderstände und damit die Zugkraft zu reduzieren (z.B. durch bescheidenere Beschleunigungen oder eine kleinere Anhängelast).
- Aus der Zugkraft und der zugehörigen Geschwindigkeit folgt als Produkt dieser Grössen die *Leistung*.

In der ersten Phase der Berechnung werden nur einige kritische Streckenpunkte erfasst, wo grösste Zugkräfte oder andere extreme Bedingungen zu erwarten sind.

Sobald die Gesamtcharakteristik des Triebfahrzeuges bekannt ist, kann die Rechnung Punkt für Punkt über die ganze Strecke durchgeführt werden, um daraus die mittleren Belastungen, die Fahrzeiten sowie die Erwärmungen der elektrischen Maschinen und anderer Elemente zu bestimmen. Da bei einer solchen Rechnung unter Umständen Hunderte von Punkten nur für eine einzige Streckenfahrt zu berücksichtigen sind, wird hier ein Rechner vorteilhaft eingesetzt. Es ist auch zur Vereinfachung möglich mehrere Punkte mit einem Durchschnittswert zusammenzufassen.

Umgekehrt können in einem ähnlichen Rechenverfahren die zulässigen Anhängelasten auf verschiedenen Strecken für ein bestimmtes Triebfahrzeug ermittelt werden.

Bevor der Berechnungsgang im Einzelnen erläutert wird sollen die massgebenden Grössen näher definiert werden.

Streckenneigung

Üblicherweise wird an Stelle des Neigungswinkels β der Strecke die *Neigung* I als die bewältigte Höhendifferenz Δh bezogen auf die Horizontalprojektion $\Delta s'$ der befahrenen Weglänge Δs verwendet. Sie wird in m/km, kürzer in ‰ (Promille) angegeben und solange positiv eher *Steigung* genannt:

$$I = \frac{\Delta h}{\Delta s'} \cdot 10^3 = (\tan \beta) \cdot 10^3 \tag{2.1}$$

Bei $\Delta h < 0$ wird die Neigung I negativ und dann (immer in bezug auf die Fahrtrichtung) als *Gefälle* bezeichnet. In der *Ebene* ist $I = 0$.

Streckenkrümmung

Die Streckenkrümmung ist durch den *Krümmungsradius* r (Radius des Gleisbogens) und die Richtung der Ablenkung (Links- bzw. Rechtskurve) charakterisiert. Auf gerader Strecke wird r unendlich gross.

Fahrgeschwindigkeit und Beschleunigung

Während der Fahrt ist die *Fahrgeschwindigkeit* v positiv, beim Halt ist selbstverständlich $v = 0$. Negative Geschwindigkeiten kommen in dieser Betrachtung nicht vor.

Für die Fahrgeschwindigkeit v und die *Beschleunigung* a gelten die üblichen Definitionen

$$v = \frac{\mathrm{d}s}{\mathrm{d}t} \qquad\qquad a = \frac{\mathrm{d}v}{\mathrm{d}t}$$

wobei die Fahrgeschwindigkeit in der Praxis immer in km/h angegeben wird:

1 m/s = 3,6 km/h

Es ist bei den Zahlenwerten zu beachten, dass die Beschleunigung in m/s^2 ausgedrückt wird.

Bei der Fahrt in *Beharrung* bleibt die Geschwindigkeit mit $a = 0$ konstant. Eine negative Beschleunigung wird *Verzögerung* genannt.

Die Masse des Zuges

Die *Masse m* des Zuges (oder das *Gewicht* des Zuges im Sinne von Masse) wird üblicherweise in Tonnen (t) angegeben. Die Masse der angehängten Wagen allein (d.h. ohne Triebfahrzeug) wird als *Anhängelast* bezeichnet.

Durch die Wirkung der Gravitation mit der (örtlichen) Fallbeschleunigung g auf die Masse m des Zuges entsteht die *Gewichtskraft* G:

$$G = m\, g \tag{2.2}$$

Da im Bahnbetrieb überall mit dem konstanten Wert g = 9,81 m/s^2 gerechnet werden darf, belastet die Masse von 1 t die Schienen mit einer Gewichtskraft von 9,81 kN. Es ist nicht notwendig den genaueren Wert (g = 9,80665 m/s^2) zu benutzen oder die örtlichen Abweichungen (g = 9,78049...9,83221 m/s^2) von weniger als ± 0,3 % zu berücksichtigen [24].

Die praktischen und noch gebräuchlichen Worte Gewicht und Last sollten besser nicht benutzt werden, weil sie als Begriffe auch in der Fachliteratur für zwei verschiedene Grössen gebraucht werden: für die Masse und für die Gewichtskraft eines Körpers.

Wo Missverständnisse zu befürchten sind, soll nach Deutscher Norm DIN 1305 anstelle des Wortes Gewicht die Benennung Wägewert bzw. Gewichtskraft verwendet sowie das Wort Last vermieden werden [25]. Nach DIN 25007 und 25008 wird Gewicht im Sinne von Masse in vielen Kombinationen gebraucht (Fahrzeuggewicht, Ladegewicht, Gewicht des Zuges, Nutzgewicht usw.). Die Last wird hier ebenfalls im Sinne von Masse (Radsatzlast, Nutzlast, Lastgrenze) definiert [26, 27].

In diesem Zusammenhang steht der äusserst geringe Unterschied zwischen Masse und Wägewert – Korrektur des Luftauftriebes – hier nicht zur Diskussion. Er muss bei den Bahnen, wie auch bei meisten anderen Anwendungen, nicht beachtet werden.

Der Internationale Eisenbahnverband legt verschiedene Fachausdrücke in Kombination mit Gewicht und Last immer im Sinne von Masse fest (siehe Anhang D, insbesondere UIC-Kodex 800-01).

Im Interesse der Eindeutigkeit im deutschsprachigen Raum müssten somit das Gewicht und ebenfalls auch die Last in der Bahntechnik immer als Masse verstanden werden.

Fahrwiderstände und Zugkraft

Der gesamte *Fahrwiderstand* W ist die Summe aller auf den Zug entgegen der Fahrtrichtung wirkenden Kräfte. Es ist vorteilhaft ihn in einzelne, leichter zu berechnende Komponenten zu zerlegen:
- Laufwiderstand W_f,
- Bogenwiderstand W_b,
- Neigungswiderstand W_I,
- Beschleunigungswiderstand W_a,

$$W = W_f + W_b + W_I + W_a = \Sigma W_i \tag{2.3}$$

Der *Laufwiderstand* entsteht bereits während der Fahrt auf ebener gerader Strecke. Er setzt sich aus dem Rollwiderstand der Räder auf den Schienen, aus dem Reibungswiderstand der Lager und der rotierenden Antriebsteile sowie aus dem Luftwiderstand des ganzen Zuges zusammen. Er ist immer positiv.

Der *Bogenwiderstand* (oder Krümmungswiderstand) entsteht zusätzlich dazu durch den Kurvenlauf der Fahrzeuge in Gleisbögen. Auf gerader Strecke tritt er nicht auf.

Der *Neigungswiderstand* ist die entgegen der Bewegungsrichtung wirkende Komponente der Gewichtskraft des Zuges. In der Ebene ist er gleich Null.

Der *Beschleunigungswiderstand* repräsentiert den für die Beschleunigung des Zuges notwendigen Kraftanteil. Bei der Fahrt in Beharrung ist er nicht vorhanden.

Die letzten zwei Widerstände können auch negativ sein.

Der Neigungs- und der Bogenwiderstand werden oft als *Streckenwiderstand* zusammengefasst.

Die einzelnen Fahrwiderstände, für welche gelegentlich auch andere Namen gebräuchlich sind, werden anschliessend behandelt.

Die *Zugkraft* F ist die vom Triebfahrzeug entwickelte und auf die Schienen zwecks Überwindung der Fahrwiderstände übertragene Kraft. Sie ist dem gesamten Fahrwiderstand entgegengerichtet und gleich gross wie dieser:

$$F = W \tag{2.4}$$

Obwohl entgegengerichtet, haben somit in der Bahntechnik diese beiden Kräfte das gleiche Vorzeichen.

Bei negativem Vorzeichen wirkt die Zugkraft als eine *Bremskraft*.

In der Tabelle 2.1 ist noch eine Übersicht über die Vorzeichen der vorher besprochenen Grössen in verschiedenen Fällen zu finden:

Tabelle 2.1. Vorzeichen bei verschiedenen Verhältnissen

		positiv	Null	negativ
Laufwiderstand	W_f	immer	---	---
Bogenwiderstand	W_b	Kurve	Gerade	---
Neigungswiderstand	W_I	Steigung	Ebene	Gefälle
Beschleunigungswiderstand	W_a	Beschleunigung	Beharrung	Verzögerung
Fahrwiderstand	W	möglich	möglich	möglich
Fahrgeschwindigkeit	v	Fahrt	Halt	---
Beschleunigung	a	Beschleunigung	Beharrung	Verzögerung
Zugkraft	F	Zugkraft	Auslauf	Bremskraft

2.2 Die Spurführung

Das lichte Mass zwischen den Schienen auf gerader Strecke wird als *Spurweite* bezeichnet (Bild 2.2). Je zwei darauf laufenden Räder der Fahrzeuge, auf eine Achswelle aufgepresst, bilden einen *Radsatz* (eine *Achse*).

Der *Spurkranz* des Rades gewährleistet die Spurführung des Fahrzeuges. Zum ungezwungenen Lauf der Radsätze ist ein Spurspiel von ca. 7...12 mm erforderlich.

In engeren Kurven ist eine gewisse *Spurerweiterung* (5...20 mm, gelegentlich mehr) üblich, um das Klemmen der Räder zu verhindern [2, 14, 28].

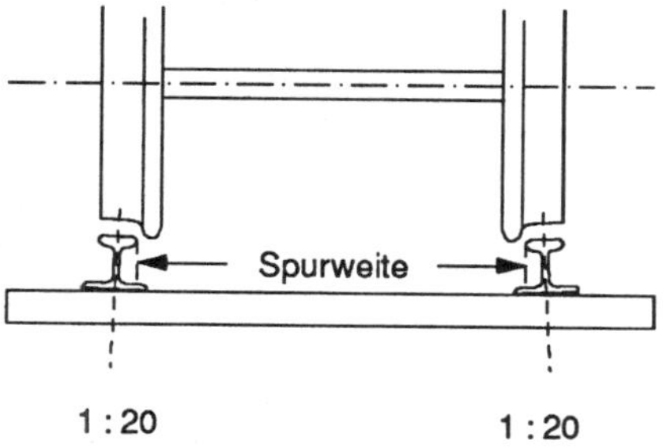

Bild 2.2. Die Spurführung des Radsatzes mit Schienenneigung 1:20 als Beispiel

Zur Begegnung der Wirkung der Zentrifugalkraft wird in den Kurven die äussere Schiene höher gelegt. Diese *Überhöhung* ist vom Krümmungsradius abhängig und beträgt bis ca. 150 mm [28].

Die Schienen werden leicht nach innen geneigt befestigt. In der Regel beträgt die Neigung 1:20, 1:40 oder 1:60. Die Lauffläche der Räder muss dementsprechend konisch oder ausgehöhlt sein. Auf gerader Strecke und bei fehlerfreiem Schienenweg sollte dies einen richtigen selbstkorrigierenden wellenförmigen Lauf

(*Sinuslauf*) des Radsatzes in der Gleismitte ergeben, theoretisch sogar ohne Beihilfe des Spurkranzes, welcher nebst seiner Sicherheitsrolle erst für die Ablenkung in den Kurven unentbehrlich ist [29, 30].

Bei den Rillenschienen der Strassenbahnen wird auf die erwähnte Neigung verzichtet. Die Laufflächen der Räder müssen dann zylindrisch sein. Auch das Spurspiel ist kleiner.

Die Hauptbahnen und ein Teil anderer Bahnen in Europa (ausgenommen Spanien, Portugal, Russland und Finnland) verwenden die Spurweite von 1435 mm (*Normalspur*). Auch in Übersee wird die Normalspur viel benutzt. Die vorher erwähnten vier Länder haben eine breitere Spurweite (*Breitspur*): Russland und Finnland 1524 mm, Spanien und Portugal 1668 mm. Ausserdem bestehen in verschiedenen Ländern Breitspuren bis 1680 mm. Es existieren auch viele kleinere Spurweiten zwischen 381 und 1100 mm (*Schmalspur*), wovon zwei stark verbreitet sind: 1000 mm (*Meterspur*) für Nebenbahnen und Strassenbahnen sowie 1067 mm (*Kapspur*) insbesondere in Afrika und in Asien [14, 28].

Die Spurweite wird auch bei Normalspurbahnen in Europa nicht überall nach gleichen Kriterien gemessen (z.B. 14 mm unterhalb der Schienenoberkante). Wenn die Abweichungen klein sind, erlauben sie zusammen mit den Bautoleranzen die Benutzung durch gleiche Fahrzeuge.

Die Beanspruchung des Rad/Schiene Paares wird in erster Linie durch die *Radlast* bestimmt. Darunter ist der auf ein Rad entfallende Anteil der Masse des Fahrzeuges zu verstehen. Ihre Gewichtskraft belastet die Schiene als konzentrierte Kraft in einem Punkt. Deshalb darf sie einen bestimmten, durch Schienenstärke und Schwellenabstand gegebenen Wert nicht überschreiten. Üblicherweise wird die Radlast beider Räder des Radsatzes zusammen als die *Radsatzlast* angegeben. Bei den normalspurigen Bahnen in Europa beträgt die zulässige Radsatzlast 16...22,5 t, bei den meterspurigen Nebenbahnen 10...16 t, bei Strassenbahnen 10 t und weniger. In Übersee sind höhere Radsatzlasten üblich, z.B. in den USA 30...35 t [31, 32].

Auch hier sind verschiedene Bezeichnungen zu finden: *Achslast* neben der Radsatzlast und Angaben in kN (als Gewichtskraft) oder in t (als Anteil der Masse).

Für die Brückenbeanspruchung ist die gesamte anfallende Gewichtskraft massgebend. Sie wird durch die Meterlast (Fahrzeugmasse je Längeneinheit) charakterisiert. Normalwerte bei europäischen Eisenbahnen sind 5,0...8,0 t/m.

Die Laufflächen der Räder nutzen sich im Betrieb ab und müssen periodisch erneuert werden. Zu diesem Zweck wird der auf der Felge warm aufgeschrumpfte *Radreifen* (*Bandage*) nach mehrmaligem Abdrehen ausgewechselt. Die zulässige radiale Bandagenabnutzung beträgt meistens 20...25 mm. Auch Vollräder ohne auswechselbare Radreifen (*Monobloc*-Räder) werden häufig verwendet. Sie lassen eine grössere Abnutzung zu.

Gelegentlich werden für die Bahnen auch gummibereifte Räder benutzt. Diese können auf normalen Schienen oder auf besonderen Holz- bzw. Betonbalken (Metro Paris) laufen. In jedem Fall sind zur Führung der Räder Spurkränze oder zusätzliche seitliche Führungsräder notwendig. Den Vorteilen des erhöhten Reisekomforts stehen die Nachteile des teueren Unterhaltes und des grösseren Laufwiderstandes gegenüber.

2.3 Die Problematik der spezifischen Fahrwiderstände

Nähere Betrachtungen der einzelnen Fahrwiderstände lassen folgende physikalische Zusammenhänge erkennen:

- Der Roll- und Reibungswiderstand (als Anteil des Laufwiderstandes), der Bogenwiderstand und der Neigungswiderstand entstehen in erster Linie wegen der Gewichtskraft G des Zuges und sind ihr annähernd proportional.
- Der Beschleunigungswiderstand ist allein durch die Masse m des Zuges bestimmt.
- Der Luftwiderstand ist lediglich von der Form des Zuges abhängig. Er lässt sich durch eine idealisierte Fläche (Stirnwände, Seitenwände) ausdrücken.

Die praktische Berechnung wird übersichtlicher, wenn die Widerstände auf eine geeignete gemeinsame Grösse bezogen werden (spezifische Fahrwiderstände). Die Aufgabe ist kaum korrekt zu lösen, weil hier drei verschiedene Bezugsgrössen (Gewichtskraft, Masse, Fläche) auftreten müssten.

Die Fläche scheidet ohnehin aus, weil sie nur beim Luftwiderstand anwendbar wäre.

Die Gewichtskraft hat als Bezugsgrösse die längste Tradition. Ein grosser Teil der noch heute im praktischen Gebrauch stehenden Berechnungsformeln ist im alten technischen Masssystem entstanden (mit Zugkraft in kg bzw. kp und Gewichtskraft in t bzw. Mp). Als Einheit des spezifischen Widerstandes ergab sich kg/t bzw. kp/Mp (Grösse mit der Dimension 1), was als Zahl mit ‰ (Promille) gleichzusetzen ist. Die Inkonsequenz betreffend den Beschleunigungswiderstand (und auch den Luftwiderstand) hat niemanden gestört, weil die Bezugsgrösse (Gewichtskraft) mit dem gängigen Begriff der "Grösse des Zuges" (z.B. Zug von 800 t) praktisch identisch war.

Beim Übergang auf heutige SI-Einheiten hat die deutsche Normung (DIN 25007) die Bezugsgrösse Gewichtskraft übernommen und als Einheit des spezifischen Fahrwiderstandes N/kN festgelegt. Dies ergibt wieder eine Grösse mit der Dimension 1, d.h. die gleiche Zahl wie vorher, mit dem Vorteil, dass die Zahlenwerte der bisherigen Formeln unverändert bleiben. Zur physikalischen Inkonsequenz betreffend den Beschleunigungswiderstand kommt der Nachteil hinzu, dass die Bezugsgrösse (Gewichtskraft in kN statt Masse in t) nun vom Praktiker als unnatürlich empfunden wird [26].

Der Internationale Eisenbahnverband UIC lässt zwei Bezugsmöglichkeiten (Gewichtskraft oder Masse) mit Einheiten N/kN bzw. daN/t zu [33]. Der Bezug auf die Masse ist physikalisch ebenso problematisch wie der Bezug auf die Gewichtskraft, hat jedoch einen wichtigen Vorteil: die Bezugsgrösse ist praxisnah (z.B. Anschrift 40 t am Wagen), ohne Umrechnung verwendbar und genügend klar definiert.

Das dabei gewählte Vielfache daN der Krafteinheit N (1 daN = 10 N) ist leider eine überflüssige Massnahme zur Beibehaltung der alten Zahlenwerte, welche sich beim Übergang von kg bzw. kp auf N um den Faktor 9,81 ≈ 10 erhöhen. Der Vorsatz da (Deka), der Einzige SI-Vorsatz aus zwei Buchstaben, wird sonst in der Technik überall vermieden. Die Rundung auf 10 ergibt einen nicht immer zu vernachlässigenden Fehler von ca. 2 %.

Die Schweizerische Verordnung über Bau und Betrieb der Eisenbahnen erwähnt die Fahrwiderstände in N/t [9].

Die Bezugsgrösse Masse – für die Beschleunigung die einzige physikalisch richtige – lässt sich nach Gleichung 2.2 auch für andere Fahrwiderstände (Luftwiderstand ausgenommen) vertreten. Die spezifischen Widerstände in N/t ausgedrückt haben dann die Dimension einer Beschleunigung, was für den Quotienten der Kraft durch die Masse nach Newton auch zu erwarten ist.

In der Praxis können mit beiden Bezugsgrössen keine Probleme entstehen, weil die Umrechnung der Zahlenwerte einfach mit dem Faktor 9,81 erfolgt:

$$w^* = \frac{W}{m} = \frac{W}{G}\, g = w\, g \qquad \text{in N/t} \tag{2.5}$$

$$w = \frac{W}{G} = \frac{W}{m\,g} = \frac{w^*}{g} \qquad \text{in N/kN} \tag{2.6}$$

Der physikalisch korrekteste Weg ist den Beschleunigungswiderstand auf die Masse und die restlichen Widerstände auf die Gewichtskraft zu beziehen:

$$W = W_f + W_b + W_I + W_a = (w_f + w_b + w_I)\, G + w_a^*\, m \tag{2.7}$$

Diese Gleichung gilt allgemein. Für die bequemere praktische Anwendung kann sie nun in Übereinstimmung mit Gleichung 2.5 umgestellt werden:

$$W = (w_f + w_b + w_I)\, m\, g + w_a^*\, m = (w_f + w_b + w_I)\, m\, g + \frac{w_a^*}{g}\, m\, g$$

$$W = W_f + W_b + W_I + W_a = (w_f + w_b + w_I + w_a)\, m\, g = \Sigma\, w_i\, m\, g \tag{2.8}$$

Hier sind w_f, w_b, w_I, w_a und w die spezifischen, auf die Gewichtskraft bezogenen Fahrwiderstände des Zuges. Sie werden in N/kN (oder gleichbedeutend in ‰) angegeben. Sie sind der Ausgangspunkt für die Berechnung der benötigten Zugkraft gemäss Gleichung 2.4:

$$\boxed{F = W = \Sigma\, W_i = \Sigma\, w_i\, m\, g = w\, m\, g} \tag{2.9}$$

$$W_i = w_i\, m\, g \tag{2.10}$$

$$w = \Sigma\, w_i \tag{2.11}$$

Die Fahrwiderstände können für den Zug als Ganzes oder nach Bedarf für bestimmte Teile des Zuges gesondert berechnet werden. Beispielsweise weist die Lokomotive einen grösseren spezifischen Laufwiderstand als der übrige Zug auf. Hier kann dann die Rechnung getrennt für Triebfahrzeug und Anhängelast (Index 1 bzw. 2) durchgeführt werden:

$$W = W_1 + W_2 = \Sigma\, w_{i1}\, m_1\, g + \Sigma\, w_{i2}\, m_2\, g \tag{2.12}$$

2.4 Laufwiderstand

Der spezifische Laufwiderstand beträgt durchschnittlich [5, 6, 14, 31, 34...36]:

bei Vollbahnen (Lokomotivzüge):	3...4 N/kN	bei 60 km/h
	4...6 N/kN	bei 80 km/h
	7...8 N/kN	bei 120 km/h
	9...10 N/kN	bei 160 km/h
	11...12 N/kN	bei 180 km/h
	ca. 14 N/kN	bei 200 km/h
	ca. 34 N/kN	bei 330 km/h
bei Industrie- und Grubenbahnen:	5...15 N/kN	
bei Strassenbahnen (Rillenschienen):	5...12 N/kN	bei 0...60 km/h
bei Trolleybussen (Luftreifen):	12...30 N/kN	bei 0...60 km/h

Er lässt sich mit einer allgemeinen Formel beschreiben:

$$w_f = c_0 + c_1 v + c_2 v^2 \tag{2.13}$$

Der Koeffizient c_0 gibt den geschwindigkeitsunabhängigen Teil an. Dazu zählen in erster Linie die rollende Reibung zwischen Rad und Schiene, die Lager- und die Federreibung, die Reibung der rotierenden Antriebsteile sowie der Einfluss der Schienenstösse. Dieser konstante Anteil ist somit weitgehend von der Art und vom Zustand der Fahrzeuge und von der Qualität des Streckenoberbaues abhängig. Eine gewisse geschwindigkeitsabhängige Komponente (Einfluss verschiedener störender Bewegungen) kann mit dem Koeffizienten c_1 berücksichtigt werden.

Der Luftwiderstand hängt von der aerodynamischen Form des Zuges (Wagenart, Zugslänge, Kopfform) und von der Stärke und Richtung des Windes ab. Er ist annähernd dem Quadrat der Fahrgeschwindigkeit proportional und kommt somit mit dem Koeffizienten c_2 zur Geltung.

Die Werte können nur durch Messung ermittelt werden. Bei der praktischen Anwendung müssen daraus Mittelwerte gebildet werden, weil beispielsweise ein Güterzug aus verschiedenen Wagen besteht: neuen und alten, beladenen und nicht beladenen, einheimischen und fremdländischen. Auch ein Personenzug setzt sich aus verschiedenem Rollmaterial zusammen. Lediglich Züge geschlossener Bauart sind genauer bestimmbar.

Für die Berechnung des spezifischen Laufwiderstandes besteht aus diesem Grunde eine Vielzahl von empirischen Formeln, die zum Teil beachtlich abweichende Resultate ergeben. Fast jede grössere Bahnverwaltung entwickelte andere, dem eigenen Fahrzeugpark angepasste Formeln in mehreren Varianten: für Triebfahrzeuge und für die Anhängewagen verschiedener Art. Eine kleine Auswahl ist im Anhang A zu finden.

Bei allen Projektierungsaufgaben muss deshalb vereinbart werden nach welcher Formel der Laufwiderstand zu berücksichtigen ist. Für mittlere Verhältnisse bei mässigen Fahrgeschwindigkeiten bis ca. 150 km/h eignet sich die folgende angepasste Formel von Strahl zur Berechnung des spezifischen Laufwiderstandes des gesamten Zuges sehr gut, obwohl sie eigentlich nur für die Anhängelast bestimmt ist [14]:

$$w_f = 2{,}5 + k\,(v + \Delta v)^2 \cdot 10^{-3} \qquad \text{N/kN} \tag{2.14}$$

Hier bedeutet Δv den üblichen Zuschlag für den Seiten- und Gegenwind von ca. 10...15 km/h. Der Koeffizient k berücksichtigt die Zusammensetzung der Züge:

k = 0,25 für Schnellzüge, Eilzüge und schwere Güterzüge,
0,33 für gewöhnliche Personenzüge,
0,40 für Eilgüterzüge,
0,50 für gewöhnliche Güterzüge gemischter Zusammensetzung ,
1,00 für leere Güterzüge.

Nach dieser Formel beträgt der Laufwiderstand bei sehr kleinen Geschwindigkeiten 2,5 N/kN und steigt bei einem mit 120 km/h fahrenden Eilgüterzug bei Windstille auf 8,3 N/kN an.

Die Zahlen gelten für offene Strecke. In doppelspurigen Tunneln steigt der Luftwiderstand nach Messungen der Schweizerischen Bundesbahnen ungefähr auf den doppelten Wert, in einspurigen bis auf den dreifachen Wert an.
Der konstante Anteil von 2,5 N/kN (Reibung ohne Luftwiderstand als Mittelwert) verkleinert sich bei modernem Wagenmaterial auf 1,5...2,0 N/kN. Extremwerte liegen bei 1,0 N/kN.
Bei Lokomotiven üblicher Bauart beträgt dieser konstante Anteil 3,5...5 N/kN. Lokomotiven mit Drehstrommotoren weisen wegen der fehlenden Kollektorreibung spürbar kleinere Werte (gegen 2 N/kN) auf.
Bei den Triebfahrzeugen der Zahnradbahnen ist mit einem um 4...6 N/kN höheren spezifischen Laufwiderstand zu rechnen.

Ein Beispiel illustriert die Streuung: Nach Angaben der Schweizerischen Bundesbahnen beträgt der Luftwiderstand bei einem Schnellzug moderner Bauart rund 3,6 N/kN bei 140 km/h, im Vergleich zu 5...8 N/kN bei älterem Rollmaterial mit Stufenschalterlokomotiven [37]. Die Formel von Strahl ergäbe hier (ohne Windeinfluss) 7,4 N/kN.

Während der Anfahrt der mit Gleitlagern ausgerüsteten Fahrzeuge fehlt im ersten Moment der tragende Ölfilm in den Lagern, woraus ein stark erhöhter Reibungswiderstand resultiert. Dieser zusätzliche *Losbrechwiderstand* beträgt ca. 6...8 N/kN (mit Extremwerten bis 20 N/kN) und verschwindet nach einigen Metern Fahrt [28, 38]. Er tritt insbesondere bei längerem Halt in Erscheinung. Bei Rollenlagern ist der Losbrechwiderstand, wenn überhaupt wahrnehmbar, viel kleiner.
Bei Fahrgeschwindigkeiten wesentlich über 150 km/h sind allgemeine Formeln nicht zuverlässig. Nur direkte Streckenmessungen mit konkretem Rollmaterial, unterstützt durch Modellversuche im Windkanal zur Ermittlung der optimalen Kopfform, können brauchbare Resultate liefern.

Einige Beispiele für den spezifischen Laufwiderstand besonders entworfener Züge für hohe Geschwindigkeiten [39...41]:

Erster Tokaido-Zug (Japan) bei 200 km/h:	13,6 N/kN	mit 4 Wagen
	11,4 N/kN	mit 6 Wagen
	8,5 N/kN	mit 12 Wagen
Erster TGV-Zug (Frankreich), 5 Wagen:	8,6 N/kN	bei 200 km/h
	17,0 N/kN	bei 300 km/h
ICE/V-Zug (Deutschland), viergliedrig:	13,6 N/kN	bei 300 km/h

2.5 Bogenwiderstand

Bei der Bogenfahrt entstehen durch die Wirkung der Fliehkraft Führungskräfte zwischen Rad und Schiene, die den Oberbau stark beanspruchen. Die auftretende Seitenbeschleunigung ist für die Reisenden unbequem. Beide Wirkungen steigen mit dem Quadrat der Geschwindigkeit und können nur zum Teil durch die Überhöhung der äusseren Schiene kompensiert werden. Der nicht kompensierte Wert der Seitenbeschleunigung sollte ca. 0,8 m/s^2 nicht überschreiten [28, 42].

Deswegen verlangen höhere Fahrgeschwindigkeiten eine quadratische Zunahme der Krümmungsradien *r*. Typisch sind folgende Werte [8, 14, 39, 43...47]:

Neu gebaute Hochgeschwindigkeitsstrecken (200...350 km/h): (Japan: zuerst: 2500 m, später: 4000 m) (Frankreich: zuerst: 3200 m, später: 7700 m) (Deutschland: 5100 m, Köln-Rhein/Main: 3350 m) (Spanien: 4000 m für 300 km/h, 7000 m für 350 km/h) (Südkorea: 7000 m für 300 km/h)	ab 3000 m
Normalspurige Strecken im Flachland (bis ca. 160 km/h):	1200 m
Normalspurige Alpentransversalen (ca. 80 km/h):	300 m
Normalspurige Strecken (untere Grenze):	180 m
Schmalspurige Strecken (ca. 50 km/h):	120 m

Zwecks Geschwindigkeitserhöhung in den Kurven werden gelegentlich Wagen der Reisezüge mit einer gesteuerten Querneigeeinrichtung versehen. Der für die Reisenden zumutbare Wert der nicht kompensierten Seitenbeschleunigung wird dann erst bei einer um ca. 30 % höheren Geschwindigkeit erreicht. Allerdings wird die Gleisbeanspruchung damit wesentlich erhöht.

Der Bogenwiderstand ist ein zusätzlicher Reibungswiderstand, der beim Befahren von Gleiskurven entsteht. Seine Ursache liegt zuerst im ungleichen Weg der starr verbundenen Innen- und Aussenräder des Radsatzes, wobei auch bei konischen Laufflächen der Räder meistens zwangsläufig ein Schlupf zwischen Rad und Schiene entsteht. Dazu werden die Spurkränze durch die Fliehkraft gegen die Schienen gepresst. Die infolge der Spurführung erzwungene Schrägstellung der Radsätze vermehrt die Reibung ebenfalls.

Der Bogenwiderstand ist in erster Linie von den geometrischen Verhältnissen der Strecke (Krümmungsradius, Spurweite, Überhöhung der äusseren Schiene sowie Spurerweiterung in der Krümmung) und der Fahrzeuge (Radstand, Kurvenbeweglichkeit der Räder) abhängig. Der Zustand der Berührungsfläche Rad/Schiene (d.h. Spurkranz- und Schienenabnutzung, Wirkung einer Spurkranzschmierung) ist ebenfalls massgebend.

Auch hier können die Werte nur durch Messung ermittelt werden. Für die Berechnung stehen wieder mehrere empirische Formeln zur Verfügung. Auch davon ist im Anhang A eine kleine Auswahl zu finden.

Die folgende Formel eignet sich für durchschnittliche Verhältnisse gut:

$$w_b = \frac{K}{r} \quad \text{N/kN} \tag{2.15}$$

Der Koeffizient K berücksichtigt die Spurweite [1]:

K = 750 für Spurweite von 1435 mm,
530 für Spurweite von 1000 mm,
400 für Spurweite von 750 mm,
325 für Spurweite von 600 mm.

Bei den Triebfahrzeugen der Zahnradbahnen ist mit einem um 0,5...1 N/kN höheren spezifischen Bogenwiderstand zu rechnen.

Während der Anfahrt auf offener Strecke kann sich der Bogenwiderstand bedeutend erhöhen, weil bei kleinen Geschwindigkeiten die Spurkränze der Räder durch die normalerweise überhöhte äussere Schiene stark gegen die innere Schiene gedrückt werden. Er wird insbesondere im Gegenbogen grösser.

2.6 Neigungswiderstand

Folgende Neigungen I sind auf den steilsten Streckenabschnitten der Bahnen anzutreffen: (typische Orientierungswerte und charakteristische Beispiele dazu):

Bahnen im Flachland:	0...12 ‰
Normalspurige Bahnen im Gebirge:	25 ‰
(Semmeringstrecke der Österreichischen Bundesbahnen: 26 ‰)	
(Gotthardstrecke der Schweizerischen Bundesbahnen: 27 ‰)	
Schmalspurige Bahnen im Gebirge:	50 ‰
(Stammstrecke der Rhätischen Bahn, Schweiz: 45 ‰)	
Normalspurige Bahnen bei besonderen Verhältnissen:	bis 60 ‰
(Schweizerische Südostbahn: 50 ‰)	
Schmalspurige Bahnen sowie Strassenbahnen bei besonderen Verhältnissen:	bis 90 ‰
(Berninastrecke der Rhätischen Bahn, Schweiz: 70 ‰)	
(Strassenbahn in Zürich: 77 ‰)	

Zahnradbahnen:	60...250 ‰
(Transandino-Bahn, Chile: 80 ‰)	
(Brünigstrecke der Schweizerischen Bundesbahnen: 120 ‰)	
(Wengernalpbahn, Schweiz: 250 ‰)	
(Bayerische Zugspitzbahn, Deutschland: 250 ‰)	
Zahnradbahnen bei besonderen Verhältnissen:	bis 500 ‰
(Mount Washington, USA: 377 ‰)	
(Pilatusbahn, Schweiz: 480 ‰)	
(Treidelgeleise Panama-Kanal: 500 ‰)	

Der spezifische Neigungswiderstand als die entgegen der Bewegungsrichtung wirkende Komponente der Gewichtskraft lässt sich einfach und genau bestimmen (Bild 2.3):

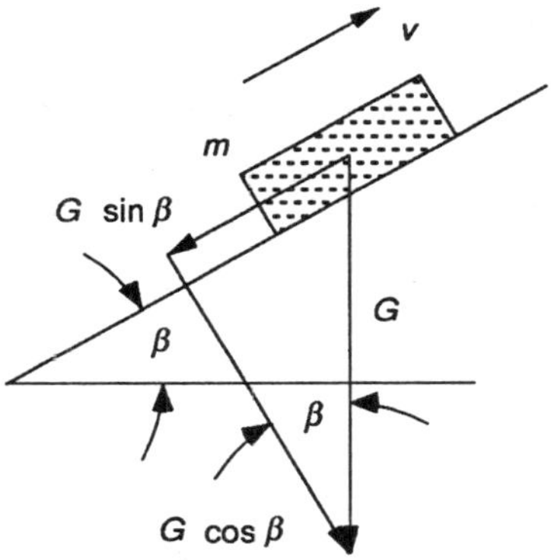

$$G = m\ g \qquad \text{in kN}$$

$$W_{\mathrm{I}} = m\ g\ (\sin\beta) \cdot 10^{3} \qquad \text{in N}$$

Bild 2.3. Der Neigungswiderstand

Bei den kleinen Winkeln β, welche im Betrieb der Adhäsionsbahnen in Frage kommen, kann der Sinus mit hinreichender Genauigkeit durch den Tangens ersetzt werden. Aus den Gleichungen 2.1, 2.6 und 2.10 folgt dann:

$$w_{\mathrm{I}} = \frac{W_{\mathrm{I}}}{m\,g} = \frac{m\ g\ (\sin\beta)\cdot 10^{3}}{m\,g} = (\sin\beta)\cdot 10^{3} \approx (\tan\beta)\cdot 10^{3} = I$$

$$\boxed{w_{\mathrm{I}} = I \qquad \text{N/kN}} \qquad \text{für Neigungen bis 100 ‰} \qquad (2.16)$$

Bei einer für die Adhäsionsbahnen bereits sehr hohen Neigung von 100 ‰ beträgt der Fehler erst ca. 0,5 % und darf vernachlässigt werden. Bei grösseren Neigungen (Zahnradbahnen oder Bahnanlagen mit adhäsionsunabhängigem Linearmotor) muss die Abweichung berücksichtigt werden (Tabelle 2.2):

$$w_{\mathrm{I}} = (\sin\beta)\cdot 10^{3} = 10^{3}\cdot \sin\arctan\,(I\cdot 10^{-3}) \qquad (2.17)$$

Tabelle 2.2. Neigungswiderstand für grosse Neigungen

I	100	150	200	250	300	350	400	450	500	‰
w_{I}	100	148	196	242	287	330	372	410	447	N/kN

2.7 Beschleunigungswiderstand

Während der Beschleunigung des Zuges ist die als Beschleunigungswiderstand W_{a} bezeichnete Trägheitskraft zu überwinden. Neben der Translationsbeschleunigung der Gesamtmasse ist die Rotationsbeschleunigung der mit den Rädern zusammengekuppelten rotierenden Massen zu berücksichtigen.

Die einzelnen rotierenden Massen, wie Radsätze und Antriebe, mit dem Trägheitsmoment J sind mit einem auf den Schienen laufenden Rad vom Durchmesser D direkt oder über ein Getriebe zusammengekuppelt (Bild 2.4).

Die Rotationsenergie lässt sich jeweils durch die Translationsenergie einer Zusatzmasse ersetzen:

$$\frac{\Delta m \ v^2}{2} = \frac{J \ w^2}{2}$$

Unter Berücksichtigung der Übersetzung i als Verhältnis der Winkelgeschwindigkeiten kann diese Zusatzmasse bestimmt werden:

$$\Delta m = J \left(\frac{\omega}{v}\right)^2 = J \left(\frac{2\,i}{D}\right)^2 \tag{2.18}$$

Zur Beschleunigung der Masse m, einschliesslich der Summe der einzelnen rotierenden Massen, wird somit die folgende Kraft benötigt:

$$W_{\mathrm{a}} = m \ a \cdot 10^3 + \Sigma \ J_{\mathrm{i}} \left(\frac{2\,i_{\mathrm{i}}}{D_{\mathrm{i}}}\right)^2 \cdot a = m \ \xi \ a \cdot 10^3 \tag{2.19}$$

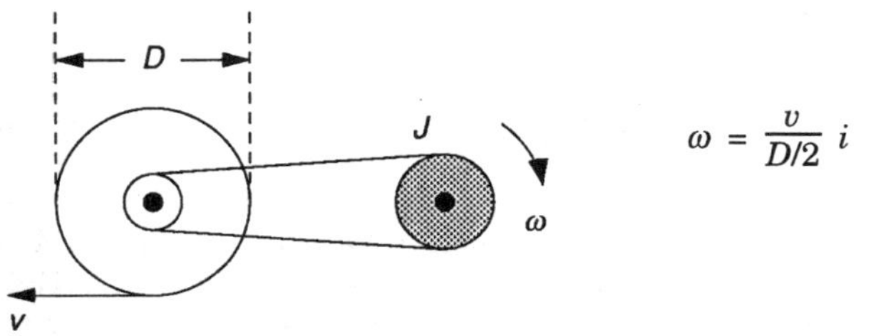

Bild 2.4. Die Beschleunigung der rotierenden Massen

Der hier eingeführte Faktor (*Massenfaktor*) ξ erlaubt eine einfache Berücksichtigung der Rotationsenergie durch einen Zuschlag zur Masse. Er beträgt durchschnittlich [14, 18, 35]:

für antriebslose Wagen der Adhäsionsbahnen (beladen):	1,02...1,04
für antriebslose Wagen der Adhäsionsbahnen (unbeladen):	1,05...1,12
für elektrische Triebwagen (beladen):	1,08...1,12
für elektrische Lokomotiven:	1,15...1,30
für antriebslose Wagen der Zahnradbahnen (beladen):	1,05...1,10
für elektrische Triebwagen der Zahnradbahnen (beladen):	1,30...2,50
für elektrische Lokomotiven der Zahnradbahnen:	1,50...3,50

Für ganze Züge, einschliesslich Triebfahrzeuge, kann mit ξ = 1,06...1,10 (guter Mittelwert) gerechnet werden. Dies gilt nicht für Zahnradbahnen.

Der Anteil der rotierenden Massen lässt sich erst nach der definitiven Festlegung der Fahrzeuge errechnen. In der Projektierungsphase können deshalb nur Erfahrungswerte benutzt werden. Genauere nachträgliche Berechnungen oder Messungen sind lediglich bei den Zahnradbahnen wegen der Bemessung der Bremsen und der Kontrolle der Stabilitätsverhältnisse erforderlich.

Die üblichen Beschleunigungswerte im unteren Anfahrbereich sind [6, 14, 35]:

für schwere Güterzüge:	0,02...0,1 m/s^2
für gewöhnliche Güterzüge:	0,1...0,2 m/s^2
für Reisezüge:	0,3...0,4 m/s^2
für Schnelltriebzüge im Fernverkehr:	0,4...0,7 m/s^2
für Schnellbahnen im Nahverkehr:	0,8...1,2 m/s^2
für Untergrundbahnen und Strassenbahnen:	1,0...1,3 m/s^2

Im Betrieb der Adhäsionsbahnen sind Verzögerungen bis 1,0 m/s^2 üblich. Mit Hilfe von Schienenbremsen lassen sich im Bedarfsfall Werte von 2...3 m/s^2 erreichen (z. B. bei Strassenbahnen). Bei Zahnradbahnen liegen die Bremsverzögerungen um 0,3...0,5 m/s^2.

Beschleunigungen (und Verzögerungen) ab ca. 1,2 m/s^2 verursachen körperliches Unbehagen. Ebenso unangenehm wirkt die zeitliche Änderung der Beschleunigung (der *Ruck*) [9]. Deswegen sollte er auf ca. 0,3 m/s^3, höchstensauf 0,5...0,75 m/s^3 beschränkt bleiben [18, 45, 48].

Aus der Gleichung 2.19 folgt (mit Bezug auf die Gleichungen 2.5 und 2.6) der spezifische Beschleunigungswiderstand in N/t oder N/kN:

$$w_a^* = \frac{W_a}{m} = \frac{1}{m} \cdot m \;\; \xi \; a \cdot 10^3 = \xi \; a \cdot 10^3 \qquad \text{in N/t} \tag{2.20}$$

$$w_a = \frac{w_a^*}{g} = \frac{1}{g} \cdot \xi \; a \cdot 10^3 \qquad \text{N/kN} \tag{2.21}$$

2.8 Übertragung der Zugkraft durch Adhäsion (Kraftschluss)

Die Zug- bzw. Bremskraft, die ein Rad auf die Schiene überträgt, ist durch die *Adhäsion* begrenzt. Sie entspricht in erster Annäherung der *Haftreibung*. Wenn ein durch die Masse des Fahrzeuges belastete Rad eine Gewichtskraft G_1 aufweist, kann dieses Rad höchstens die folgende Kraft F_{1H} übertragen:

$$| F_{1H} | = \mu \; G_1 \; (\cos \beta) \cdot 10^3 \approx \mu \; G_1 \cdot 10^3 \qquad (2.22)$$

$G_1 \cos \beta$ ist die rechtwinklig zur Schienenebene wirkende Komponente der Gewichtskraft (Bild 2.3). Bei den kleinen Neigungswinkeln, welche im Betrieb der Adhäsionsbahnen in Frage kommen, kann mit hinreichender Genauigkeit der Kosinus durch 1 ersetzt werden. Bei grösseren Neigungen (Zahnradbahnen oder Bahnanlagen mit adhäsionsunabhängigem Linearmotor) soll die Abweichung berücksichtigt werden.

Die den *Kraftschluss* begrenzende Zahl μ, als *Haftwert*, *Reibungswert*, *Reibfaktor*, *Reibungszahl*, *Kraftschlussbeiwert*, *Adhäsionskoeffizient* oder *Traktionskoeffizient* bekannt, ist von entscheidender Bedeutung:

Wenn beim angetriebenen Rad die entwickelte Zugkraft grösser als F_{1H} ist, wird die Grenze der Haftreibung (Adhäsionsgrenze) überschritten und das Rad beginnt zu *schleudern* (d.h. seine Umfangsgeschwindigkeit wird höher als die Fahrgeschwindigkeit). Ebenso wird diese Grenze beim gebremsten Rad überschritten, wenn die entwickelte Bremskraft grösser als der erwähnte Wert ist. Dann beginnt das Rad zu *gleiten* (d.h. seine Umfangsgeschwindigkeit wird kleiner als die Fahrgeschwindigkeit).

Beim Schleudern und Gleiten sinkt die übertragbare Kraft stark, da die rollende Reibung zwischen Rad und Schiene in die gleitende (Gleitreibung) übergeht. Damit wird die Schleuder- bzw. Gleittendenz noch verstärkt. Um die Haftreibung wieder zu erreichen, sind deswegen in der Regel besondere Massnahmen notwendig (Reduktion der Zug- bzw. der Bremskraft, Verbesserung der Adhäsionsverhältnisse durch Sanden u. a. m.).

Beim andauernden Schleudern im Stillstand, welches bei einer schweren Anfahrt auftreten kann, nutzt sich die Schiene örtlich stark ab. Das andauernde Gleiten beim blockierten Rad kann beim Überbremsen auftreten und führt nach kurzer Zeit zu Flachstellen am Rad. Solche Beschädigungen machen sich im Betrieb und für den Reisekomfort unangenehm bemerkbar.

Wie im nächsten Abschnitt noch erläutert wird, sind die Übergänge zwischen Haftreibung und Gleitreibung nicht scharf. Die Kraftübertragung des rollenden Rades erfolgt nicht beim Haften, sondern unter ständigem Wechsel der Berührungsflächen. Die Zahlenwerte sind einer grosser Streuung unterworfen und der Ablauf der Vorgänge ist komplizierter als hier dargestellt.

Die wesentliche Charakteristik des Bahnantriebes ist gerade diese Zugkraftübertragung durch *Kraftschluss* (Adhäsion), welche auch im Normalbetrieb oft bis zur Grenze des Möglichen ausgenutzt wird. Mindestens die für einen ungestörten Betriebsablauf zumutbaren Werte werden angestrebt. Sie verlangen vernünftigerweise einen gewissen Abstand zu den erreichbaren Spitzenwerten.

Ein Triebfahrzeug, in welchem mehrere Räder angetrieben werden, kann höchstens eine Zugkraft F_H auf die Schienen übertragen:

$$| F_H | = | \Sigma F_{1H} | \approx \mu \cdot \Sigma G_1 \cdot 10^3 = \mu \; m_r \; g \cdot 10^3 \tag{2.23}$$

Hier ist m_r die *Adhäsionslast* (das *Reibungsgewicht*) des Triebfahrzeuges. Darunter ist der Anteil des Gewichtes des Triebfahrzeuges zu verstehen, welcher auf die motorisch angetriebenen *Triebradsätze* entfällt und somit die gesamte zur Ausübung der Haftreibung wirksame Gewichtskraft aufbringt:

$$\Sigma G_1 = m_r \; g \tag{2.24}$$

Dabei wird vorausgesetzt, dass alle beteiligten Radsätze gleichmässig, d.h. proportional ihrem Anteil an Gewichtskraft belastet sind und dass bei allen Rädern mit gleichen Adhäsionsverhältnissen zu rechnen ist.
Damit wird der Zugkraft F eine Grenze gesetzt:

$$| F | \leq | F_H | \tag{2.25}$$

$$\boxed{| F | = | \Sigma W_i | \leq \mu \; m_r \; g \cdot 10^3} \tag{2.26}$$

Analog sind beim Bremsvorgang die gebremsten Radsätze zu betrachten.

Bei den Zahnradbahnen sowie beim Antrieb mit Linearmotoren besteht die Begrenzung durch die Haftreibung nicht, da die Übertragung der Zug- und Bremskräfte auf anderem Wege erfolgt.

2.9 Der Haftwert beim Kraftschluss

Verschiedene Elemente beeinflussen die erreichbaren Werte der Haftreibung [2, 6, 14, 16, 18, 31, 34, 49]:

- *Material* der Berührungsflächen: Bei Stahlrädern auf Schienen (Bahnen) ist der Haftwert kleiner als bei Gummirädern auf der Strasse (Automobil).
- *Beschaffenheit* der Berührungsflächen: Rauhe Oberflächen weisen höhere Werte auf als glatte.
- *Zustand* der Berührungsflächen: Trockene saubere Schienen ermöglichen einen guten Haftwert. Nasse saubere Schienen (bei starkem Regen) ergeben um ca. 30 % schlechtere Werte. Ganz ungünstig sind leicht feuchte, staubige (schlüpfrige) Schienen, wie sie bei Regenbeginn sowie bei Nebel oder Glatteis anzutreffen sind: gegenüber trockenen Schienen verkleinert sich der Wert der Haftreibung um ca. 50...60 %, weil solche Fremdschichten die metallische Berührungsfläche reduzieren oder den Kontakt ganz unterbrechen. Ähnlich schlecht wirken sich Ölreste und Laubfall aus.
- *Fahrgeschwindigkeit*: Bei höheren Geschwindigkeiten wird die metallische Berührungsfläche zwischen den rauhen Oberflächen kleiner. Bei nassen und bei

schlüpfrigen Schienen verstärkt sich der tragende Schmierfilm. Damit nimmt der Reibwert ab.

- *Gleitgeschwindigkeit*: Beim erzwungenen Gleiten, welches in den Kurven auftritt, reduziert sich der Reibwert (Gleitreibung statt Haftreibung).
- *Dynamische Störungen*: Drehmomentschwankungen, insbesondere Drehmomentsprünge beim Stufenschalten sowie Vibrationen wirken sich nachteilig aus.
- *Mechanische Bremse*: Die Gusseisen-Bremsklötze mit ihrer reinigenden Wirkung auf die Lauffläche verbessern die Verhältnisse.
- *Eigenschaften des Triebfahrzeuges*: Radsatzentlastung, Antriebsanordnung, Fahrmotorcharakteristik und Art der Steuerung beeinflussen die Vorgänge wesentlich. Diese Auswirkungen und die möglichen Massnahmen werden später behandelt.

Für den Bahnbetrieb (Stahlräder auf Schienen) kann mit folgenden Werten gerechnet werden:

nur im Labor, absolut sauber, im Vakuum:		μ = 0,8
nur im Labor, absolut sauber, < 30 % Luftfeuchtigkeit:		0,7
nur im Labor, absolut sauber, > 70 % Luftfeuchtigkeit:		0,6
bei extrem guten Bedingungen:		0,5
bei sehr guten Adhäsionsverhältnissen:		0,4
bei trockenen Schienen und mittleren Verhältnissen,		
ohne besondere Massnahmen sowie bei v =	0 km/h:	0,33
	40 km/h:	0,25
	80 km/h:	0,22
	130 km/h:	0,20
	200 km/h:	0,19
bei sehr schlechten Verhältnissen:		0,10
bei extrem schlechten Verhältnissen:		0,05

Für Bremsberechnungen werden aus Sicherheitsgründen immer schlechte Verhältnisse mit Haftwerten von 0,10...0,12, höchstens 0,15 vorausgesetzt.

Bild 2.5 zeigt die aus seinerzeitigen Versuchen ermittelte, auch heute noch benutzte Haftwertkurve nach Curtius und Kniffler für trockene Schienen und mittlere Verhältnisse in Abhängigkeit von der Fahrgeschwindigkeit:

$$\mu = \frac{7{,}5}{v + 44} + 0{,}161 \tag{2.27}$$

Für den Strassenbetrieb (Gummiräder) kann mit bedeutend höheren Werten für die Haftreibung bei trockener Strasse gerechnet werden:

auf Stampfasphalt:	μ = 0,48
auf Teermakadam:	0,55
bei Oberflächenteerung:	0,58
auf Kopfsteinpflaster:	0,60
auf Beton:	0,62
auf Stahlschienen (trocken):	0,60

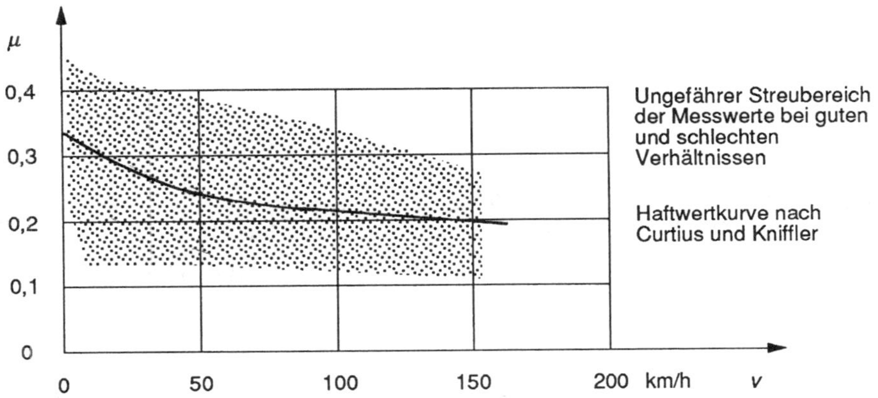

Bild. 2.5. Streubereich der gemessenen Haftwerte

Verschiedene Messungen lassen ausserdem folgende Zusammenhänge für die Stahlrad/Schiene-Kombination erkennen [50...55]:

- Die Haftwerte liegen in einem grossen Streubereich (μ = 0,10...0,40, mit Extremwerten bis ca. 0,5 bei kleineren Geschwindigkeiten, Bild 2.5), je nach Schienenverhältnissen und Fahrgeschwindigkeit.
- Mit heutigen Lokomotiven lassen sich höhere Haftwerte als früher realisieren. Die Kurve nach Curtius und Kniffler wird dabei wesentlich überschritten. Sie kann immerhin als unterer vernünftiger Wert mit genügendem Abstand zu Spitzenwerten betrachtet werden.
- Eine rein rollende Reibung besteht bei der Kraftübertragung überhaupt nicht, weil zwischen den beiden Berührungsflächen wegen der elastischen Verformung eine Geschwindigkeitsdifferenz entstehen muss. Dieser kraftproportionale *Schlupf* in der Grössenordnung von einigen Promille (*Mikroschlupf*) ist kaum wahrnehmbar.
- Bei weiterer Erhöhung der Kraft (und sonst unveränderten Verhältnissen) steigt der Schlupf stärker an, was als ein leichtes Gleiten zu bemerken ist (*Makroschlupf*). Dadurch wird die Reibfläche erwärmt, die Feuchtigkeit verdampft und der Reibwert wird grösser. Bei trockenem Schienenzustand entstehen Höchstwerte bei einem Schlupf von etwa 1...2 %. (Je nach Autor, Messverfahren, Triebfahrzeug und Geschwindigkeit liegen die Messwerte in einem Bereich von 0,5...15%.) Bei feuchtem Schienenzustand sind die Schlupfwerte grösser, die Höchstwerte kleiner und der Verlauf flacher (Bild 2.6).
- Falls eine weitere Schlupfvergrösserung erfolgt, sinkt der Reibwert zuerst langsam, dann immer stärker und schlussendlich auf die Werte der Gleitreibung (ca. 0,04...0,10 bei mittleren, ca. 0,02 bei extrem ungünstigen Verhältnissen).
- Vom eigentlichen Haften kann nur bei einer Kraftübertragung im Stillstand gesprochen werden. Im Bereich des Mikroschlupfes ist der einfache Begriff des Haftwertes zulässig. Dagegen entsteht im Bereich des Makroschlupfes eine Kombination zwischen Haft- und Gleitreibung. Für die Charakterisierung

der erreichbaren Kraftübertragung ist hier der Begriff *Adhäsionskoeffizient* oder *Kraftschlussbeiwert* korrekter.

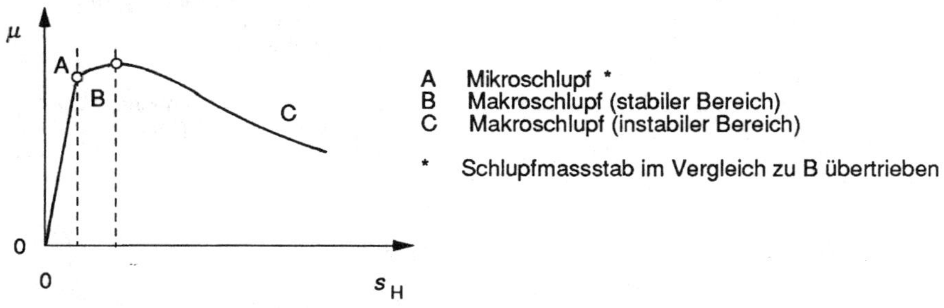

Bild. 2.6. Typische Schlupfcharakteristik

Der Schlupf wird definiert als die relative Geschwindigkeitsdifferenz zwischen der Fahrgeschwindigkeit und der Umfangsgeschwindigkeit des Rades:

$$s_H = \frac{(\omega \cdot D/2) - v}{v} \tag{2.28}$$

Der Makroschlupf ist in vielen Fällen zum Anfahren schwerer Züge bei schlechten Adhäsionsverhältnissen sehr nützlich. Er führt jedoch zur übermässigen Abnutzung der Schienen und Räder, wenn er während längerer Zeit auftritt. Auch der schlupfproportionale, in Wärme umgesetzte Energieverbrauch ist nicht zu vernachlässigen.

Das Kraftschlussmaximum liegt im Übergang zum instabilen Teil der Charakteristik. Der Betrieb in diesem Bereich verlangt eine Schlupfregelung.

2.10 Leistung und Energieverbrauch

Das Triebfahrzeug überträgt bei einer Fahrgeschwindigkeit v (in km/h) die Zugkraft F (in N) auf die Schienen. Dadurch entwickelt es die *Leistung P* als Produkt der Kraft und der Geschwindigkeit:

$$P = F\,v \cdot \frac{1}{3{,}6} \cdot 10^{-3} = \frac{F\,v}{3600} \qquad \text{in kW}$$

$$\boxed{P = \frac{F\,v}{3600} \quad \text{kW}} \tag{2.29}$$

Um die resultierende Netzleistung zu bestimmen, muss noch der Wirkungsgrad des Triebfahrzeuges bekannt sein. Dieser ist abhängig von dem gesamten Antriebsteil (Getriebe, Motoren, Steuerung) und wird später behandelt.

Der erforderliche Energiebedarf für die geleistete Traktionsarbeit auf einer Weglänge s (in m) ist das Produkt aus Kraft und Weg:

$$A = F\, s$$

Daraus folgt der *spezifische Energieverbrauch*, d.h. der Verbrauch an Energie bezogen auf die transportierte Last (in t), z.B. die Masse m des Zuges, und die befahrene Streckenlänge (in km), ohne Berücksichtigung der Verluste im Triebfahrzeug:

$$A^* = A \cdot \frac{1}{m} \cdot \frac{1000}{s} = \frac{F}{m} \cdot 10^3$$

oder umgeformt mit den Gleichungen 2.4 und 2.5:

$$A^* = \frac{F}{m} \cdot 10^3 = \frac{W}{m} \cdot 10^3 = w^* \cdot 10^3 \qquad \text{in J/tkm} \tag{2.30}$$

Die Zahlenwerte sind in der Praxis fast ausschliesslich in Wh oder kWh zu finden (1 Wh = 3600 J).

Beim Vergleich der veröffentlichten Werte muss beachtet werden, auf welche transportierte Last der Energieverbrauch bezogen wird:
- auf die Nutzlast allein: *Nettotonnen*,
- auf die Nutzlast vermehrt um das Wagengewicht: *Bruttotonnen* (Btkm),
- auf die Gesamtmasse des Zuges, einschliesslich Triebfahrzeug: *Leistungstonnen* (Ltkm),
- oder auf die *Personenkilometer* (Pkm), d.h. auf die befahrene Streckenlänge der Reisenden.

Technisch interessant ist in erster Linie der Bezug auf die Leistungstonnen. Andere Angaben sind eher von wirtschaftlicher Bedeutung.

Der durchschnittliche spezifische Energieverbrauch – einschliesslich Verluste in der Fahrleitung – beträgt (Richtwerte, mit Umrechnung in J) [34, 35]:

bei Bahnen im Flachland:	20...30 Wh/tkm	(72...108 kJ/tkm)
bei Bahnen im Gebirge:	30...65 Wh/tkm	(108...234 kJ/tkm)
bei Stadtschnellbahnen:	50...75 Wh/tkm	(180...270 kJ/tkm)
bei Strassenbahnen:	40...90 Wh/tkm	(144...324 kJ/tkm)
bei Trolleybussen:	90...130 Wh/tkm	(324...468 kJ/tkm)

Bei der Deutschen Bundesbahn betrug im Jahre 1990 der spezifische Energieverbrauch der elektrischen Traktion 26 Wh/tkm (94 kJ/tkm) bei einem Anteil der Personenzugleistung von ca. 39 %. Der Energieverbrauch der Güterzüge lag dabei nennenswert unter dem der Personenzüge (extrapolierte Werte ca. 18 zu 41 Wh/tkm, alles auf Leistungstonnen bezogen) [56, 57].

Die Deutsche Reichsbahn meldete seinerzeit für die Jahre 1981...1985 einen spezifischen Energieverbrauch der elektrischen Traktion von 88 kJ/tkm (24,4 Wh/tkm) für Güterzüge und 114 kJ/tkm (31,7 Wh/tkm) für Reisezüge, alles auf Bruttotonnen bezogen [45].

Im Jahre 1990 erfolgte die Meldung für Reise- und Güterzüge gemeinsam. Die entsprechenden Zahlen, die sich nun auch auf Leistungstonnen bezogen lauteten 26 Wh/tkm für die Deutsche Bundesbahn bzw. 26,6 Wh/tkm für die Deutsche Reichsbahn [57].

Die Schweizerischen Bundesbahnen geben für das Jahr 2002 den spezifischen Energieverbrauch von 73 Wh/tkm (auf Nettotonnen bezogen) für den Güterverkehr und von 94 Wh/Pkm für den Reiseverkehr an. Der durchschnittliche Anteil Nettotonnen an Bruttotonnen bei den Güterzügen beträgt dabei 50,8 % [58].

Dank der Nutzbremse liegt der spezifische Energieverbrauch der schweizerischen Schnellzüge im Gebirge nur ca. 7 % höher als im Flachland. Bei den Ferngüterzügen beträgt diese Differenz 40 %. Regionalzüge mit Halt auf allen Stationen verbrauchen ca. 50 % mehr Energie als Schnellzüge. Die Tunnelfahrt eines Schnellzuges im Flachland erhöht den Energieverbrauch um ca. 20 % [59].

Diese Zahlen eignen sich als statistische Mittelwerte zur allgemeinen Beurteilung der Verhältnisse, wie Topografie, Energiesparmassnahmen, Zustand des Rollmaterials, Verwendung der Nutzbremse, weichen jedoch, auch bei sehr ähnlichen Verhältnissen, in konkreten Fällen oft überraschend stark voneinander ab.

Auf einer durchschnittlichen schweizerischen Strecke im Mittelland (Zürich-Luzern, Neigungen bis 13 ‰, Geschwindigkeiten bis zu 140 km/h) hat eine Reihe von Messungen bei praktisch gleichen Reisezügen moderner Bauart auf gleichen Streckenabschnitten in gleicher Fahrtrichtung beispielsweise Messwerte von 14,1 bis 22,0 Wh/tkm (Energieverbrauch ab Stromabnehmer), mit einem Mittelwert von 16,7 Wh/tkm ergeben. Die grosse Streuung dürfte in der Betriebssituation (unerwartete Signalhalte), in wechselnden Wetterverhältissen, jedoch in erster Linie in der unterschiedlichen Fahrweise des Führers (Bremsbedienung, Auslauf) begründet sein [37].

Interessant ist der Bahnanteil am Energieverbrauch. In der Schweiz, wo die Bahnen seit Jahrzehnten praktisch voll elektrifiziert sind, beträgt der Verbrauch an elektrischer Energie der Bahnen (Nahverkehr eingeschlossen) ca. 5 % des gesamten Landesverbrauchs an elektrischer Energie. Die Zahlen für einige Jahre illustrieren die Entwicklung [60, 61]:

1980:	2088 GWh	d.h.	5,4 %	von	38450 GWh
1990:	2574 GWh	d.h.	5,1 %	von	50271 GWh
2003:	2984 GWh	d.h.	4,7 %	von	59261 GWh

2.11 Die Zugbildung

Zur Bewältigung des anfallenden Personen- und Güterverkehrs werden nach verschiedenen Kriterien Züge gebildet.

Neben den Überlegungen zur Kostenoptimierung spielt die Streckenbelegung schon bei mässigem Verkehr, insbesondere auf eingleisigen Strecken eine wichtige Rolle, weil sie die mögliche Anzahl der Züge begrenzt (Kreuzungen).

Im Sinne eines attraktiven Fahrplanangebotes sollen Reisezüge als kleinere oder grössere Einheiten in angemessen kurzen Abständen geführt werden. Auf der anderen Seite sind schwere Güterzüge dienlich, um die Transportkapazität der Strecke auszunutzen oder die Streckenbelegung zugunsten der Reisezüge zu reduzieren. Für eine wirtschaftliche Betriebsführung sind Züge, welche die volle Zugkraft der Lokomotive beanspruchen, die günstigsten.

Mehrere Grenzwerte beschränken die zulässige Grösse eines Zuges:

- Die Zugkraft, welche das Triebfahrzeug kurzzeitig entwickeln und auf die Schienen auch bei schlechten Adhäsionsverhältnissen übertragen kann, muss ausreichen, um den Zug bei unvorgesehenem Halt (z.B. vor einem Signal) auf beliebiger Stelle der Strecke anzufahren.
- Dabei darf die Zugkraft, welche die Lokomotive auf die Wagen überträgt, die zulässige Kraft der *Zugvorrichtung* (Kupplung, Zughaken) nicht überschreiten. Dies ist eine wesentliche Einschränkung gerade bei den europäischen Normalspurbahnen mit der leider sehr schwachen Kupplung (Bruchlast ca. 850 kN). In Nordamerika und in Russland ist die Zugvorrichtung bedeutend stärker (z.B. 2400 kN Bruchlast in USA). Die neue europäische, viel stärkere automatische Kupplung (Bruchlast ca. 1500 kN), welche die Rangierarbeiten erleichtern soll, seit Jahren beschlossen und festgelegt, lässt noch für unbestimmte Zeit auf sich warten [2, 16].
- Durch die in engen Kurven entstehenden Querkräfte darf bei grösster Zug- bzw. Bremskraft keine Entgleisungsgefahr entstehen. Leere Güterwagen direkt hinter der Lokomotive können beispielsweise gefährdet sein.
- Die benötigte Zugkraft darf zu keiner Überbeanspruchung des Triebfahrzeuges (z.B. unzulässige Motorenerwärmung) führen.
- Die erzielbaren Beschleunigungen und Fahrgeschwindigkeiten sollen einen geordneten Betrieb gewährleisten.
- Die Länge der Ausweichgleise für Kreuzungen und Überholungen begrenzt die zulässige Zuglänge. Ausserdem sind für Güterzüge die Abstellgleise und für Reisezüge die Perronanlagen massgebend.

Um die Bildung schwerer Züge bei ungenügender Zugkraft einer Lokomotive zu ermöglichen, können mehrere Triebfahrzeuge im Zug eingesetzt werden.

An der Spitze des Zuges dürfen zwei Lokomotiven zusammenlaufen soweit die Beanspruchung der Zugvorrichtung sowie die Querkräfte im zulässigen Rahmen bleiben. Sonst ist die zweite Lokomotive an den Zugschluss oder gegen die Zugmitte zu stellen. Ähnliche Überlegungen gelten für drei oder mehrere Triebfahrzeuge.

Einige Beispiele zur Orientierung:

Auf den europäischen Normalspurstrecken werden im Flachland Güterzüge bis ca. 2200 t und Reisezüge von 500...800 t (bis etwa 16 Wagen) meistens von einer vier- oder sechsachsigen Lokomotive gezogen. Auf Gebirgsstrecken (z.B. auf Alpentransversalen mit ca. 25 ‰ Neigung) reduziert sich die Anhängelast auf ca. 500...800 t pro Lokomotive, so dass Güterzüge unter Umständen aufgeteilt oder mit 2...3 Lokomotiven geführt werden müssen.

Die Zugvorrichtung begrenzt die zulässige Anhängelast auf der Gotthardstrecke der Schweizerischen Bundesbahnen (27 ‰ Neigung), je nach Lokomotivtyp, auf 1300 bzw. 1400 t, wenn keine Zwischenlokomotive verwendet wird (45).

Auf gewissen europäischen Normalspurstrecken verkehren schwere Erz- und Kohlenzüge bis ca. 6000 t Anhängelast, wozu 2...3 Lokomotiven benötigt werden. In Übersee und in Russland, auf Normal- und Breitspurstrecken mit höherer zulässiger Radsatzlast, sind solche Züge bis gegen 18 000 t Anhängelast – bestückt mit mehreren Lokomotiven – oder noch schwerere Züge oft anzutreffen. Gemeldet wurden Höchstwerte über 48 000 t (500 Wagen mit insgesamt 6,5 km Länge) in den USA. Sogar auf Schmalspurstrecken in Afrika (Kapspur) werden schwere Güterzüge bis ca. 16 000 t geführt, Spitzenmeldungen sprechen von über 70 000 t [1, 45].

Bei den europäischen Schmalspurbahnen sind die Züge schon wegen der bescheidenen zulässigen Radsatzlast (12...15 t) und der kürzeren Ausweichgleise bedeutend leichter. Auf der Albulastrecke der Rhätischen Bahn in der Schweiz – eine Alpentransversale mit Hauptbahncharakter auf 35 ‰ Neigung – sind Züge bis ca. 310 t Anhängelast im Einsatz.

Im Hauptbahnhof Zürich wurden kürzlich die Perrons auf 430 m verlängert, um entsprechend lange Städteschnellzüge (bis 16 Wagen) aufnehmen zu können.

Je nach Verkehrsbedarf werden überall auch leichtere Züge benötigt. Sie werden vorteilhaft mit einer Lokomotive kleinerer Leistung versehen. Die leichtere Antriebsausrüstung lässt zusätzlich eine Nutzlast im Triebfahrzeug mitzuführen. Somit entsteht ein Personen- oder ein Gepäcktriebwagen. Er kann im beschränkten Umfang auch Reise- und Güterwagen mitführen. Der Triebwagen kann, wie die Lokomotive, jederzeit vom übrigen Zug abgekuppelt werden und auch allein verkehren. Eine solche Komposition, der Triebwagenzug, unterscheidet sich traktionstechnisch kaum von einem Lokomotivzug.

Oft verkehrt das Triebfahrzeug zusammen mit einem Steuerwagen am anderen Ende des Zuges als ein Pendelzug (Wendezug). Der Zug wird dann, je nach Fahrtrichtung, gezogen oder gestossen. Besondere Bedingungen sind nur bei Strecken mit starker einseitiger Neigung (Zahnradbahnen) zu beachten.

Der nächste Schritt im Reiseverkehr ist die Bildung geschlossener Kompositionen, der Triebzüge, welche betrieblich nicht oder selten geändert werden. Deswegen können die Antriebsausrüstung, die Steuerapparatur und die Hilfsbetriebe über den ganzen Zug optimal verteilt werden. Das Triebfahrzeug ist, wenn überhaupt scharf abgrenzbar, nicht mehr autonom. Antriebstechnisch sind verschiedene Varianten zu finden: Triebradsätze gleichmässig im ganzen Zug verteilt oder in bestimmten Wagen des Zuges konzentriert (Mittelwagen, Endwagen oder lokomotivartige Triebköpfe).

Im Nahverkehr (von Strassenbahnen bis Stadtschnellbahnen) sind Triebwagenzüge und Triebzüge die Regel. Die Anhängelast ist im Verhältnis zu Adhäsionslast klein. Die relativ grosse Zugkraft wird für hohe Beschleunigungen benötigt. Nach Bedarf werden die Züge durch eine zweite oder dritte Einheit (Mehrfachtraktion) verstärkt.

2.12 Berechnungsbeispiele und Übungsaufgaben

Beispiel 1

Auf einer Strecke mit 25 ‰ Neigung und 300 m Radius fährt ein Schnellzug. Die Lokomotive mit 120 t Masse zieht mit einer konstanten Geschwindigkeit von 80 km/h die Anhängelast von 600 t.

Die benötigte Zugkraft und die dabei entwickelte Leistung sollen bestimmt und der erforderliche Haftwert beurteilt werden.

Mit I = 25 ‰, r = 300 m, m = 120 + 600 = 720 t, v = 80 km/h, Δv = 10 km/h, a = 0, k = 0,25 und K = 750 ergeben die Gleichungen 2.14, 2.15, 2.16 und 2.21:

Laufwiderstand:	w_f	=	4,5	N/kN
Bogenwiderstand:	w_b	=	2,5	N/kN
Neigungswiderstand:	w_I	=	25,0	N/kN
Beschleunigungswiderstand:	w_a	=	0,0	N/kN
Fahrwiderstand: (Summe)	w	=	32,0	N/kN

Damit ist gemäss Gleichungen 2.9, 2.26 und 2.29 (mit m_r = 120 t):

$F = W = 32{,}0 \cdot 720 \cdot 9{,}81 = 226 \cdot 10^3$ N $\qquad P = 5023$ kW

$$\mu \geq \frac{226 \cdot 10^3}{120 \cdot 9{,}81 \cdot 10^3} = 0{,}192$$

Die erforderliche Haftreibung dürfte gemäss Bild 2.5 unproblematisch sein.

Beispiel 2

Der Zug aus Beispiel 1 muss nach einem Signalhalt auf dieser Strecke anfahren, wobei versucht werden soll, eine hohe Beschleunigung von a = 1 m/s² zu erreichen. Es ist zu untersuchen, ob dies möglich ist.

Der Beschleunigungswiderstand gemäss Gleichung 2.21 (a = 1 m/s², ξ = 1,1) kommt zu den vorherigen Werten hinzu. Die anderen Widerstände bleiben am Ende der Beschleunigungszeit (v = 80 km/h) gleich:

Laufwiderstand:	w_f	=	4,5	N/kN
Bogenwiderstand:	w_b	=	2,5	N/kN
Neigungswiderstand:	w_I	=	25,0	N/kN
Beschleunigungswiderstand:	w_a	=	112,1	N/kN
Fahrwiderstand: (Summe)	w	=	144,1	N/kN

Die Rechnung wie oben ergibt:

$F = W = 144{,}1 \cdot 720 \cdot 9{,}81 = 1018 \cdot 10^3$ N $\qquad P = 22\,618$ kW

$$\mu \geq \frac{1018 \cdot 10^3}{120 \cdot 9{,}81 \cdot 10^3} = 0{,}865$$

Die benötigte Zugkraft und die Leistung sind bedeutend höher. Der erforderliche Haftwert liegt weit ausserhalb der Realität. Übungshalber sollen noch die Verhältnisse am Anfang der Beschleunigungszeit ($v = 0$) untersucht werden. Der Laufwiderstand wird kleiner, aber der erforderliche Haftwert bleibt praktisch gleich gross:

Laufwiderstand:	w_f	=	2,5	N/kN
Bogenwiderstand:	w_b	=	2,5	N/kN
Neigungswiderstand:	w_I	=	25,0	N/kN
Beschleunigungswiderstand:	w_a	=	112,1	N/kN
Fahrwiderstand: (Summe)	w	=	142,1	N/kN

$F = W = 142{,}1 \cdot 720 \cdot 9{,}81 = 1004 \cdot 10^3$ N $\qquad$ $P = 0$ (weil $v = 0$)

$$\mu \geq \frac{1004 \cdot 10^3}{120 \cdot 9{,}81 \cdot 10^3} = 0{,}853$$

Mit einer viel bescheidener Beschleunigung, z.B. $a = 0{,}1$ m/s^2 lässt sich die Anfahrt am Anfang der Beschleunigungszeit problemlos realisieren:

Laufwiderstand:	w_f	=	2,5	N/kN
Bogenwiderstand:	w_b	=	2,5	N/kN
Neigungswiderstand:	w_I	=	25,0	N/kN
Beschleunigungswiderstand:	w_a	=	11,2	N/kN
Fahrwiderstand: (Summe)	w	=	41,2	N/kN

$F = W = 41{,}2 \cdot 720 \cdot 9{,}81 = 291 \cdot 10^3$ N

$$\mu \geq \frac{291 \cdot 10^3}{120 \cdot 9{,}81 \cdot 10^3} = 0{,}247$$

Gegen Ende der Beschleunigungszeit können auch mit dieser kleinen Beschleunigung noch Probleme entstehen, wie dies aus dem Vergleich mit Beispiel 1 ersichtlich ist:

Laufwiderstand:	w_f	=	4,5	N/kN
Bogenwiderstand:	w_b	=	2,5	N/kN
Neigungswiderstand:	w_I	=	25,0	N/kN
Beschleunigungswiderstand:	w_a	=	11,2	N/kN
Fahrwiderstand: (Summe)	w	=	43,2	N/kN

$F = W = 43{,}2 \cdot 720 \cdot 9{,}81 = 305 \cdot 10^3$ N $\qquad$ $P = 6781$ kW

$$\mu \geq \frac{305 \cdot 10^3}{120 \cdot 9{,}81 \cdot 10^3} = 0{,}259$$

Die notwendige Zugkraft ist 35 % grösser als bei Beharrung! Eventuell müsste die Beschleunigung noch weiter reduziert werden.

Das Beispiel zeigt, dass die Wahl der Beschleunigung eine wesentliche Rolle spielt. Sie ist übrigens der einzige Parameter, der überhaupt geändert werden kann, wenn ein bestimmter Zug mit dem gewählten Triebfahrzeug über eine konkrete Strecke zu bewegen ist.

Ausserdem zeigt das Beispiel, dass die Leistung in dieser Phase der Berechnung keine Aussagekraft hat: Bei kleinen Geschwindigkeiten wird die entwickelte Leistung sehr klein, obwohl unter Umständen eine extrem hohe Zugkraft erforderlich ist.

Beispiel 3

Die in Beispielen 1 und 2 betrachtete Lokomotive zieht nun auf langen geraden Strecken in der Ebene (z.B. Frankreich oder Russland) einen Eilgüterzug mit 120 km/h. Die zulässige Anhängelast ist zu bestimmen. Für die Fahrt in Beharrung sollte der Haftwert auf 0,20 beschränkt bleiben.

Mit $I = 0$, $r \to \infty$, $v = 120$ km/h, $\Delta v = 10$ km/h, $k = 0{,}40$ und $a = 0$ ergibt die Rechnung wie im Beispiel 1:

Laufwiderstand:	w_f	=	9,26	N/kN
Bogenwiderstand:	w_b	=	0,00	N/kN
Neigungswiderstand:	w_I	=	0,00	N/kN
Beschleunigungswiderstand:	w_a	=	0,00	N/kN
Fahrwiderstand: (Summe)	w	=	9,26	N/kN

Mit der Gleichung 2.26 lässt sich die zulässige Zugkraft bestimmen:

$$F \leq 0{,}20 \cdot 120 \cdot 9{,}81 \cdot 10^3 = 235{,}4 \cdot 10^3 \text{ N}$$

Anschliessend liefert die Gleichung 2.9 das Ergebnis (Gesamtmasse m):

$$m \leq \frac{235{,}4 \cdot 10^3}{9{,}26 \cdot 9{,}81} = 2592 \text{ t}$$

Die Anhängelast darf also 2592 – 120 = 2472 t betragen.

In diesem Beispiel hat die Genauigkeit, mit welcher der Laufwiderstand bekannt ist, einen grossen Einfluss auf das Resultat. Dies war im Beispiel 1 wegen des hohen Neigungswiderstandes nicht der Fall. Es würde sich hier sicher lohnen, nähere Angaben über die bestgeeignete Formel für den spezifischen Laufwiderstand einzuholen.

Übungsaufgaben

Aufgabe 1: Auf einer Steigung von 25 ‰ in gerader Strecke fährt ein Güterzug von 600 t an. Wie gross muss die Zugkraft sein, um bei 45 km/h noch eine Beschleunigung von 0,20 m/s² zu erreichen? Wie gross ist die dabei entwickelte Leistung?

Ergebnis: 305 kN, 3812 kW

Aufgabe 2: Eine Lokomotive mit 120 t Adhäsionslast zieht einen Schnellzug von 720 t (wovon 120 t Lokomotivmasse). Wie gross ist die unter normalen Adhäsionsverhältnissen erzielbare Beschleunigung bei 80 km/h auf einer Steigung von 15 ‰ in gerader Strecke? Wie gross sind die Zugkraft am Zughaken der Lokomotive sowie die dabei entwickelte Leistung?

Ergebnis: 0,151 m/s², 216,8 kN, 5781 kW

Aufgabe 3: Im Gefälle von 20 ‰ fährt ein Zug an. Die Lokomotivmasse beträgt 80 t und die Anhängelast 520 t. Die gewünschte Beschleunigung ist: a) 0,12 m/s², b) 0,3 m/s². Für den Lauf- und den Bogenwiderstand soll zusammen 5 N/kN eingesetzt werden. Wie gross ist die benötigte Zugkraft? Wie sind die Anforderungen an die Haftreibung zu beurteilen?

Ergebnis: a) -8,8 kN (Bremskraft!), problemlos, b) 110 kN, nicht kritisch, eine Adhäsionslast von ebenfalls 80 t vorausgesetzt

Aufgabe 4: Eine normalspurige Lokomotive mit 80 t Adhäsionslast muss auf der Steigung von 20 ‰ in einer Kurve mit 300 m Radius einen Eilgüterzug von 480 t (Lokomotive eingeschlossen) anfahren. Wie gross ist die unter normalen Adhäsionsverhältnissen erzielbare Beschleunigung bei 40 km/h?

Ergebnis: 0,137 m/s²

Aufgabe 5: Wie gross ist die Beschleunigung des vorher betrachteten Zuges, wenn während der Anfahrt bei 40 km/h die Zugkraft aussetzt?

Ergebnis: -0,235 m/s² (Verzögerung!)

Aufgabe 6: Auf einem Gefälle von 10 ‰ in gerader Strecke fährt ein Schnellzug von 480 t (Lokomotivmasse gleich Adhäsionslast von 80 t eingeschlossen) mit 85 km/h. Er soll mit der elektrischen Bremse der Lokomotive bei voller Ausnutzung der Adhäsionslast mit einer Verzögerung von 0,3 m/s² abgebremst werden. Wie gross sind die Bremskraft und die Bremsleistung? Ist eine solche Abbremsung durchführbar, wenn bei den herrschenden Verhältnissen mit einem Haftwert von höchstens 0,20 zu rechnen ist?

Ergebnis: 182 kN, 4290 kW, nein (Haftwert ungenügend)

Aufgabe 7: Für einen rollenden Radreifen soll der Zuschlagfaktor für rotierende Massen bestimmt werden. Annahme: Masse in der Rollinie konzentriert.

Ergebnis: $\xi = 2$

Elektrische Triebfahrzeuge

3. Der Fahrmotor

3.1 Die Fahrmotoren des Triebfahrzeuges

Der *Fahrmotor* (oder *Triebmotor*) ist die Bezeichnung für den Antriebsmotor der elektrischen Triebfahrzeuge. Je nach Antriebsanordnung hat das Triebfahrzeug einen oder mehrere Fahrmotoren, um die erforderliche Zugkraft zu entwickeln.

Für das mechanische, meistens elastische Verbindungsglied zwischen dem Motor und dem auf die Schiene wirkenden Triebrad hat sich in der Triebfahrzeugtechnik die Bezeichnung *Antrieb* durchgesetzt. Sie ist also hier im engeren Sinne zu verstehen, als sonst in der allgemeinen Antriebstechnik üblich.

Die meistverbreitete Anordnung ist der *Einzelantrieb* (meistens *Einzelachsantrieb* genannt). Jeder Fahrmotor treibt einen Radsatz (*Trieb-* oder *Treibradsatz*), mechanisch unabhängig von den andern, an. Gelegentlich werden die gekuppelten Radsätze eines Drehgestells von einem gemeinsamen Motor angetrieben (*Gruppenantrieb*, Bauart mit *Einmotordrehgestellen*). Bekannt sind auch Ausführungen mit zwei als Doppelmotor eng zusammengebauten Motorenteilen [62].

Durch das Übersetzungsverhältnis des eingebauten Zahnradgetriebes erfolgt im Antrieb die Anpassung der Motordrehzahl an die Drehzahl des Triebradsatzes. In Einzelfällen wird ein Umschaltgetriebe verwendet, womit im Betrieb z.B. zwei verschiedene Übersetzungen zur Verfügung stehen [62].

Um bei der verlangten Zugkraft eine bestimmte Fahrgeschwindigkeit zu erreichen, muss der Motor entsprechend gesteuert werden. Die dazu verwendete Methode nebst benötigter Apparatur wird als *Steuerung* bezeichnet.

In der Regel kann jeder Fahrmotor auch mit negativem Drehmoment, d.h. im Generatorbetrieb, arbeiten. Damit wird die *elektrische Bremsung* ermöglicht: Die Umwandlung der mechanischen Energie des Zuges in elektrische Energie. Diese kann dann in besonderen Bremswiderständen des Triebfahrzeuges in Wärme umgesetzt werden, womit sie aber energietechnisch verloren geht (*Widerstandsbremse*). Wenn eine Energierückspeisung in das Netz möglich ist, kann die Bremsenergie ausserhalb des Triebfahrzeuges besser nützlich verwendet werden (*Nutzbremse*). Die zweite Variante wird auch *Netzbremse* oder *Rekuperation* genannt.

Auch dieselelektrische Triebfahrzeuge haben elektrische Fahrmotoren mit gleicher Funktion. Dort kann ebenfalls die elektrische Widerstandsbremse eingesetzt werden.

Die Anzahl z der Fahrmotoren ist durch die Gesamtkonzeption des Triebfahrzeuges gegeben. Eine kurze Übersicht soll auf typische Anwendungsfälle hinweisen:

- $z = 1$ Traktoren und andere Kleinfahrzeuge, kleinere Rangierlokomotiven mit gekuppelten Triebradsätzen
- $z = 2$ kleinere (z.B. zweiachsige) Triebwagen mit Einzelachsantrieb, Normalfall bei Bauart mit Einmotordrehgestellen (Gruppenantrieb) bis zu höchsten Leistungen (Beispiele B. 11 und B. 20)
- $z = 3$ mittlere dreiachsige Rangierlokomotiven mit Einzelachsantrieb
- $z = 4$ Normalfall bei vierachsigen Triebfahrzeugen mit Einzelachsantrieb (Beispiele B. 1, B. 3 und andere)
- $z = 5$ ausnahmsweise (Beispiel B. 31)
- $z = 6$ Normalfall bei sechsachsigen Triebfahrzeugen mit Einzelachsantrieb (Beispiele B. 2 und B. 10)
- $z = 7$ nicht üblich
- $z = 8$ Doppellokomotiven, bestehend aus zwei vierachsigen dauernd gekuppelten Halblokomotiven
- $z > 8$ Dauernd gekuppelte Zugskompositionen mit im ganzen Zug verteilten Fahrmotoren oder grosse Doppellokomotiven (Beispiel B. 30)

Bei Motorstörungen sind mehrmotorige Triebfahrzeuge im Vorteil: Der defekte Motor kann meistens einfach abgetrennt werden, womit ein Notbetrieb mit reduzierter Last möglich wird.

Die pro Radsatz eingebaute Motorleistung beträgt bei kleineren Triebwagen ca. 60...200 kW und steigt bei Hochleistungslokomotiven bis auf 1600 kW (mit Motormassen bis etwa 4 t).

3.2 Die Übersetzung

Die Umrechnung der benötigten Zugkraft F bei einer bestimmten Fahrgeschwindigkeit v auf das Wellenende des Fahrmotors – d.h. auf das Drehmoment T und die Drehzahl n – ist eine einfache Aufgabe der Mechanik.

Bei dem üblichen Einzelachsantrieb und bei verlustlosem Getriebe folgt aus Bild 3.1:

$$i = \frac{n}{n_\mathrm{D}} = \frac{d'}{d}$$

$$F_1 \frac{D}{2} = F' \frac{d'}{2} \qquad F' \frac{d}{2} = T \qquad F_1 = F' \frac{d'}{D} = F' \frac{d'}{d} \cdot \frac{d}{D} = 2\,T\,\frac{i}{D}$$

$$v = D\ \pi\ n_D \cdot 60 \cdot 10^{-3} = 0{,}06\ \pi\ D\ n_D = 0{,}06\ \pi\ \frac{D}{i}\ n \qquad \text{km/h}$$

$$v = 0{,}06\ \pi\ \frac{D}{i}\ n \qquad \text{km/h} \tag{3.1}$$

Die gesamte entwickelte Zugkraft F des Triebfahrzeuges mit z Fahrmotoren und unter Berücksichtigung von $\eta_g \neq 1$ beträgt:

$$F = 2\ T\ \frac{i}{D}\ z\ \eta_g \qquad \text{N} \qquad \text{Fahrbetrieb} \tag{3.2}$$

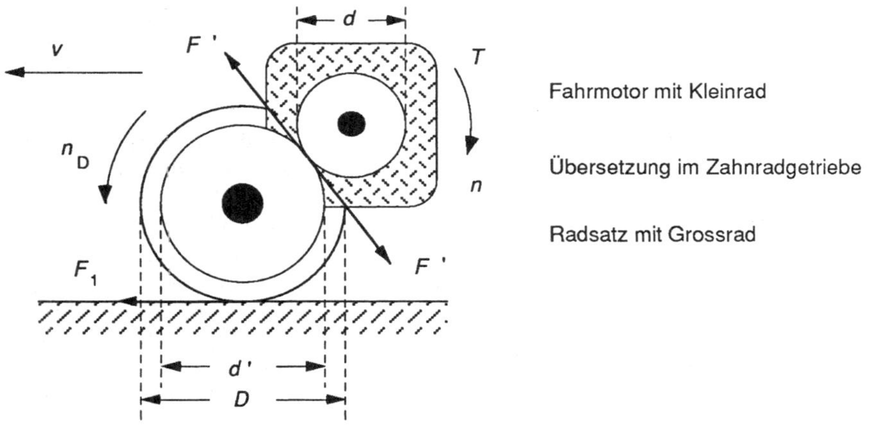

Bild 3.1. Grundsätzliche Antriebsanordnung

Diese Überlegungen gelten sinngemäss auch bei anderen Antriebsanordnungen (mehrfache Übersetzung, Antrieb eines Radsatzes von mehreren Fahrmotoren aus, Antrieb mehrerer Radsätze von einem Fahrmotor aus usw.).

Der Wirkungsgrad des Zahnradgetriebes beträgt bei voller Belastung ca. 0,95 (doppelte Übersetzung) bis 0,99 (einfache Übersetzung bei sehr gutem Getriebe); im Mittel darf mit 0,97...0,98 gerechnet werden. Bei Teilbelastung wird der Wirkungsgrad schlechter.

Die Internationale Elektrotechnische Kommission (IEC) sieht in der Regel 60349-2 die Verluste bei Nennbelastung mit einem Wert von 2 % für Stirnradgetriebe bzw. 4 % für Kegelradgetriebe vor. Bei 20 % der Belastung werden 11 % Verluste angenommen [63].

Bei gegebener Antriebsanordnung (d.h. mit D, i und z konstant) bestehen folgende Proportionalitäten:

$$v = k_{\mathrm{V}}\ n \tag{3.3}$$

$$F \approx k_{\mathrm{F}}\ T \tag{3.4}$$

Es ist dabei zu beachten, dass der Getriebewirkungsgrad nur annähernd konstant ist und dass sich der Triebraddurchmesser wegen der Abnutzung im Laufe der Zeit etwas verkleinert.

Im Bremsbetrieb wird der Fahrmotor vom Rad angetrieben. In diesem Fall (F und T sind negativ) gilt:

$$F = 2\ T\ \frac{i}{D}\ z\ \eta_{\mathrm{g}}^{-1} \quad \mathrm{N} \qquad \text{Bremsbetrieb} \tag{3.5}$$

Als wählbare Parameter der Antriebsauslegung treten das *Übersetzungsverhältnis i* sowie der *Triebraddurchmesser D* auf. Massgebend ist lediglich ihr Quotient D/i.

Grössere Raddurchmesser sind in Bezug auf die Abnutzung günstiger. Sie sind aber schwerer (unabgefederte Masse), bedingen einen höheren Fahrzeugboden und sind auch im Hinblick auf die Entgleisungssicherheit nachteilig. Deswegen werden kleinere Räder bevorzugt. Die Raumverhältnisse lassen die Abmessungen nur in engen Grenzen variieren. Bei den Lokomotiven sind heute Durchmesser von ca. 1...1,3 m, bei Triebwagen solche von ca. 0,65...1 m üblich.

Meistens ist ein eher höheres Übersetzungsverhältnis anzustreben, um raschlaufende Motoren verwenden zu können. Dem Wert i sind allerdings durch die Geometrie ziemlich enge Grenzen gesetzt: Das entwickelte Drehmoment bedingt einen Minimalwert für den Kleinraddurchmesser d, der Grossraddurchmesser d' muss wegen der Bodenfreiheit kleiner als D sein und die Motorabmessungen einschliesslich Durchfederung diktieren den kleinstmöglichen Abstand $(d' + d)/2$ der Zahnräder (die Zentrale). Die Vergrösserung des Triebraddurchmessers D führt nicht zum Ziel, weil das Verhältnis D/i entscheidend ist.

Bei den heute üblichen Triebraddurchmessern lassen sich ohne besondere Probleme Werte bis ca. i = 3...4 bei Queranordnung der Fahrmotoren (wie im Bild 3.1) realisieren. Höchstwerte liegen bei ca. i = 7. Falls dies nicht genügt (beispielsweise bei Zahnradbahnen oder bei besonders schnellaufenden Motoren), muss eine doppelte Übersetzung eingebaut werden. Die Längsanordnung der Fahrmotoren lässt einen grösseren Spielraum zu.

Mit einem zusätzlichen zwischenliegenden Zahnrad als Transportrad lässt sich die Zentrale und damit unter Umständen das Übersetzungsverhältnis vergrössern. Diese Möglichkeit wird aus Kostengründen und wegen der erhöhten Getriebeverluste selten benutzt.

Bei der Wahl der Übersetzung sollen ganzzahlige Werte (z.B. i = 3 bei 60 und 20 Zähnen) vermieden werden, weil sich in diesem Fall der Zahneingriff immer bei gleichen Zähnen wiederholt. Bruchzahlen sind günstiger (z.B. i = 2,9048 mit 61 und 21 Zähnen).

Ein getriebeloser Direktantrieb des Radsatzes (*Achsmotorantrieb*) wird kaum verwendet: Wegen i = 1 müsste hier ein ungünstiger langsamlaufender Fahrmotor eingebaut werden. Ausserdem würde sich dabei ohne besondere konstruktive Massnahmen die unabgefederte Masse des Triebradsatzes stark erhöhen mit dem Resultat einer unzulässigen dynamischen Mehrbelastung des Geleises und des Motors selbst. Durch den leichten Drehstrommotor könnte diese bereits versuchsweise ausgeführte Anordnung in Zukunft vermehrt zur Anwendung kommen. Erste Betriebsergebnisse mit einem 500-kW-Synchronmotor in Deutschland sind viel versprechend [64, 65].

Die Höchstdrehzahlen kleinerer Kollektormotoren liegen bei über 4000 1/min. Bei grösseren Motoren werden Werte bis ca. 2500 1/min erreicht [66]. Kollektorlose Drehstrommotoren werden heute für Drehzahlen bis 6000 1/min bei kleineren sowie ca. 4000 1/min bei grösseren Leistungen gebaut.
Die maximalen Drehmomente erreichen bei leistungstarken, nicht raschlaufenden Motoren für Einzelachsantrieb der Radsätze Werte bis etwa 18 000 Nm.

3.3 Der Elektromotor als Fahrmotor

Als Fahrmotor im Bahnbetrieb ist seit Jahrzehnten in erster Linie der *Kollektormotor* mit *Reihenschlusserregung* und fest eingestellten Bürsten verwendet worden. Erst vor wenigen Jahren hat er seine dominante Stellung verloren.

Dieser Motor wurde gebaut als:
- *Gleichstrommotor*, für Speisung mit reinem Gleichstrom,
- *Einphasenwechselstrommotor*, für Speisung mit Einphasenwechselstrom meistens verminderter Frequenz,
- *Mischstrommotor*, für Speisung mit oberwellenbehaftetem Gleichstrom.

Der heutige Gleichstrommotor wird ohnehin als Mischstrommotor gebaut, so dass zwischen diesen beiden Motorenarten kein Unterschied mehr zu machen ist.

Seine allgemeine Verwendung seit der Frühzeit der Bahnelektrifizierung hat der Reihenschlussmotor einigen Vorteilen im Vergleich zum Nebenschluss- bzw. zum fremderregten Motor zu verdanken [31]:
- Kompakter konstruktiver Aufbau (keine Bürstenreguliervorrichtung, robuste dickdrähtige Erregerwicklung), deswegen wenig störungsanfällig.
- Unempfindlichkeit gegen Spannungsänderungen, weil das Drehmoment und die Erregung von der Spannung unabhängig sind. Der Motor kann deswegen auch bei einer beliebig grossen Spannungsabsenkung nicht überlastet werden. Beispielsweise liegt im Normalbetrieb der Gleichstrombahnen die zulässige Speisespannung zwischen 67,7 und 120 % der Nennspannung.

- Unempfindlichkeit gegen Spannungsstösse, weil die in Serie zur Ankerwicklung geschaltete Erregerwicklung einen Spannungsstoss aufnehmen kann und damit eine zu rasche Stromänderung verhindert.
- Leichte Regulierbarkeit vom Stillstand bis zur Höchstdrehzahl durch Änderung der Klemmenspannung, somit einfacher Aufbau der Motorstromkreise ohne zusätzliche Apparatur für eine Fremderregung.
- Reihenschlusscharakter (Bild 3.2), d.h. natürliche Anpassung der Drehzahl und somit der Leistungsaufnahme an die Belastung, grosse kurzzeitige Überlastbarkeit wegen quadratischem Drehmomentverlauf (besonders wichtig für die Anfahrt). Der Reihenschlusscharakter lässt im Anfahrbereich auch eine gröbere Abstufung zu. Ein stabiler Parallelbetrieb der Motoren ist möglich, ohne dass Schwierigkeiten durch eine ungleiche Stromverteilung auftreten.

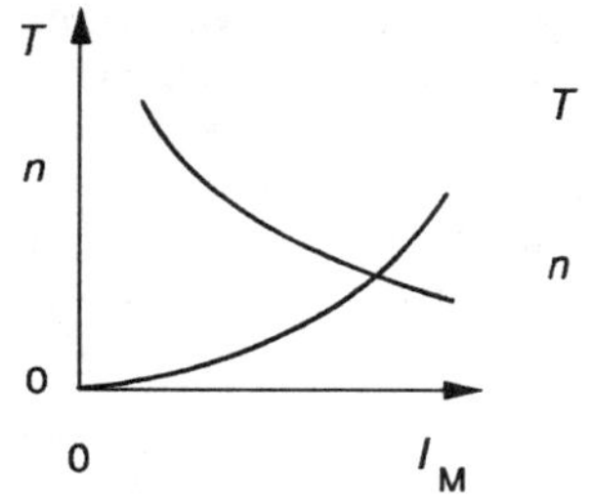

Reihenschlusscharakter

Reihenschlussmotor

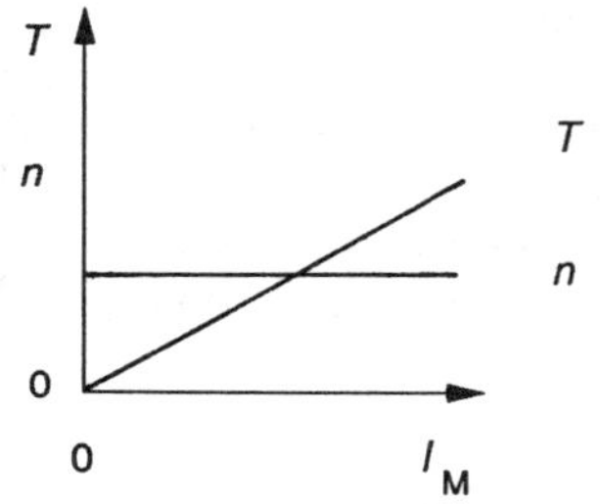

Nebenschlusscharakter

Nebenschlussmotor
Fremderregter Motor mit konstanter Erregung
Asynchronmotor bei konstanter Frequenz
(ohne Magnetisierungsstromanteil)
Synchronmotor bei konstanter Frequenz

Bild 3.2. Grundverhalten des Motors bei konstanter Speisespannung

Ein wichtiger Nachteil des Reihenschlussmotors ist die Überdrehzahl bei Entlastung. Ausserdem hat er eine erhöhte Schleudertendenz, wie dies später noch gezeigt wird. Deswegen verlangt er einen wirksamen Schleuderschutz als Gegenmassnahme. In Sonderfällen (z.B. bei Umschaltkupplungen im Getriebe zwischen Motor und Triebrad) ist ein Überdrehzahlschutz unentbehrlich.

In Zusammenhang mit der Stromrichtertechnik werden vermehrt Motoren mit gemischter Erregung (Reihenschluss- und zusätzliche Fremderregung) oder sogar mit reiner Fremderregung verwendet. Durch geeignete Regelung kann auch die Fremderregung dem Ankerstrom nachgeführt werden, womit der Reihenschlusscharakter erhalten bleibt.

Die Fremderregung verkleinert die Schleudertendenz und erweitert durch stufenlose Feldänderung die Regulierbarkeit. Das letztere ist beispielsweise bei der

Anschnittsteuerung von Vorteil, um in einem grösseren Geschwindigkeitsbereich den Stromrichter voll ausgesteuert betreiben zu können (Beispiel B. 8). Damit ergibt sich im speisenden Wechselstromnetz ein Minimum an Oberschwingungen.

Der Kollektormotor eignet sich für die elektrische Bremsung gut. Allerdings verlangen die dazu erforderlichen Schaltungen oft eine aufwendige Zusatzapparatur.

Der viel einfachere kollektorlose Drehstrom-*Asynchronmotor* ist für die Bahntechnik ungünstig gewesen, so lange er auf die Speisung mit fester Frequenz angewiesen war (Nebenschlusscharakter, Spannungsempfindlichkeit, schlechte Regulierbarkeit, dreipolige Zuleitung). In dieser direkten Speiseart ist er nur noch bei einigen wenigen Drehstrombahnen zu finden. Er muss jedenfalls mit gewickeltem Läufer und Schleifringen zum Anschluss der Anfahrwiderstände ausgeführt werden. Sein grosser Vorteil ist die immer vorhandene Bereitschaft zur Nutzbremsung (Beispiel B. 13).

Neue Perspektiven hat dem Asynchronmotor die Umrichtertechnik eröffnet, wo der Motor aus beliebigem Gleich- oder Wechselstromnetz mit Drehstrom veränderlicher Frequenz gespeist wird. Hier verschwinden dank geeigneter Regelung seine Nachteile und die Vorteile kommen zur Geltung:

- Einfacher robuster Aufbau (keine Bürsten, kein Kollektor, keine Schleifringe, Kurzschlussläufer), deswegen weitgehend störungsunempfindlich,
- wartungssarm, praktisch kein Unterhalt notwendig,
- elektrische Nutzbremse ohne jeden Aufwand motorseits möglich (übersynchrone Drehzahl),
- Abmessungen und Gewicht klein (fahrdynamisch günstig),
- geringe Schleudertendenz.

Obwohl der Umrichter als Steuerung aufwendig ist, überwiegen gesamthaft die Vorteile der Umrichtertechnik, so dass der Drehstrom-Asynchronmotor als Fahrmotor der Stand der Technik ist.

Der Drehstrom-*Synchronmotor*, eine Alternative zum Asynchronmotor, hat nur in Frankreich einen breiten Einsatz gefunden (Beispiel B. 20). Er bietet Vorteile in Bezug auf den Umrichter, weil er keine Magnetisierungsblindleistung benötigt. Anderseits ist er schwerer, teuerer und komplizierter als der Asynchronmotor mit Kurzschlussläufer.

Eine besondere Bauart des Drehstrommotors ist der Linearmotor. Er wird bei unkonventionellen Bahnsystemen verwendet, wo er eine berührungsfreie Kraftübertragung ermöglicht.

Üblicherweise werden die Fahrmotoren im offenen Kreislauf luftgekühlt. Bei kleinerer Leistung reicht meistens die Eigenkühlung durch eingebaute Ventilatoren aus. Grössere Motoren benötigen Fremdkühlung über besondere Ventilatorgruppen. Beim Drehstrom-Asynchronmotor sind oft Ausführungen mit Wasser-Kreislaufkühlung zu finden, was neben besserem Kühlvermögen auch geräuschmindernd wirkt (Beispiel B. 19).

Vereinzelt sind bei den ältesten Triebfahrzeugen auch andere elektrische Maschinen als Fahrmotoren anzutreffen.

3.4 Der Gleichstrom-Reihenschlussmotor

Das Verhalten der Gleichstrommaschine im Betrieb wird durch zwei wichtige Beziehungen bestimmt:

$$U_q = K_1 \, \Phi \, n = K_1 \, f(I_E) \, n \tag{3.6}$$
$$T = K_2 \, \Phi \, I_M = K_2 \, f(I_E) \, I_M \tag{3.7}$$

Die beiden Konstanten sind durch die Auslegung der Maschine gegeben. Die Probleme der Maschinenberechnung selbst werden hier nicht weiter besprochen.

Der magnetische Fluss hängt vom Erregerstrom ab. Wegen der Sättigung des Eisens ist der Flussverlauf nicht linear. Er muss durch eine Magnetisierungscharakteristik angegeben werden (Bild 3.3). Eine eventuell vorhandene Remanenz wird bei dieser Betrachtung noch ausser Acht gelassen.

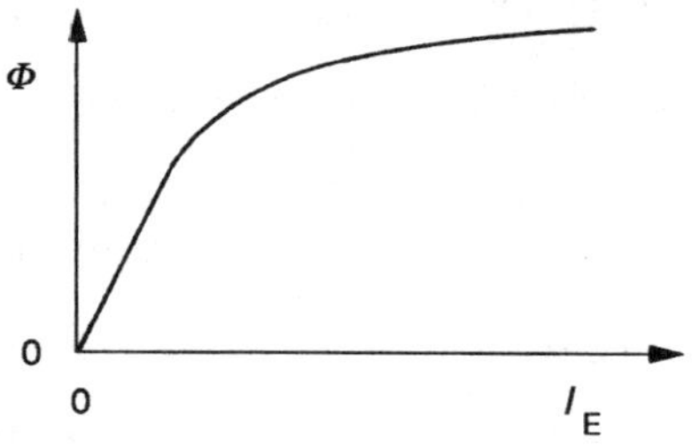

Bild 3.3. Die Magnetisierungscharakteristik (ohne Remanenz)

Wesentlich sind die Proportionalität und die Abhängigkeit der Quellenspannung von der Drehzahl und vom Fluss sowie des Drehmomentes vom Strom und vom Fluss. Ebenso wichtig ist die Feststellung, dass das Drehmoment weder von der Spannung noch von der Drehzahl abhängig ist.

Bei fremderregten Motoren mit konstanter Erregung muss noch die Flussschwächung durch die Ankerrückwirkung berücksichtigt werden, falls die Maschine nicht kompensiert ist.

Eine eigentliche Nebenschlusserregung (mit Speisung der Erregerwicklung parallel zu Ankerwicklung) ist im Bahnbetrieb kaum anzutreffen.

Beim Reihenschlussmotor ist der Motorstrom gleichzeitig der Erregerstrom (Bild 3.4). Damit ist der Fluss nur stromabhängig. Nach Bedarf hat der Bahnmotor auch eine im Schema nicht dargestellte Kompensationswicklung zur Aufhebung der Ankerrückwirkung. Die Wendepolwicklung ist immer vorhanden.

Für das Verhalten des Motors ist noch der Spannungsabfall ΔU im Ankerstromkreis von Bedeutung. Er wird hier durch den Gesamtwiderstand der in diesem Kreis liegenden Wicklungen (nicht bei jeder Schaltung gleich) und den Motorstrom bestimmt.

Zusätzlich kann noch die Bürstenübergangsspannung von insgesamt ca. 2 V berücksichtigt werden.

Wegen des kleinen Wicklungswiderstandes ist auch der Spannungsabfall im Vergleich zu Motorspannung klein (ca. 3...5 % der Motornennspannung). Dementsprechend kann oft U_q annähernd durch U_M ersetzt werden.

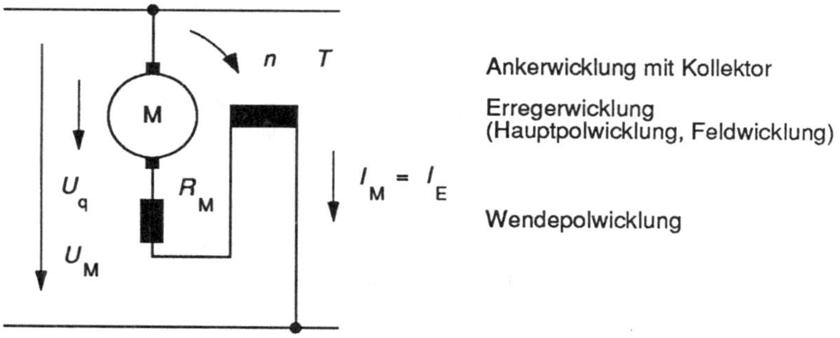

Bild 3.4. Grundsätzliche Schaltung des Gleichstrom-Reihenschlussmotors

Damit liegen die für die weitere Betrachtung des Reihenschlussmotors wesentlichen Gleichungen fest:

$$U_q = K_1 \, f(I_M) \, n \qquad \text{V} \tag{3.8}$$

$$T = K_2 \, f(I_M) \, I_M \qquad \text{Nm} \tag{3.9}$$

$$U_q = U_M - R_M \, I_M = U_M - \Delta U \qquad \text{V} \tag{3.10}$$

Der Motorstrom ist nur vom verlangten Drehmoment, d.h. von der Belastung, abhängig. Bei steigendem Strom steigt das Drehmoment im ungesättigten Bereich der Magnetisierungscharakteristik quadratisch an, mit der Sättigung wird der Anstieg weniger steil.

Die Motorspannung beeinflusst das entwickelte Drehmoment nicht, sondern nur die Drehzahl (und dadurch eventuell das verlangte Drehmoment, falls sich die Belastung mit der Drehzahl ändert). Bei gleicher Belastung (gleiches Drehmoment) steigt die Drehzahl mit der Quellenspannung linear an.

Bei konstanter Motorspannung fällt die Drehzahl mit steigender Belastung rasch ab (Reihenschlusscharakter).

Der Motor wird in erster Linie durch die Änderung der Spannung gesteuert. Im begrenzten Rahmen wird noch die Feldschwächung verwendet, wobei ein Teil des Motorstromes ausserhalb der Erregerwicklung geführt wird.

Die Drehrichtung des Motors wird durch Umpolen der Anker- oder der Erregerwicklung geändert. Bei Umpolung beider Wicklungen ändert sich die Drehrichtung nicht (Bild 3.5).

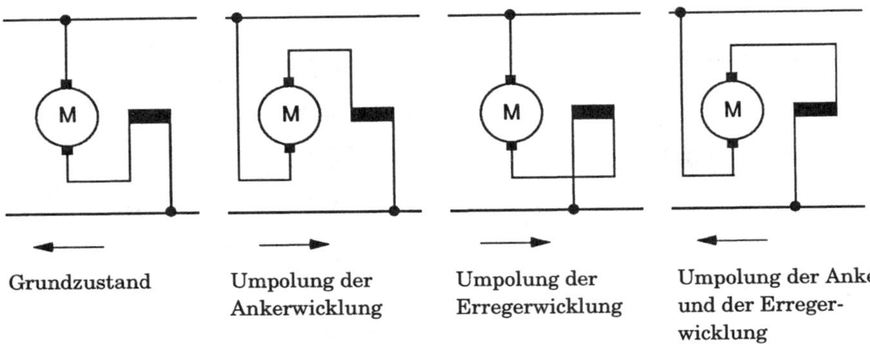

Bild 3.5. Änderung der Drehrichtung

Ein besonderes Problem des Gleichstrom-Bahnmotors ist der Kollektorbau bei Speisespannungen über 600 V, weil die maximale *Lamellenspannung* die Lichtbogenspannung von ca. 40 V nicht erreichen darf, da sonst Überschläge von Bürste zu Bürste entstehen. Unter Berücksichtigung der Spannungstoleranzen, der örtlichen Felddichte unter dem Polbogen sowie der Ankerrückwirkung bei nicht kompensierten Maschinen resultiert daraus eine mittlere zulässige Lamellenspannung von etwa 16 V (bzw. 25 V bei kompensierten Maschinen) [31, 67]. Meistens ist jedoch im Bremsbetrieb die Lamellenspannung noch höher als im Motorbetrieb.

Somit würde ein kompensierter sechspoliger Motor für 3000 V Nennspannung mindestens ca. 3000/25 = 120 Lamellen pro Pol, d.h. insgesamt gegen 720 Lamellen im Kollektor benötigen.

Aus diesem Grunde werden solche Motoren oft dauernd je zwei in Serie geschaltet, um den Kollektor nur für die halbe Spannung bauen zu müssen (*Halbspannungsmotoren*). Beide Motoren sind jedoch für die volle Spannung zu isolieren (Beispiele B. 5 und B. 6). Auch werden Motoren mit zwei Kollektoren gebaut.

Mit diesen Massnahmen lassen sich Speisespannungen bis ca. 4 kV beherrschen. Eine Kompensationswicklung (zur Kompensation der Ankerrückwirkung) erhalten in der Regel nur grössere Motoren sowie solche mit weitgehender Steuerung der Erregung durch die Feldschwächung.

3.5 Die Kommutierungssvorgänge bei Gleich- und Wechselstrom

Grundsätzlich kann der Gleichstrommotor auch mit einer Wechselspannung betrieben werden. Er wird funktionieren, weil die ständig wechselnde Polarität als die gleichzeitige Umpolung der Anker- und der Erregerwicklung verstanden werden kann, womit sich die Verhältnisse in Bezug auf die Drehrichtung nicht ändern. Er wird allerdings schlecht funktionieren. Der wesentliche Grund liegt in der unbefriedigenden *Kommutierung* (*Stromwendung*).

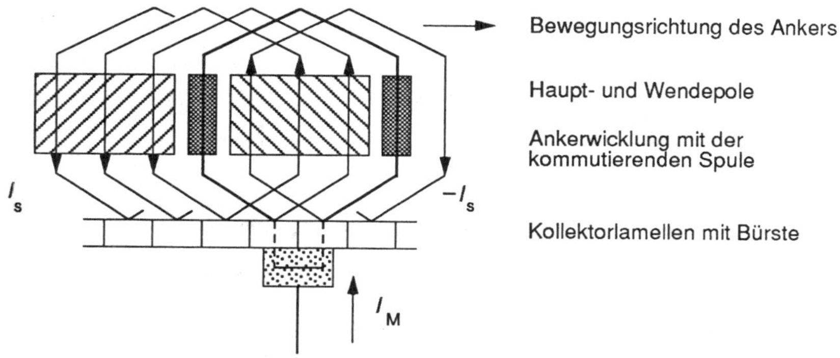

Bild 3.6. Eine einfache Wicklungsanordnung

Um die Problematik richtig zu verstehen, sollen die Unterschiede in den Kommutierungsvorgängen bei Gleich- und Wechselstrom bei einer einfachen Ankerwicklung (Bild 3.6) näher betrachtet werden.

Die Gleichstromkommutierung

In der kommutierenden, durch die Bürste kurzgeschlossenen Spule, muss der Strom während der Kommutierungszeit t_w seine Richtung ändern (Bild 3.7).

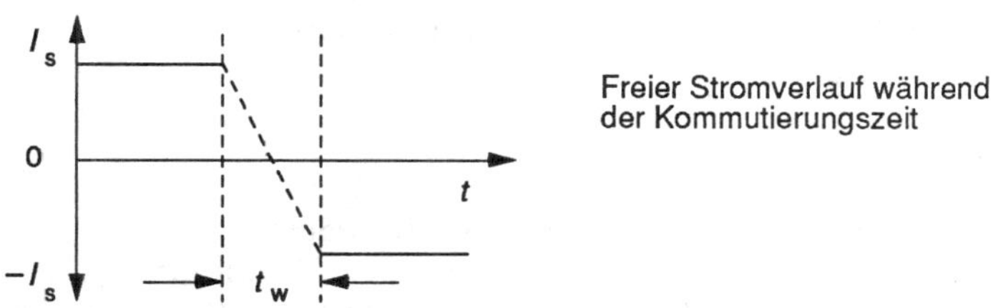

Bild 3.7. Änderung der Stromrichtung

Während der Kommutierungszeit kann sich der Stromverlauf in der kurzgeschlossenen Spule frei einstellen. An diesem Vorgang sind der Bürstenübergangswiderstand und der ohmsche Widerstand der Spule beteiligt. Wesentlichen Einfluss hat die Verzögerung der Stromänderung durch die Induktivität, weshalb die ablaufende Bürstenkante einen Reststrom schalten muss (Bild 3.8).

Die Wendepole induzieren in der kommutierenden Spule eine Spannung zur Beschleunigung der Änderung der Stromrichtung. Bei richtig eingestellten Wendepolen hat der Strom am Ende der Kommutierungszeit bereits die erforderliche Grösse, so dass die Bürste beim Verlassen der betreffenden Kollektorlamelle keinen Strom zu schalten hat. Dadurch entsteht eine funkenfreie Stromwendung.

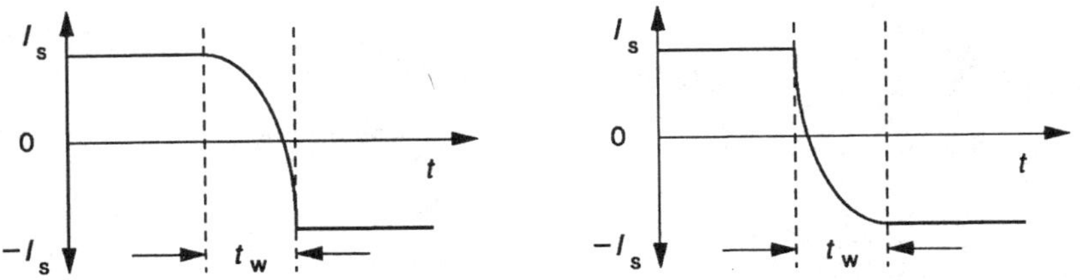

Wendepole nicht vorhanden

Die Induktivität der Spule verzögert die Stromänderung

Die ablaufende Bürstenkante muss den Reststrom schalten

Kommutierung *schlecht*

Wendepole richtig eingestellt

Die Wirkung der Induktivität durch die vom Wendepol induzierte Spannung aufgehoben

Die ablaufende Bürstenkante muss nicht schalten

Kommutierung *gut* (funkenfrei)

Bild 3.8. Schlechte und gute Kommutierung (Stromwendung)

Die für einen Strom und eine Drehzahl richtig eingestellten Wendepole ergeben im ganzen Strom- und Drehzahlbereich eine gute Kommutierung, weil

- die vom Wendepol induzierte Wendefeldspannung mit der Drehzahl und mit dem Strom (solange die Wendepole ungesättigt bleiben) linear ansteigt;
- die aufzuhebende Reaktanzspannung der Spule der Stromänderungsgeschwindigkeit proportional ist. Diese steigt mit der Drehzahl und mit dem Strom wieder linear an (Bild 3.9).

Die Wechselstromkommutierung

Die Speisung mit Wechselstrom von z.B. 16 ²/₃ oder 50 Hz ändert zunächst an der vorher erläuterten Gleichstromkommutierung nichts, weil die Kommutierungszeit im Vergleich zur Stromperiode klein ist. Deswegen kann bei der Betrachtung des Kommutierungsvorganges der Momentanwert des Stromes während der Kommutierungszeit als konstant betrachtet werden.

Die Reaktanzspannung der Spule und die Wendefeldspannung heben sich auch hier gegenseitig auf. Die beiden Spannungen sind dem Momentanwert des Motorstromes proportional und folgen somit dem Rhythmus der Speisefrequenz. Sie bleiben als Wechselstromgrössen mit dem Strom sowie mit dem Fluss in Phase bzw. in Gegenphase.

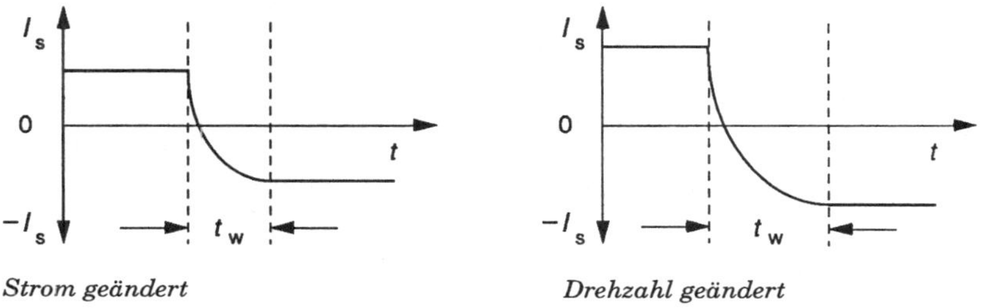

Bild 3.9. Gute Gleichstromkommutierung bei Strom- und Drehzahländerung

Der weitere Vorgang kann im Zeigerdiagramm der beteiligten Grössen besser verfolgt werden (Bild 3.10):

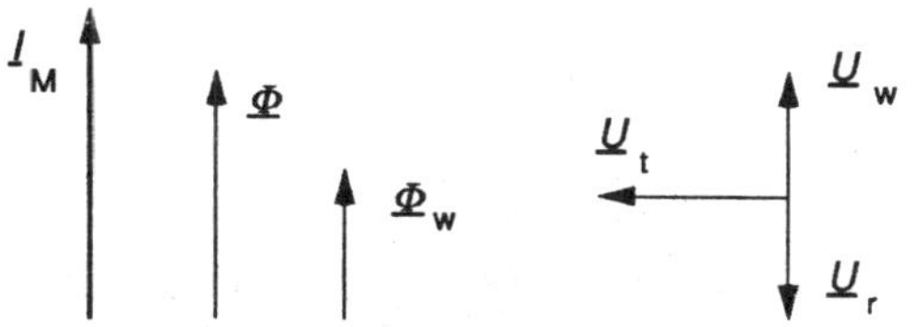

Bild 3.10. Zeigerdiagramm zur Wechselstromkommutierung

Als zusätzliche Komponente wird in der kommutierenden Spule eine Spannung U_t wegen frequenzbedingter Änderung des Hauptpolflusses transformatorisch induziert. Diese Spannung hängt vom Fluss (d.h. vom Strom I_M) und von der Frequenz gemäss der allgemeinen Transformatorformel ab:

$$U_t = \sqrt{2}\ \pi\ \Phi\ f\ N \tag{3.11}$$

Diese nicht drehzahlabhängige *Transformationsspannung* verursacht in der kurzgeschlossenen kommutierenden Spule einen Kurzschlussstrom, welcher über die Bürste fliesst und die Kommutierung wegen starker Funkenbildung wesentlich erschwert.

Da die Transformationsspannung zum Hauptpolfluss und somit zur Reaktanz- und Wendefeldspannung um 90° phasenverschoben ist, kann sie nur durch eine Phasenverschiebung des Wendepolflusses eliminiert werden. Dies geschieht durch Parallelschaltung eines ohmschen Widerstandes (*ohmscher Wendepolshunt*) zur vorwiegend als induktiver Widerstand wirkenden Wendepolwicklung (Bild 3.11).

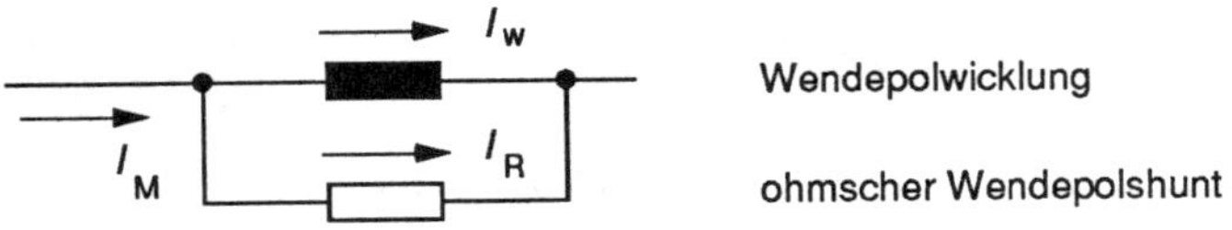

Bild 3.11. Verschiebung des Wendepolstromes

Die drei erwähnten Spannungen heben sich nun gegenseitig auf (Bild 3.12).

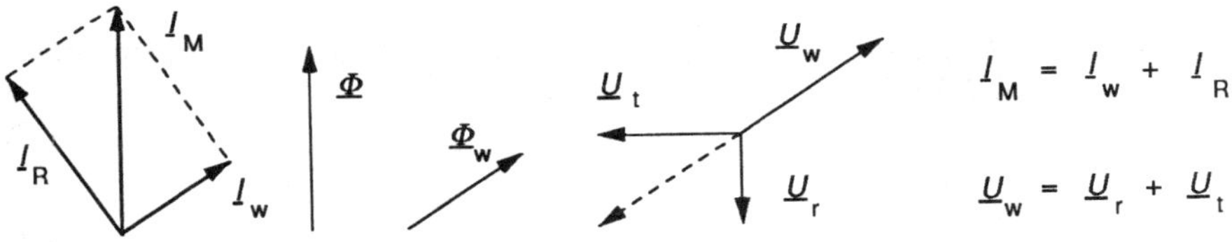

Bild 3.12. Zeigerdiagramm mit phasenverschobenem Wendepolstrom

Die für einen Strom und eine Drehzahl richtig eingestellten Wendepole und Wendepolshunts ergeben im ganzen Strombereich, unveränderte Drehzahl vorausgesetzt, eine gute Kommutierung, weil U_t, abgesehen vom Einfluss der Sättigung, ebenso wie U_r und U_w dem Motorstrom proportional ist. Im Bereich der Sättigung der Hauptpole wird die gegenseitige Kompensation dieser drei Spannungen allerdings unvollständig.

Bei einer anderen Drehzahl und gleich gebliebenem Strom ändert sich U_t im Gegensatz zu U_r und U_w nicht. Folglich wird U_t nur teilweise eliminiert. Der restliche Anteil – *Funkenspannung* genannt – verschlechtert die Kommutierung beträchtlich (Bild 3.13). Im Stillstand (Anfahrt mit meistens hohem Strom) sind die Kommutierungsverhältnisse besonders ungünstig, weil U_r und U_w Null sind und die transformatorisch induzierte Spannung U_t mit voller Wirkung die Kommutierung verschlechtert.

Um eine befriedigende Kommutierung im ganzen Betriebsbereich des Motors zu erreichen, muss somit die Transformationsspannung möglichst klein gehalten werden. Als höchstzulässiger Wert (bei grösstem Anfahrstrom) ist U_t = 3,0...3,5 V zu betrachten [2, 68].

Da U_t als die transformatorisch induzierte Spannung dem Hauptpolfluss, der Frequenz und der Windungszahl der kommutierenden Spule proportional ist, ergeben sich folgende Möglichkeiten zu ihrer Verkleinerung:

- Windungszahl der Ankerwicklung auf $N = 1$ (oder sogar auf $N = 0{,}5$ bei zweigängigen Wicklungen) reduzieren. Dadurch wird die Nennspannung kleiner.
- Hauptpolfluss reduzieren, d.h. kleinere Hauptpolabmessungen wählen. Dadurch steigt die Polzahl bei grösseren Maschinen auf 10...14 und die Nennspannung wird auch entsprechend kleiner.
- Frequenz reduzieren, z.B. ca. 15 Hz statt 50 Hz verwenden.

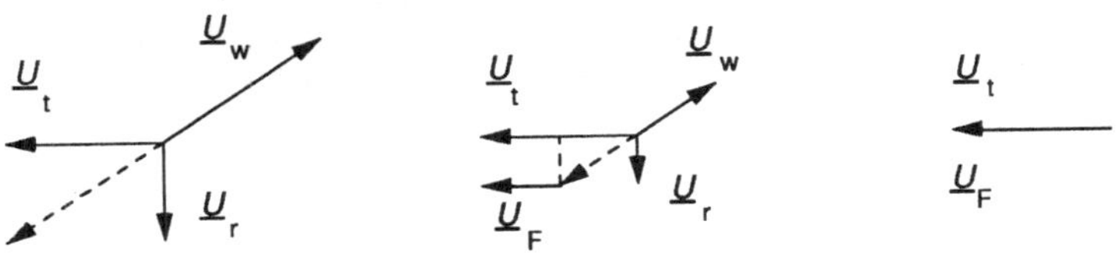

eine bestimmte Drehzahl	*eine andere Drehzahl*	*Stillstand*
U_t eliminiert Funkenspannung Null	U_t teilweise eliminiert Funkenspannung mittel	U_t voll wirkend Funkenspannung gross
Kommutierung *gut*	Kommutierung *mässig*	Kommutierung *schlecht*

Bild 3.13. Funkenspannung bei verschiedenen Drehzahlen

Die beiden ersterwähnten Massnahmen haben sich seinerzeit als ungenügend erwiesen, insbesondere für Motoren grösserer Leistung, so dass für die Energieversorgung der Wechselstrombahnen in Europa die verminderte Frequenz von 16 ²/₃ Hz (genau ein Drittel von 50 Hz aus Stromversorgungsgründen) gewählt wurde.

Ähnlich haben sich einige Wechselstrombahnen in Übersee (bei der landesüblichen Frequenz von 60 Hz) für die verminderte Frequenz von 25 Hz entschieden.

Die Beherrschung der Kommutierungsproblematik führt somit neben dem Grundsatzentscheid für verminderte Frequenz zu einer ungünstigen Auslegung des Motors mit grosser Polzahl, kleiner Nennspannung und hohem Nennstrom. Deswegen wird der Kollektor länger, der ganze Motor grösser und schwerer, der Bürstenhalter wegen vielen Bürsten kompliziert, der Unterhalt teuer. Dieser Motor hat sich jedoch im jahrzehntelangen Betrieb sehr gut bewährt.

Weniger erfolgversprechend waren die Ergebnisse bei einigen unter grössten konstruktiven Anstrengungen angefertigten Einphasenmotoren für unverminderte Frequenz (50 Hz). Zur Reduktion des durch die hohe Funkenspannung erzeugten Kurzschlussstromes wurden beispielsweise Verbindungen zum Kollektor aus Widerstandsmaterial hergestellt. Für solche Motoren besteht heute kein Bedarf mehr.

3.6 Der Einphasenwechselstrom-Reihenschlussmotor

Die Berücksichtigung der vorher geschilderten Kommutierungsproblematik führt zum Einphasenwechselstrom-Fahrmotor (Bild 3.14). Im Vergleich zur sonst ähnlich gebauten Gleichstrommaschine weist er aus diesem Grunde folgende wesentliche Besonderheiten auf:

- Der ganze magnetische Kreis des Stators und des Rotors muss *geblecht* sein, da der magnetische Fluss ein Wechselfluss ist.
- Die *Polzahl* ist grösser als bei Gleichstrommaschinen vergleichbarer Leistung.
- Zur Kompensation der Induktivität des Ankers ist eine *Kompensationswicklung* im Stator erforderlich. Damit wird der induktive Spannungsabfall kleiner.
- Zwecks Verbesserung der Kommutierung ist ein *ohmscher Wendepolshunt* notwendig. Er wird in der Regel für die vollständige Unterdrückung der Transformationsspannung bei der betrieblich meistbenutzten Fahrgeschwindigkeit ausgelegt.

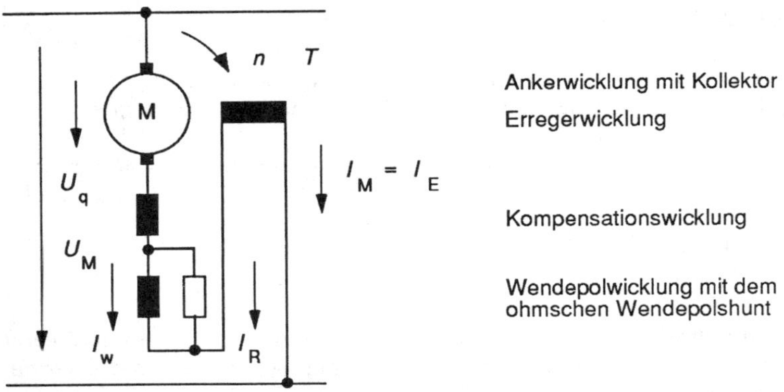

Bild 3.14. Grundsätzliche Schaltung des Einphasenwechselstrom-Reihenschlussmotors

Der Wendepolshunt wird in der Regel einstellbar ausgeführt und ausserhalb des Motors angebracht. Der Anschlusspunkt der Wicklung muss deshalb von aussen zugänglich sein (die fünfte Klemme neben den sonst üblichen vier Anschlussklemmen für Anker und Erregung).

Die Funktionsweise des Motors bleibt grundsätzlich unverändert. Drehmoment, Drehzahl, Strom und Spannung folgen den Gesetzen einer Gleichstrommaschine, jedoch sind im Wechselstrombetrieb zusätzlich die induktiven Spannungsabfälle und die Phasenverschiebungen zwischen Strom, Spannung und Fluss zu berücksichtigen. In den Gleichungen 3.6 bis 3.10 erscheinen Spannung, Strom, Hauptpolfluss und Widerstand als komplexe Grössen (unter Vernachlässigung der Sättigung), wobei die Verhältnisse zwischen Strom und Spannung übersichtlich in einem Zeigerdiagramm dargestellt werden können (Bild 3.15).

Die Quellenspannung ist, wie beim Gleichstrommotor, dem Hauptpolfluss und der Motordrehzahl proportional. Sie hat die gleiche Phasenlage wie der Fluss.

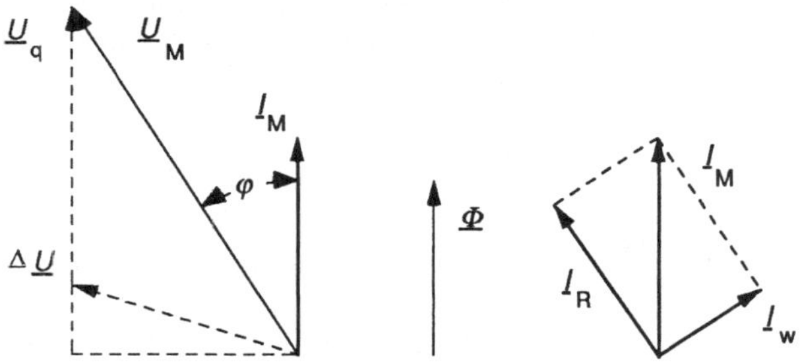

Bild 3.15. Zeigerdiagramm des Einphasenwechselstrom-Reihenschlussmotors

Der Spannungsabfall ΔU hängt vom Motorstrom ab und ist überwiegend induktiv. Die Motordrehzahl beeinflusst ihn praktisch nicht. Sein grösster Bestandteil ist der unvermeidbare, durch die Flussänderung bedingte induktive Spannungsabfall an der Erregerwicklung.

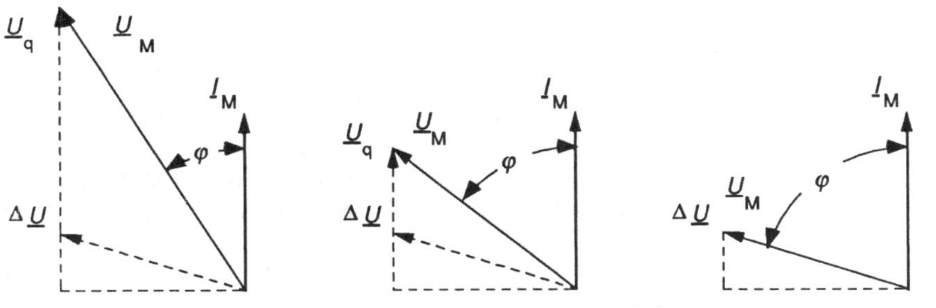

Spannung mittel	Spannung klein	Spannung noch kleiner
Drehzahl mittel	Drehzahl klein	Stillstand
Leistungsfaktor mässig	Leistungsfaktor schlecht	Leistungsfaktor schlecht

Bild 3.16. Zeigerdiagramm bei konstantem Motorstrom

Der Leistungsfaktor cos φ ist durch das Dreieck U_M, U_q und ΔU bestimmt und somit bei gegebener Klemmenspannung des Motors vom Motorstrom und von der Drehzahl abhängig. Beim Nennstrom und voller Speisespannung liegt er um 0,98; bei der Anfahrt mit reduzierter Spannung sinkt er bis auf etwa 0,3.

Bild 3.16 veranschaulicht den schlechten Leistungsfaktor bei der Anfahrt. Die Quellenspannung nimmt mit der Drehzahl ab. Der hier dargestellte konstante Motorstrom verlangt eine entsprechende Anpassung der Klemmenspannung.

Bei voller Spannung steigt die Drehzahl und der Leistungsfaktor verbessert sich (Bild 3.17). Falls dann noch ein kleines Drehmoment benötigt wird, sinken der Strom und der Spannungsabfall. Damit wird der Leistungsfaktor noch besser. Dies erklärt das für eine elektrische Maschine sonst unübliche Verhalten der Verbesserung des Leistungsfaktors beim Entlasten.

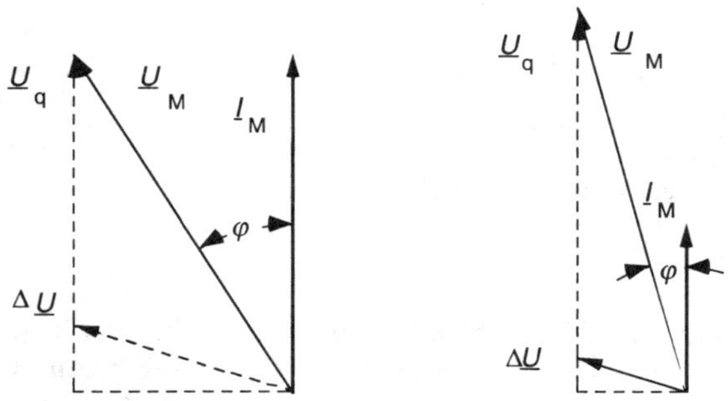

Strom mittel
Drehzahl mittel
Leistungsfaktor mässig

Strom klein
Drehzahl hoch
Leistungsfaktor gut

Bild 3.17. Zeigerdiagramm bei konstanter Klemmenspannung des Motors

Das Produkt aus Motorstrom I_M und Hauptpolfluss Φ bestimmt, wie beim Gleichstrommotor, das Drehmoment. Da Strom und Fluss dem Rhythmus der Speisespannung folgen (z.B. mit Frequenz von 16 $^2/_3$ Hz), pulsiert das Drehmoment als ihr Produkt mit der *doppelten Frequenz* (in diesem Fall mit 33 $^1/_3$ Hz) um den Mittelwert (Bild 3.18).

Dies folgt direkt aus den Regeln für die Multiplikation zweier Sinusfunktionen gleicher Frequenz und gleicher bzw. nicht gleicher Phasenlage:

$$\sin(\omega t) \cdot \sin(\omega t) = \frac{1}{2}\,[1 - \cos(2\,\omega t)]$$

$$\sin(\omega t) \cdot \sin(\omega t - \varphi) = \frac{1}{2}\,[\cos\varphi - \cos(2\,\omega t - \varphi)]$$

Die *Drehmomentpulsation* verursacht mechanische Schwingungen, die allerdings im Antrieb weitgehend gedämpft werden können.

Bei idealen Verhältnissen besteht zwischen dem Motorstrom und dem Hauptpolfluss keine Phasenverschiebung. Deswegen pulsiert das Drehmoment zwischen Null (wenn Strom und Fluss gerade Null sind) und dem doppelten Mittelwert (wenn diese Grössen die positive oder die negative Amplitude erreichen).

Bei tatsächlichen Verhältnissen entsteht eine gewisse Phasenverschiebung zwischen dem Motorstrom und dem Hauptpolfluss. Diese Erscheinung wird verursacht durch den Ummagnetisierungsverzug des Eisens (Hystereseschleife) sowie durch die magnetisierende Wirkung der Wirbelströme im Eisen und des Kurzschlussstromes in der kommutierenden Ankerspule. Der Fluss folgt somit dem Strom mit einer kleinen Verzögerung. Dadurch wird das Drehmoment in jeder Periode kurzzeitig negativ (wenn Fluss noch positiv und Strom bereits negativ ist oder umgekehrt). In einem ungenügend gefederten Antrieb sind Rüttelgeräusche wegen Abheben der Zähne (Rattern) die Folge.

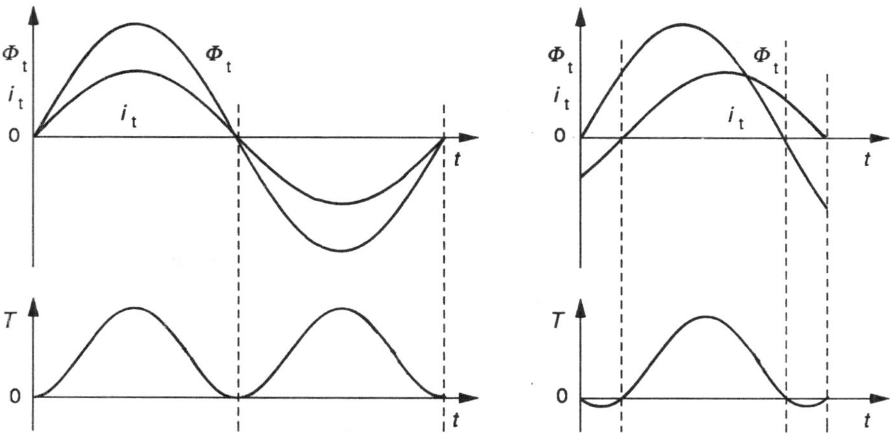

Ideale Verhältnisse *Tatsächliche Verhältnisse*

Kein negatives Drehmoment Drehmoment auch negativ

Bild 3.18. Drehmomentverlauf (ohne Einfluss der Sättigung)

Wegen des Einflusses der Sättigung folgt der Motorstrom nicht genau dem Sinusgesetz, auch wenn die Spannung und somit der Fluss rein sinusförmig sind. Dadurch entstehen im Drehmomentverlauf Oberschwingungen höherer Ordnung.

Der Einphasenwechselstrom-Bahnmotor verminderter Frequenz hat nach achtzigjähriger Entwicklung seinen technischen Endstand erreicht. Für eine Weiterentwicklung besteht kein Bedarf mehr. Er wird nicht mehr gebaut. Bei den Bahnen in Mittel- und Nordeuropa wird dieser teuere, jedoch zuverlässige Motor noch lange Zeit in Betrieb bleiben und entsprechend auch unterhalten werden müssen (Beispiele B. 1, B. 2 und B. 3).

3.7 Die Charakteristik des Kollektormotors

Die im Bild 3.19 dargestellte prinzipielle Charakteristik gilt für den Gleichstrom- sowie für den Einphasenwechselstrom-Fahrmotor mit Reihenschlusserregung. Alle Grössen werden als Funktion des Motorstromes betrachtet. Beim Gleichstrommotor entfällt selbstverständlich der Leistungsfaktor.

Die Charakteristik wird für die konstante Klemmenspannung, normalerweise Nennspannung, gezeichnet. Sie kann auch für die Nennspannung des Speisenetzes unter Berücksichtigung des Spannungsabfalles im Transformator erstellt werden. Dann wird auch der Verlauf der Klemmenspannung eingetragen.

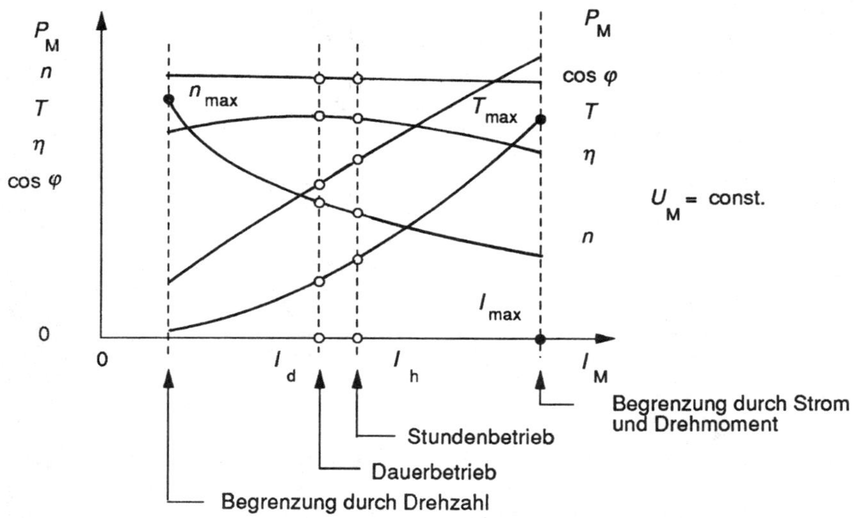

Bild 3.19. Die Fahrmotorcharakteristik

In dieser *Fahrmotorcharakteristik* sind einige Punkte als Nenndaten oder als maximal zulässige Werte besonders zu beachten:

Dauerbetrieb

Die Nenndaten des Dauerbetriebes sind durch den *Dauerstrom* bestimmt. Mit diesem Strom kann der Motor *dauernd* (unbeschränkt lang) belastet werden, ohne sich unzulässig hoch zu erwärmen.

Die *thermische Zeitkonstante* der Fahrmotoren liegt meistens um 25...30 min. Die Enderwärmung wird deshalb praktisch bereits nach 2...3 Stunden ununterbrochener Fahrt mit konstanter Belastung erreicht (fünffache Zeitkonstante mit über 99 % der Enderwärmung).

Stundenbetrieb

Die Nenndaten des Stundenbetriebes sind durch den *Stundenstrom* bestimmt. Mit diesem Strom kann der *kalte* Motor *eine Stunde* lang belastet werden, ohne sich unzulässig hoch zu erwärmen.

Nennbetrieb

Wie bei anderen elektrischen Maschinen wird heute auch für den Fahrmotor der Dauerbetrieb als der eigentliche Nennbetrieb betrachtet. Früher war das der Stundenbetrieb, weil eine lang dauernde konstante Belastung bei den Bahnen eher ungewöhnlich war. Viele Leistungsangaben in der Praxis beziehen sich deswegen oft noch auf den Stundenbetrieb.

Je nach thermischen Zeitkonstanten liegt der Stundenstrom ca. 10...15 % über dem Dauerstrom.

Bei Fremdkühlung der Motoren sind diese Ströme von der Motorspannung und somit von der Drehzahl praktisch unabhängig. Bei Eigenventilierung ändern sich dagegen mit der Spannung und Drehzahl auch die Kühlverhältnisse und beeinflussen dadurch den durch die Erwärmung festgelegten Dauer- bzw. Stundenstrom.

Gelegentlich werden auch andere kürzere Überlastzeiten, wie 1 oder 5 min für schwere Anfahrten, mit entsprechenden Werten der zulässigen Überlastung, festgelegt.

Die Begrenzung kann auch ausserhalb des Motors liegen, z.B. in der Steuerapparatur (Schaltkontakte, Leistungselektronik, Anfahrwiderstände).

Grenzwerte

n_{max} Die maximale Drehzahl ist durch die mechanische Festigkeit des Rotors, insbesondere des Kollektors, begrenzt.

I_{max} Der maximale Strom ist in erster Linie durch die Kommutierung beschränkt (Rundfeuergefahr). Wegen der Erwärmung besonders exponierter Teile (wie Kollektorfahnen) ist er nur kurzzeitig, meistens 30...60 s bei $I_{max} \geq 1{,}7\ I_d$ zugelassen.

T_{max} Das maximale Drehmoment ist durch den maximalen Strom gegeben, wobei die mechanischen Beanspruchungen des Motors und des Getriebes zu berücksichtigen sind.

U_{max} Die maximale Klemmenspannung ist durch das Isolationsniveau des Motors und durch die zulässige Lamellenspannung am Kollektor begrenzt.

Abgegebene Leistung

Die abgegebene Leistung lässt sich als Produkt des Drehmomentes und der Winkelgeschwindigkeit des Motors bestimmen:

$$P_M = T\ \omega = T\ \frac{2\ \pi\ n}{60} \qquad \text{Nm/s (W)} \tag{3.12}$$

$$P_M = \frac{\pi}{30} \, T \, n \cdot 10^{-3} \quad \text{kW} \tag{3.13}$$

Sie kann auch durch die elektrischen Grössen angegeben werden:

$$P_M = U_M \, I_M \, \eta \quad \text{für Gleichstrommotoren} \tag{3.14}$$

$$P_M = U_M \, I_M \, \cos\varphi \, \eta \quad \text{für Wechselstrommotoren} \tag{3.15}$$

3.8 Die Charakteristik des Triebfahrzeuges

Aus der Fahrmotorcharakteristik, welche die wichtigsten Grössen des Fahrmotors darstellt, lässt sich die *Fahrzeugcharakteristik* bestimmen. Sie gibt den Verlauf entsprechender Grössen des ganzen Triebfahrzeuges (Geschwindigkeit, Zugkraft, Leistung), ebenfalls in Abhängigkeit vom Fahrmotorstrom, an (Bild 3.20).

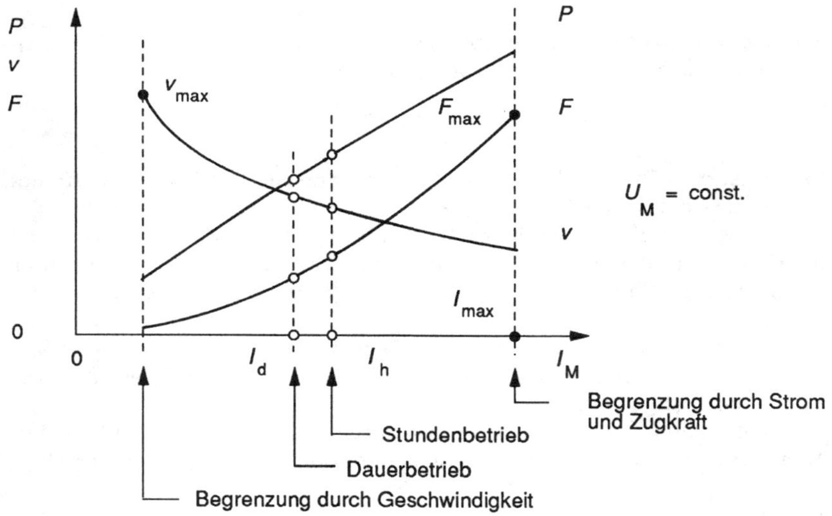

Bild 3.20. Fahrzeugcharakteristik basierend auf dem Motorstrom

Durch die Proportionalitäten zwischen Drehzahl und Geschwindigkeit sowie zwischen Drehmoment und Zugkraft gemäss Gleichungen 3.1 bis 3.4 haben die beiden Charakteristiken praktisch den gleichen Verlauf.

Einige Einzelheiten müssen dabei beachtet werden:

Der Raddurchmesser D verkleinert sich im Laufe der Zeit durch die Abnutzung. Damit nimmt die Geschwindigkeit bei gleicher Motordrehzahl leicht ab. Die Charakteristik wird meistens für *halb abgenutzte* Räder, d.h. für einen mittleren Durchmesser, gerechnet. Auf jeden Fall ist eine Präzisierung erforderlich.

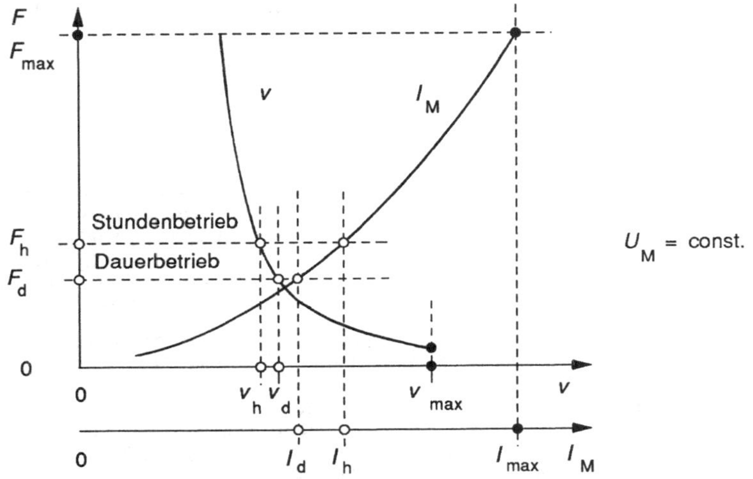

Bild 3.21. Fahrzeugcharakteristik basierend auf der Fahrgeschwindigkeit

Bei der Zugkraft sind die Verhältnisse analog. Ausserdem gilt die Proportionalität zwischen Drehmoment und Zugkraft wegen des Getriebewirkungsgrades nicht streng. Meistens wird gemäss Gleichung 3.2 die *Zugkraft am Rad* bestimmt. Oft wird auch die *Zugkraft am Wellenende* des Motors angegeben, d.h. ohne Abzug der Getriebeverluste.

Im Bremsbetrieb wirken die Getriebeverluste im umgekehrten Sinne (Gleichung 3.5). Die Bremskraft am Rad wird somit etwas grösser als die Bremskraft am Wellenende.

Als Fahrzeugleistung P wird die Summe der einzelnen Motorleistungen P_M betrachtet und nicht die nach Abzug der Getriebeverluste an die Räder abgegebene Leistung.

Bei gleichmässiger Belastung der Fahrmotoren ist:

$$P = z\, P_M \tag{3.16}$$

Analog den Nenndaten im Dauer- und Stundenbetrieb sowie den Grenzwerten des Fahrmotors werden die entsprechenden Fahrzeugdaten definiert. Dabei sind die maximale Fahrgeschwindigkeit und die maximale Zugkraft der zulässigen mechanischen Beanspruchung des gesamten Triebfahrzeuges anzupassen.

Leistungsfaktor und Wirkungsgrad des Fahrmotors sind in diesem Zusammenhang weniger interessant.

In der Regel wird die Fahrzeugcharakteristik zum direkten Vergleich zwischen Zugkraft und Geschwindigkeit mit der Fahrgeschwindigkeit als Abszisse gezeichnet. Die anderen Grössen, z.B. Motorstrom oder Leistung, können dementsprechend eingetragen werden (Bild 3.21).

Zur Übersicht ist eine Liste der besprochenen charakteristischen Daten des Fahrmotors und des Triebfahrzeuges mit den viel verwendeten Ausdrücken in Tabelle 3.1 zu finden.

Tabelle 3.1. Charakteristische Motor- und Fahrzeugdaten

	Dauerbetrieb	Stundenbetrieb	Grenzwerte (nicht gleichzeitig auftretend)
Fahrmotor			
Spannung	Nennspannung	Nennspannung	max. Spannung
Frequenz	Nennfrequenz	Nennfrequenz	max. Abweichung
Strom	Dauerstrom	Stundenstrom	max. Strom
Drehzahl	Dauerdrehzahl	Stundendrehzahl	max. Drehzahl
Drehmoment	Dauerdrehmoment	Stundendrehmoment	max. Drehmoment
Leistung	Dauerleistung	Stundenleistung	max. Leistung
Wirkungsgrad	im Dauerbetrieb	im Stundenbetrieb	–
Leistungsfaktor	im Dauerbetrieb	im Stundenbetrieb	–
Triebfahrzeug			
Fahr-geschwindigkeit	Dauer-geschwindigkeit	Stunden-geschwindigkeit	max. Fahr-geschwindigkeit
Zugkraft	Dauerzugkraft	Stundenzugkraft	max. Zugkraft
Leistung	Dauerleistung	Stundenleistung	max. Leistung

Die Schwankungen der Spannung und der Frequenz des speisenden Netzes müssen nach Bedarf berücksichtigt werden.

Üblicherweise wird mit der Nennfrequenz gerechnet. Gelegentlich sind die Abweichungen zu beachten. In den Bahnnetzen, die nicht synchron mit dem Landesnetz laufen, können die Schwankungen spürbar sein (ca. ± 1 Hz).

Die ebenfalls grösseren Spannungsschwankungen der Bahnnetze sind in erster Linie für die Motoren wichtig, welche direkt aus der Fahrleitung gespeist werden.

Die maximale Leistung ist antriebstechnisch nicht von Bedeutung. Sie kann am Ende der Beschleunigungszeit mit maximalem Strom bei voller Spannung kurzzeitig erreicht werden. Allerdings ist sie ein wesentliches Kriterium für die Beurteilung der Netzbelastung.

3.9 Der Mischstrommotor

Bei Stromrichter-Fahrzeugen werden die Fahrmotoren aus der Einphasenwechselstrom-Fahrleitung über gesteuerte oder nicht gesteuerte Gleichrichter gespeist. Der Motorstrom ist in diesem Fall kein reiner Gleichstrom. Je nach Induktivität des Motorstromkreises enthält er einen bestimmten Anteil an Oberwellen, wovon diejenige der zweifachen Netzfrequenz als Grundschwingung die vorherrschende ist (100 Hz bei Speisung mit 50 Hz bzw. 33 1/3 Hz bei Speisung mit 16 2/3 Hz). Es ist dies ein *Mischstrom*, bestehend aus einer Gleichstromkomponente und mehreren überlagerten sinusförmigen Wechselstromkomponenten.

Der Strom weist beispielsweise die im Bild 3.22 für idealisierte Verhältnisse dargestellte Form auf. Hier wurde nur die Grundwelle berücksichtigt.

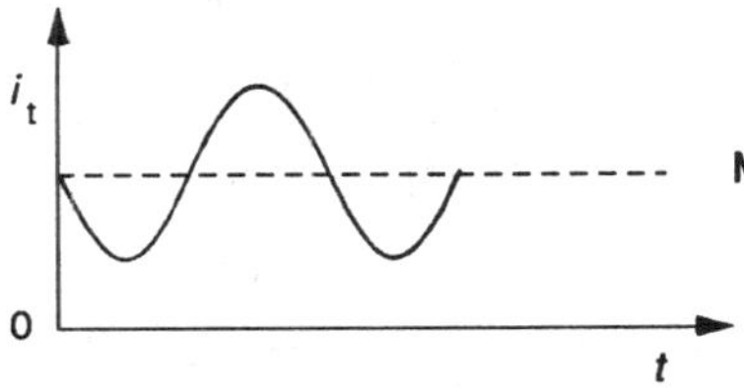

Bild 3.22. Stromverlauf nach Gleichrichtung

Der *Mischstrommotor* liegt demzufolge in seinem Verhalten zwischen dem Gleichstrom- und dem Wechselstrommotor. Die Gleichstromkomponente des Stromes bildet mit der Gleichstromkomponente des Flusses das Drehmoment. Ebenfalls können Fluss- und Stromoberwellen *gleicher* Frequenz ein Drehmoment bilden, sofern sie nicht unterdrückt werden. Diesbezüglich unterscheidet man zwischen einem Wellenstrom- und einem Wellenspannungsmotor.

Beim *Wellenstrommotor* wird der Wechselstromanteil durch eine zusätzliche *Glättungsdrosselspule* unterdrückt. Beim Reihenschlussmotor kann ein der Erregerwicklung parallel geschalteter Widerstand die restliche Welligkeit vom magnetischen Fluss fernhalten. Die Flusswelligkeit wird somit verschwindend klein. Die Kommutierung ist daher gut. Der Wechselstromanteil des Motorstromes erhöht die Erwärmung der Ankerwicklung, ohne sich an der Drehmomentbildung nützlich zu beteiligen.

Als Mass für den Wechselstromanteil wird nach IEC die Welligkeit definiert [63]:

$$\Delta i = \frac{i_{max} - i_{min}}{i_{max} + i_{min}} \cdot 100 \quad \% \tag{3.17}$$

Hier sind i_{max} und i_{min} die Extremwerte der Stromwelle.

Der Wellenstrommotor ist im Prinzip ein der Stromwelligkeit leicht angepasster Gleichstrommotor. Bei der üblichen Welligkeit von 30...50 % muss mindestens der magnetische Kreis der Wendepole geblecht sein, damit der Wendepolfluss dem Strom zwecks einer guten Kommutierung richtig folgt. Falls die Welligkeit klein ist, kann diese Massnahme entfallen. Bei den heute ohnehin vollständig geblechten Gleichstrommaschinen verschwinden die Unterschiede ganz.

Eine zu starke Unterdrückung der Motorstromwelligkeit erhöht unnötigerweise den Oberwellengehalt des Fahrleitungsstromes. Ausserdem wird die Glättungsdrosselspule insbesondere bei 16 ²/₃ Hz sehr gross und schwer.

Beim *Wellenspannungsmotor* (oder *Mischspannungsmotor*) wird der Wechselstromanteil des Stromes nicht unterdrückt. Somit erübrigt sich eine Glättungsdrosselspule. Der magnetische Fluss enthält die gleichen Oberwellen wie der Strom, so dass die Wechselstromkomponenten des Motorstromes an der Drehmomentbildung nützlich beteiligt sind. Die Kommutierung ist mit ähnlichen Schwierigkeiten behaftet, wie bei reinem Wechselstrommotor, jedoch sind diese leichter zu bewältigen, weil die Wechselstromkomponenten durch die angelegte Motorspannung und ihre Welligkeit gegeben sind. Am Anfang der Anfahrt ist diese Spannung klein (auch bei hohem Motorstrom) und die Stromoberwellen ebenfalls. Die gefürchtete Transformationsspannung bleibt demzufolge, im Gegensatz zu reinem Wechselstrommotor, auch klein.

Der Wellenspannungsmotor ist nach dieser Betrachtung ein Wechselstrommotor mit günstigeren Kommutierungsverhältnissen. Er ist selten zu finden, weil er sich als Sondermaschine neben dem leichteren und in der Kommutierung weniger empfindlichen Wellenstrommotor nicht durchsetzen konnte.

Der Mischstrommotor mit seinem Gleichrichter war zuerst als Ersatz für den ungünstigen Einphasenwechselstrommotor für 50 Hz gedacht, um auf diese Weise die wirtschaftliche Speisung der Bahnen aus dem Landesnetz zu ermöglichen. In der heutigen breiten Anwendung der Leistungselektronik mit dem normalen Betrieb der Gleichstrommotoren als Mischstrommotoren kann auf die besondere Bezeichnung Mischstrommotor und Wellenstrommotor verzichtet werden.

3.10 Die gemischte Erregung

Die Motoren mit gemischter Erregung (Kompounderregung) erhalten zwei getrennte Erregerwicklungen (Bild 3.23). Ihre Erregung setzt sich aus der üblichen Reihenschlusserregung und der zusätzlichen Fremderregung (aus einer gesteuerten Erregerstromquelle) zusammen. Die beiden Komponenten der Erregung addieren sich und geben dem Motor, je nach ihrem Anteil, eine zwischen dem Reihenschluss- und dem Nebenschlusscharakter (Bild 3.2) liegende Kennlinie.

Die gemischte Erregung wird nur im Betrieb mit Mischstrommotoren verwendet. Der Anteil der Fremderregung im Nennbetrieb liegt bei ca. 40...60 %.

Auch für Motoren mit gemischter Erregung sowie mit reiner Fremderregung gelten die Gleichungen 3.6, 3.7 und 3.10, wobei als Erregerstrom I_E die Summe der beiden Anteile unter Berücksichtigung der Windungszahlen der Wicklungen einzusetzen ist (Beispiele B. 7 und B. 8).

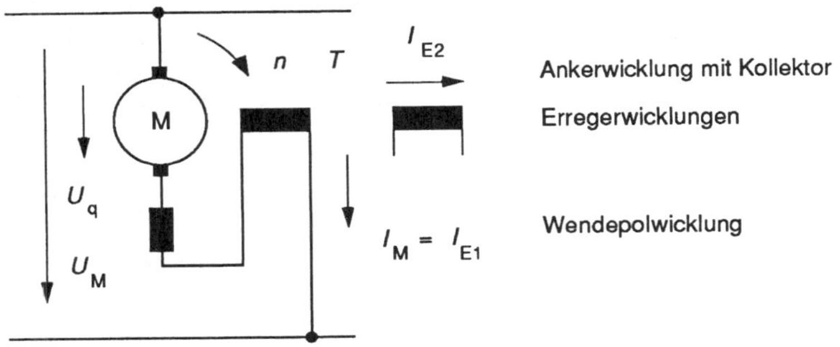

Bild 3.23. Grundsätzliche Schaltung des Motors mit gemischter Erregung

Durch die Steuerung der Fremderregung verschiebt sich die Motorcharakteristik (Bild 3.24). Die reduzierte Erregung verkleinert das Drehmoment und erhöht die Drehzahl bei sonst gleichem Motorstrom.

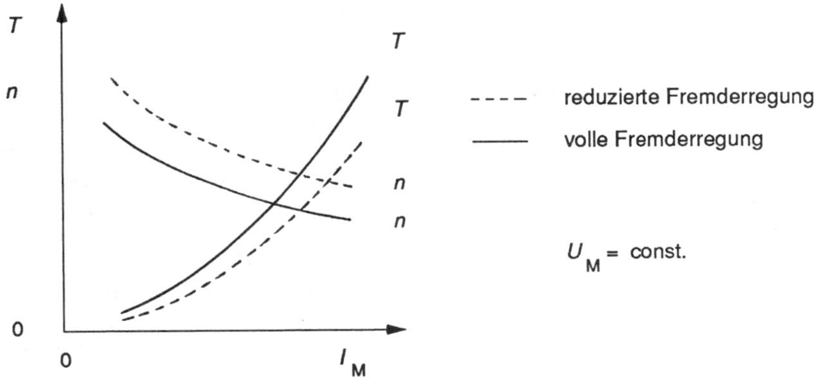

Bild 3.24. Einfluss der Fremderregung auf die Motorcharakteristik

3.11 Die Drehstrommaschinen

Die als Fahrmotoren eingesetzten rotierenden Drehstrommaschinen sind der Asynchronmotor (mit Käfigläufer oder Schleifringläufer) und der Synchronmotor.

Neben ihrer ersten Aufgabe als Motoren arbeiten diese *Dreiphasen*-Maschinen mit *Drehfeld* als Generatoren sobald das verlangte Drehmoment negativ wird, vorausgesetzt dass die Energierückspeisung gewährleistet ist (Bild 3.25).

Es ist diesen dreiphasigen Maschinen gemeinsam, dass beim Netzanschluss ein Drehfeld im Ständer aufgebaut wird, dessen Drehzahl – die *synchrone Drehzahl* n_{syn} – durch die Frequenz f des speisenden Netzes bestimmt ist. Die einzige Variationsmöglichkeit liegt hier noch in der Anzahl der Polpaare p der Ständerwicklung:

$$n_{syn} = \frac{f}{p} \cdot 60 \qquad 1/\text{min} \tag{3.18}$$

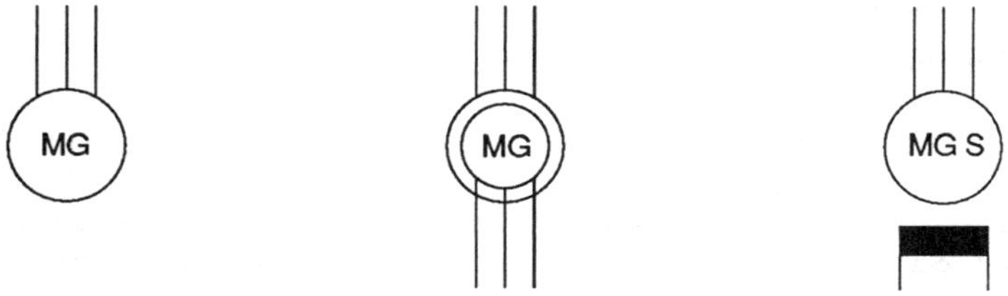

Bild 3.25. Die Drehstrommaschinen

Das umlaufende Drehfeld zieht den Läufer mit. Bei der Asynchronmaschine ist eine Relativgeschwindigkeit zum Drehfeld – der Schlupf – zur Entwicklung drehmomentbildender Läuferströme erforderlich. Somit ist die synchrone Drehzahl beim Schlupf Null gleichzeitig die Leerlaufdrehzahl. Bei der Synchronmaschine wird der Läufer mit dem festen Polsystem vom Drehfeld auch bei Belastung ohne Schlupf mitgezogen.

An Stelle des nicht vorhandenen Schlupfes ist bei der Synchronmaschine die Richtung der Polradverschiebung relativ zum Drehfeld das Kriterium für positives bzw. negatives Drehmoment.

Der synchronen Drehzahl entspricht gemäss Gleichung 3.1 eine *synchrone Fahrgeschwindigkeit* v_{syn} bei welcher die Zugkraft Null ist.

$$v_{syn} = 0{,}06\ \pi\ \frac{D}{i}\ n_{syn} = 0{,}06\ \pi\ \frac{D}{i}\ \frac{f}{p} \cdot 60 = 3{,}6\ \pi\ \frac{D}{i}\ \frac{f}{p} \qquad \text{km/h}$$

$$\boxed{v_{syn} = 3{,}6\ \pi\ \frac{D}{i}\ \frac{f}{p} \qquad \text{km/h}} \tag{3.19}$$

Die abgegebene Leistung beträgt (mit U_M als verkettete Spannung):

$$P_M = \sqrt{3}\ U_M\ I_M\ \cos\varphi\ \eta \tag{3.20}$$

Die Änderung der Drehrichtung erfolgt durch Vertauschen von zwei Phasen der Speisespannung.

Der *Drehstrom-Asynchronmotor* weist einen ausgesprochenen Nebenschlusscharakter auf. Seine Drehzahl ist bei Speisung mit konstanter Frequenz im normalen Betriebsbereich praktisch belastungsunabhängig. Im Nennbetrieb beträgt der *Schlupf* ca. 2...3 %. Dasselbe gilt für die Fahrgeschwindigkeit (Bild 3.26).

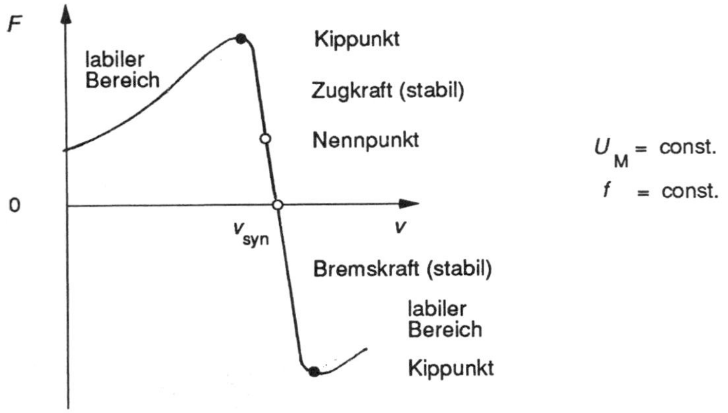

Bild 3.26. Verhalten der Drehstrom-Asynchronmaschine bei konstanter Frequenz

Unterhalb der synchronen Drehzahl ($v < v_{syn}$, positiver Schlupf) entwickelt der Motor eine Zugkraft. Im übersynchronen Bereich ($v > v_{syn}$, negativer Schlupf) wird diese zur Bremskraft.

Die Maschine ist spannungsempfindlich. Für sie gilt auch die allgemeine Transformatorformel:

$$U_q = \sqrt{2}\ \pi\ \Phi\ f\ N \qquad (3.21)$$

Bei fester Frequenz ist somit der Fluss der Spannung proportional. Auf eine Spannungsabsenkung reagiert der Motor mit entsprechender Stromerhöhung, um das verlangte Drehmoment entwickeln zu können: Gemäss Gleichung 3.7, die für alle elektrischen Maschinen gilt, ist das Drehmoment durch das Produkt des Flusses und des Stromes bestimmt.

Das Kippdrehmoment ändert sich annähernd quadratisch mit der Spannung. Eine übermässige Spannungsabsenkung kann deswegen über den Kippunkt in den labilen Bereich führen, wo kein Betrieb mehr möglich ist.

Für die Erregung des Drehfeldes benötigt die Maschine einen beträchtlichen Magnetisierungsstrom in der Grössenordnung von 20...40 % des Nennstromes. Damit bezieht sie im Motor- sowie im Generatorbetrieb Blindleistung aus dem Netz.

In der Ausführung mit *Käfigläufer* entfällt bei Speisung mit konstanter Frequenz praktisch jede Steuermöglichkeit. Für den Bahnbetrieb ist dies gänzlich ungeeignet.

Für die wenigen Anwendungsfälle ohne Frequenzregelung kommt nur die Ausführung mit *Schleifringläufer* in Betracht, um die Rotorwiderstände zwecks einer gewissen Reguliermöglichkeit anschliessen zu können (Beispiel B. 13).

Ebenso ungeeignet für den Bahnbetrieb bei konstanter Frequenz ist der *Drehstrom-Synchronmotor* mit seiner absolut starren, durch das feste Polsystem im Läufer bedingten Drehzahl (Bild 3.27).

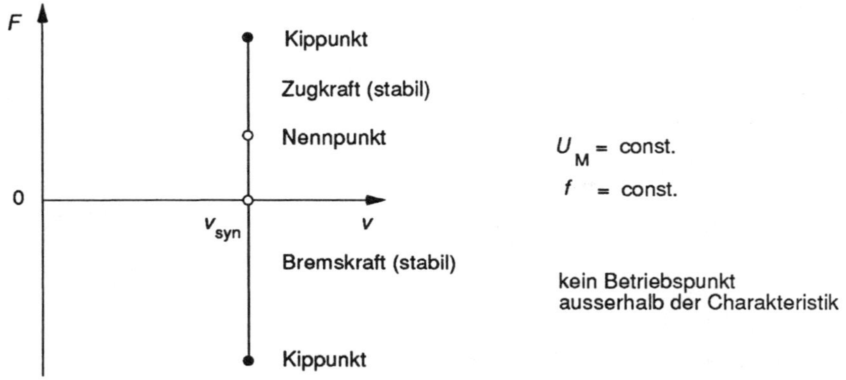

Bild 3.27. Verhalten der Drehstrom-Synchronmaschine bei konstanter Frequenz

Erst die *Frequenzregelung* macht die Drehfeldmaschine zu einem geeigneten Fahrmotor. Die Klemmenspannung soll dabei in einem weiten Betriebsbereich proportional zur Frequenz nachgeführt werden, um gemäss Formel 3.21 in diesem Bereich den Fluss konstant zu halten. Nun kann der Nullpunkt der Charakteristik auf eine beliebige Fahrgeschwindigkeit verstellt werden (Bild 3.28).

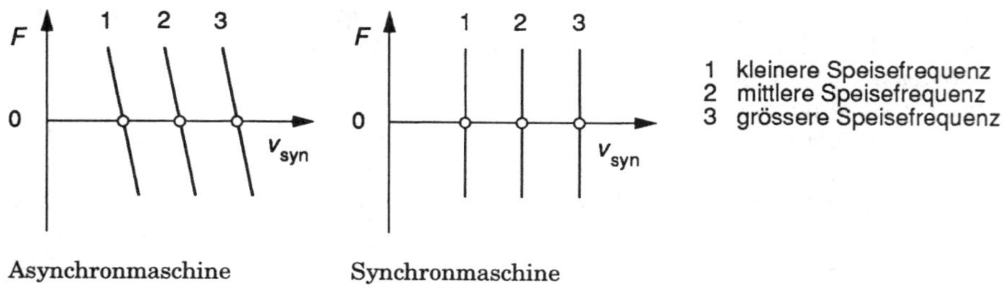

Bild 3.28. Verhalten der Drehstrommaschinen bei veränderlicher Frequenz

Bei der Frequenzregelung kann auf den Schleifringläufer verzichtet werden. Die Asynchronmaschine mit *Käfigläufer*, die einfachste elektrische Maschine überhaupt, genügt dann allen Anforderungen.

Die Synchronmaschine ist komplizierter und schwerer. Sie hat den wichtigen Vorteil, keinen Magnetisierungsstrom zu benötigen, weil sie zur Erregung des Drehfeldes eine Erregerwicklung im Läufer aufweist. Bei ihr kann der Leistungsfaktor durch die Erregung auf einen gewünschten Wert eingestellt werden.

Für die Bahnantriebe der Zukunft werden hochpolige permanenterregte Synchronmaschinen verschiedener Bauart untersucht. Die dank hochenergetischer Magnete sehr kompakte Ausführung könnte einen getriebelosen Antrieb ermöglichen [69].

3.12 Der Linearmotor (die Wanderfeldmaschine)

Der Linearmotor kann als eine aufgeschnittene und in eine Ebene abgewickelte Drehstrommaschine verstanden werden. An Stelle des Drehfeldes wird durch den Ständer ein *Wanderfeld* erzeugt (Bild 3.29). Das Drehmoment wird zur *Schubkraft*. Dadurch entsteht ein berührungsloser, von der Haftreibung unabhängiger Fahrzeugantrieb.

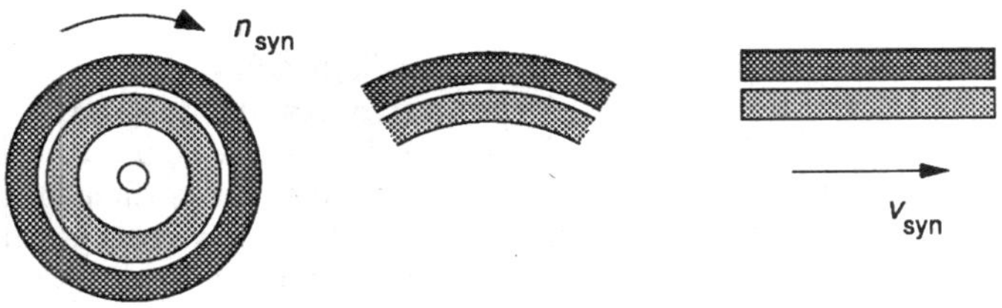

Bild 3.29. Die Entstehung des Linearmotors

Das Wanderfeld bewegt sich wie eine Welle relativ zum Ständer und folgt den gleichen Gesetzen wie das Drehfeld der rotierenden Maschine: Im Laufe einer Stromperiode verschiebt sich die Welle um die doppelte Polteilung. Daraus ergibt sich ihre Geschwindigkeit als der Weg während f Perioden:

$$v_F = \pm\ 2\ \tau_p\ f \cdot 3{,}6 = \pm\ 7{,}2\ \tau_p\ f \qquad \text{km/h}$$

Bei synchroner Fahrgeschwindigkeit ruht das Wanderfeld gegenüber dem Läufer (Schlupf Null). Somit ist der Betrag der beiden Geschwindigkeiten gleich. Die Richtung hängt von der Ausführung ab (Bild 3.30).

$$v_{syn} = \pm\ v_F \tag{3.22}$$

$$v_{syn} = \pm\ 7{,}2\ \tau_p\ f \qquad \text{km/h} \tag{3.23}$$

Mit dem Zeichen ± werden die beiden Varianten des Linearmotors berücksichtigt, für welche sich im Sprachgebrauch die Ausdrücke Kurz- bzw. Langstatormotor eingeführt haben:

- Beim Kurzstatormotor ist der Ständer im Fahrzeug eingebaut. Das Wanderfeld schiebt das Fahrzeug in Gegenrichtung. Der Läufer ist im Fahrweg über die ganze Strecke ortsfest angeordnet.
- Beim Langstatormotor ist es umgekehrt. Das Wanderfeld entsteht in den Ständerwicklungen im Fahrweg und zieht das Fahrzeug mit. Die Speisung muss der Strecke entlang erfolgen.

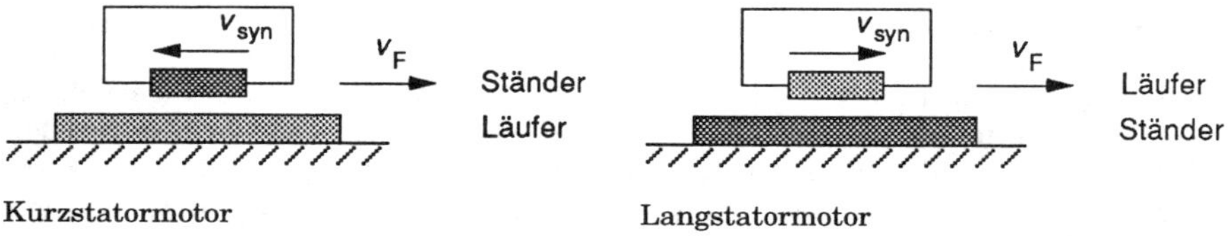

Bild 3.30. Kurzstator- und Langstatormotor

Neben der Schubkraft in Längsrichtung, die direkt als Zugkraft wirkt, entstehen bei der besprochenen Anordnung im Luftspalt zwischen Ständer und Läufer noch grössere anziehende magnetische Kräfte. Diese Querkräfte müssen zusätzlich zum Fahrzeuggewicht vom Tragsystem übernommen werden. Ausserdem treten wegen der endlichen Länge des Ständers Randeffekte auf. Sie verschlechtern bei zunehmender Fahrgeschwindigkeit die Leistungsfähigkeit des Motors.

Der Luftspalt des Linearmotors muss aus fahrdynamischen Gründen verhältnismässig gross sein (mindestens 8...15 mm, gelegentlich bis ca. 65 mm beim Asynchronmotor). Deswegen wird der Leistungsfaktor des asynchronen Linearmotors sehr schlecht. Im Nennbetrieb liegen die Werte um 0,3, mit Extremwerten im Bereich von ca. 0,15...0,60.

Dies ist sein grösster Nachteil im Vergleich zum Synchronmotor, der einen bedeutend grösseren Luftspalt verträgt.

Der Läufer des synchronen Linearmotors muss ein festes Polsystem aufweisen. Bei der Langstatorausführung können das gleichstromerregte Magnetpole oder Permanentmagnete sein. Für die Kurzstatorausführung sind ständererregte Klauenpole (bestehend beispielsweise aus Eisenteilen in einer Betonschiene) von Vorteil.

Der asynchrone Kurzstatormotor kann auch als *doppelseitiger* Motor gebaut werden (Bild 3.31). Dann entfallen die magnetischen Querkräfte. Der Läufer reduziert sich auf eine vertikale Reaktionsschiene aus Kupfer oder Aluminium, die bei rotierenden Maschinen dem Käfig entspricht. Sie liegt zwischen den beiden Hälften des Ständers und versperrt dabei den Fahrweg für jede andere Benutzung.

Beim *einseitigen* Motor erhält der Läufer den magnetischen Rückschluss mit dem Käfig oder mit einer horizontalen Reaktionsschiene.

Ähnlich lässt sich auch der synchrone Kurzstatormotor doppelseitig realisieren.

Die Hauptanwendung des Linearmotors ist bei berührungslos geführten Fahrzeugen in der Magnetschwebetechnik.

In Zukunft könnte er auch in konventionellen Triebfahrzeugen zur Erhöhung der Zugkraft unabhängig von der Haftreibung benutzt werden.

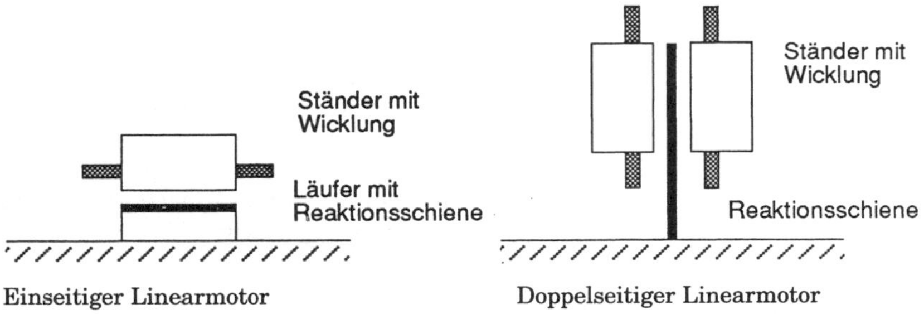

Bild. 3.31. Die Varianten des asynchronen Kurzstatormotors

3.13 Berechnungsbeispiele und Übungsaufgaben

Beispiel 4

Für eine Lokomotive mit Höchstgeschwindigkeit von 140 km/h und Raddurchmesser von 1230 mm steht ein Motor mit Nenndrehmoment von 7600 Nm und maximaler Drehzahl von 1600 1/min zur Verfügung. Von der Lokomotive wird bei Nennleistung eine Zugkraft von 120 000 N verlangt. Die Getriebeübersetzung und die Anzahl der Fahrmotoren sollen festgelegt werden.

Die Angaben (D = 1,23 m, n_{max} = 1600 1/min, v_{max} = 140 km/h) genügen zur Festlegung der erforderlichen Übersetzung (Gleichung 3.1):

$$i = 0{,}06\ \pi\ \frac{1{,}23}{140}\ 1600 = 2{,}650$$

Die benötigte Anzahl der Fahrmotoren folgt aus Gleichung 3.2 (F = 120 000 N, T = 7600 Nm). Die vorher bestimmte Übersetzung lässt sich voraussichtlich mit einem einstufigen Getriebe realisieren, so dass ein Getriebewirkungsgrad von 0,97 als vorsichtiger Wert mit Reserve genügt:

$$z = \frac{1{,}23 \cdot 120\,000}{2 \cdot 7600 \cdot 2{,}650 \cdot 0{,}97} = 3{,}78 \approx 4$$

Somit müssen 4 Fahrmotoren eingebaut werden. Die Nennzugkraft kann damit nach Bedarf erhöht werden auf (Gleichung 3.2):

$$F = 2 \cdot 7600 \cdot \frac{2{,}650}{1{,}23} \cdot 4 \cdot 0{,}97 = 127 \cdot 10^3\ \text{N}$$

In Bezug auf die Leistung können noch keine Zahlen ermittelt werden, weil nicht bekannt ist, bei welcher Drehzahl das Nenndrehmoment entwickelt werden kann oder bei welcher Fahrgeschwindigkeit die Nennleistung definiert wird.

Beispiel 5

Die Rückfrage ergibt, dass der im Beispiel 4 betrachtete Fahrmotor als Reihenschlussmotor sein Nenndrehmoment bei einer Drehzahl von 1053 1/min entwickelt, Nennspannung und die volle Erregung vorausgesetzt.

Nun können die Leistungsverhältnisse abgeklärt werden. Die Nennleistung des Motors folgt aus Gleichung 3.13 (T = 7600 Nm, n = 1053 1/min):

$$P_\text{M} = \frac{\pi}{30} \cdot 7600 \cdot 1053 \cdot 10^{-3} = 838\ \text{kW}$$

Die Nennleistung der viermotorigen Lokomotive beträgt 4 · 838 = 3352 kW. Die entsprechende Fahrgeschwindigkeit ist durch die Proportionalität zwischen v und n (mit v_max = 140 km/h und n_max = 1600 1/min) festgelegt:

$$v = v_\text{max} \frac{n}{n_\text{max}} = 140 \frac{1053}{1600} = 92{,}1\ \text{km/h}$$

Die Kontrolle der Leistung gemäss Gleichung 2.29 ergibt:

$$P = \frac{127 \cdot 10^3 \cdot 92{,}1}{3600} = 3250\ \text{kW}$$

Diese auf die Räder abgegebene Leistung ist um die Getriebeverluste kleiner als die Nennleistung von 3352 kW nach üblicher Definition.

Zum Vergleich sollen noch die Unterschiede beachtet werden, die sich bei Verwendung von einem Drehstrom-Asynchronmotor für 50 Hz ergeben würden.

Die synchrone Drehzahl dürfte gemäss Gleichung 3.18 (f = 50 Hz und voraussichtlich p = 2) in diesem Fall 50/2 · 60 = 1500 1/min betragen. Mit ca. 4 % Schlupf könnte die Nenndrehzahl ungefähr bei 1440 1/min liegen.

Die Rechnung ergibt hier:

$$P_M = \frac{\pi}{30} \cdot 7600 \cdot 1440 \cdot 10^{-3} = 1146 \text{ kW} \qquad v = 140 \frac{1440}{1600} = 126 \text{ km/h}$$

$$P = \frac{127 \cdot 10^3 \cdot 126}{3600} = 4445 \text{ kW}$$

Welche Variante für den vorgesehenen Betriebseinsatz günstiger wäre, ist daraus noch nicht ersichtlich.

Auch dieses Beispiel zeigt, dass die Leistung allein zur Beurteilung der Verhältnisse nicht ausreicht.

Beispiel 6

Eine Gleichstromlokomotive soll bei 96 km/h die Nennzugkraft von 220 kN entwickeln. Bei der Anfahrt wird die doppelte Zugkraft benötigt. Die Radsatzlast ist auf 20 t beschränkt. Die Höchstgeschwindigkeit beträgt 160 km/h.
Die daraus resultierenden Bedingungen für die Motoren und die Übersetzung sind zu ermitteln. Vorausgesetzt werden hohe Haftwerte sowie Motordrehzahlen bis 3000 1/min.

Mit einem angemessenen Wert $\mu = 0{,}4$ folgt aus der Gleichung 2.26 die notwendige Adhäsionslast für die doppelte Zugkraft (2 · 220 kN):

$$m_r \geq \frac{2 \cdot 220 \cdot 10^3}{0{,}4 \cdot 9{,}81 \cdot 10^3} = 112 \text{ t}$$

Damit werden 112/20 = 5,6 ≈ 6 Radsätze, d.h. eine sechsachsige Lokomotive benötigt. Die Motorleistung beträgt bei Einzelachsantrieb ein Sechstel der Lokomotivleistung gemäss Gleichung 2.29 (mit 220 kN bei 96 km/h). Sie muss noch um den Getriebewirkungsgrad (z.B. 0,97) erhöht werden:

$$P_M = \frac{1}{6} \cdot \frac{220 \cdot 10^3 \cdot 96}{3600} \cdot \frac{1}{0{,}97} = 1008 \text{ kW}$$

Mit maximaler Drehzahl von 3000 1/min ergibt sich die Nenndrehzahl des Motors ähnlich wie im Beispiel 5:

$$n = n_{max} \frac{v}{v_{max}} = 3000 \frac{96}{160} = 1800 \text{ 1/min}$$

Falls erwünscht, kann noch das Nenndrehmoment des Motors gemäss Gleichung 3.13 bestimmt werden:

$$T = \frac{30}{\pi} \cdot \frac{1008}{1800} \cdot 10^3 = 5348 \text{ Nm}$$

Da der Raddurchmesser nicht bekannt ist, kann die Übersetzung nicht gerechnet werden. Allerdings liegt das Verhältnis *D/i* fest (Gleichung 3.1 mit Werten beispielsweise bei maximaler Drehzahl):

$$\frac{D}{i} = \frac{1}{0{,}06\ \pi} \cdot \frac{160}{3000} = 0{,}2829\ \mathrm{m}$$

Übungsaufgaben

Aufgabe 8: Jeder Fahrmotor einer viermotorigen Lokomotive entwickelt im Nennbetrieb bei 1800 1/min ein Drehmoment von 2000 Nm. Bei der maximalen Fahrgeschwindigkeit von 120 km/h laufen die Motoren mit 2600 1/min. Wie gross ist im Nennbetrieb die Fahrgeschwindigkeit und die von den Fahrmotoren abgegebene Leistung?

Ergebnis: 83 km/h, 377 kW (pro Motor)

Aufgabe 9: Die vorher betrachtete Lokomotive soll auf gerader Strecke mit 10 ‰ Steigung einen Schnellzug ohne Überschreitung der Nennbelastung ziehen. Wie gross ist die zulässige Anhängelast? Wie sind die Anforderungen an die Haftreibung zu beurteilen, wenn die Lokomotivmasse gleich Adhäsionslast 80 t beträgt?

Ergebnis: 354 t, problemlos ($\mu \geq 0{,}08$)

Aufgabe 10: In einer sechsachsigen Lokomotive mit 120 t Masse sind durch 6 Motoren alle Radsätze angetrieben. Jeder Motor entwickelt im Nennbetrieb bei 1920 1/min ein Drehmoment von 4500 Nm. Bei maximaler Fahrgeschwindigkeit von 160 km/h laufen die Motoren mit 2800 1/min. Bei der Anfahrt können sie kurzzeitig das doppelte Drehmoment entwickeln. Wie ist hier die Übersetzung im Getriebe gewählt worden? Kann das Drehmoment bei der Anfahrt in Bezug auf die Haftreibung ausgenutzt werden?

Ergebnis: *D/i* = 0,3031 m, ja ($\mu \geq 0{,}293$)

4. Die Steuerung des Fahrmotors

Grundlagen

4.1 Die Entwicklung der Steuerungstechnik

Der aus dem Netz gespeiste Fahrmotor läuft je nach Belastung mit einer bestimmten Drehzahl, die durch seine natürliche Drehmoment/Drehzahl-Charakteristik gegeben ist. Der Bahnbetrieb verlangt jedoch auch andere Drehzahlen. Sie liegen in einem weiten Geschwindigkeitsbereich, der mit der Anfahrt aus dem Stillstand beginnt. Der Motor muss gesteuert werden, um die gewünschte Drehzahl bei gegebener Belastung zu erreichen.

Unter der *Steuerung* ist in diesem Sinne die Methode zur Einstellung der Motordrehzahl und somit der Fahrgeschwindigkeit des Zuges mit einer entsprechenden Apparatur zu verstehen.

Der Motor und seine Steuerung müssen in der Funktion eine gegenseitig abgestimmte technische Einheit bilden.

Zwölf Jahrzehnte der Entwicklung der elektrischen Bahnen seit dem Bau der ersten elektrischen Lokomotive 1879 dürfen gerade im Hinblick auf den Motor und die Steuerungstechnik in vier Epochen unterteilt werden. Die Grenzen sind selbstverständlich nicht scharf zu ziehen, da die Ablösung der jeweils herrschenden Technik immer Jahre dauert.

Anfangsphase – Suche nach geeigneter Technik

Die ersten drei Jahrzehnte sind dieser Phase anzurechnen. Verschiedene Möglichkeiten wurden untersucht und später wieder verlassen. Sie sind nur noch von historischem Interesse. Neben dem von Anfang an bekannten Gleichstrommotor mit Steuerung durch Anfahrwiderstände hat sich nur noch die Frequenzverminderung des Einphasenwechselstromes mit Erfolg durchgesetzt.

Stufensteuerungen für Gleich- und Wechselstrom

Im anschliessenden Zeitabschnitt bis Ende der fünfziger Jahre waren Stufensteuerungen mit dem Gleichstrom- bzw. Einphasenwechselstrommotor verminderter Frequenz die allgemein benutzte Technik. In dieser Zeit wurde auch eine befriedigende Lösung für eine 50-Hz-Einphasenwechselstrom-Lokomotive zur direkten Speisung aus dem allgemeinen Drehstrom-Landesnetz gesucht.

Stufenlose Stromrichtersteuerungen

Die Anwendung des Stromrichters, zuerst mit Stufenschaltungen, dann nach dem Einsatz des Thyristors stufenlos, ermöglichte den Bau der 50-Hz-Lokomotive und brachte der Traktionstechnik in den sechziger Jahren viele andere Vorteile, wie kleineren Energieverbrauch, ruckfreie kontinuierliche Steuerung, Apparatur ohne

Kontaktverschleiss und eine bessere Ausnutzung der Adhäsion. Davon profitieren die Gleichstrom- sowie die Einphasenwechselstrombahnen verminderter und unverminderter Frequenz.

Die Umstellung auf stufenlose Steuerungen ist abgeschlossen. Die veraltete Technik der Stufensteuerungen wird nicht mehr gebaut. Sie wird allerdings wegen der Langlebigkeit elektrischer Triebfahrzeuge noch manches Jahr in Betrieb bleiben. Noch vor kurzer Zeit wurden Fahrzeuge in dieser Technik gebaut, in erster Linie als Nachbau zur Ergänzung bestehender Serien (Beispiel B. 1).

Umrichtertechnik

Parallel zur allgemeinen Umstellung auf stufenlose Stromrichter-Steuerungen erfolgte die Entwicklung der Umrichtertechnik mit dem Ziel, den verhältnismässig teueren und schweren Kollektormotor durch den einfachen, wenig Unterhalt beanspruchenden kollektorlosen Drehstrommotor zu ersetzen. Durch eine aufwendige Leistungselektronik zur Frequenzsteuerung des Asynchron- oder Synchronmotors – den Frequenzumrichter – wurde diese Umrichtertechnik Ende der siebziger Jahre zur technischen Reife gebracht. Dank den Vereinfachungen in der Leistungselektronik ist die Umrichtertechnik zum allgemeinen Bahnstandard geworden. Eine weitere Epoche der Bahntechnik ist noch nicht in Sicht.

4.2 Die Methoden der Steuerungstechnik

Für die Steuerung des Kollektormotors stehen grundsätzlich die Spannungs- und die Feldänderung zur Verfügung.

Bei der *Spannungsänderung* wird die Klemmenspannung des Fahrmotors gesteuert. Dazu können in der Bahntechnik folgende Mittel eingesetzt werden:

- *Stufentransformator* für die Speisung der Fahrmotoren mit veränderlicher Spannung. Diese wirtschaftliche Methode ist praktisch bei allen älteren noch heute im Betrieb stehenden Wechselstrombahnen zu finden.
- Mehrstufige *Vorschaltwiderstände* zum Fahrmotor. Bei allen älteren Gleichstrombahnen musste diese wegen hoher Verluste unwirtschaftliche Methode verwendet werden, weil hier kein Transformator zur Verfügung stand.
- *Umgruppierung* der Fahrmotoren. Die Schaltung der Fahrmotoren in Serie oder Parallel – je nach Geschwindigkeit – ist eine nützliche, allgemein benutzte Zusatzmassnahme, um die Verluste in den Vorschaltwiderständen der Gleichstrombahnen zu vermindern.
- Rotierende *Umformergruppen* an Bord des Triebfahrzeuges zur Erzeugung einer fein regulierbaren Motorspannung. Wegen des schlechten Wirkungsgrades und wegen des hohen Gewichtes (dreimalige Energieumwandlung elektrisch/mechanisch in der Lokomotive), wurde die regeltechnisch sehr vorteilhafte Speiseart auch früher selten verwendet. Heute ist sie verlassen.
- Der mit den Elementen der Leistungselektronik (Thyristoren) aufgebaute *Stromrichter* in Anschnittsteuerung. Er lässt bei den Wechselstrombahnen

eine stufenlose Steuerung zu. Als sein Vorgänger ist der Quecksilberdampf-Gleichrichter zu nennen.

- Der ebenfalls mit Thyristoren gebaute *Gleichstromsteller*. Sein Verhalten entspricht einem Transformator für Gleichstrom und ermöglicht eine stufenlose wirtschaftliche Steuerung bei den Gleichstrombahnen.
- Der *Magnetverstärker* (Transduktor) zur stufenlosen Steuerung. In der Vergangenheit wurde er eher zur Steuerung der Hilfseinrichtungen als für die Fahrmotorspeisung verwendet. Als Stellglied kommt er nicht mehr vor.
- Verschiedene *andere Möglichkeiten*, zum Teil mit Maschinen besonderer Bauart, wie Bürstenverstellung und Umformermetadyne, haben keine Bedeutung mehr.

Da bei konstantem Strom (und somit bei unveränderter Erregung auch konstantem Drehmoment) die Drehzahl des Kollektormotors ungefähr der Motorspannung (Klemmenspannung) proportional ist, kann der Fahrmotor durch die Spannungsänderung im ganzen Geschwindigkeitsbereich bis zum Stillstand gesteuert werden.

Bei der *Feldänderung* wird der Erregerstrom in gewissen Grenzen verstellt. Dies ist eine zusätzliche Möglichkeit zur Drehzahlsteuerung in einem beschränkten Bereich bei konstanter Motorspannung. In der Regel wird eine Geschwindigkeitserhöhung durch *Feldschwächung* benutzt.

Der Drehstrom-Asynchronmotor lässt sich nur durch die *Änderung* der *Speisefrequenz* günstig steuern. Für den Drehstrom-Synchronmotor ist dies die einzige Möglichkeit überhaupt. An Stelle der früher gelegentlich verwendeten rotierenden Frequenzumformer werden heute statische Umrichter eingesetzt. Auf die gleiche Art wird auch der Linearmotor gesteuert.

Der Umrichter verlangt eine hochwertige und aufwendige Leistungselektronik. Er lässt sich bei allen Stromsystemen der Bahnen sowie bei dieselelektrischen Triebfahrzeugen verwenden.

4.3 Steuerung über Stufentransformator

Mit Hilfe eines Stufentransformators lässt sich bei den Wechselstrombahnen die Klemmenspannung des Einphasenwechselstrommotors und somit seine Drehzahl in weiten Grenzen steuern.

Das Verhalten des Motors folgt aus Bildern 3.15...3.17 zusammen mit Gleichungen 3.8 und 3.10, die auf diese Zeigerdarstellung umzustellen sind:

$$U_q = |U_q| = |U_M - \Delta U| = K_1 \, f(I_M) \, n \tag{4.1}$$

Damit ist die Abhängigkeit der Drehzahl von der Klemmenspannung des Motors gegeben. Daraus resultiert bei der üblichen Reihenschlusserregung die im Bild 4.1 dargestellte Charakteristik.

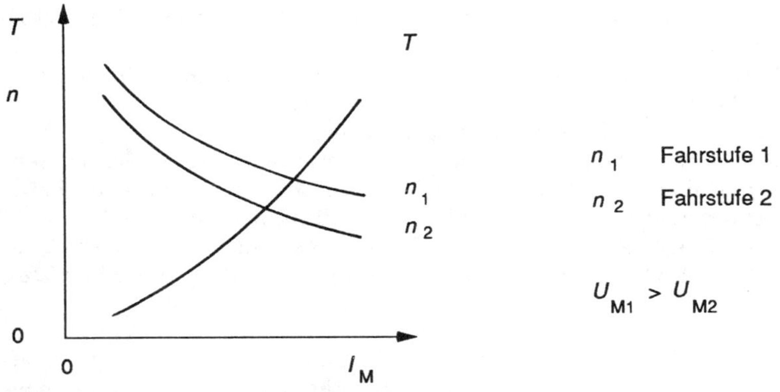

Bild 4.1. Die Charakteristik bei verschiedenen Transformatorstufen

Jede Transformatorstufe ergibt eine andere Spannung ($U_M = U_{M1}, U_{M2}, ...$) und dadurch eine zusätzliche Drehzahlkurve in der Fahrmotorcharakteristik. Bei der Berechnung kann der Spannungsabfall im Transformator zum Spannungsabfall im Motor addiert werden.

Die Drehmomentkurve ist für alle Stufen die gleiche, weil das Drehmoment nur stromabhängig ist.

Bei einer drehzahlunabhängigen Kühlung des Fahrmotors kann jede Stufe grundsätzlich für den dauernden Betrieb uneingeschränkt benutzt werden.

Meistens werden bei den Wechselstrombahnen 18...32, eventuell bis 40 Stufen verwendet, bei einfachen Verhältnissen auch weniger.

4.4 Steuerung mit vorgeschalteten Stufenwiderständen

Hier wird dem Gleichstrommotor zur Spannungsreduktion ein mehrstufiger ohmscher Widerstand (*Stufenwiderstand*) vorgeschaltet (Bild 4.2).

Die Speisespannung und die Klemmenspannung des Motors unterscheiden sich um den Spannungsabfall am Vorschaltwiderstand.

Für einen bestimmten Motorstrom kann mit den Gleichungen 3.8 und 3.10 über die Quellenspannungen das Verhältnis der Drehzahlen mit bzw. ohne Widerstand (Indizes R bzw. 0) bei konstanter Speisespannung bestimmt werden:

$$U = U_{M0} = R\ I_M + U_{MR} \tag{4.2}$$

$$U_{q0} = U_{M0} - R_M\ I_M = U - R_M\ I_M = K_1\ f(I_M)\ n_0 \tag{4.3}$$

$$U_{qR} = U_{MR} - R_M\ I_M = U - R\ I_M - R_M\ I_M = K_1\ f(I_M)\ n_R \tag{4.4}$$

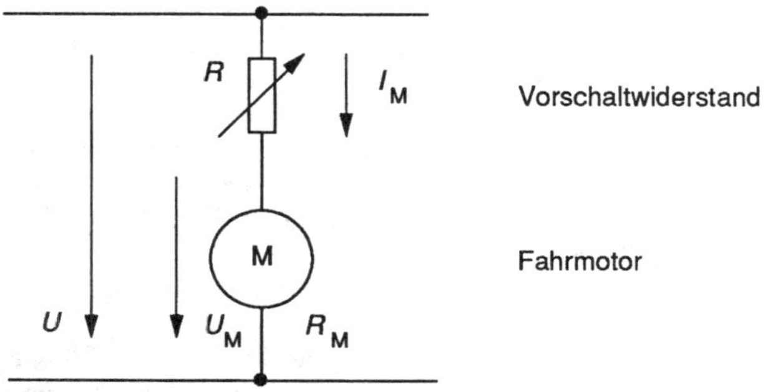

Bild 4.2. Fahrmotor mit Vorschaltwiderstand

Die Division der letzten zwei Gleichungen liefert das Ergebnis:

$$\frac{U_{qR}}{U_{q0}} = \frac{U - R\ I_M - R_M\ I_M}{U - R_M\ I_M} = \frac{K_1\ f(I_M)\ n_R}{K_1\ f(I_M)\ n_0}$$

$$\boxed{\frac{n_R}{n_0} = \frac{U - (R + R_M)\ I_M}{U - R_M\ I_M}} \quad \text{bei gleichem Motorstrom} \qquad (4.5)$$

Daraus lässt sich die ganze Charakteristik des Reihenschlussmotors mit Stufenwiderständen Punkt für Punkt bestimmen (Bild 4.3).

Es ist wegen der Nichtlinearität des Flussverlaufes vorteilhaft, die Berechnung zuerst für einen konstanten Strom über die ganze Widerstandsabstufung durchzuführen.

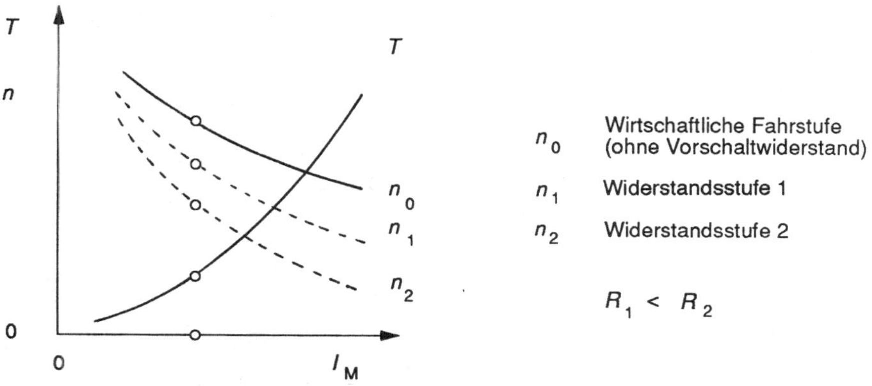

Bild 4.3. Die Charakteristik mit Stufenwiderstand

Anschliessend folgt die Berechnung für einen anderen Strom, immer basierend auf der am Anfang bekannten Drehzahlcharakteristik ohne Vorschaltwiderstand. Hier muss lediglich der Widerstand der Motorwicklungen bekannt sein.

Jede Widerstandsstufe ($R = R_1, R_2, ...$) ergibt in der Fahrmotorcharakteristik eine zusätzliche Drehzahlkurve. Diese sind jedoch wegen der Verluste im Vorschaltwiderstand für einen längeren Betrieb ungeeignet und werden als *unwirtschaftliche Fahrstufen* bezeichnet. Die Stufe mit abgeschaltetem Vorschaltwiderstand ist hier die einzige *wirtschaftliche* Fahrstufe.

Die Drehmomentkurve bleibt durch den Vorschaltwiderstand unbeeinflusst.

Die Widerstandsstufen wurden in der früheren Zeit generell bei den Gleichstrombahnen zur Anfahrt und für vorübergehende Geschwindigkeitsreduktionen benutzt. Meistens wurden 10...25 Stufen verwendet, gelegentlich bis 40 oder sogar mehr.

4.5 Umgruppierung der Fahrmotoren

Die Umgruppierung der Fahrmotoren während der Fahrt wird bei Gleichstrombahnen mit Steuerung über Vorschaltwiderstände verwendet. Dadurch können Verluste wesentlich reduziert werden, weil ein Teil des nicht nutzbringenden Spannungsabfalles einem anderen Motor zur Verfügung gestellt wird.

Bei mehreren *gleichen* Fahrmotoren im Triebfahrzeug sind folgende Gruppierungen möglich:

- alle Motoren in Serie geschaltet: Schaltung *Serie*;
- alle Motoren parallel geschaltet: Schaltung *Parallel*;
- kombinierte Gruppierungen bei passender Anzahl der Fahrmotoren: Schaltung *Serie / Parallel*.

Der einfachste Fall liegt bei zwei Motoren vor (Bild 4.4).

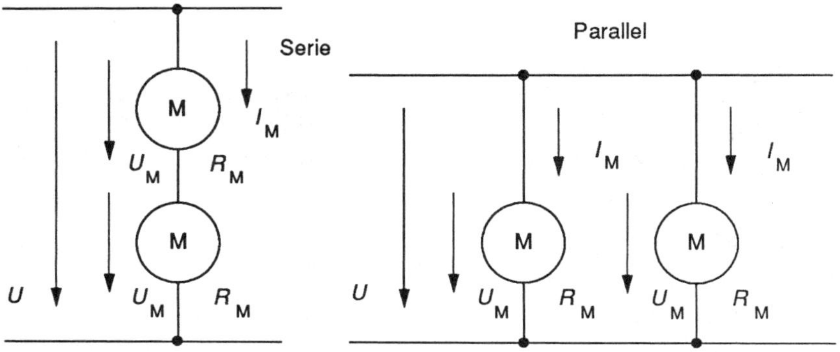

Bild 4.4. Gruppierungen bei 2 Fahrmotoren

Auch hier kann für einen bestimmten Motorstrom mit den Gleichungen 3.8 und 3.10 das Verhältnis der Drehzahlen für die Schaltung Serie bzw. Parallel (Indizes S bzw. P) bei konstanter Speisespannung bestimmt werden:

$$U = U_{MP} = 2\ U_{MS} \tag{4.6}$$

$$U_{qP} = U_{MP} - R_M\ I_M = U - R_M\ I_M = K_1\ f(I_M)\ n_P \tag{4.7}$$

$$U_{qS} = U_{MS} - R_M\ I_M = \frac{U}{2} - R_M\ I_M = K_1\ f(I_M)\ n_S \tag{4.8}$$

Die Division der letzten zwei Gleichungen liefert wieder das Ergebnis:

$$\frac{U_{qS}}{U_{qP}} = \frac{\frac{U}{2} - R_M\ I_M}{U - R_M\ I_M} = \frac{K_1\ f(I_M)\ n_S}{K_1\ f(I_M)\ n_P}$$

$$\boxed{\frac{n_S}{n_P} = \frac{\frac{U}{2} - R_M\ I_M}{U - R_M\ I_M} \approx \frac{1}{2}} \quad \text{bei gleichem Motorstrom} \tag{4.9}$$

Bei der Umgruppierung von Serie auf Parallel ändert sich die Drehzahl ungefähr im Verhältnis 1:2. Dies ist auch aus der Charakteristik des Reihenschlussmotors ersichtlich (Bild 4.5). Die Drehmomentkurve bleibt unverändert.

In beiden Gruppierung werden weiterhin Stufenwiderstände benötigt, jedoch bedeutend kleinerer Leistung. Die beiden Grenzfälle ohne Vorschaltwiderstand ergeben wirtschaftliche Fahrstufen, welche für den dauernden Betrieb verwendet werden können, falls die Motorkühlung drehzahlunabhängig ist.

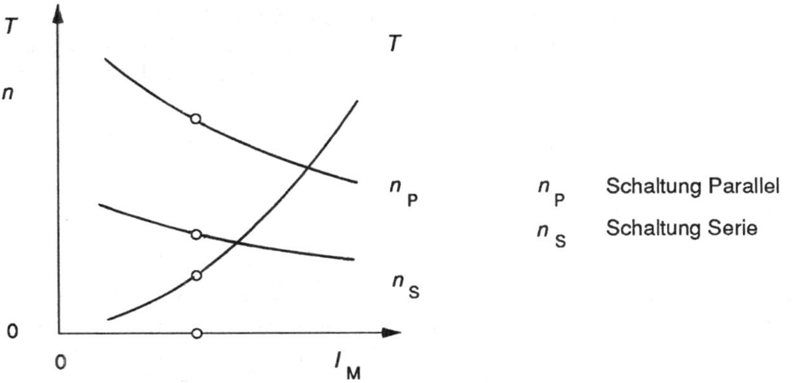

Bild 4.5. Die Charakteristik bei Umgruppierung der Fahrmotoren

Bei 4 Motoren bestehen drei Kombinationsmöglichkeiten (Bild 4.6). Die Drehzahlen der Fahrmotoren ändern sich ungefähr im Verhältnis 1:2:4. Für die Berechnung gelten sinngemäss die vorher erläuterten Verhältnisse.

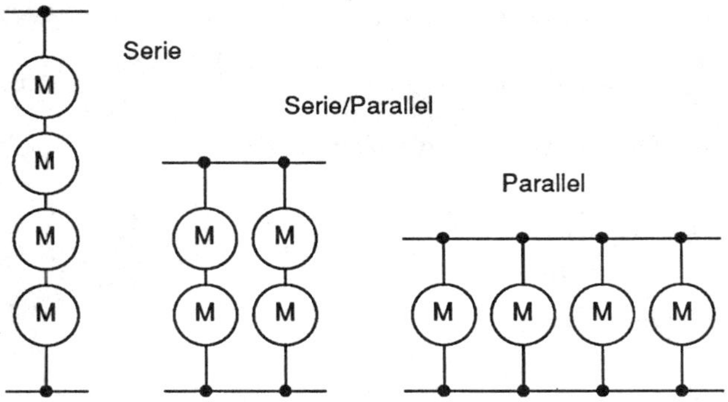

Bild 4.6. Kombinationsmöglichkeiten bei 4 Fahrmotoren

Bei 6 Motoren bestehen zwei Serie/Parallel-Kombinationen, und zwar mit je 3 bzw. je 2 Motoren in Serie geschaltet. Das Drehzahlverhältnis aller Varianten beträgt ungefähr 1:2:3:6. Es besteht allerdings kaum Interesse an wirtschaftlichen Fahrstufen in einem so grossen Drehzahlbereich (1:6), so dass im Hinblick auf den Umschaltaufwand selten sämtliche Möglichkeiten genutzt werden. Gleiche Überlegungen gelten bei 8 Motoren.

Es ist bei höherer Speisespannung vorteilhaft auf die Gruppierung Parallel zu verzichten. In diesem Fall können die Fahrmotoren als einfachere und betriebssicherere Halbspannungsmotoren gebaut werden.

Wie weit von verschiedenen Kombinationen Gebrauch gemacht werden kann zeigt das Beispiel der sechsachsigen Lokomotiven E 646 und E 656 der Italienischen Staatsbahnen (FS) mit 2 Fahrmotoren pro Radsatz (Beispiel B. 6) [70]. Die 12 Motoren werden alle in Serie oder zu je 6, 4 oder 3 in Serie geschaltet betrieben.

4.6 Rotierende Umformergruppen

Die Speisung der Fahrmotoren über eine rotierende Umformergruppe hat in früheren Jahren manche Vorteile versprochen: Eine sehr gute stufenlose Reguliermöglichkeit, die vollständige Entkoppelung der Fahrmotoren von der Speisespannung, die freie Wahl der Stromart und der Spannungshöhe für die Fahrmotoren. Meistens wurde ein robuster Gleichstrommotor bevorzugt.

Diesen Vorteilen stehen wesentliche Nachteile für die Bahnanwendung gegenüber: Die dreifache Umwandlung der vollen Leistung elektrisch/mechanisch und umgekehrt reduziert den Wirkungsgrad und braucht zu viel Platz und Gewicht in der Lokomotive. Deswegen konnte sich diese Steuerungsart nicht durchsetzen, obwohl manche ausgeklügelte Lösungen Verwendung fanden.

Der letzte Grossversuch dieser Technik waren die Probeserien der Französischen Bahnen (SNCF) im Raum Valenciennes-Thionville in den fünfziger Jahren, wo für die Speisung mit Einphasenwechselstrom von 50 Hz unter anderem zwei Varianten der Umformerlokomotive gebaut wurden:

- Wechselstrom/Gleichstrom-Umformung mit Gleichstromgeneratoren und gewöhnlichen Gleichstrom-Fahrmotoren. Damit wurde eine fein einstellbare Steuerung der Fahrmotoren mit traktionstechnisch sehr guten Eigenschaften realisiert.
- Wechselstrom/Drehstrom-Umformung mit einer Phasenumformer- und einer Frequenzumformergruppe sowie mit frequenzgesteuerten Drehstrommotoren. Die störungsempfindliche Bauart der Umformersätze hat sich bei diesen 20 Lokomotiven nicht bewährt. Immerhin kann das Prinzip als Vorläufer der heutigen Umrichtertechnik mit statischen Elementen der Leistungselektronik betrachtet werden.

Heute kommen solche Lösungen nicht mehr in Frage.

4.7 Stromrichter in Anschnittsteuerung

Mittels gesteuerter Stromrichterelemente lässt sich bei *Wechselstromspeisung* die Grösse der Motorspannung beliebig verkleinern, indem durch den einstellbaren Zündpunkt nur ein Teil der Sinuskurve der Spannung wirksam wird (Bild 4.7).

Diese *Anschnittsteuerung* war schon mit Quecksilberdampf-Gleichrichtern realisierbar. Ihre Vorteile sind erst durch den *Thyristor*, den leistungsstarken und verlustarmen steuerbaren Silizium-Gleichrichter, in der neueren Bahntechnik voll zur Geltung gekommen.

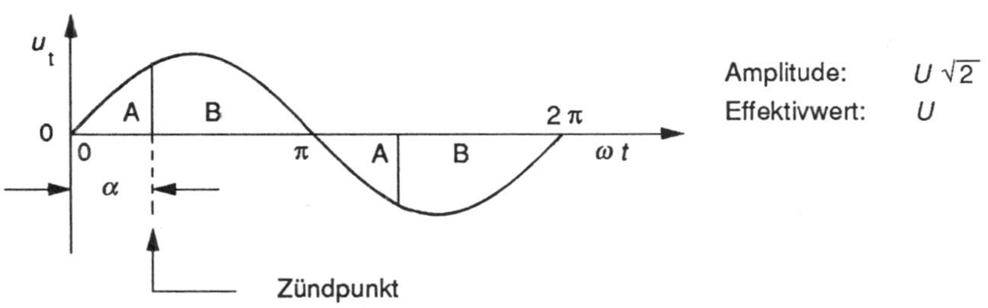

Bild 4.7. Anschnittsteuerung der Wechselspannung

Durch den eingestellten *Steuerwinkel* α wird der Zündpunkt festgehalten. Jede Halbperiode der Spannung U wird dadurch in zwei Abschnitte mit folgenden Mittelwerten geteilt:

$$\text{Abschnitt A:} \quad \bar{U}_\mathrm{A} = \frac{1}{\pi} \int_0^\alpha U\sqrt{2}\ \sin(\omega t)\,\mathrm{d}t = \frac{1}{\pi} U\sqrt{2}\ (1 - \cos\alpha) \tag{4.10}$$

$$\text{Abschnitt B:} \quad \bar{U}_\mathrm{B} = \frac{1}{\pi} \int_\alpha^\pi U\sqrt{2}\ \sin(\omega t)\,\mathrm{d}t = \frac{1}{\pi} U\sqrt{2}\ (1 + \cos\alpha) \tag{4.11}$$

Die Werte sind arithmetische Mittelwerte über die ganze (hier positive) Halbperiode.

Je nach der Schaltung der Stromrichterelemente wird die Motorspannung entweder nur aus dem positiven Teil nach der Zündung (B) gebildet oder auch aus dem anschliessenden zweiten Teil (A) im negativen Bereich. In der Regel wird die Steuerung der Spannung mit der Gleichrichtung des Stromes kombiniert, um Mischstrommotoren einsetzen zu können (Bild 4.8).

In jeder zweiten Halbperiode der Spannung (positive bzw. negative Halbwelle, je nach Durchlassrichtung) wird der betreffende Thyristor durch einen Zündstromimpuls gezündet. Die Löschung erfolgt durch die Stromübergabe in der nächsten Halbperiode (natürliche Kommutierung). Besondere Verhältnisse treten bei kleinen Strömen auf, falls sie abklingen, bevor die Stromübergabe erfolgen kann (lückender Betrieb).

Die Klemmenspannung des Motors ist nicht mehr sinusförmig. Sie enthält Oberschwingungen und bei Gleichrichtung die Gleichspannung als die wichtigste Komponente. Diese bestimmt über die Quellenspannung gemäss Gleichung 3.6 bzw. 3.8 die Drehzahl des Motors.

Da der Motorstrom dem Sinusgesetz nicht mehr folgen kann, entstehen im Netzstrom Oberwellen. Auch der Leistungsfaktor wird durch die Steuerung schlechter. Die Verhältnisse sind nicht bei jeder Schaltung gleich. Deswegen ist die Wahl einer geeigneten Schaltung besonders wichtig.

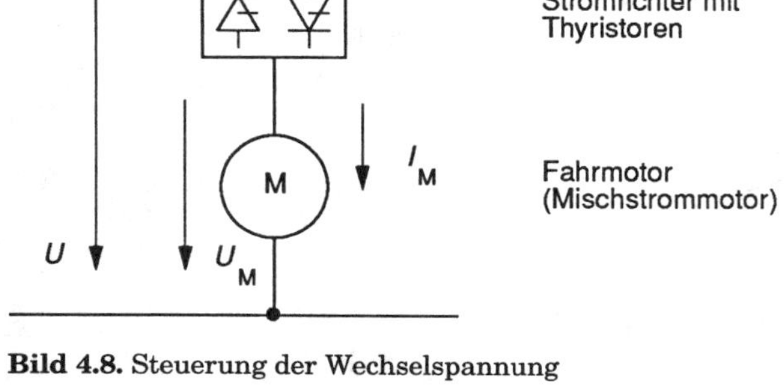

Bild 4.8. Steuerung der Wechselspannung

4.8 Der Gleichstromsteller

Der Thyristor lässt sich auch bei *Gleichstromspeisung* für die Steuerung der Motorspannung verwenden, indem er den Stromdurchgang in kurzen verstellbaren Intervallen abwechselnd sperrt und freigibt (*Gleichstromsteller* oder *Chopper*). Er funktioniert dabei wie ein rascher Schalter.

In diesem Fall fehlt die natürliche Kommutierung. Der einmal eingeleitete Gleichstrom bleibt bestehen. Zum Löschen des Stromes muss deshalb der Thyristor mit einer zusätzlichen Löscheinrichtung versehen werden. Auf diese kann durch Einsatz löschbarer Thyristoren verzichtet werden.

Das Schaltspiel wiederholt sich in einem bestimmten Takt. Deswegen wird der Vorgang oft als ein *Takten* bezeichnet. Die beiden Schaltintervalle (Einschaltzeit und Ausschaltzeit) bilden zusammen die *Taktperiode*.

Die mittlere Motorspannung wird durch das Verhältnis der Einschaltzeit zur Dauer der Taktperiode (*Taktverhältnis*) bestimmt (Bild 4.9):

$$U_M = U_L \frac{t_{ein}}{t_{ein} + t_{aus}} \tag{4.12}$$

Wegen der Induktivität des Motors darf der Strom nicht unterbrochen werden. Er muss auch während der Ausschaltzeit fliessen können. Deswegen ist eine Freilaufdiode als wesentlicher Bestandteil der Steuerschaltung unentbehrlich (Bild 4.10). Dann ist auch der Fluss praktisch konstant und somit auch die Quellenspannung. Die Drehzahl lässt sich durch die Gleichungen 3.8 und 3.10 bestimmen, wobei U_M gemäss Gleichung 4.12 einzusetzen ist.

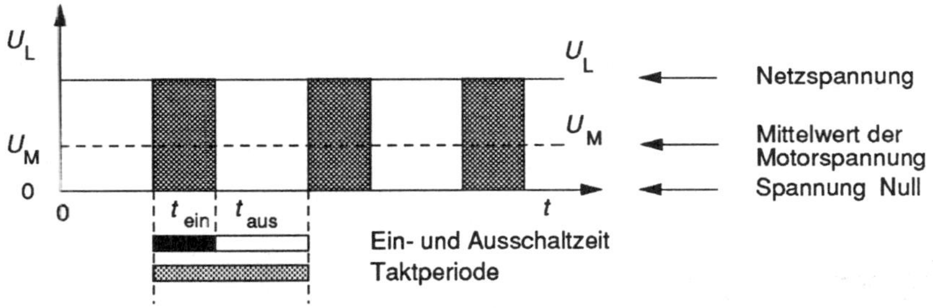

Bild 4.9. Bildung der Motorspannung beim Gleichstromsteller

Durch die Schalterfunktion des Gleichstromstellers wechselt die Speisespannung des Motors zwischen U_L und Null. Die Differenz zur mittleren Klemmenspannung U_M verursacht zusammen mit der Induktivität L_M des Motorstromkreises eine ständige Stromänderung:

$$L_M \frac{dI_M}{dt} = U_L - U_M$$ während der Einschaltzeit

$$L_M \frac{dI_M}{dt} = 0 - U_M$$ während der Ausschaltzeit

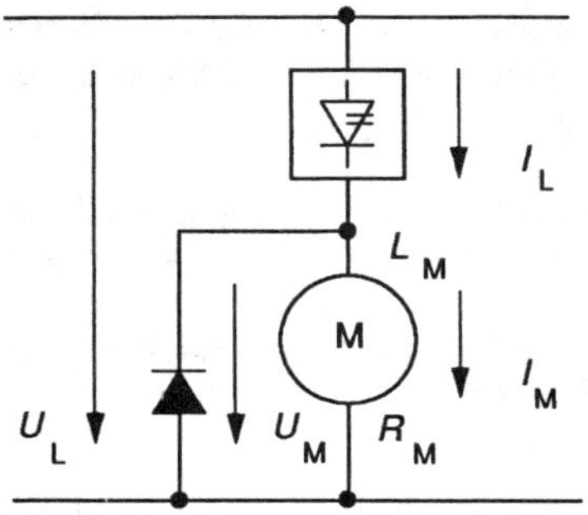

Bild 4.10. Steuerung der Gleichspannung

Die gesamte Stromänderung während dieser Schaltintervalle ist dementsprechend (Bild 4.11):

$$\Delta I_{ME} = \frac{1}{L_M} \int_0^{t_{ein}} (U_L - U_M)\, dt = \frac{1}{L_M} (U_L - U_M)\, t_{ein} \tag{4.13}$$

$$\Delta I_{MA} = \frac{1}{L_M} \int_0^{t_{aus}} (0 - U_M)\, dt = -\frac{1}{L_M} U_M\, t_{aus} \tag{4.14}$$

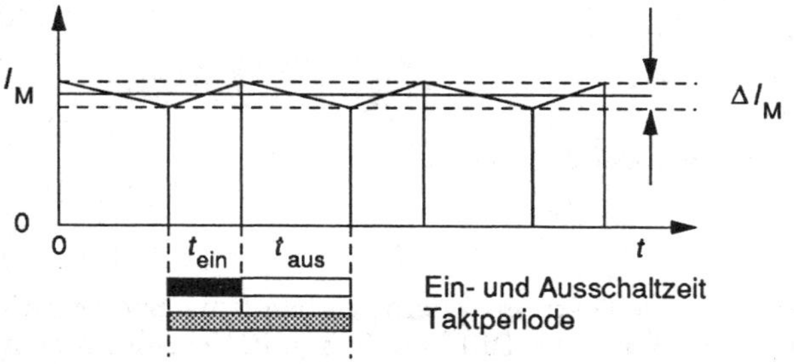

Bild 4.11. Stromänderung während der Taktperiode

Am Ende der Taktperiode muss die Summe beider Stromänderungen zur Wiederholung der Verhältnisse Null sein, was sich durch Einsetzen der Spannung U_L gemäss Gleichung 4.12 sofort beweisen lässt:

$$\Delta I_{ME} + \Delta I_{MA} = \frac{1}{L_M} (U_L\, t_{ein} - U_M\, t_{ein} - U_M\, t_{aus}) =$$

$$= \frac{1}{L_M} (U_M\, t_{ein} + U_M\, t_{aus} - U_M\, t_{ein} - U_M\, t_{aus}) = 0$$

Die Überlegungen gelten streng für fremderregte Motoren (mit konstantem Fluss). Bei der Reihenschlusserregung sind die Abweichungen wegen der ohnehin kleinen Motorstromwelligkeit minimal.

Die Taktperiode bestimmt die *Taktfrequenz*:

$$f_T = \frac{1}{t_{ein} + t_{aus}} \tag{4.15}$$

Die Taktfrequenz muss genügend hoch sein, damit die Schwankungen des Motorstromes klein bleiben und höchstens einige Prozent betragen. Unter dieser Voraussetzung kann mit annähernd konstantem Strom gemäss Bild 4.12 gerechnet werden. Der Motorstrom fliesst während der Einschaltzeit über den Gleichstromsteller aus dem Netz und während der Ausschaltzeit über die Freilaufdiode. Der mittlere Netzstrom wird wieder durch das Verhältnis der Schaltintervalle bestimmt:

$$I_L = I_M \frac{t_{ein}}{t_{ein} + t_{aus}} \tag{4.16}$$

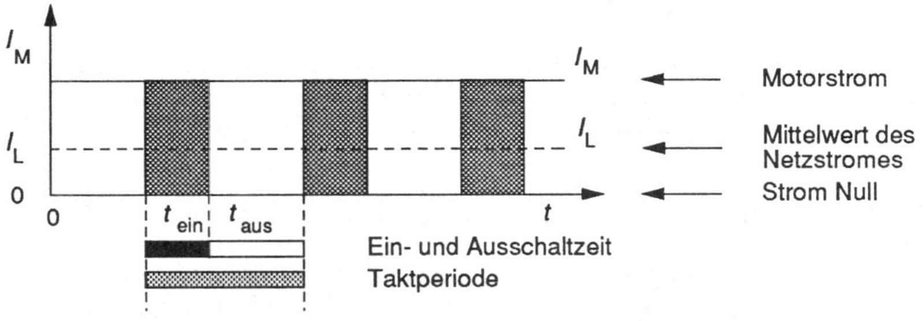

Bild 4.12. Stromverhältnisse beim Gleichstromsteller

Aus den Gleichungen 4.12 und 4.16 lässt sich die aus dem Netz bezogene Leistung (ohne Berücksichtigung der Verluste) bestimmen:

$$U_L\,I_L = U_L\,I_M\,\frac{t_{ein}}{t_{ein} + t_{aus}} = U_L\,\frac{t_{ein}}{t_{ein} + t_{aus}}\,I_M = U_M\,I_M$$

$$\boxed{U_L\,I_L = U_M\,I_M} \tag{4.17}$$

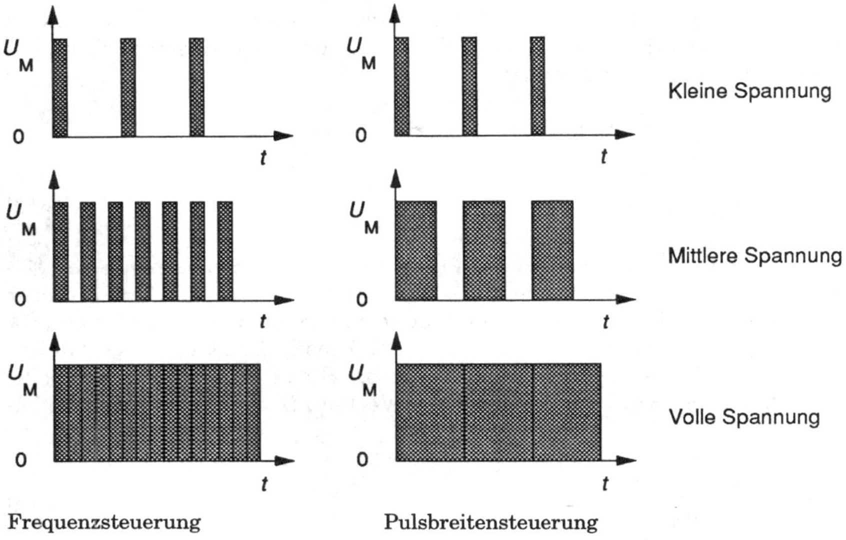

Bild 4.13. Frequenz- und Pulsbreitensteuerung

Der Gleichstromsteller wirkt wie ein *Transformator für Gleichstrom*. Er setzt die Speisespannung in eine kleinere Motorspannung um und belastet das Netz mit einem im gleichen Verhältnis reduzierten Strom (*Tiefsetzer* oder *Tiefsetzsteller*).

Für die Verstellung des Taktverhältnisses kommen zwei Methoden zur Anwendung (Bild 4.13):
- *Frequenzsteuerung*: Änderung der Taktfrequenz bei fester Einschaltzeit,
- *Pulsbreitensteuerung*: Änderung der Einschaltzeit bei fester Taktfrequenz.

Es ist auch eine Kombination beider Verfahren möglich. Die Taktfrequenzen betragen meistens einige hundert Hz.

4.9 Die Feldschwächung

Der Reihenschlussmotor lässt eine einfache Steuerung der Erregung durch die Feldschwächung zu. Sie wird in erster Linie bei Gleichstrom-Fahrmotoren mit Steuerung über Vorschaltwiderstände benutzt, um die Anzahl der wirtschaftlichen Stufen zu vergrössern. Auch bei Wechselstrom- und Mischstrommotoren wird sie gelegentlich angewendet.

Durch einen parallel zur Erregerwicklung (Feldwicklung) angeschlossenen ohmschen Widerstand wird die Erregung des Fahrmotors geschwächt und dadurch die Drehzahl erhöht (Bild 4.14). Bei unverändertem Drehmoment muss gemäss Gleichung 3.7 dabei der Strom ansteigen.

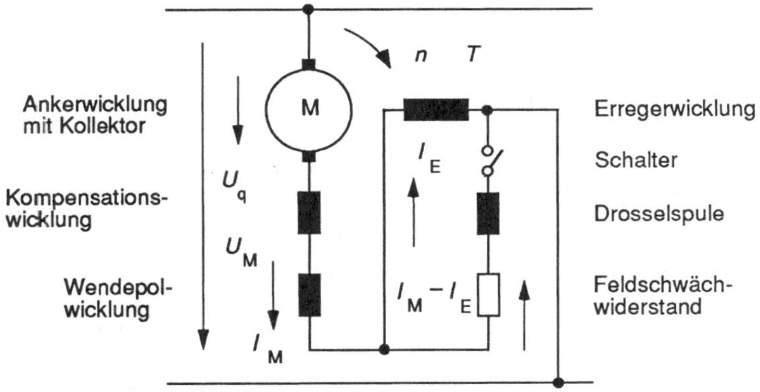

Bild 4.14. Die Feldschwächung

Die *Feldschwächung* wird als die Erregerstromreduktion in Prozenten des Motorstromes ausgedrückt:

$$\Delta I_E = \frac{I_M - I_E}{I_M} \cdot 100 \quad \% \tag{4.18}$$

Annäherungsweise kann die Fahrmotorcharakteristik mit Feldschwächung direkt aus derjenigen ohne Feldschwächung Punkt für Punkt konstruiert werden (Bild 4.15).

Die Punkte B mit Feldschwächung folgen hier aus den Punkten A ohne Feldschwächung, jedoch mit gleichem Erregerstrom, durch folgende Überlegung:

- Der Motorstrom (Ankerstrom) wird bei gleichem Erregerstrom im Verhältnis $I_M : I_E$ grösser.
- Das Drehmoment steigt mit dem Ankerstrom linear, d.h. im gleichen Verhältnis an, weil der Fluss unverändert bleibt.

– Die Drehzahl bleibt praktisch unverändert, weil dabei die Quellenspannung, abgesehen von dem etwas vergrössertem Spannungsabfall im Ankerstromkreis, gleich bleibt.

Bei unkompensierten Motoren gilt diese Konstruktion genügend genau nur für mässige Feldschwächungen (bis etwa 20 %), wo der Einfluss der Ankerrückwirkung als unverändert angesehen werden darf. Andernfalls muss ihr Einfluss besonders in Rechnung gestellt werden.

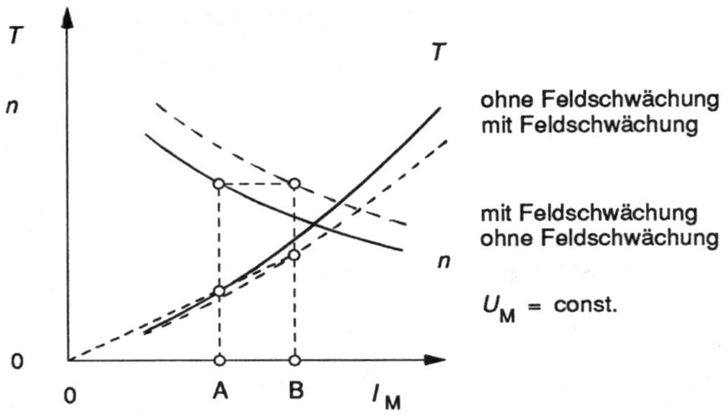

Bild 4.15. Konstruktion der Charakteristik mit Feldschwächung

Bei unkompensierten Motoren ist eine Feldschwächung bis ca. 50 %, bei kompensierten bis ca. 70...80 % möglich. Meistens werden 2...4 Feldschwächstufen verwendet.

Die Feldschwächstufen gelten als wirtschaftliche Fahrstufen, welche für den dauernden Betrieb verwendet werden können, weil die Verluste im Feldschwächwiderstand sehr klein sind.

Die Drosselspule im Stromkreis des Feldschwächwiderstandes verhindert bei plötzlicher Stromänderung (insbesondere beim Abspringen des Stromabnehmers oder bei Spannungsstössen im Netz) die Verlagerung des Stromes von der Erregerwicklung auf den Widerstand, wie dies bei einem induktionsfreien Stromkreis des Feldschwächwiderstandes der Fall wäre (Rundfeuergefahr!). Mit ihr soll ungefähr die gleiche Zeitkonstante für beide parallelen Stromkreise erreicht werden. Bei mässigen Feldschwächungen (bis etwa 20 %) ist diese Drosselspule in der Regel nicht erforderlich.

Auf ähnliche Art würde sich eine Feldverstärkung durch einen parallel zur Ankerwicklung angeschlossenen Widerstand realisieren lassen. Wegen beträchtlicher Verluste wird davon kaum Gebrauch gemacht.

Die Motoren mit gemischter Erregung oder mit reiner Fremderregung sind für eine Feldverstellung bereits eingerichtet. Sie benötigen eine regulierbare Erregerstromquelle, was mit wenig Aufwand realisierbar ist.

4.10 Die Steuerung des Drehstrommotors bei konstanter Frequenz

Diese Problematik stellt sich heute nur noch bei einigen wenigen Drehstrombahnen (Beispiel B. 13).

Wegen seiner frequenzgebundenen Drehzahl lässt sich der Drehstrom-Asynchronmotor bei Speisung mit konstanter Frequenz schlecht steuern. Die zur Anfahrt ohnehin notwendigen Stufenwiderstände im Stromkreis des Läufers erlauben nur eine kurzzeitige Geschwindigkeitsreduktion im Betrieb (Bild 4.16). Für eine dauernde Geschwindigkeitsänderung sind sie nicht geeignet, weil die Leistung, welche in Widerständen in Wärme umgesetzt werden müsste, der Geschwindigkeitsreduktion proportional ist. Nach Abschalten der Läuferwiderstände fährt das Triebfahrzeug mit praktisch konstanter Fahrgeschwindigkeit weiter.

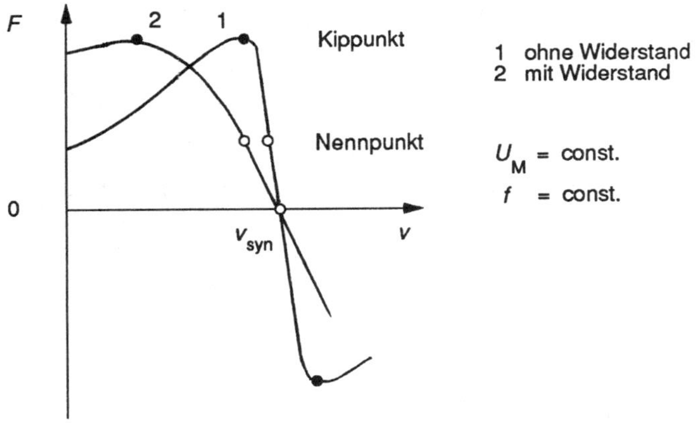

Bild 4.16. Der Einfluss der Läuferwiderstände auf die Charakteristik

Bei der früher gelegentlich benutzten *Kaskadenschaltung* laufen beide Fahrmotoren ungefähr mit halber Drehzahl. Sie entwickeln dabei das volle Drehmoment. Der erste Fahrmotor wird aus der Fahrleitung gespeist und gibt an seinem Läufer die halbe Spannung bei halber Frequenz ab. Mit dieser Spannung wird der Läufer des zweiten Motors gespeist. Sein Ständer ist wieder an die üblichen Stufenwiderstände angeschlossen.

Polumschaltbare Asynchronmotoren mit zwei Drehzahlen sind schwer und kompliziert. Sie eignen sich nicht für den Bahnbetrieb.

4.11 Die Frequenzsteuerung der Drehstrommaschinen

Eine gute Steuerung des Drehstromotors lässt sich durch die kontinuierliche Änderung der Speisefrequenz realisieren. Zu diesem Zweck ist das Triebfahrzeug mit Umformern oder Umrichtern zu versehen. Die rotierenden Frequenzumformer sind bei der notwendigen hohen Leistung schwere und störungsempfindliche Maschinensätze, die einen aufwendigen Unterhalt benötigen. Sie kommen heute nicht mehr in Betracht. Die statischen, mit Thyristoren oder Leistungstransistoren aufgebauten Umrichter sind kompliziert, jedoch wartungsarm und relativ leicht. Wegen ihres guten Netz- und Betriebsverhaltens zusammen mit der Drehstrommaschine sind sie die Spitzenvariante der heutigen Bahntechnik geworden.

Die Speisung mit veränderlicher Frequenz und entsprechend nachgeführter Spannung ergibt bei konstantem Strom, ohne Berücksichtigung der Verluste und des Leistungsfaktors, die im Bild 4.17 dargestellte grundsätzliche Charakteristik.

Die Fahrgeschwindigkeit ist, vom kleinen Schlupf der Asynchronmaschine abgesehen, der Frequenz proportional. Die Spannung muss gemäss Gleichung 3.21 ebenfalls der Frequenz proportional nachgeführt werden, um den vollen Fluss zu gewährleisten. In diesem Bereich ist die Zugkraft bei unverändertem Motorstrom praktisch konstant.

Wenn die volle zur Verfügung stehende Umrichterspannung erreicht ist, entwickelt der Motor die volle Leistung. Bei weiterer Frequenzerhöhung zur Geschwindigkeitssteigerung sinken der Fluss und die Zugkraft, weil die Spannung nicht mehr erhöht werden kann.

Bei einem anderen Stromwert ändern sich die Zugkraft und die Leistung im gleichen Verhältnis. Die Fahrgeschwindigkeit bleibt bis auf den leicht geänderten Schlupf gleich.

Bis auf den nicht vorhandenen Schlupf gelten diese Überlegungen auch für die Synchronmaschine.

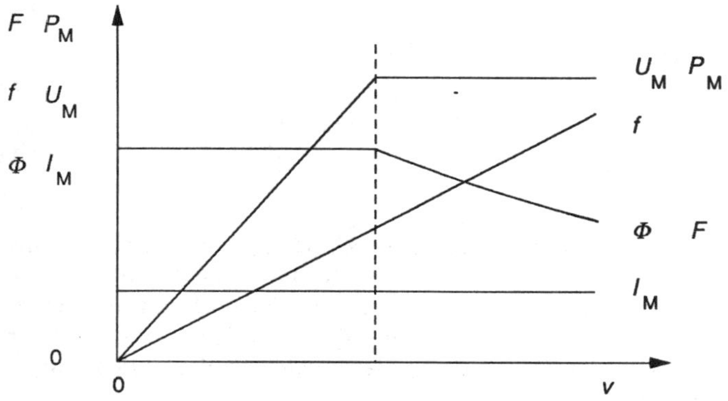

Bild 4.17. Die Charakteristik der Frequenzsteuerung

4.12 Übungsaufgaben

Aufgabe 11: Ein Reihenschlussmotor wird über Gleichstromsteller aus dem Netz von 1200 V betrieben. Bei einer bestimmten Belastung mit 240 A Motorstrom soll die Motorspannung zur Einstellung der gewünschten Geschwindigkeit 360 V betragen. Wie gross muss die Taktfrequenz des Gleichstromstellers sein, wenn er mit einer konstanten Einschaltzeit von 0,6 ms arbeitet? Wie gross wird der Netzstrom?

Ergebnis: 500 Hz, 72 A

Hinweis: Gleichungen 4.12, 4.15 und 4.17 benutzen.

Aufgabe 12: Die Reihenschlussmotoren einer Gleichstromlokomotive werden in Schaltung Parallel bei einer Spannung von 1500 V betrieben. Der Widerstand jedes Motorstromkreises, einschliesslich ein Vorschaltwiderstand, beträgt 2,15 Ω. Beim Motorstrom von 300 A fährt die Lokomotive mit 100 km/h. Wie ändert sich die Fahrgeschwindigkeit bei gleichem Motorstrom, wenn die Netzspannung um ± 10 % variiert?

Ergebnis: 117,5 km/h, 82,5 km/h

Hinweis: Die Quellenspannungen mit Gleichung 3.10 bestimmen. Bei gleichem Strom (und Fluss) ändert sich die Drehzahl proportional dazu.

Aufgabe 13: Ein zweimotoriger Gleichstrom-Triebwagen fährt mit parallel geschalteten Reihenschlussmotoren bei Netzspannung von 1500 V mit 60 km/h, wobei der Motorstrom 200 A beträgt. Der Vorschaltwiderstand zum Motorstromkreis von 0,3 Ω (pro Motor) ist zu bestimmen, um die Geschwindigkeit bei unverändertem Strom auf 20 km/h zu reduzieren. Dabei sind zwei Fälle in Bezug auf die Leistungsaufnahme aus dem Netz zu untersuchen:
a) Beibehaltung der Schaltung Parallel;
b) Umschaltung der Motoren auf die Schaltung Serie.

Ergebnis: a) 4,8 Ω pro Motor, Leistungsaufnahme 600 kW; b) 2,1 Ω bei halber Leistungsaufnahme (wesentlich günstiger!)

Hinweis: In beiden Fällen die Quellenspannung mit Widerstand auf ein Drittel vermindern.

Aufgabe 14: Die vier Fahrmotoren einer Gleichstromlokomotive werden in Schaltung Serie/Parallel bei konstanter Spannung von 3000 V betrieben. Beim Motorstrom von 200 A beträgt die Fahrgeschwindigkeit 120 km/h. Wie gross ist die an die Schienen übertragene Zugkraft, wenn mit einem Wirkungsgrad von 92 % für die Fahrmotoren und 98 % für Getriebe zu rechnen ist?

Ergebnis: 32 458 N

Hinweis: Die Zugkraft aus aufgenommener Leistung und Wirkungsgrad mit Gleichung 2.29 berechnen.

Aufgabe 15: Ein Einphasenwechselstrom-Reihenschlussmotor läuft bei seinem Nennstrom von 770 A mit 1800 1/min, wenn er mit 285 V gespeist wird. Der gleiche Strom verlangt im Stillstand eine Klemmenspannung des Motors von 69 V, wobei er die Leistung von 20 kW aufnimmt. Daraus sollen der Leistungsfaktor und der Wirkungsgrad bei 770 A und 285 V ermittelt werden, wenn dabei die abgegebene Motorleistung 188 kW beträgt.

Ergebnis: 0,975 (Leistungsfaktor), 0,879 (Wirkungsgrad)

Hinweis: Leistung und Strom im Stillstand ergeben beide Komponenten des Spannungsabfalles. Zeigerdiagramm (Bild 3.15) erstellen.

Aufgabe 16: Für den in Aufgabe 15 betrachteten Motor sollen die Drehzahl und der Leistungsfaktor bei halber Motorspannung (142,5 V) und unverändertem Strom bestimmt werden.

Ergebnis: 725 1/min, 0,894

Hinweis: Zeigerdiagramm gemäss Bild 3.16 anpassen, Quellenspannungen für beide Spannungen bestimmen und Gleichung 4.1 benutzen.

Aufgabe 17: Ein Einphasenwechselstrommotor weist im Nennbetrieb (480 V, 2000 A) einen Leistungsfaktor von 0,98 auf. Der an 15 000 V angeschlossene Transformator soll die erwähnte Spannung für zwei parallel geschaltete Fahrmotoren auch bei ungünstigen Spannungsverhältnissen (Netzspannung auf 80 % reduziert) gewährleisten. Das Übersetzungsverhältnis des Transformators soll bestimmt werden. Seine Kurzschlussspannung beträgt 8 % bei 2800 A mit einem Leistungsfaktor von 0,25.

Ergebnis: 23,23 : 1

Hinweis: Beide Komponenten des Spannungsabfalles im Transformator bei 4000 A bestimmen und mit Zeigerdiagramm die bei 12 000 V zur Verfügung des Motors stehende Spannung ermitteln.

Elektrische Bremsung

4.13 Aufgabe und Vorteile der elektrischen Bremse

In früheren Zeiten war die elektrische Bremse eine mit mehr oder weniger Aufwand erreichbare Ergänzung zur elektrischen Ausrüstung der Triebfahrzeuge. Sie wurde regelmässig nur bei gewissen Fahrzeugkategorien eingebaut (Strassenbahnen, Zahnradbahnen, zum Teil Gebirgsbahnen), wo ihre Vorteile besonders zum Ausdruck kamen. Heute ist sie fast zu einem unentbehrlichen Teil der Steuerung geworden.

Wie bereits erwähnt, kann der elektrische Fahrmotor als ein vom Radsatz angetriebener Generator mechanische Energie in elektrische umwandeln und damit bremsend wirken. Die für den *Bremsbetrieb* gewählte Schaltung bestimmt die Motorcharakteristik. Sie unterscheidet sich deswegen von der Charakteristik im *Fahrbetrieb*. Der erwünschte Verlauf hängt von der vorgesehenen Bremsaufgabe ab:

Die elektrische Bremse dient als *Verzögerungsbremse*, wenn sie die kinetische Energie des fahrenden Zuges aufnimmt, z.B. beim Abbremsen aus hoher Geschwindigkeit in der Ebene. Wenn die Bremse zur Konstanthaltung der Fahrgeschwindigkeit beim Befahren von Gefällen benutzt wird, nimmt sie die potentielle Energie des fahrenden Zuges auf und wirkt als *Beharrungsbremse* (*Gefällebremse*).

Die Aufnahme dieser Bremsenergie ist keine einfache Aufgabe, weil oft grosse Energiemengen bei beachtlichen Leistungen umzusetzen sind. Zwei Fälle sollen dies verdeutlichen:

Ein mit 160 km/h fahrender Zug mit einer Masse von 600 t hat 593 MJ kinetische Energie. Die Bremsleistung für eine Verzögerung von 0,5 m/s^2 (rotierende Massen und andere bremsende Verluste nicht berücksichtigt) beträgt im ersten Moment 13 300 kW und sinkt gegen Ende auf Null. Dabei soll die Bremskraft während 89 s bis zum Stillstand konstant bleiben.

Auf dem Gefälle von 25 ‰ muss dieser Zug für die Einhaltung der Geschwindigkeit von 80 km/h über eine Bremsleistung von 3270 kW verfügen. Das Befahren einer Strecke von 750 m Höhendifferenz (idealisierte Gotthardstrecke) dauert etwa 22,5 min und ergibt eine Bremsenergie von 4415 MJ.

Die beste, obwohl nicht immer die einfachste Lösung ist die Bremsenergie an das speisende Netz weiterzuleiten, wo sie wieder nützlich verwendet werden kann.

Diese *Nutzbremse* kann nur wirken, wenn die Fahrleitung in der Lage ist, die zurückgespeiste Energie aufzunehmen. In grösseren Fahrleitungsnetzen ist diese Grundbedingung leicht zu erfüllen, weil andere fahrende Züge meistens die Energie aufnehmen können. Bei kleineren Gleichstrombahnen mit wenig Verkehr, welche über ein Gleichrichterunterwerk aus dem Drehstromnetz gespeist werden, müssen besondere Massnahmen getroffen werden, um die Energieaufnahme zu gewährleisten. Früher wurden dazu Akkumulatorenbatterien als Energiespeicher benutzt. Heute werden in den Unterwerken Wechselrichter anstatt Gleichrichter verwendet, um die Energie an das Drehstromnetz weiterleiten zu können. Bei Wechselstrombahnen gibt es diesbezüglich weniger Probleme, weil die Speisetransformatoren der Unterwerke die Energie in beiden Richtungen durchlassen.

Die Rückspeisung der Energie verursacht einen negativen Spannungsabfall im Netz und dadurch eine Spannungserhöhung in der Fahrleitung, die in Grenzen gehalten werden muss. Es ist auch immer mit Netzabschaltungen verbunden mit dem plötzlichen Ausfall der Bremswirkung zu rechnen.

Die andere Lösung ist die *Widerstandsbremse*. Die Bremsenergie wird in Wärme umgesetzt und kann nicht mehr nützlich verwendet werden (abgesehen von eventuellen bescheidenen Heizungsmöglichkeiten). Die Abgabe der anfallenden Wärme an die Umgebung ist dabei ein Problem für sich.

Die elektrische Bremse ist *netzunabhängig*, wenn sie auch bei einem Spannungsausfall in der Fahrleitung ungehindert funktioniert. Andernfalls ist sie *netzabhängig*. Die Nutzbremse ist selbstverständlich immer netzabhängig. Auch die Widerstandsbremse kann netzabhängig sein Bild (4.18).

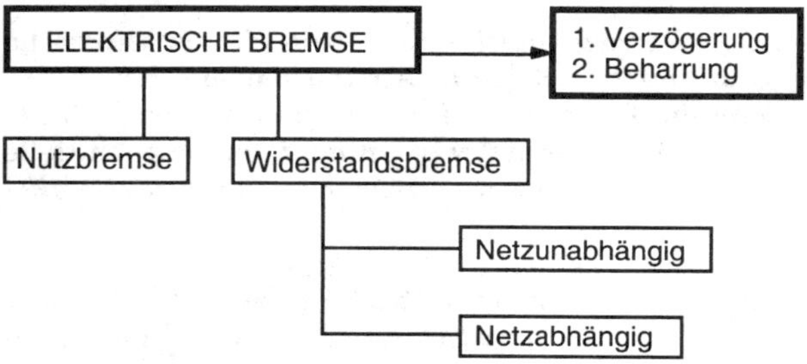

Bild 4.18. Die Begriffe bei elektrischer Bremsung

Gegenüber der mechanischen Bremse weist die *elektrische Bremse* folgende *Vorteile* auf:

- Bedeutende Ersparnisse an Bremsklötzen der ohnehin notwendigen mechanischen Bremse. Dies ist ein wichtiger Anteil der Unterhaltskosten.
- Schonung der Radreifen durch thermische Entlastung.
- Kleinere Verschmutzung der Fahrzeuge und der Strecke wegen wesentlich weniger Bremsstaub.
- Gute und rasche Regulierbarkeit.
- Grössere thermische Kapazität. Die Talfahrt auf den Strecken der Zahnradbahnen im starkem Gefälle ist beispielsweise mit elektrischer Bremse nahezu problemlos, während mechanische Bremsen dafür eine zu kleine thermische Kapazität haben.
- Geringere Gefahr für das Blockieren der Räder beim Überbremsen, auch bei nicht geregelter Bremskraft, insbesondere dann, wenn die Bremskraft bei Reduktion der Motordrehzahl stark abnimmt. Die mechanische Bremse dagegen wirkt bei blockiertem Rad besonders stark.

Andererseits ist für eine Schnellbremsung im Notfall die elektrische Bremse nachteilig, weil sie nur auf die Triebradsätze wirkt. Die in der Regel auf alle Radsätze des Zuges wirkende mechanische Bremse ermöglicht eine grössere Verzögerung. Allerdings begrenzt der zulässige Pufferdruck zwischen dem Triebfahrzeug und dem ersten Wagen die zulässige Bremskraft bei Talfahrt (Entgleisungsgefahr). Ausserdem ist in vielen Fällen die elektrischen Bremse im Stillstand unwirksam. Deswegen ist eine mechanische Bremse auf jeden Fall unentbehrlich.

Im Vergleich zur Widerstandsbremse weist die *Nutzbremse* wichtige *Vorteile* auf:

- Der Energierückgewinn ist immer beachtlich, obwohl auf den Strecken im Flachland nicht besonders gross. Er beträgt bei durchschnittlichen Verhältnissen ca. 5...20 %. Bei Gebirgsbahnen sowie im Nahverkehr mit häufigem Halten sind Energieeinsparungen zwischen 20 % und 50 % realisierbar. Noch höhere Werte sind bei Zahnradbahnen möglich.
- Durch das Weiterleiten der Bremsenergie an die Fahrleitung entfallen die Probleme mit der Ableitung der Wärme.
- Die elektrische Ausrüstung wird leichter, da die Bremswiderstände entfallen.

Auch die *Widerstandsbremse* hat bestimmte *Vorteile*:

- Unabhängigkeit von der Energieaufnahme der Fahrleitung, deswegen höhere Betriebssicherheit.
- Die Widerstandsbremse kann netzunabhängig sein. Dazu müssen die erforderliche Kühlung (Bremswiderstände, Fahrmotoren und anderes) und die eventuell notwendigen Geräte (Bremserregung) unabhängig von der Fahrleitung funktionieren.
- Ein einfacher, weniger störungsanfälliger Aufbau der Schaltung beim Kollektormotor.

4.14 Die fremderregte Bremse beim Kollektormotor

Bei der Fremderregung der elektrischen Bremse wird die Erregerwicklung des Reihenschluss-Fahrmotors vom Ankerstromkreis getrennt und aus einer besonderen Erregerstromquelle gespeist. Der Anker arbeitet auf den *Bremswiderstand* (Bild 4.19) oder an die *Fahrleitung* (Bild 4.20).

Bei Motoren mit reiner Fremderregung oder mit gemischter Erregung ist eine Stromquelle für die Fremderregung ohnehin vorhanden und kann für den Bremsbetrieb benutzt werden.
Der Erregerstrom kann ein Gleichstrom oder ein Wechselstrom sein. Die Frequenz des Erregerstromes ergibt die Frequenz der Quellenspannung. Bei Gleichstromerregung ist damit der Ankerstrom auch ein Gleichstrom.

Demzufolge verlangt die Nutzbremse bei Gleichstrombahnen eine Gleichstromerregung. Bei Wechselstrombahnen muss wieder die Ankerfrequenz genau der Netzfrequenz entsprechen, weshalb eine Bremserregung mit netzsynchronem Wechselstrom erforderlich ist.

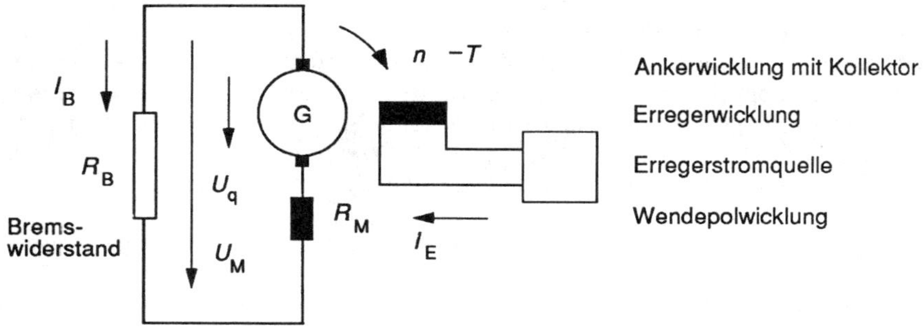

Bild 4.19. Fremderregte Widerstandsbremse

Bei der Widerstandsbremse ist die Erregerstromfrequenz grundsätzlich frei wählbar. Schon aus Kommutierungsgründen kommt bei Gleichstrommotoren nur die Gleichstromerregung in Frage. Diese wird auch bei Einphasenwechselstrommotoren aus ähnlichen Gründen bevorzugt, obwohl dabei die ohmschen Wendepolshunts auf Gleichstromverhältnisse umgeschaltet werden müssen.

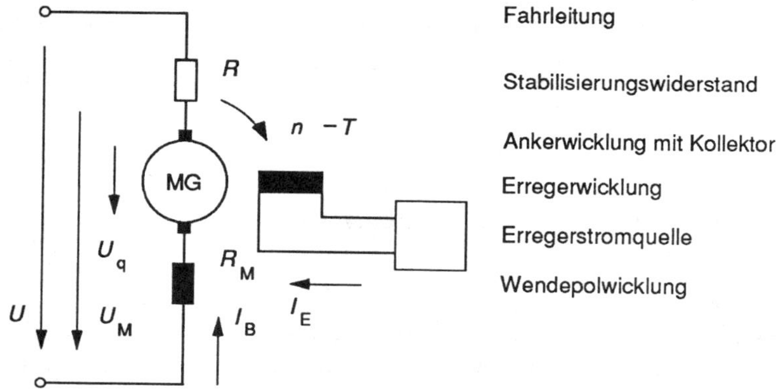

Bild 4.20. Fremderregte Nutzbremse

Die Erregerstromquelle kann unabhängig oder abhängig von der *Fahrgeschwindigkeit* sein. Dies bestimmt den Verlauf der Bremscharakteristik.

Zur ersten Gruppe gehören in erster Linie statische Bremserregergeräte mit Speisung aus der Fahrleitung, die mit den Elementen der Leistungselektronik heute einfach zu bauen sind. Falls aus Sicherheitsgründen die Netzunabhängigkeit verlangt wird, kommt kurzzeitig die Speisung aus der Akkumulatorenbatterie direkt oder über ein entsprechendes Bremserregergerät in Betracht.

Früher wurden zu diesem Zweck auch rotierende Umformergruppen (Bremserreger) eingesetzt oder die direkte Speisung aus der Gleichstrom-Fahrleitung benutzt. Das letzte war äusserst unwirtschaftlich, weil die Erregerwicklungen der Reihenschlussmotoren hohe Ströme bei kleinen Spannungen verlangen.

Als geschwindigkeitsabhängige Erregerstromquellen kommt eine achsangetriebene Erregermaschine oder die Speisung aus dem Bremswiderstand der bereits vorerregten Bremse zur Anwendung. Auch ein entsprechend erregter Fahrmotor kann als Erregermaschine für die anderen Fahrmotoren verwendet werden, wobei er dann in der Regel selber weniger bremst.

Meistens wird ein fester Bremswiderstand eingesetzt. Die Steuerung erfolgt dann nur über den Erregerstrom. Bei Gleichstromfahrzeugen mit Stufenwiderständen können diese auch für die Widerstandsbremse benutzt werden, sofern sie thermisch dafür ausgelegt sind. In diesem Fall kann der Bremswiderstand nach Bedarf in Stufen betrieben werden, um den Bremsbereich zu erweitern.

Die Charakteristik der Widerstandsbremse folgt aus den Gleichungen 3.6 und 3.7. Bei einer bestimmten Erregung ist die Quellenspannung drehzahlproportional. Wenn der Bremswiderstand konstant bleibt, steigen auch der Strom und somit das Drehmoment mit der Drehzahl linear an. Falls die Erregung verstärkt wird, genügen kleinere Drehzahlen für den gleichen Strom und das Drehmoment wird bei diesem Strom grösser (Bild 4.21).

Geschwindigkeitsabhängige Erregerstromquellen verstärken bei steigender Drehzahl ohne Gegenregelung die Erregung. Damit wird der Kurvenverlauf nicht mehr linear.

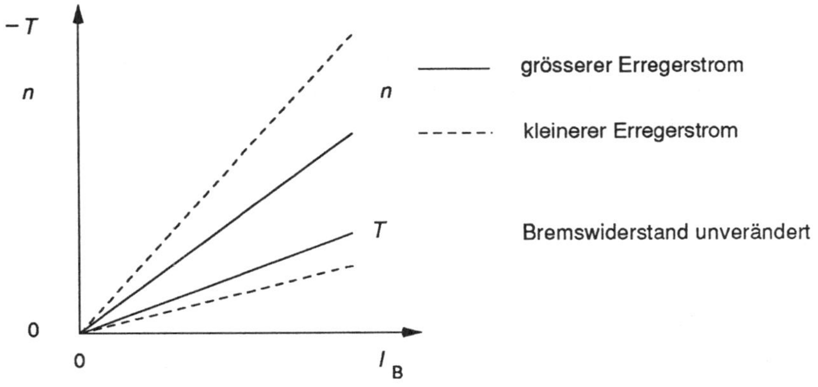

Bild 4.21. Charakteristik der fremderregten Widerstandsbremse

Die im Bremswiderstand in Wärme umgesetzte Leistung beträgt:

$$P_B = I_B^2 \, R_B \cdot 10^{-3} \qquad \text{kW} \tag{4.19}$$

Die Charakteristik der Nutzbremse hat einen vollständig andern Verlauf, weil der Fahrmotor als Generator gegen eine mehr oder weniger konstante Spannung der Fahrleitung arbeiten muss.

Zuerst sollen die Verhältnisse für den Fall einer Gleichstromspeisung betrachtet werden. Auch hier gelten die Gleichungen 3.6 und 3.7. Für jeden Wert des Flusses, d.h. für den entsprechenden Erregerstrom, lässt sich damit eine Drehzahl n_G ermitteln, bei welcher die Quellenspannung des Motors gleich gross wie die Spannung der Fahrleitung ist:

$$n_G = \frac{U}{K_1 \, f(I_E)} \tag{4.20}$$

Bei dieser Grenzdrehzahl, d.h. bei entsprechender Fahrgeschwindigkeit, kann deswegen kein Strom fliessen und der Motor befindet sich im Leerlauf.

Wird die Drehzahl höher, so steigt die Quellenspannung. Nun fliesst ein Strom in die Fahrleitung und der Motor bremst. Im umgekehrten Fall sinkt die Quellenspannung, der Strom ändert die Richtung und der Motor treibt an. Dieser unerwünschte Fall kann beispielsweise auftreten, wenn bei eingeschalteter elektrischer Bremse noch die mechanische Bremse betätigt wird.

Der Strom und somit das Drehmoment sind durch die Differenz der beiden Spannungen sowie durch den Motorwiderstand bestimmt. Dies ergibt eine harte Charakteristik, bei welcher der Motor auf eine kleine Drehzahlverstellung mit einer grossen Drehmomentänderung antwortet (Bild 4.22). Korrekterweise müsste hier noch der Widerstand der Fahrleitung und des übrigen Netzes einbezogen werden, was die Charakteristik etwas weicher machen würde.

Eine zu harte Charakteristik ist im Betrieb unerwünscht. Bei einer nicht ganz konstanten Spannung kann sie zu Überströmen und unangenehmen Zugkraftstössen führen. Mit einem adäquaten Stabilisierungswiderstand wird sie weicher und der Betrieb wird ruhiger.

Der Verlauf der Charakteristik folgt aus Gleichung 3.6 unter Einbezug des Spannungsabfalles im vorgeschalteten Stabilisierungswiderstand R:

$$U_M = U - R \, I_M$$

$$U_q = K_1 \, f(I_E) \, n = U_M - R_M \, I_M = U - (R + R_M) \, I_M$$

$$\boxed{n = \frac{U - (R + R_M) \, I_M}{K_1 \, f(I_E)}} \tag{4.21}$$

Wie üblich wurde für die Charakteristik der Bremsstrom als Abszisse gewählt. Dabei ist lediglich die Relation $I_B = -I_M$ zu beachten.

Bei einem anderen Erregerstrom verschiebt sich die Drehzahlcharakteristik nach oben oder nach unten. Die kleinstmögliche Fahrgeschwindigkeit wird bei der höchstzulässigen Erregung erreicht. Der Drehmomentverlauf entspricht der Gleichung 3.7.

Eine solche Charakteristik ist für die Beharrungsbremsung günstig, weil die gewünschte Fahrgeschwindigkeit leicht eingestellt und gehalten werden kann. Für eine Verzögerungsbremsung ist sie wegen des beschränkten Geschwindigkeitsbereiches weniger geeignet.

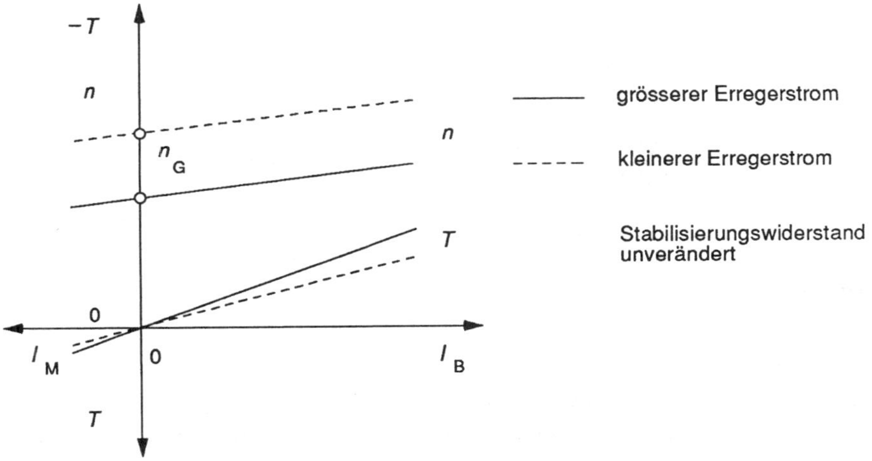

Bild 4.22. Gleichstrom-Nutzbremse bei veränderlicher Erregung

Die in die Fahrleitung eingespeiste Leistung der Nutzbremsung beträgt:

$$P_B = U\, I_B \cdot 10^{-3} \qquad \text{kW} \tag{4.22}$$

Die Nutzbremsung mit dem Einphasenwechselstrommotor beruht auf den gleichen Grundlagen. Die Verhältnisse sind jedoch wesentlich komplizierter, weil neben der Höhe auch die richtige Phasenlage der Spannung zu berücksichtigen ist. Ausserdem können unerwünschte Erscheinungen der Selbsterregung auftreten. Dies zwingt zu besonderen Massnahmen und aufwendigen Schaltungen. Sie werden später besprochen.

Ganz neue Möglichkeiten bieten die heutige Leistungselektronik mit dem Gleichstromsteller und Stromrichter, sowie vor allem die Umrichtertechnik.

4.15 Die Selbsterregung mit Gleichstrom

Der Reihenschluss-Fahrmotor des *fahrenden* Triebfahrzeuges kann sich als Generator selbsterregen, wenn er an einen Widerstand (Bremswiderstand) angeschlossen wird. Die so entstandene selbsterregte Widerstandsbremse ist äusserst einfach im Aufbau, weil sie keine Erregerstromquelle benötigt. Ausserdem ist sie netzunabhängig (Bild 4.23).

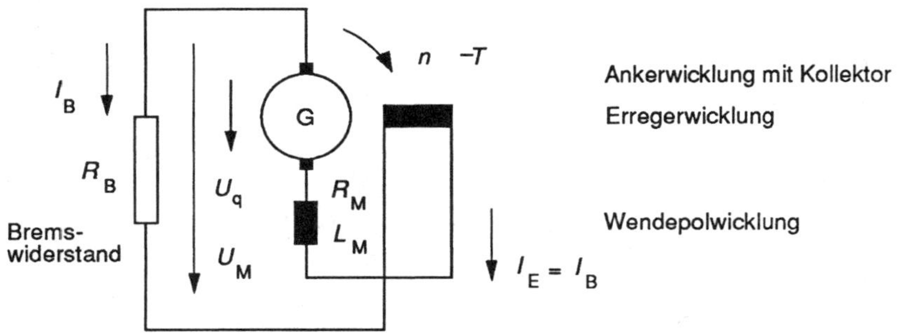

Bild 4.23. Selbsterregte Widerstandsbremse

Für die Untersuchung der Vorgänge bildet die Magnetisierungscharakteristik (Bild 3.3) den Ausgangspunkt, wobei die Remanenz berücksichtigt werden muss. Den gleichen Verlauf hat nach Gleichung 3.6 die Quellenspannung bei konstanter Drehzahl. Somit liegt diese Spannung für eine bestimmte Motordrehzahl fest (Bild 4.24).

Im Bild ist neben der Quellenspannung noch die Charakteristik des Spannungsabfalles im Stromkreis eingetragen. Nach dem ohmschen Gesetz ist dies eine Gerade (*Widerstandsgerade*). Ihre Steigung ist durch den Gesamtwiderstand bestimmt.

Ein stationärer Zustand ist nur bei einem bestimmten Strom möglich, bei dem beide Spannungen gleich gross sind (Schnittpunkt der Kurven).

Damit der Strom überhaupt entsteht, muss vorher die Selbsterregung erfolgen, wozu *drei Bedingungen* zu erfüllen sind:

- Der unerregte, jedoch laufende Fahrmotor muss bereits durch die Remanenzinduktion des Eisens eine kleine Spannung erzeugen (*Remanenzspannung vorhanden*).
- Der von der Remanenzspannung erzeugte kleine Strom muss so fliessen, dass er in der Erregerwicklung die Remanenz unterstützt und somit den magnetischen Fluss verstärkt (*richtige Stromrichtung*).
- Die entstandene Quellenspannung muss bis zu einer bestimmten Stromgrösse höher als der ohmsche Spannungsabfall im Stromkreis sein (*Spannungsüberschuss vorhanden*).

Die erste und die dritte Bedingung sind aus dem Bild 4.24 ersichtlich. Die zweite ergibt sich aus dem richtigen Anschluss der Erregerwicklung.

Der Bremsstrom baut sich entsprechend der Induktivität des Stromkreises auf:

$$L_M \frac{dI_B}{dt} = U_q - (R_B + R_M)\, I_B \tag{4.23}$$

Er erreicht schlussendlich den Arbeitspunkt, wo der Stromanstieg aufhört. In der Charakteristik ist dies der Schnittpunkt der Kurve der Quellenspannung mit der Widerstandsgeraden (Wert Null in der Gleichung 4.23). Der Betrag folgt aus der Relation:

$$(R_B + R_M)\, I_B = U_q = K_1\, \Phi\, n = K_1\, f(I_B)\, n \tag{4.24}$$

Mit einer genügenden Remanenz kann bei jedem Gleichstrommotor (und Mischstrommotor) gerechnet werden, wenn die Schaltung so ausgelegt ist, dass der Strom in der Erregerwicklung auch bei Änderung der Fahrtrichtung immer in der gleichen Richtung fliesst.

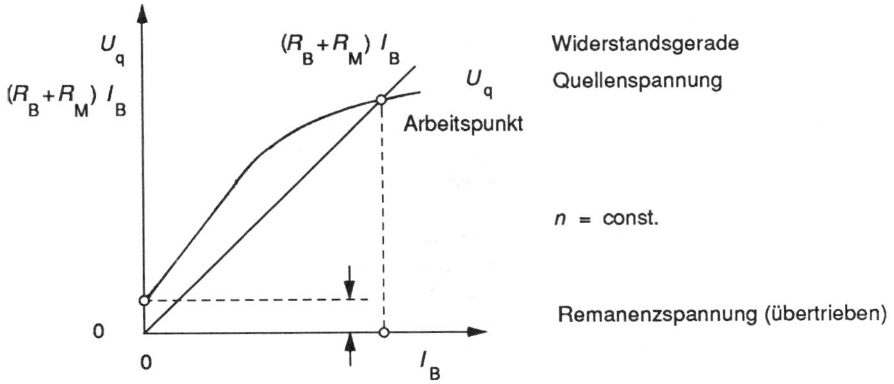

Bild 4.24. Aufbau des Bremsstromes durch Selbsterregung

Bei den Einphasenwechselstrommotoren ist die Remanenz unbestimmt. Sie muss ohnehin wegen der Eisenverluste (Hystereseschleife) möglichst klein gehalten werden. Ausserdem hängt sie von der Höhe und der Richtung des Flusses im Moment des letzten Stromabschaltens ab. Deswegen kann bei diesen Motoren nicht mit einer sicheren Selbsterregung gerechnet werden.

Hier genügt ein kurzer Stromstoss durch die Erregerwicklung, um die Selbsterregung sicher einzuleiten. Dazu reicht schon ein Erregerstrom von ca. 3...4 % des Motornennstromes aus. Als Quelle steht die Akkumulatorenbatterie zur Verfügung. Damit kann auch beim Wechselstrommotor eine netzunabhängige Bremse realisiert werden (Beispiel B. 3).

Die Bedingung der remanenzunterstützenden Stromrichtung verlangt ein Umpolen der Anker- oder der Erregerwicklung beim Übergang vom Fahren auf Bremsen, weil der Strom durch den Anker in umgekehrter Richtung fliesst, wenn der Fluss die Richtung nicht ändert.

Andernfalls erfolgt keine Selbsterregung, die Remanenz wird durch den in falscher Richtung laufenden Strom geschwächt und eliminiert. Ein nachträgliches Umpolen der Wicklungen nützt dann kaum mehr. Dieser unangenehme Fall kann praktisch auftreten, wenn der Zug rückwärts zu rollen beginnt. Die geänderte Drehrichtung polt dann auch die Spannung und mit ihr den Strom um.

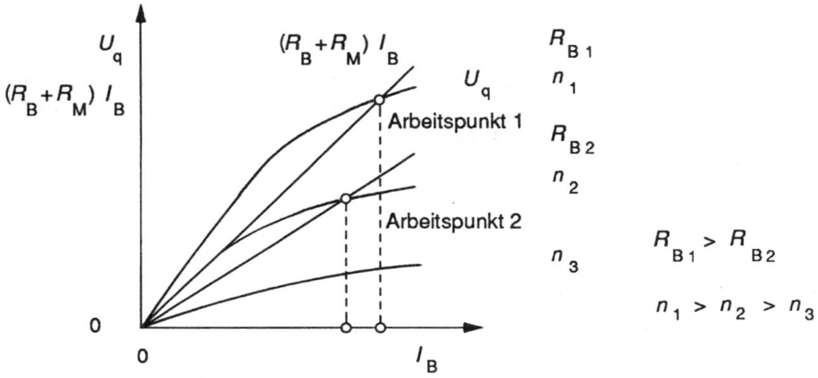

Widerstand R_1:	Drehzahl n_1:	gute Selbsterregung, Arbeitspunkt 1
	Drehzahl n_2:	Selbsterregung unbestimmt
	Drehzahl n_3:	keine Selbsterregung
Widerstand R_2:	Drehzahl n_1:	gute Selbsterregung, jedoch Strom zu hoch
	Drehzahl n_2:	gute Selbsterregung, Arbeitspunkt 2
	Drehzahl n_3:	keine Selbsterregung

Bild 4.25. Selbsterregung bei Änderung der Parameter

Nach Gleichung 4.23 kann der Stromanstieg erst nach unendlich langer Zeit abgeschlossen werden. Annähernd der volle Wert wird praktisch nach 0,1...0,4 s erreicht, falls die für den Anstieg massgebende Fläche zwischen beiden Kurven im Bild 4.24 genügend gross ist, d.h. wenn ihr Schnittpunkt eindeutig ist. Er muss dementsprechend im gesättigten Bereich liegen. Im ungesättigten Bereich besteht kein richtiger Schnittpunkt mehr, die Kurven überdecken sich fast und die Selbsterregung bleibt aus.

Da die Quellenspannung drehzahlproportional ist und die Widerstandsgerade proportional zum Widerstand ansteigt, besteht für jede Drehzahl ein kritischer Widerstandswert für die Selbsterregung. Wird die Drehzahl kleiner oder der Widerstand grösser, erfolgt keine Selbsterregung (Bild 4.25).

Auch ein bereits selbsterregter Motor entregt sich, sobald die Drehzahl den kritischen Wert unterschreitet.

Aus der Charakteristik der Selbsterregung bei verschiedenen Drehzahlen lässt sich Punkt für Punkt die Drehzahlcharakteristik des Fahrmotors im Bremsbetrieb ermitteln (Bild. 4.26). Da das Drehmoment nur stromabhängig ist, bleibt die Drehmomentcharakteristik im Vergleich zum Motorbetrieb, abgesehen vom Vorzeichen, unverändert. Es ist allerdings zu berücksichtigen, dass verschiedene Drehmomentverluste des Fahrmotors (Reibung, Ventilation usw.) im Fahrbetrieb das Drehmoment verkleinern und im Bremsbetrieb vergrössern.

Für die im Bremswiderstand in Wärme umgesetzte Leistung gilt auch bei selbsterregter Bremse die Gleichung 4.19.

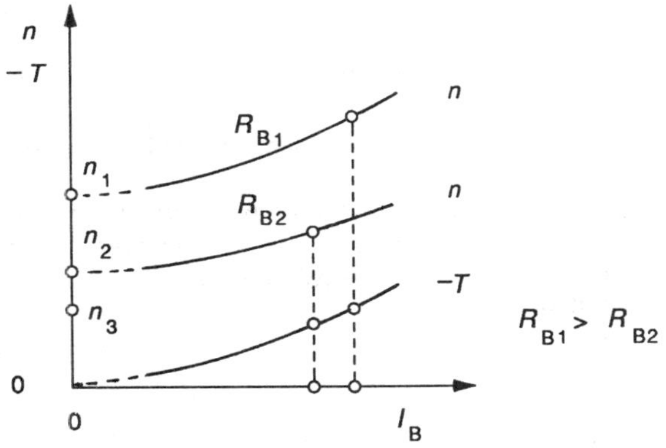

Bild 4.26. Charakteristik der selbsterregten Widerstandsbremse

Die Netzspannung als feste Gegenspannung im Stromkreis verhindert jede Selbsterregung, weil sich der Strom gegen diese Spannung nicht aufbauen kann (Bild 4.27). Deswegen ist eine selbsterregte Nutzbremse auf diese Art nicht realisierbar.

Auch hier bietet die heutige Leistungselektronik mit dem Gleichstromsteller ganz neue Möglichkeiten.

4.16 Der Stromrichter im Bremsbetrieb beim Kollektormotor

Der im Fahrbetrieb verwendete Stromrichter für die Steuerung der Fahrmotoren ist für die Widerstandsbremse nicht notwendig. Die Motoren arbeiten dann in der üblichen Bremsschaltung mit Gleichstrom-Fremderregung auf einen festen Bremswiderstand.

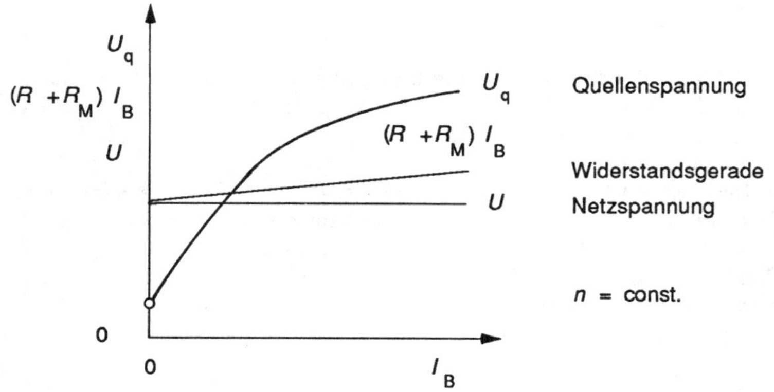

Bild 4.27. Keine Selbsterregung gegen die Netzspannung

Eine selbsterregte Widerstandsbremse wird hier kaum benutzt, weil sie einen verstellbaren Bremswiderstand benötigt.

Für die Nutzbremse kann auch die bei den Gleichstrommotoren übliche Fremderregung verwendet werden. Zwischen dem Motor und dem Wechselstromnetz bleibt der Stromrichter, wie im Fahrbetrieb, eingeschaltet. Er muss die Energierückspeisung als Wechselrichter ermöglichen.

4.17 Der Gleichstromsteller im Bremsbetrieb

Der Gleichstromsteller kann sowohl für den Bremsbetrieb als auch für den Fahrbetrieb verwendet werden. Mit ihm sind Widerstandsbremsen sowie Nutzbremsen realisierbar und beide stufenlos steuerbar.

Der Gleichstromsteller parallel zu einem festen Bremswiderstand kann den verstellbaren Stufenwiderstand selbsterregter Widerstandsbremsen bei sonst gleicher Bremsfunktion ersetzen.

Durch die Änderung des Taktverhältnisses des Gleichstromstellers lässt sich der Widerstand zwischen Null und seinem vollen Wert R stufenlos variieren. Während der Einschaltzeit ist der Widerstand kurzgeschlossen (Wert Null). Während der Ausschaltzeit wirkt er im Stromkreis voll. Im Durchschnitt wirkt er mit entsprechendem Mittelwert (hier als Bremswiderstand R_B):

$$R_B = \frac{0 \cdot t_{ein} + R \cdot t_{aus}}{t_{ein} + t_{aus}} = R \frac{t_{aus}}{t_{ein} + t_{aus}} \qquad (4.25)$$

Der Strom stellt sich auf diesen Mittelwert ein. Die Induktivität des Stromkreises begrenzt die Stromänderungen, ähnlich wie im Bild 4.11 dargestellt.

Für die Nutzbremse muss der Stromkreis des Gleichstromstellers der geänderten Stromrichtung angepasst werden (Bild 4.28). Die Freilaufdiode dient nun als Sperrdiode.

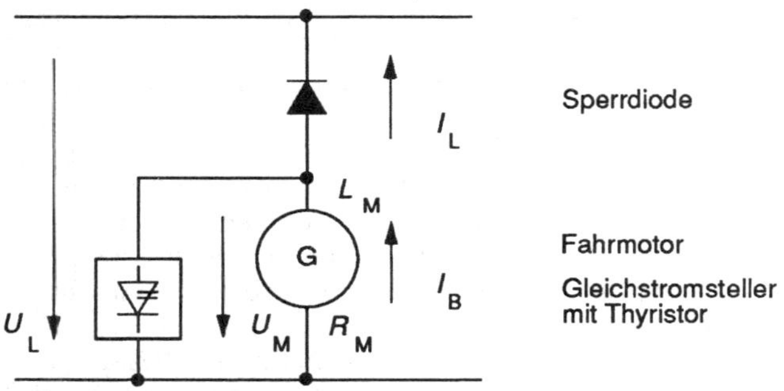

Bild 4.28. Nutzbremse mit Gleichstromsteller

Hier wird wieder die vorteilhafte Wirkung des Gleichstromstellers als Transformator für Gleichstrom (Gleichung 4.17), jedoch in umgekehrter Energierichtung, benutzt. Die Motorspannung wird in die höhere Netzspannung bei entsprechend kleinerem Netzstrom umgesetzt (*Hochsetzer* oder *Hochsetzsteller*).

Eine Besonderheit im funktionellen Ablauf ist erwähnenswert: Im Bremsbetrieb wird der Motor zuerst kurzgeschlossen. Ein Strom baut sich auf. Die Energie wird in der Induktivität gespeichert. Anschliessend arbeitet der Motor gegen die Netzspannung und die gespeicherte Energie wird dorthin entladen. In dieser Kombination erfolgt die Selbsterregung des kurzgeschlossenen Reihenschlussmotors besonders rasch.

Solange die Motorspannung kleiner als die Netzspannung bleibt, funktioniert die Bremsung richtig. Sie kann durch die Änderung des Taktverhältnisses gesteuert werden. Falls jedoch die Netzspannung plötzlich kleiner als die Motorspannung wird, kann sich der Strom nicht mehr abbauen. Er steigt unkontrollierbar weiter, bei Reihenschlusserregung auf gefährlich hohe Werte. Dies muss durch die Ausführung der Schaltung verhindert werden.

Wenn an Stelle des Netzes ein Bremswiderstand in den Stromkreis eingeschaltet wird, entsteht aus der Nutzbremse eine Widerstandsbremse, was zur zwangsläufigen Umschaltung vom Netz auf den Widerstand beim Ausfall der Speisespannung verwendet werden kann.

4.18 Der Drehstrommotor im Bremsbetrieb

Bei Drehzahlen die höher als die synchrone Drehzahl liegen, arbeitet der Drehstrom-Asynchronmotor als Generator und gibt die Energie an das speisende Netz zurück. Dazu sind keine Umschaltungen der Fahrmotoren notwendig, so dass eine Nutzbremse ohne jeden Aufwand realisiert wird. Dies gilt auch für den Linearmotor.

Eine wichtige Bedingung ist, dass das Netz den Magnetisierungsbedarf der Asynchronmaschine decken kann.

Bei Speisung mit konstanter Frequenz kann die Nutzbremse ebenfalls gut als Beharrungsbremse verwendet werden. Die Fahrgeschwindigkeit im Gefälle ist dann nur um die doppelte Schlupfgeschwindigkeit höher als in der Steigung, d.h. um ca. 4...6 %. Durch Einschaltung der Läuferwiderstände würde die Geschwindigkeit im Bremsbetrieb nur noch weiter erhöht werden.

Als Verzögerungsbremse ist diese Nutzbremse bei konstanter Netzfrequenz nicht verwendbar, weil im untersynchronen Drehzahlbereich kein Bremsbetrieb möglich ist.

Durch die Kaskadenschaltung lässt sich die synchrone Fahrgeschwindigkeit auf die Hälfte reduzieren.

Ähnliches Verhalten zeigt die Synchronmaschine. Wegen ihrer starren Drehzahlcharakteristik erfolgt keine Drehzahlüberschreitung, sondern lediglich die Polradverschiebung relativ zum Drehfeld in andere Richtung. Sie braucht keine Magnetisierung aus dem Netz.

Die Umschaltung der Synchronmaschine vom Netz auf einen dreiphasigen Bremswiderstand führt zu einer problemlosen Widerstandsbremse.

Auch die Asynchronmaschine lässt sich mit etwas Aufwand im Betrieb bei konstanter Frequenz auf die Widerstandsbremsung umstellen. Vorteilhaft ist eine Gleichstromerregung der Ständerwicklungen aus einer besonderen Erregerstromquelle (Bild 4.29).

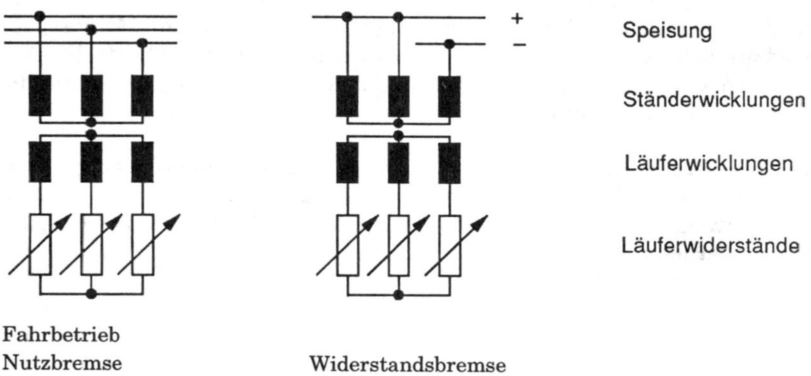

Bild 4.29. Asynchronmotor im Bremsbetrieb bei konstanter Frequenz

Das Drehfeld der Asynchronmaschine wird damit räumlich eingefroren und im Läufer eine Spannung drehzahlproportionaler Höhe und Frequenz induziert. Der Asynchronmotor arbeitet dann als Synchrongenerator auf die als Belastung eingeschalteten Läuferwiderstände.

Diese Widerstandsbremse ist in einem weiten Geschwindigkeitsbereich wirksam. Sie wird über den Erregerstrom gesteuert. Teilweises Abschalten der Läuferwiderstände bietet eine zusätzliche Steuerungsmöglichkeit (Beispiel B. 13).

Es wird auch die Eigenerregung der Asynchronmaschine, die mit zugeschalteten Kondensatoren einen Schwingkreis bildet, benutzt [71].

Bei Speisung mit veränderlicher Frequenz ist der Bremsbetrieb im ganzen Geschwindigkeitsbereich durch die entsprechende Frequenzanpassung möglich. Hier liegt zwischen dem speisenden Netz und der Drehstrommaschine der Umrichter. Er muss die Bremsenergie an das Netz oder an einen Bremswiderstand weiterleiten und für die Asynchronmaschine den Magnetisierungsbedarf decken.

4.19 Übungsaufgaben

Aufgabe 18: Ein belasteter Reihenschluss-Fahrmotor bezieht einen Strom von 400 A aus dem Gleichstromnetz von 1500 V und läuft dabei mit 1800 1/min. Der Gesamtwiderstand seiner Wicklungen beträgt 0,15 Ω. Im Bremsbetrieb arbeitet der Motor in der Schaltung der selbsterregten Widerstandsbremse. Wie gross muss der Bremswiderstand sein, um einen Bremsstrom von 400 A bei 1500 1/min zu erzeugen? Wie gross ist dabei die Bremsleistung?

Ergebnis: 2,85 Ω, 480 kW (einschliesslich Motorverluste), 456 kW (im Bremswiderstand)

Hinweis: Zuerst Quellenspannung bei geänderter Drehzahl bestimmen.

Aufgabe 19: Die Magnetisierungscharakteristik eines Gleichstrommotors ist durch folgende Punkte bei 1000 1/min gegeben:

Erregerstrom:	100	200	300	400	500	A
Quellenspannung:	200	400	560	640	700	V

Der Widerstand der Motorwicklungen (Anker- Wendepol und Erregerwicklung zusammen) beträgt 100 mΩ. Wie gross wird bei 800 1/min der Bremsstrom in der Schaltung der selbsterregten Widerstandsbremse sein, wenn der Bremswiderstand 1,18 Ω beträgt? Wie gross darf der Bremswiderstand sein, damit bei 1500 1/min gerade noch die Selbsterregung erfolgen kann?

Ergebnis: 400 A, 2,9 Ω

Hinweis: Quellenspannung mit Gleichung 3.6 auf die gewünschten Drehzahlen umrechnen und den Schnittpunkt mit der Widerstandsgeraden suchen. Die Tangente bestimmt den Grenzwert.

Aufgabe 20: Ist es möglich mit einer Nutzbremse einen Bremsstrom von 400 A in das Gleichstromnetz von 3000 V zurückzuspeisen, wenn der damit gebremste Zug von 500 t Gesamtmasse auf einem Gefälle von 20 ‰ mit konstanter Geschwindigkeit von 40 km/h fährt?

Ergebnis: nein

Hinweis: Die im günstigsten Fall (verlustloser Antrieb, Laufwiderstand Null) erzielbare Bremskraft ergibt bei dieser Geschwindigkeit eine kleinere Bremsleistung als die dem angegebenen Strom entsprechende elektrische Leistung.

5. Die Schaltungen der Steuerungstechnik

Stufensteuerungen

5.1 Wechselstrom-Stufenschaltungen

Die Steuerung der Motorspannung kann auf der Niederspannungs- sowie auf der Hochspannungsseite des Stufentransformators erfolgen (Bild. 5.1). Diese zwei in früherer Zeit wichtigsten Steuerungsarten für Wechselstrombahnen wurden *Niederspannungssteuerung* bzw. *Hochspannungssteuerung* genannt.

Die Fahrmotoren sind in der Regel dauernd parallel geschaltet, woraus eine bessere Ausnutzung der Haftreibung resultiert, wie dies später noch erläutert wird. Die Schaltungen Serie und Serie/Parallel können in bezug auf die Auslegung der Schaltapparatur (Strom, Spannung) gelegentlich günstiger sein. Sie benötigen jedenfalls weniger Anschlusskabel als die Schaltung Parallel. Ein Gruppierungswechsel entfällt ohnehin.

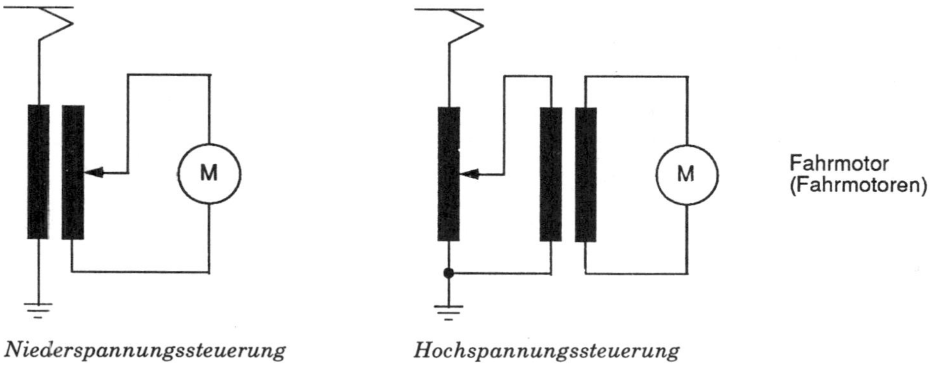

Bild 5.1. Klassische Wechselstrom-Stufenschaltungen

Bei der Hochspannungssteuerung arbeitet der *Stufentransformator* in der Sparschaltung. Er ist, abgesehen von Schwankungen der Netzspannung, an eine konstante Speisespannung angeschlossen. Sein magnetischer Fluss ist dementsprechend auch konstant. Die angezapfte Hochspannung wird dem zweiten Transformator zugeführt, wo sie auf eine den Fahrmotoren angepasste Spannung reduziert wird. Dieser *Übersetzungstransformator* hat keine Anzapfungen. Sein magnetischer Fluss ändert sich demzufolge proportional zur Anschlussspannung.

Meistens werden die beiden Transformatoren als Einheit, teilweise sogar mit gemeinsamem magnetischem Kreis gebaut. Dadurch ergibt sich eine raum- und gewichtsparende konstruktive Lösung (Beispiel B. 1). Bei sehr grossen Leistungen müssen die Transformatoren vollständig getrennt werden (Beispiel B. 2).

Die Hochspannungssteuerung ist für Triebfahrzeuge höherer Leistung vorteilhafter als die Niederspannungssteuerung, weil die zu schaltenden Ströme auf der Hochspannungsseite viel kleiner sind und somit eine leichtere Schaltapparatur zulassen. Wegen geringerer Isolationsprobleme ist dagegen die Niederspannungssteuerung für Triebfahrzeuge kleinerer Leistung bis ca. 1500...2000 kW, also in erster Linie für Triebwagen, von Vorteil (Beispiel B. 3).

Bei den ersten Anwendungen der Mischstrommotoren wurde zwischen dem Stufentransformator und den Fahrmotoren ein Gleichrichter eingebaut und zuerst noch in der Quecksilberdampf-Bauart, später als Silizium-Gleichrichter, ausgeführt (Bild 5.2). Der übliche Wellenstrommotor verlangt dazu noch eine Glättungsdrosselspule von beachtlicher Grösse. Die Schaltung ist sehr einfach und braucht keinen Zusatz am Transformator. Alle Fahrmotoren werden aus einem Gleichrichter gespeist. Beim Ausfall eines Brückenzweiges ist ein weiterer Betrieb jedoch nicht mehr möglich.

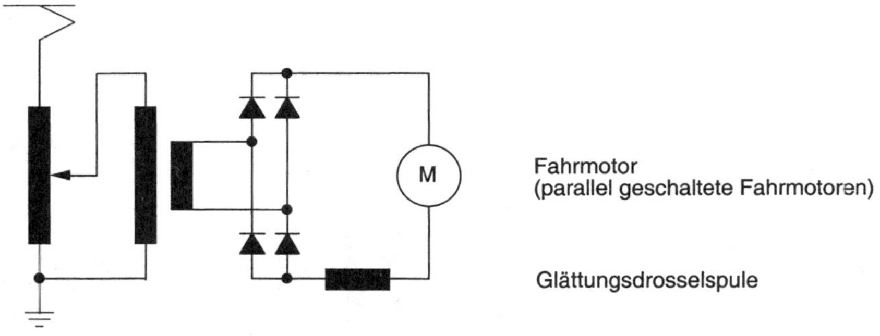

Bild 5.2. Einfache Brückenschaltung

Die Blockschaltung (Bild 5.3) bietet die grössere Betriebssicherheit, weil jeder Motor von einer separaten Transformatorwicklung über einen eigenen Gleichrichter gespeist wird. Die Motorstromkreise sind somit vollständig getrennt. Nachteilig ist der grössere Aufwand. Um ihn zu reduzieren, können bei mehr als zwei Fahrmotoren parallel geschaltete Motorengruppen gebildet werden.

Durch einen Mittelpunkt-Ausgleichleiter und entsprechende Umgruppierung der Motoren (Bild 5.4) wird die Brückenschaltung auf zwei in Serie geschaltete Gleichrichter in Mittelpunktschaltung umgestellt. Bei symmetrischen Verhältnissen fliesst durch den Ausgleichleiter kein Strom und die Schaltung wirkt als eine reine Brückenschaltung mit in Serie geschalteten Fahrmotoren.

Bei Ausfall eines Brückenzweiges des Gleichrichters lässt sich die defekte Gleichrichterhälfte zusammen mit dem zugehörigen Motor abschalten. Die andere

Hälfte bleibt als Mittelpunktschaltung im Betrieb, womit die halbe Fahrzeugleistung weiterhin zur Verfügung steht. Der Ausgleichleiter wird dabei voll belastet.

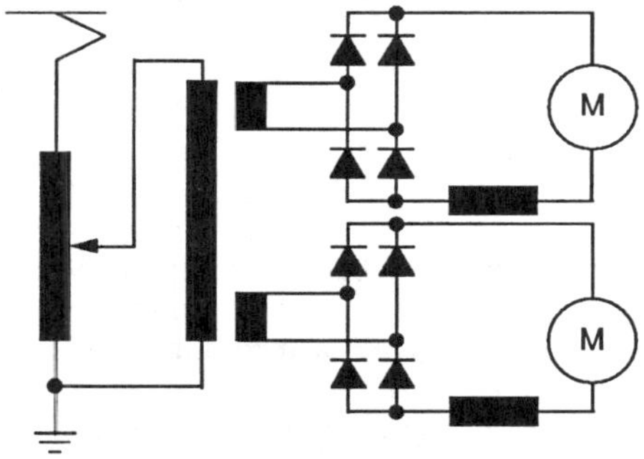

Bild 5.3. Blockschaltung Transformator-Gleichrichterbrücke-Motor

Wegen des Ausgleichleiters bleibt die Motorspannung fest, auch wenn beispielsweise durch das Schleudern eines Radsatzes Unsymmetrien in der Belastung entstehen. Damit verhält sich die Schaltung wie bei parallel geschalteten Motoren. Sie ist betriebssicherer, jedoch aufwendiger als die einfache Brückenschaltung (Beispiel B. 4).

Bei mehreren Fahrmotoren werden die Schaltungen sinngemäss erweitert. Je nach Bedarf besteht jeder Gleichrichterzweig aus mehreren in Serie oder parallel geschalteten Elementen.

Diese Gleichrichter-Schaltungen sind in erster Linie als Entwicklungszwischenstufe erwähnenswert. Sie sind auch mit der Niederspannungssteuerung kombinierbar, allerdings ohne Mittelpunktanschluss.

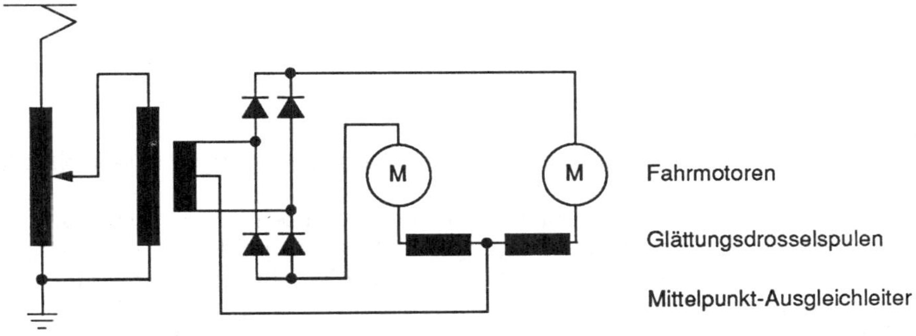

Bild 5.4. Brückenschaltung mit Mittelpunkt-Ausgleichleiter

Die Glättungsdrosselspule kann bei kleineren Leistungen auch im Kessel des Transformators untergebracht werden.

Beim Neubau von Triebfahrzeugen kommen die Stufenschaltungen auch mit Gleichrichter nicht mehr in Frage. Im Betrieb sind sie noch überall verbreitet.

5.2 Das Schalten der Stufen am Transformator

Das Schalten der Stufen muss ohne Stromunterbruch erfolgen, um Zugkrafteinbrüche zu vermeiden. Deswegen leiten beim Umschaltvorgang zwei Anzapfungen des Transformators kurzzeitig gemeinsam den Strom. Somit würde ohne zusätzliche Einrichtungen ein Stufenkurzschluss entstehen.

Der Kurzschluss kann durch eine *Überschaltdrosselspule* mit Mittelpunktanschluss verhindert werden (Bild 5.5). Diese wirkt dann als *Spannungsteiler* und gleichzeitig als *Stromteiler*, weil beim Stromdurchgang die Durchflutungen beider Wicklungshälften im Gleichgewicht bleiben müssen. Bei einem symmetrischen Anschluss beträgt das Verhältnis 1:1, damit werden die Kontakte gleich belastet. Ausserdem wird dadurch die Anzahl der Stufen im Vergleich zur Anzahl der Transformatoranzapfungen verdoppelt.

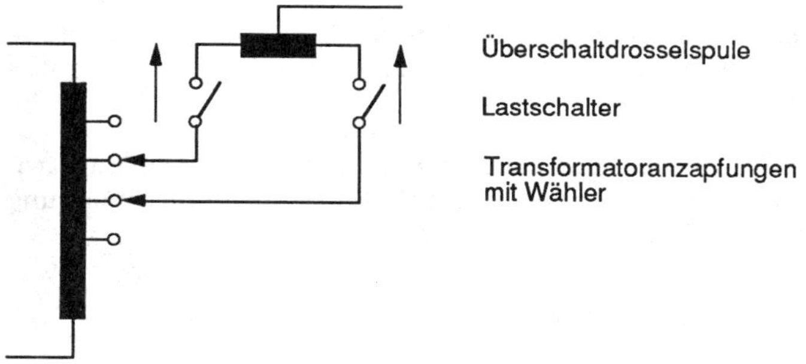

Bild 5.5. Überschaltdrosselspule als Strom- und Spannungsteiler

Die Drosselspule bezieht zusätzlich einen Magnetisierungsstrom entsprechend der Stufenspannung.

Gelegentlich wurde zusätzlich zur Drosselspule ein besonderer Überschaltwiderstand benutzt, um die Strom- und Zugkraftstösse zu mildern, welche sonst während des Umschaltvorganges durch die kurzzeitige einseitige Stromführung über eine Hälfte der Stromteiler-Drosselspule entstehen.

Zur besseren Ausnutzung der Schaltelemente und Vermehrung der Stufen kann der Strom durch Wiederholung des Vorgehens auch auf mehrere Transformatoranzapfungen verteilt werden (Bild 5.6).

Als Schaltelemente können Schütze verwendet werden, womit sich uneingeschränkte Stufenkombinationen aufbauen lassen. Diese *Schützensteuerung* hat jedoch den Nachteil, dass alle Schaltelemente unter Belastung schalten müssen.

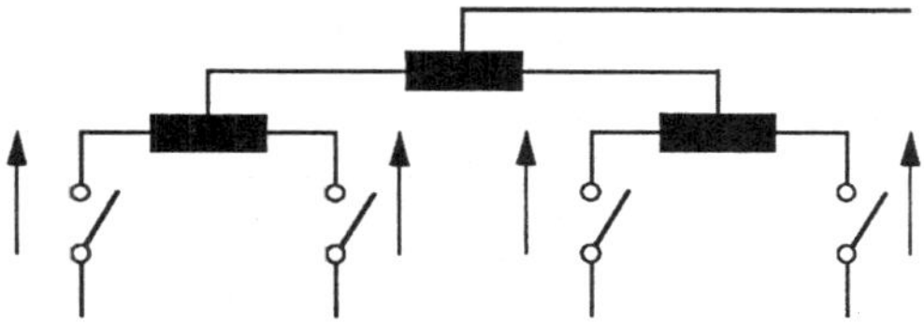

Bild 5.6. Wiederholungsschaltung mit drei Überschaltdrosselspulen

Es ist vorteilhafter bei grösserer Stufenzahl nur einige Schaltelemente als *Lastschalter* auszubilden und die Einstellung der Anzapfungen am Transformator im stromlosen Zustand einem *Wähler* zu übertragen. Lastschalter und Wähler bilden dann eine am Transformator angebaute konstruktive Einheit, den *Stufenschalter*, welcher servomotorisch durch einen Elektromotor oder Luftmotor als Stellglied angetrieben wird.

Im Betrieb sind die Lastschalter geschlossen. Beim Schalten auf die nächste Stufe öffnet zuerst ein Lastschalter, der stromlos gewordene Wählerkontakt stellt auf die nächste Transformatoranzapfung um, und der geöffnete Lastschalter schliesst wieder.

Die *Stufenschaltersteuerung* ist auf die durch die Konstruktion des Stufenschalters vorgesehene Anzahl der Stufen, beispielsweise 28 oder 32, begrenzt und arbeitet langsamer als die Schützensteuerung. Die Schaltgeschwindigkeit beträgt ca. 2...4 Stufen pro Sekunde.

An Stelle der Überschaltdrosselspule kann auch ein *Überschaltwiderstand* verwendet werden. Da die Stromteilung entfällt, wird dies eher bei der Hochspannungssteuerung mit kleineren Strömen benutzt. Beim Schalten auf die nächste Stufe wird dann der Überschaltwiderstand mit einem separaten Lastschalter kurzzeitig in den Stromkreis eingeschaltet.

Im Bahnbetrieb kommen durchschnittlich oft 7 bis 10 oder sogar mehr Stufenschaltungen pro gefahrenen Kilometer vor. Wegen der hohen Schalthäufigkeit sind die Lastschalter einem starken Abbrand ausgesetzt. Als Abhilfe kann auch bei bestehenden Triebfahrzeugen nachträglich ein *Thyristor-Lastschalter* eingebaut werden.

Eine Möglichkeit bei der Niederspannungssteuerumng zeigt das Bild 5.7. Je zwei antiparallel geschaltete Thyristoren ersetzen die Lastschalter. Der Wähler bleibt bestehen und arbeitet wie vorher. Die gezündeten Thyristoren sind voll ausgesteuert (Steuerwinkel Null) und führen Strom. Beim nächsten Stromnulldurchgang wird durch Wegnahme der Zündimpulse der Strom einer Thyristorengruppe einer Öffnung des Schalters entsprechend unterbrochen. Nach Verschieben des Wählers kann die Gruppe wieder gezündet werden, um den Strom zu übernehmen.

Die Leerschalter sind hier nicht unbedingt erforderlich. Sie überbrücken in der Pause zwischen den Schaltvorgängen die stromleitenden Thyristoren, entlasten sie thermisch und reduzieren die Verluste.

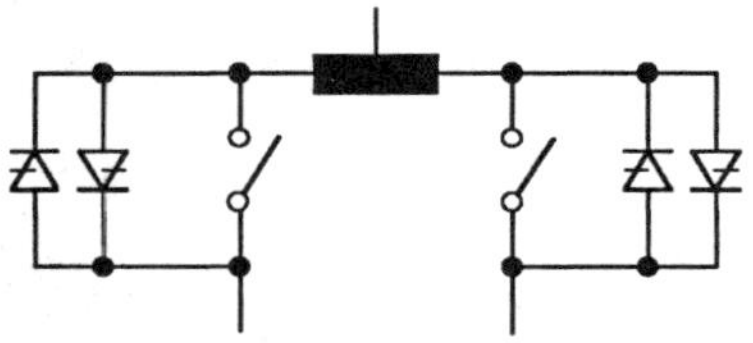

Bild 5.7. Ersatz der Lastschalter durch Thyristoren

Die Überschaltdrosselspule ist in diesem Beispiel wegen der stromteilenden Wirkung noch erforderlich. Sonst könnte sie weggelassen werden. Auch ein Überschaltwiderstand wird überflüssig.

Mit dieser Anordnung lässt sich auch eine kontinuierliche Spannungssteuerung zwischen zwei Stufen realisieren, falls die Thyristoren entsprechend angesteuert werden (Anschnittsteuerung). Bei der Hochspannungssteuerung wurde davon viel Gebrauch gemacht [72].

5.3 Gleichstrom-Stufenschaltungen

Der Stufenwiderstand besteht aus einer Kette von Hochleistungswiderständen, die durch eine Schaltapparatur stufenweise überbrückt werden. Der gleiche Widerstand wird für die Steuerung im Fahr- sowie im Bremsbetrieb verwendet.

Die einfachste, seit Jahrzehnten in Anwendung stehende Schaltapparatur ist ein handbetätigter *Direktkontroller* mit entsprechender Anzahl Schaltelemente. Schon wegen der körperlichen Anstrengung bei der Bedienung kommt er heute nur noch für ganz kleine Leistungen in Betracht.
Eine andere Möglichkeit ist ein servomotorisch angetriebenes *Nockenschaltwerk* mit der erforderlichen Anzahl fest zugeordneter Schaltelemente. Als Stellglied bei dieser *Schaltwerksteuerung* wird ein Elektromotor oder ein Luftmotor verwendet, wobei die Schaltgeschwindigkeit 3...4 Stufen pro Sekunde beträgt.

Auch hier können einzelne Schütze für uneingeschränkte Stufenkombinationen verwendet werden (*Schützensteuerung*, Beispiele B. 5 und B. 6).
Besondere Kunstschaltungen ergeben bei unveränderter Anzahl Schaltelemente eine höhere Anzahl Fahrstufen als eine einfache Stufe-für-Stufe-Überbrückung von Widerständen (Bild 5.8). Die zugehörige *Schalttabelle* zeigt eine mögliche Variante.

Nachteilig ist bei solchen Kunstschaltungen, dass einzelne Teilwiderstände mehrmals in verschiedenen Kombinationen benutzt werden. Sie müssen thermisch entsprechend dimensioniert sein. Die Widerstandswerte gewisser Stufen ergeben sich ausserdem zwangsläufig durch die Schaltung und können nicht optimal für Fahr- und Bremsbetrieb festgelegt werden. Die Schaltelemente müssen zeitlich genau schalten, um unerwünschte Überlappungen und Lücken, die zu unangenehmen Stromstössen führen können, zu verhindern.

Bei mehreren Fahrmotoren erhält in der Regel jeder Motor bzw. jede dauernd in Serie geschaltete Motorengruppe einen eigenen Stufenwiderstand mit den zugehörigen Schaltelementen. Dazu kommen noch die stromlos zu schaltenden Umschaltkontakte zum Aufbau der Schaltung (Fahrtrichtung, Fahr- oder Bremsbetrieb sowie Abtrennen von einzelnen Motoren im Defektfall).

Bei parallel geschalteten Fahrmotoren lässt sich durch *versetztes Schalten* der Stufenwiderstände (abwechselnd jeweils bei nur einem Motor) die Gesamtanzahl der Fahrstufen verdoppeln. Dies wirkt sich allerdings bei der Abtrennung von einem Motor im Defektfall nachteilig aus, weil für den anderen Motor nur noch die Hälfte dieser Fahrstufen zur Verfügung steht, womit die Abstufung unter Umständen zu grob wird.

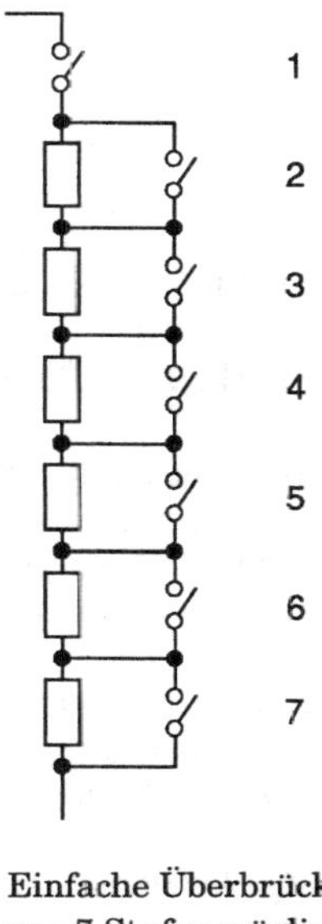

Einfache Überbrückung
nur 7 Stufen möglich

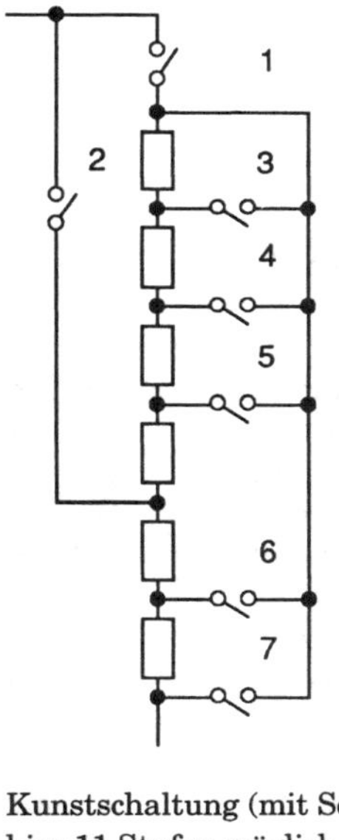

Kunstschaltung (mit Schalttabelle)
hier 11 Stufen möglich

Fahr-stufe	Schaltelement 1	2	3	4	5	6	7
0							
1	o						
2	o		o				
3	o			o			
4	o				o		
5	o	o					
6		o					o
7		o	o				o
8		o		o			o
9		o			o		o
10		o			o	o	o
11	o	o			o	o	o

o Schaltelement eingeschaltet

Bild 5.8. Schaltung der Stufenwiderstände

5.4 Gruppierungswechsel

Die Serie/Parallel-Umgruppierungen der Fahrmotoren müssen während der Fahrt unter Belastung erfolgen, wobei der Strom, um grössere Zugkraftstösse zu vermeiden, nicht unterbrochen werden darf. Dazu sind einige Übergangsstufen erforderlich, die zwangsläufig durchgeschaltet werden müssen. Eine gebräuchliche Kombination, *Brückenschaltung* genannt, mit der zugehörigen Schalttabelle zeigt das Bild 5.9.

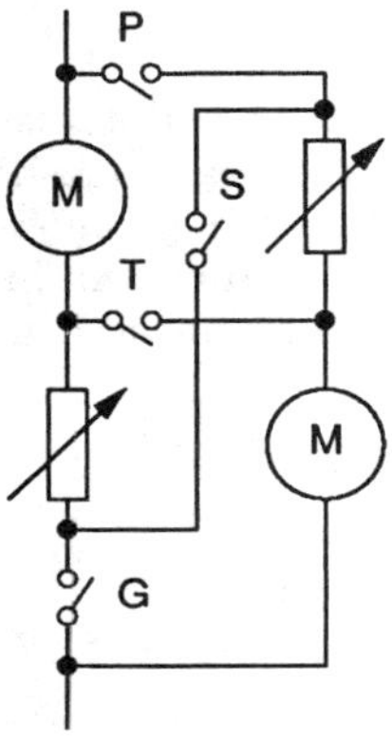

Fahrstufe		Schaltelement S	P	G	T
Serie		o			
Übergang	1. Stufe	o			o
	2. Stufe				o
	3. Stufe		o	o	o
Parallel			o	o	

o Schaltelement eingeschaltet

Bild 5.9. Umgruppierung in der Brückenschaltung

Der Umgruppierungsvorgang von Serie auf Parallel wickelt sich folgendermassen ab (Bild 5.10):

Auf der letzten Stufe Serie sind die Stufenwiderstände kurzgeschlossen. Die Fahrmotoren arbeiten ohne Vorschaltwiderstand in Serieschaltung.

In der ersten Übergangsstufe werden die Widerstände durch ein besonderes Schaltelement (T) überbrückt. Somit können sie in der zweiten Übergangsstufe unbehindert auf den anschliessend benötigten Wert eingestellt werden. Dazu gehört auch das Öffnen des Schaltelementes für die Serieschaltung (S). Die Fahrmotoren arbeiten ohne Änderung weiter.

Die dritte Übergangsstufe schaltet die Widerstände parallel zum Motorstromkreis. Über das Schaltelement T fliesst gleichzeitig mit dem Motorstrom in umgekehrter Richtung auch der Strom der Widerstände. Somit führt dieses Element die Differenz der beiden Ströme.

Das Öffnen des Schaltelementes T beendet die Umgruppierung. Die Motoren mit den beiden Stufenwiderständen sind parallel geschaltet (erste Stufe Parallel).

Die Umgruppierung erfolgt bei einem bestimmten Motorstrom dann absolut ruckfrei, wenn in der dritten Übergangsstufe der Motorstrom und der Widerstandsstrom gleich gross sind. Auch in der Nähe dieses optimalen Punktes ist wegen der kleinen Stromdifferenz die Umgruppierung kaum spürbar.

In umgekehrter Richtung wirken die Übergangsstufen auf die gleiche Art. Ähnliche Schaltungen bestehen für die Umgruppierung von 4 oder 6 Fahrmotoren.

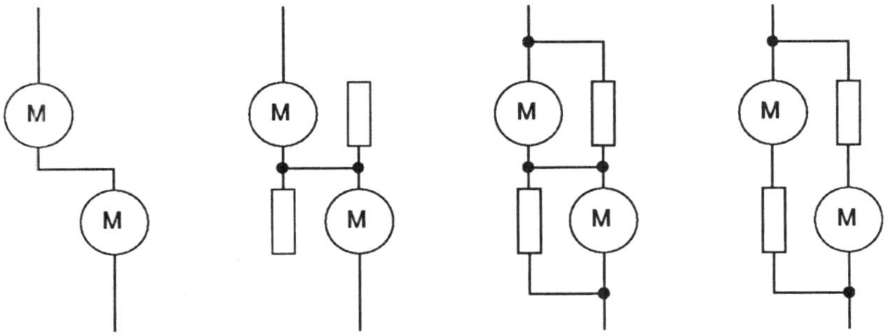

Letzte Stufe Serie und erste Übergangsstufe | Zweite Übergangsstufe | Dritte Übergangsstufe | Erste Stufe Parallel

Bild 5.10. Der Ablauf der Umgruppierung

5.5 Selbsterregte Widerstandsbremse bei Gleichstromspeisung

Für die Steuerung des Fahrmotors im Fahr- und Bremsbetrieb kann dieselbe Schaltapparatur verwendet werden. Der Stufenwiderstand dient als der veränderliche Bremswiderstand. Meistens muss sein Wert durch einen unveränderlichen *Bremszusatzwiderstand* erhöht werden, um die Charakteristik im Bremsbetrieb in den Bereich grösserer Drehzahlen zu verschieben. Damit wird die Verwendung elektrischer Bremsen auch bei höheren Fahrgeschwindigkeiten ermöglicht, gleichzeitig aber auf ihre Benutzung bei kleinsten Geschwindigkeiten verzichtet.

Beim Übergang vom Fahr- in den Bremsbetrieb muss die Anker- oder die Erregerwicklung des Fahrmotors zwangsläufig umgepolt werden, um die Selbsterregung bei unveränderter Fahrtrichtung zu ermöglichen (Bild 5.11, Beispiel B. 5).

Ein gefährlicher Fall kann auftreten, wenn ein bergwärts fahrender Zug beim Spannungsausfall in der Fahrleitung rückwärts zu rollen beginnt. Unterlässt es nun der Führer den Fahrtrichtungsschalter von vorwärts auf rückwärts zu stellen, so versagt wegen fehlender Selbsterregung die elektrische Bremsung.

Die Feldschwächung lässt sich auch bei der selbsterregten Widerstandsbremse zur Steuerung der Fahrgeschwindigkeit verwenden.

Im Bremsbetrieb sind die Fahrmotoren spannungsmässig meistens stärker beansprucht als im Fahrbetrieb, weil höhere Fahrgeschwindigkeiten zusammen mit höheren Strömen auftreten. Damit kann die Quellenspannung gemäss Gleichung 3.8 sogar über den doppelten Nennwert ansteigen [31]. Dies ist bei der Auslegung des Motors (Lamellenspannung) unbedingt zu berücksichtigen.

Bei mehrmotorigen Triebfahrzeugen arbeiten die Fahrmotoren einzeln, oder je zwei in Serie, auf getrennte Bremswiderstände. Häufig werden zwei Fahrmotoren parallel geschaltet und an einen gemeinsamen Bremswiderstand angeschlossen. In diesem Fall sind die Erregerwicklungen unbedingt zu kreuzen (Bild 5.12).

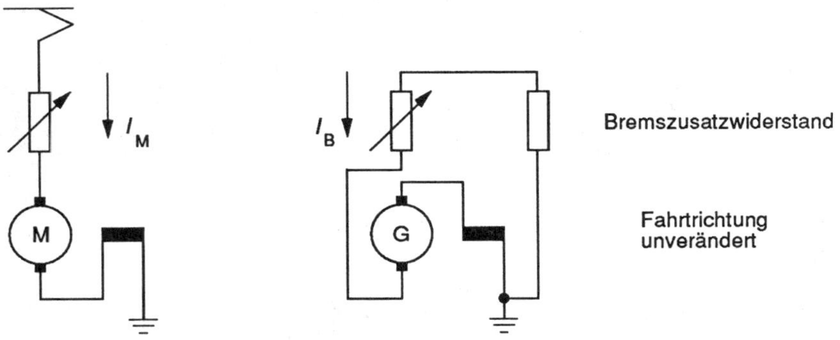

Fahrbetrieb *Bremsbetrieb*

Bild 5.11. Stromkreise beim Fahren und Bremsen

Da die Remanenz beider Fahrmotoren nie genau gleich ist, fliesst ein Ausgleichstrom durch die parallel geschalteten Motoren noch bevor die Selbsterregung erfolgt. Die zwei Remanenzspannungen sind dabei entgegenwirkend. Im Falle der nicht gekreuzten Schaltung erregt sich der Motor mit stärkerer Remanenz normal. Er diktiert die Richtung des Ausgleichstromes, womit die an sich schwächere Remanenz des zweiten Motors noch weiter abgeschwächt wird. Seine Selbsterregung bleibt aus. Der Ausgleichstrom wird immer höher, magnetisiert den zweiten Motor um und bewirkt schlussendlich auch seine Selbsterregung, jedoch mit umgekehrter Polarität. Dies bedeutet einen direkten Klemmenkurzschluss für die beiden Fahrmotoren mit einem nicht mehr kontrollierbaren Stromanstieg.

Im Falle der gekreuzten Schaltung fliesst der Ausgleichstrom so, dass er die schwächere Remanenz verstärkt und die stärkere abschwächt. Dadurch regulieren sich die Motoren gegenseitig auf die gleiche Spannung und die Selbsterregung erfolgt ungestört. Nachher sorgt die Kreuzschaltung für die gleichmässige Aufteilung der Bremsbelastung auf die beiden Motoren.

5.6 Fremderregte Widerstandsbremse

Die Erregerwicklungen der Reihenschlussmotoren sind für kleine Spannungen und grosse Ströme ausgelegt. Zur Vereinfachung der Steuerung und der Verkabelung werden deshalb bei der Fremderregung meistens die Erregerwicklungen sämtlicher Fahrmotoren in Serie geschaltet. Die Anker arbeiten einzeln, eventuell je zwei zusammen, auf getrennte Bremswiderstände (Beispiel B. 3).

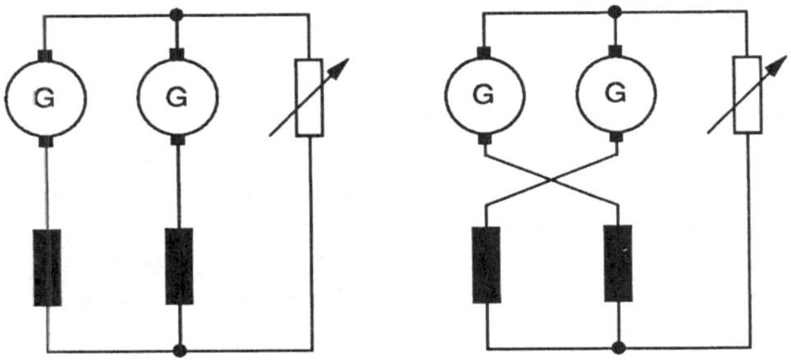

falsch!

Erregerwicklungen nicht gekreuzt

richtig!

Erregerwicklungen gekreuzt

Bild 5.12. Selbsterregung bei parallel geschalteten Fahrmotoren

Für die Auslegung der Erregerstromquelle sind folgende Grundregeln zu beachten:

Der kleinste einstellbare Erregerstrom (erste Bremsstufe) ergibt bei höchster Fahrgeschwindigkeit eine bestimmte Bremskraft. Diese darf nur so hoch sein, dass das Einschalten der elektrischen Bremse auch bei minimaler Belastung (keine oder kleinste Anhängelast) ohne merkbare Stösse erfolgt. Beispielsweise ist dies bei einem alleinfahrenden Triebfahrzeug mit 80 t Masse noch bei einer Bremskraft von ca. 20 kN der Fall. Diese Forderung lässt sich mit heutigen Stellgliedern der Leistungselektronik problemlos realisieren.

Die grösste betrieblich verlangte Bremskraft muss noch bei einer minimalen Fahrgeschwindigkeit entwickelt werden können, sei es für das Abbremsen aus höheren Fahrgeschwindigkeiten (Verzögerungsbremse) oder für die Konstanthaltung der Fahrgeschwindigkeit in Gefällen (Beharrungsbremse). Dies ergibt den grössten Erregerstrom (letzte Bremsstufe). Als minimale Fahrgeschwindigkeit wird oft die Hälfte der für das betrachtete Gefälle normalen Geschwindigkeit verlangt, mindestens jedoch ca. 25...30 km/h.

Bei Gleichstrombahnen wird die fremderregte Widerstandsbremse wenig verwendet, weil sie im Vergleich zur selbsterregten Bremse aufwendiger ist. Ihr Vorteil liegt in feinstufiger bzw. stufenloser Regulierungsmöglichkeit der Bremserregung, stossfreiem Einsetzen und stabilem Verhalten bei kleinen Bremsströmen.

Bei Wechselstrombahnen wird in der Regel die Widerstandsbremse mit Gleichstrom fremderregt. Eine selbsterregte Widerstandsbremse wäre hier nicht günstig (abgesehen von den Schwierigkeiten mit unbestimmter Remanenz), weil sie einen Stufenwiderstand mit zusätzlicher Schaltapparatur benötigt.

Als Stellglied bei Wechselstromspeisung wird heute fast ausschliesslich eine Thyristor-Stromrichterbrücke verwendet.

5.7 Die Nutzbremse bei Gleichstromspeisung

Auch hier werden oft die Erregerwicklungen sämtlicher Fahrmotoren in Serie geschaltet. Als Stellglieder können heute Gleichstromsteller verwendet werden. Früher waren die dazu geeigneten rotierenden Umformergruppen wegen kleiner Leistung bei hoher Speisespannung ein konstruktives Problem für sich.

Die Anker werden zur besseren Anpassung an die benötigte Fahrgeschwindigkeit nach Bedarf in Serie oder parallel geschaltet. Zur gleichmässigen Verteilung der Belastung auf einzelne Fahrmotoren erhalten die parallel arbeitenden Ankerstromkreise getrennte Stabilisierungswiderstände.

Die Steuerung erfolgt durch den Erregerstrom. Für stossfreies Einschalten muss die Nutzbremse mit einem bestimmten Erregerstrom erregt werden, dessen Höhe durch die Drehzahl der Fahrmotoren, d.h. durch die Fahrgeschwindigkeit diktiert wird. Ein grosser Stabilisierungswiderstand wirkt sich beim Einschalten der Bremse günstig aus, weil er die Ströme verkleinert. Nachher ist er wegen erhöhter Verluste unerwünscht. Die günstigsten Verhältnisse erhält man durch einen mehrstufigen Stabilisierungswiderstand, welcher nach Einschalten der Bremse stufenweise abgeschaltet wird.

5.8 Die Nutzbremse bei Wechselstromspeisung

Bei einem Gleichstromnetz muss lediglich die Höhe der Motorspannung richtig eingestellt werden, um die gewünschte Nutzbremswirkung zu erzielen. Beim Wechselstromnetz müssen auch die Frequenz und die Phasenlage übereinstimmen.

Die Übereinstimmung der Frequenz ist durch die Fremderregung aus der Fahrleitung leicht zu realisieren.

Dagegen liegt die natürliche Schwierigkeit der Wechselstrom-Nutzbremse in der Phasenlage des Erregerstromes. Dieser sollte eine mit der Netzspannung gleichphasige Quellenspannung aufbauen. Gemäss Bild 3.15 müsste er dafür die gleiche Phasenlage aufweisen. Wenn jedoch die Erregerwicklung aus dem Netz gespeist wird, was ohnehin wegen der Frequenzgleichheit erforderlich ist, wird der Erregerstrom, wie in jeder Induktivität, der Spannung um fast 90° nacheilen. Somit liegt die Quellenspannung falsch.

Nun ist der Bremsstrom durch die geometrische Differenz der erwähnten Spannungen und durch den Scheinwiderstand des Ankerstromkreises bestimmt. Die Aufteilung auf die Wirk- und die Blindkomponente hängt wieder von der Phasenlage ab. Um die gewünschte Phasenlage des Bremsstromes und somit den Bremsbetrieb mit einem guten Leistungsfaktor zu realisieren, müssen deshalb ohmsche Widerstände, Drosselspulen und Kondensatoren in geeigneter Kombination eingesetzt werden.

Ausserdem muss die Schaltung so ausgelegt werden, dass eine *Selbsterregung* mit Wechselstrom beliebiger Frequenz oder mit Gleichstrom bis zur höchsten Fahrgeschwindigkeit nicht auftreten kann. Unter Selbsterregung ist hier ein Zustand zu verstehen, bei dem die bremsenden Motoren ein selbständiges Stromsystem mit *netzfremder Frequenz* erzeugen, dessen Überlagerung mit dem regulären Bremsstrom jeden geordneten Betrieb verunmöglicht und auch für die Kommutierung unzulässig ist [73].

Besonders gefährlich ist die Selbsterregung mit Gleichstrom, weil der ohmsche Widerstand des Bremsstromkreises klein ist.

Die Verhältnisse werden durch die Schaltungsmassnahmen im Kreis der Wendepole, die zur Erzielung einer einwandfreien Kommutierung erforderlich sind, zusätzlich kompliziert. Sie können leicht die Selbsterregung begünstigen.

Die erwähnten Bedingungen führen öfters zu verwickelten Schaltungen, in denen der Zweck und die Funktion gewisser Elemente ohne genaue Unterlagen kaum ersichtlich ist. Dies gilt insbesondere für die Schaltung der Wendepolshunts. Ein genaues Schaltschema mit detailliertem Zeigerdiagramm der betroffenen Stromkreise ist für das Verständnis unerlässlich.

Die folgenden Schaltungen aus den Anfangszeiten der Wechselstrom-Nutzbremse zeigen zwei verschiedene gangbare Wege, auf welchen alle späteren Entwicklungen basieren (Bild 5.13 und 5.14). Neben dem stark vereinfachten Schema sind für jede Schaltung die prinzipielle Charakteristik und das ebenfalls vereinfachte Zeigerdiagramm dargestellt. Auf die Wendepolwicklung mit ihren zum Teil kompliziert geschalteten Shunts wurde zugunsten besserer Übersicht verzichtet. Einzelne ohmsche Widerstände, Drosselspulen und Kondensatoren wurden ohne nähere Angaben der Werte mit R, L bzw. C bezeichnet .

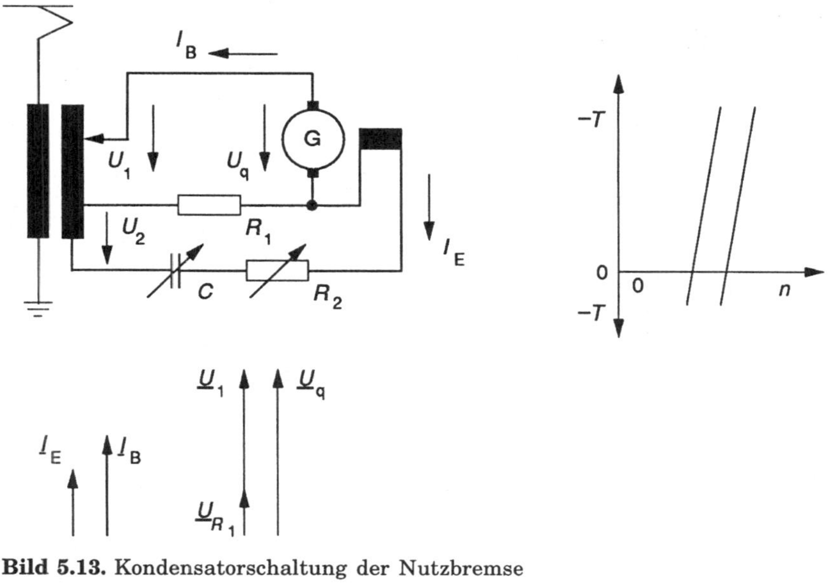

Bild 5.13. Kondensatorschaltung der Nutzbremse

Anschliessend werden noch zwei bis heute verwendete Schaltungen kurz erläutert (Bild 5.15 und 5.16).

Kondensatorschaltung

Die Schaltung (Bild 5.13) entspricht weitgehend dem Aufbau der üblichen Gleichstrom-Nutzbremse [2]. Die Steuerung erfolgt durch die Transformatorspannung U_1 und, wenn erwünscht, durch den Erregerstrom über den Widerstand R_2. Auch hier kehren der Ankerstrom und das Drehmoment um, wenn die Quellenspannung U_q kleiner als die Speisespannung U_1 wird und der Motor beginnt in die gleiche Fahrtrichtung zu ziehen.

Die Neigung der Kurven wird durch den Widerstand R_1 nach Wunsch vergrössert. Dadurch werden die Stösse beim Schalten der Stufen kleiner.

Die richtige Phasenlage des Erregerstromes wird durch den Kondensator C erzielt. Dieser muss regulierbar sein, um bei jedem Erregerstrom den induktiven Spannungsabfall an der Erregerwicklung möglichst genau zu kompensieren.

Die Schaltung arbeitet bei bestem Leistungsfaktor (cos φ = 1). Sie eignet sich besonders gut für die Beharrungsbremse, weniger gut für eine Verzögerungsbremse.

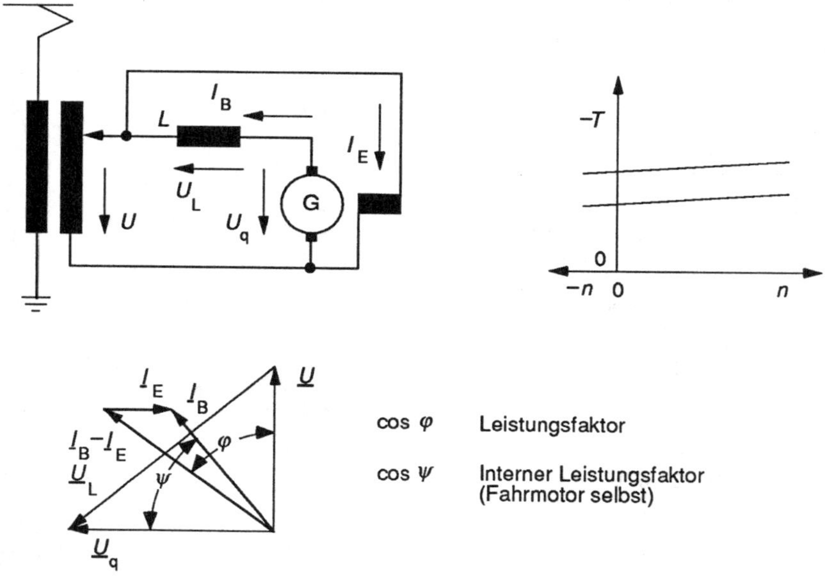

Bild 5.14. Die Behn-Eschenburg-Schaltung

Behn-Eschenburg-Schaltung

Diese alte Schaltung (Bild 5.14) ist sehr einfach und in der normalen Fahrtrichtung selbsterregungsfrei. Die Steuerung erfolgt durch die Transformatorspannung U. Benötigt wird lediglich eine Drosselspule L zur Aufnahme der Differenzspannung zur phasenverschobenen Quellenspannung U_q. Die Charakteristik ist für die Verzögerungsbremse sehr günstig [2].

Die Bremse wirkt bis zum Stillstand. Wenn sie nach erreichtem Halt nicht ausgeschaltet wird, fährt der Zug rückwärts an. Dies muss wegen der Gefahr der Selbsterregung unbedingt vermieden werden.

Der Nachteil der Schaltung liegt im schlechten Leistungsfaktor, womit die Bremskraft, welche der Fahrmotor entwickeln kann, stark herabgesetzt wird.

Erregermotorschaltung

Diese bei den Schweizerischen Bundesbahnen noch heute meistverbreitete Schaltung (Bild 5.15) ist aus der Behn-Eschenburg-Schaltung entstanden. Sie hat grundsätzlich die gleiche Charakteristik bei einem bedeutend besseren Leistungsfaktor. Ein Fahrmotor speist als Erregermotor die meistens in Serie geschalteten Erregerwicklungen der anderen Fahrmotoren, die dann als Bremsmotoren über Bremsdrosselspulen parallel arbeiten.

Die vormagnetisierte Regeldrosselspule L (Transduktor) mit dem Widerstand R ermöglicht die Konstanthaltung des Bremsstromes im ganzen Geschwindigkeitsbereich. Der Gegenkompoundwiderstand R_1 wird von beiden Erregerströmen gleichsinnig durchflossen und dient zur Unterdrückung der Gleichstrom-Selbsterregung (Beispiel B. 1) [2, 74].

Nachteilig ist die ungleiche Belastung der Fahrmotoren, da der Erregermotor nur wenig Bremskraft entwickelt.

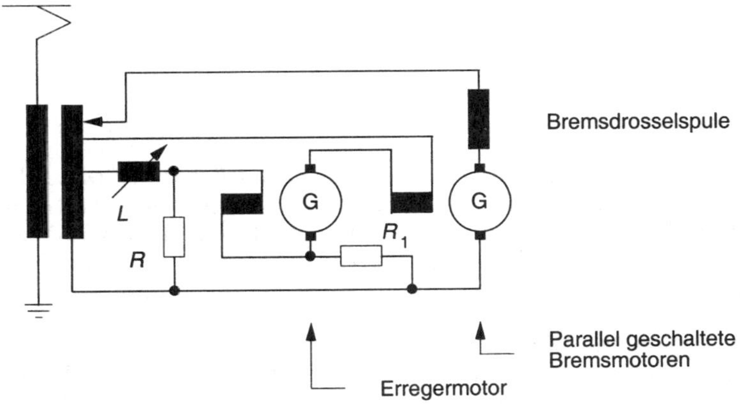

Bild 5.15. Die Erregermotorschaltung

Resonanzschaltung

Die neueste Bremse dieser Art verwendet für die Speisung der Erregerwicklungen eine Hilfswicklung der Bremsdrosselspule (Bild 5.16).

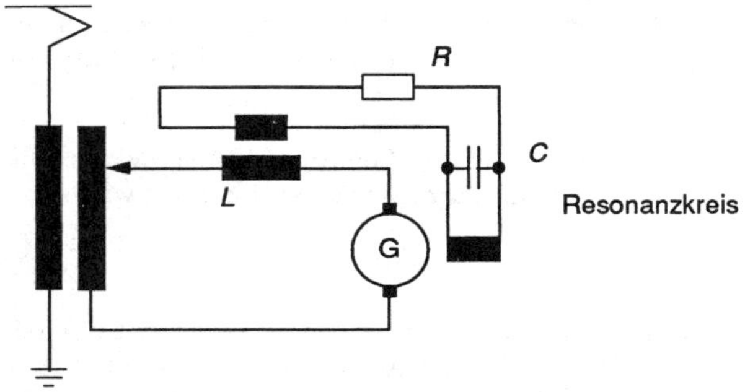

Bild 5.16. Die Resonanzschaltung

Die Drosselspule *L* liefert eine dem Ankerstrom proportionale Spannung an den Erregerkreis. Damit ändert sich der Erregerstrom proportional zum Ankerstrom, woraus im Bremsbetrieb ein dem Fahrbetrieb ähnliches Reihenschlussverhalten resultiert.

Die in Serie geschalteten Erregerwicklungen der Fahrmotoren bilden mit dem Kondensator *C* einen Parallelresonanzkreis.

Die Bremskraft verteilt sich gleichmässig auf alle Fahrmotoren. In Gegensatz zu vielen anderen Nutzbremsschaltungen tritt hier auch bei Rückwärtsfahrt keine Selbsterregung auf (Beispiel B. 2) [75].

5.9 Gegenstrombremsung

Falls die Fahrmotoren während der Bewegung des Zuges auf Fahrt in Gegenrichtung umgeschaltet werden, entwickeln sie die Zugkraft entgegen der Fahrtrichtung, d.h. eine Bremskraft. Diese *Gegenstrombremsung* ist beim Reihenschlussmotor *gefährlich*. Sie darf grundsätzlich wegen folgender Vorgänge im Motor nicht benutzt werden:

Der Motorstrom kann bei Gleichstrommotoren sehr hoch werden, weil die Quellenspannung die Speisespannung unterstützt. Der Strom wird höher als auf der betreffenden Fahrstufe im Stillstand und steigt mit der Fahrgeschwindigkeit rasch an.

Bei Einphasenwechselstrommotoren entsteht wegen des vorwiegend induktiven Spannungsabfalles im Motor kein übermässiger Stromanstieg. Der Motor würde sogar als Nutzbremse arbeiten. Die im vorherigen Abschnitt beschriebene Behn-Eschenburg-Schaltung ist nämlich auch eine Art fremderregter Gegenstrombremse.

Bereits bei kleinen Fahrgeschwindigkeiten in Gegenrichtung kann jedoch beim Wechselstrommotor eine Selbsterregung mit Gleichstrom erfolgen, die wegen des kleinen ohmschen Widerstandes des Stromkreises (Transformator) zu hohen Strömen führt und jeden weiteren Betrieb verunmöglicht.

Eine ähnliche Erscheinung entsteht bei parallel geschalteten Gleichstrommotoren. Die Verhältnisse sind hier grundsätzlich gleich wie bei der Widerstandsbremse mit nicht gekreuzten Erregerwicklungen (Bild 5.12). Der Motor mit etwas höherer Quellenspannung übernimmt mehr Strom, erregt sich dadurch noch stärker und schwächt den anderen Motor bis zur Erregung mit umgekehrter Polarität. Dies bedeutet für die beiden Motoren einen direkten Klemmenkurzschluss mit sehr hohem Strom. Dabei könnte der durch die Vorschaltwiderstände vorgegebene Strom an sich noch bescheiden sein.

Beim Drehstrommotor ist der Stromanstieg im Vergleich zum Strom im Stillstand unbedeutend. Der Motor verträgt eine Gegenstrombremsung problemlos.

Stufenlose Steuerungen

5.10 Grundformen der stufenlosen Wechselstrom-Steuerungen

Bei den stufenlosen Wechselstrom-Steuerungen für Bahnmotoren wird der Stromrichter in Anschnittsteuerung benutzt. Die einfachste Möglichkeit mit zwei antiparallel geschalteten Thyristoren (*Wechselstromsteller*) ist für die Steuerung der Fahrmotoren ungeeignet, weil der gesteuerte Strom ein Wechselstrom bleibt, der weiterhin einen Einphasenwechselstrommotor verlangt. Höchstens für die Bremserregung oder ähnliche Anwendungen kleiner Leistung bietet der Wechselstromausgang gewisse Vorteile, falls anschliessend ein Transformator benötigt wird. Ein besonderer Anwendungsfall ist der im Abschnitt 5.2 beschriebene Thyristor-Lastschalter.

Für die kombinierte Aufgabe, Steuerung mit Gleichrichtung, werden diese zwei Thyristoren mit zwei nicht gesteuerten Stromrichterelementen (*Dioden*) ergänzt. Die so entstandene Brückenschaltung entspricht dem Bild 5.2, wobei der Stufentransformator entfällt (Bild 5.17). Diese *halb gesteuerte asymmetrische Brückenschaltung* ist die Grundform der heute allgemein verwendeten Schaltungen mit Leistungshalbleitern.

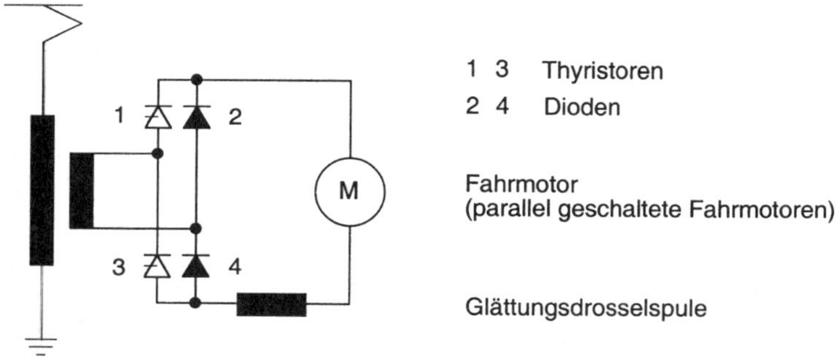

Bild 5.17. Halb gesteuerte asymmetrische Brückenschaltung

Die Dioden sind hier so geschaltet, dass der Motorstrom auch während der Sperrzeit der Thyristoren ungehindert weiter fliessen kann (*Freilauf*).

Der Verlauf der Ströme und Spannungen bei idealisierten Verhältnissen lässt die Eigenschaften der Schaltung erkennen (Bild 5.18). Dabei werden eine sinusförmige Netzspannung ohne Spannungsabfall und eine vollständige Motorstromglättung vorausgesetzt. Zuerst bleiben die Kommutierungsvorgänge des Stromrichters unberücksichtigt.

Durch die Zündwinkelverschiebung kann die Motorspannung zwischen Null und der vollen Speisespannung verstellt werden. Sie bleibt immer positiv. Da der

Strom seine Richtung im Stromrichter ohnehin nicht ändern kann, bleibt auch die Leistung immer positiv. Somit ist der *Wechselrichterbetrieb* (Bremsbetrieb) bei der halb gesteuerten Brücke *nicht möglich*.

Der Vergleich mit Bild 4.7 zeigt, dass für die Bildung der Motorspannung nur der dort definierte Abschnitt B der Spannungswelle zur Verfügung steht. Der negative Teil A wird durch die Dioden abgeschnitten.

Die Gleichung 4.11 bestimmt dementsprechend allein den Mittelwert der Klemmenspannung des Motors:

$$U_M = \frac{1}{\pi} U \sqrt{2} \, (1 + \cos\alpha) = 0{,}9003\, U \, \frac{1 + \cos\alpha}{2} \qquad (5.1)$$

Die Extremwerte sind:

$U_M = 0{,}9003\, U$	für $\alpha = 0$	(Vollaussteuerung)
$U_M = 0$	für $\alpha = \pi$	

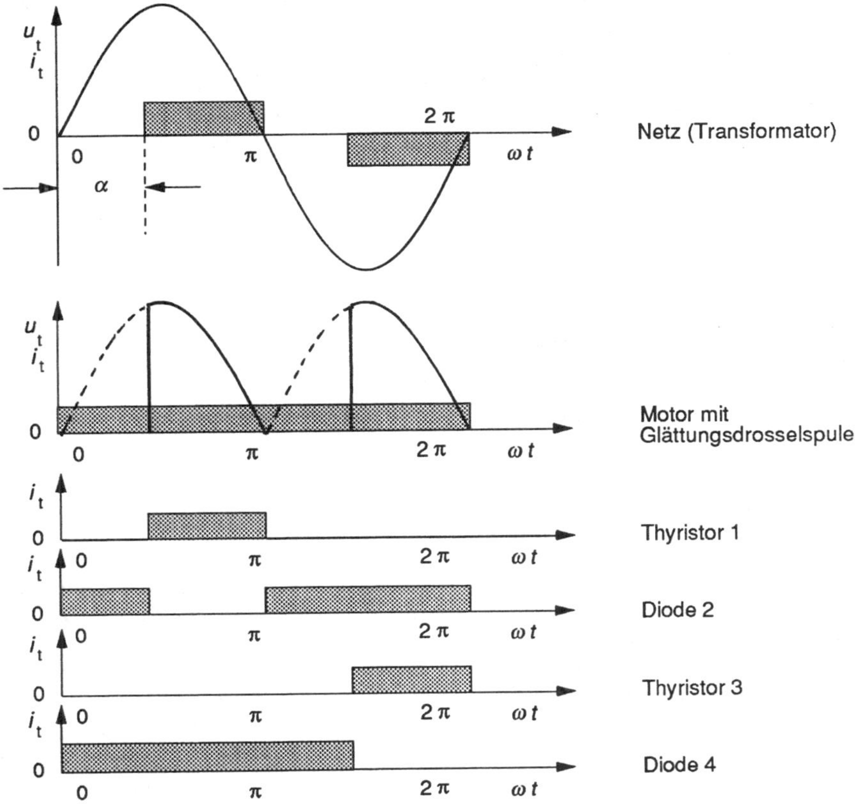

Bild 5.18. Ströme und Spannungen bei idealisierten Verhältnissen

Die Oberwellen der Klemmenspannung treten leistungsmässig nicht in Erscheinung, solange der Motorstrom keine Oberschwingungen enthält (idealisierte Verhältnisse). Auch bei der üblichen Stromwelligkeit ist die zusätzliche Leistung der Oberwellen gering. Sie kann nach Bedarf für jede Oberschwingung getrennt (als Produkt aus Spannung und Strom) bestimmt werden. Auf die Quellenspannung und somit auf die Drehzahl sowie auf das Drehmoment haben die Spannungsoberwellen auch keinen Einfluss, solange der Fluss als konstant angenommen werden kann.

Dies folgt direkt aus der Regel über die Multiplikation zweier Sinusfunktionen ungleicher Kreisfrequenz, die als Mittelwert über eine vollständige Periode (zwei sinusförmige Summanden) immer Null ergibt:

$$\sin(\omega_1 t) \cdot \sin(\omega_2 t) = \frac{1}{2}\left[\cos(\omega_1 t - \omega_2 t) - \cos(\omega_1 t + \omega_2 t)\right]$$

Bei *Vollaussteuerung* geht die Schaltung in eine gewöhnliche Gleichrichterbrücke über. Alle vier Stromrichterelemente funktionieren dann als Dioden. Ansonsten wird die Schaltung in *Teilaussteuerung* betrieben.

Der Netzstrom weicht stark von der Sinusform ab. Deswegen ist sein Oberwellengehalt, insbesondere bei Teilaussteuerung, hoch. Durch Fourier-Analyse lassen sich die Komponenten bestimmen.

Die Grundwelle des Netzstromes ist gegenüber der Spannung phasenverschoben. Sie liegt symmetrisch zum Stromrechteck (Bild 5.19). Somit sinkt der *Leistungsfaktor* mit zunehmendem Steuerwinkel (Verkleinerung der Motorspannung).

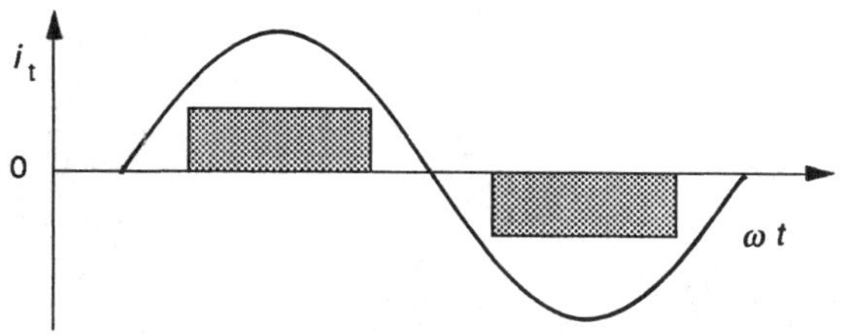

Bild 5.19. Grundwelle des rechteckförmigen Stromes

Die Dioden sind bei Teilaussteuerung stärker belastet als die Thyristoren, weil sie den Strom länger führen. Diese thyristorschonende Asymmetrie ist für die Stromrichterauslegung vorteilhaft.

Schon aus diesem Grund ist eine symmetrische Bestückung des Stromrichters (*halb gesteuerte symmetrische Brückenschaltung*), bei der Thyristoren und Dioden gleich belastet sind, nicht üblich (Bild 5.20). Netzstrom und Motorspannung bleiben im Vergleich zu Bild 5.18 unverändert. Ein weiterer Nachteil dieser Schaltung ist die Kippgefahr bei extrem hohem Steuerwinkel. Deswegen kann die Spannung nicht vollständig auf Null geregelt werden [18, 76].

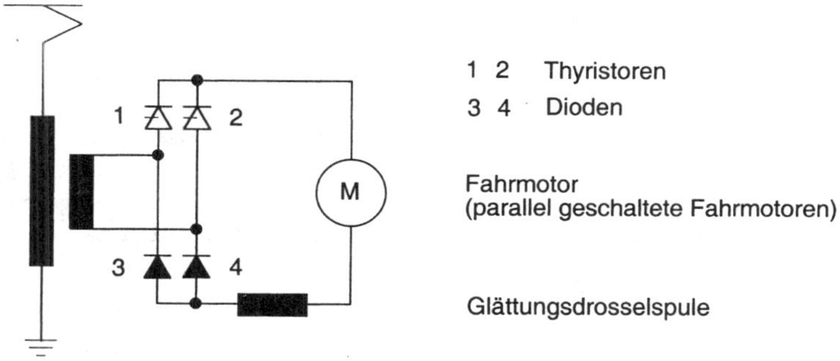

Bild 5.20. Halb gesteuerte symmetrische Brückenschaltung

Die *voll gesteuerte Brückenschaltung* (Bild 5.21) ermöglicht den für die elektrische Bremsung erforderlichen Wechselrichterbetrieb. Da alle vier Stromrichterelemente Thyristoren sind, kann die Spannung und somit die Leistung negativ werden (Beispiel B. 7).

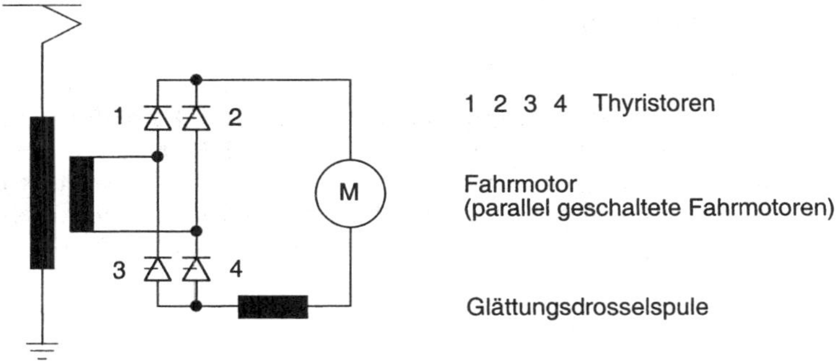

Bild 5.21. Voll gesteuerte Brückenschaltung

Für die Bildung der Motorspannung werden auch die als Abschnitt A im Bild 4.7 definierten Teile der Spannungswelle im negativen Bereich beigezogen (Bild 5.22). Der Mittelwert der Klemmenspannung des Motors folgt aus den Gleichungen 4.10 und 4.11:

$$U_M = \frac{1}{\pi}\, U\, \sqrt{2}\, (1 + \cos\alpha) - \frac{1}{\pi}\, U\, \sqrt{2}\, (1 - \cos\alpha) =$$

$$= \frac{1}{\pi}\, U\, \sqrt{2}\, (2\cos\alpha) = 0{,}9003\, U \;\; \cos\alpha \qquad (5.2)$$

Die Extremwerte sind:

$U_M = 0{,}9003\ U$	für $\alpha = 0$	(Vollaussteuerung)
$U_M = 0$	für $\alpha = \pi/2$	
$U_M = -0{,}9003\ U$	für $\alpha = \pi$	(Vollaussteuerung, theoretisch)

Die theoretische Grenze $\alpha = \pi$ darf wegen der Kippgefahr nicht erreicht werden. Deswegen muss die Spannung unter dem vollen negativen Wert bleiben.

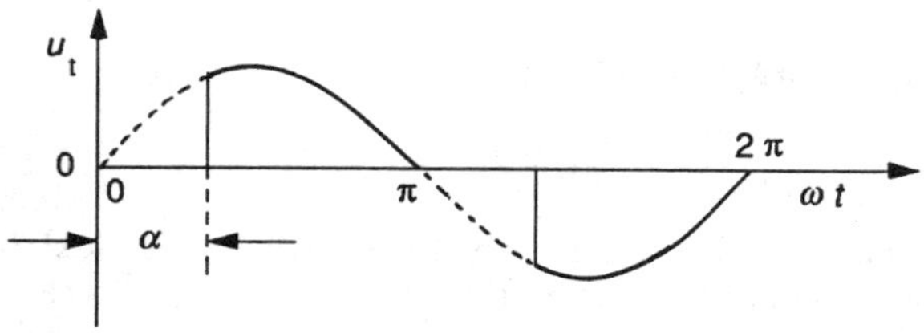

Bild 5.22. Motorspannung bei voll gesteuerter Brückenschaltung

5.11 Der Kommutierungsvorgang

In jeder Halbperiode der Speisespannung erfolgt der Übergang der Stromführung von einem Element des Stromrichters auf einen anderen. Dieser *Kommutierungsvorgang* wird eingeleitet durch den Zündstromimpuls (beim Thyristor) bzw. durch das Auftreten positiver Spannung (bei der Diode). Das zweite Element wird leitend und schliesst über das erste noch stromleitende Element den Transformator kurz (Bild 5.23).

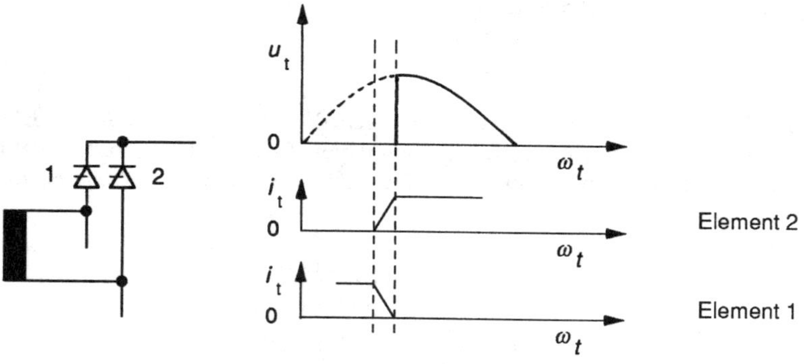

Bild 5.23. Der Kommutierungsvorgang beim Stromrichter

Der entstehende Kurzschlussstrom steigt bis zur Höhe des Belastungsstromes. In diesem Moment wird der Strom im ersten Element Null (als Summe des Belastungsstromes und des in umgekehrter Richtung fliessenden Kurzschlussstromes). Damit wird gleichzeitig der Kommutierungsvorgang abgeschlossen.

Die Streuinduktivität des Transformators bestimmt die Stromänderungsgeschwindigkeit, d.h. die Kommutierungszeit.

Mit zunehmender Kommutierungszeit wird der Stromverlauf weniger rechteckig. Dies verkleinert den Oberwellengehalt des Netzstromes. Insbesondere werden die Oberschwingungen höherer Ordnungszahl geschwächt.

Während der Kommutierungszeit ist die Ausgangsspannung des Stromrichters Null, womit auch ihr Mittelwert kleiner wird (induktiver Gleichspannungsabfall). Ausserdem verschiebt sich dadurch die Grundwelle des Stromes zeitlich gegenüber der Spannung, und der Leistungsfaktor wird schlechter.

5.12 Weiterentwickelte Wechselstrom-Steuerungen

Die günstigsten Verhältnisse in Bezug auf den Leistungsfaktor und den Oberwellengehalt werden bei der Vollaussteuerung der Stromrichterbrücke erreicht. Es ist ein naheliegender Wunsch dies auszunutzen. Bei Fahrmotoren mit gemischter Erregung oder mit Fremderregung kann die Verstellung der Drehzahl in einem begrenzten Bereich durch Feldregelung erfolgen, um den Stromrichter so viel wie möglich voll ausgesteuert zu betreiben.

Eine andere Möglichkeit ist die *Folgeschaltung* von mehreren Stromrichterbrücken. Bilder 5.24 und 5.25 zeigen die Idee bei zwei Brücken mit gleicher Speisespannung. Eine Brücke wird auf die übliche Art gesteuert. Damit kann die Ausgangsspannung zwischen Null und 50 % des vollen Wertes eingestellt werden. Die zweite Brücke wird nur voll ausgesteuert betrieben oder sie bleibt gesperrt und wirkt als Freilauf. Der Beitrag dieser geschalteten Brücke ist entweder 50 % der Spannung oder Null. Gesamthaft lässt sich die Verbraucherspannung kontinuierlich von Null bis 100 % verstellen.

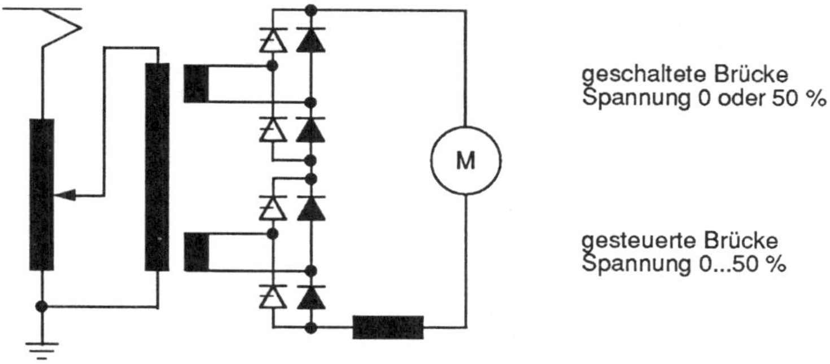

Bild 5.24. Folgeschaltung von zwei Brücken

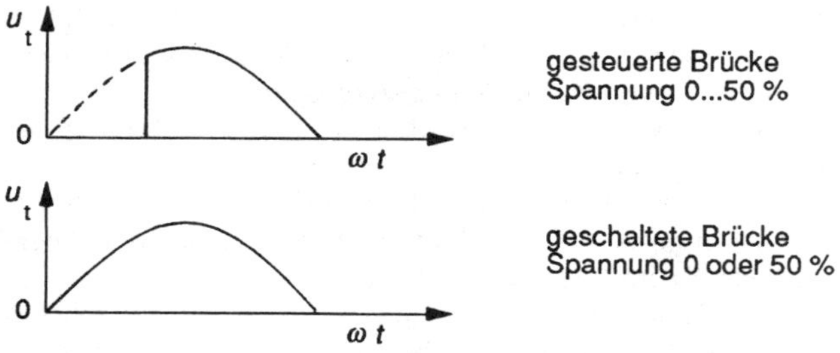

Bild 5.25. Bildung der Motorspannung bei der Folgeschaltung

Da die gesteuerte Leistung höchstens 50 % der vollen Leistung beträgt, werden die Oberwellen reduziert und der Leistungsfaktor verbessert.

Noch bessere Resultate liefert die Folgeschaltung von vier Brücken. Sie lässt sich mit einer viel verwendeten Sparschaltung vorteilhaft realisieren (Bild 5.26). Die obere, geschaltete Brücke liefert die halbe Spannung. Die untere, gesteuerte Brücke ist mit zwei weiteren Thyristoren mit Mittelpunktanschluss ergänzt. Sie bilden mit den benachbarten Dioden eine Brücke für ein Viertel der Spannung und werden zuerst angesteuert (Spannung 0...25 %). Anschliessend bleiben sie voll ausgesteuert und wirken wie eine zugeschaltete Brücke. Nun übernehmen die anderen zwei Thyristoren die Steuerung (Spannung 25...50 %). Zuletzt wird die obere Brücke zugeschaltet, wobei sich das Spiel der unteren Brücke wiederholt (Spannung 50...100 %).

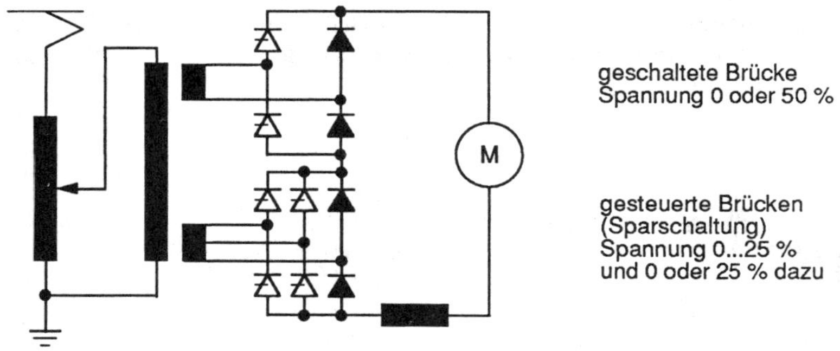

Bild 5.26. Vierstufige Sparschaltung der Brücken

Zur Verringerung höherer Oberwellen im tonfrequenten Bereich, die bei grösseren Leistungen unangenehme Beeinflussungen der Fernmeldeanlagen verursachen können, bringt eine zusätzliche *Kommutierungsdrosselspule* im vorher erwähnten Mittelpunktanschluss beachtliche Vorteile. Damit wird die Kommutierungszeit im Zündpunkt des Thyristors vergrössert. Dieser Bauteil verschlechtert den Leistungsfaktor nicht, weil er bei Vollaussteuerung stromlos ist [77].

Eine weitere Unterteilung der Brücke führt zur achtstufigen Folgeschaltung. Der Mehraufwand bringt jedoch keine wesentliche Verbesserung mehr.

Die vierstufige Sparschaltung mit oder ohne Kommutierungsdrosselspule ist die heutige Endstufe in der Entwicklung anschnittgesteuerter Stromrichter für Triebfahrzeuge (Beispiele B. 8 und B. 9).

Die elektrische Bremsung verlangt hierzu eine voll gesteuerte Brückenschaltung (Wechselrichterbetrieb). Wegen der Kippgefahr bei Stromabnehmersprüngen muss die Schaltung bei Überstrom eine rasche Entregung der im Bremsbetrieb meistens fremderregten Motoren ermöglichen, was sich beispielsweise bei gemischter Erregung einfach realisieren lässt (Beispiel B. 7).

Eine interessante Möglichkeit zur Leistungsfaktorverbesserung bietet die *löschbare Brücke*: Durch eine Zwangskommutierungseinrichtung (oder bei abschaltbaren Thyristoren) können die Thyristoren noch bei positiver Spannung in einem frei gewählten Moment wieder gelöscht werden. Dieser Löschpunkt wird nun in bezug auf die Halbperiode der Spannung symmetrisch zum Zündpunkt gewählt (Bild 5.27). Somit wird die Grundwelle des Netzstromes phasengleich mit der Spannung. Mit dieser Kombination der Anschnitt- und der *Abschnittsteuerung* (*sektorgesteuerter Stromrichter*) kann auch eine andere vor- oder nacheilende Phasenlage erreicht werden (Beispiel B. 10) [78, 79].

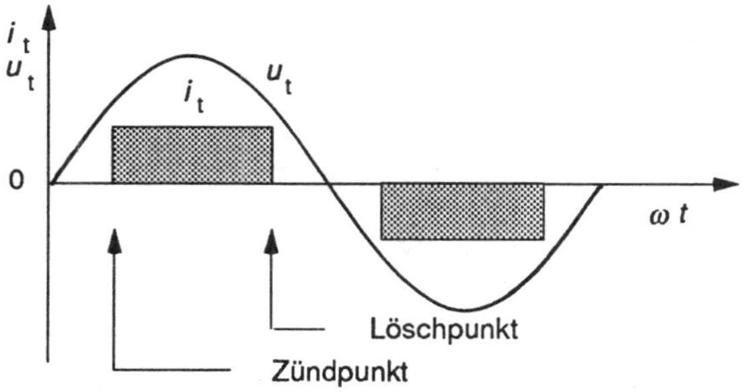

Bild 5.27. Netzstrom und Netzspannung bei der löschbaren Brücke

5.13 Die Stromglättung

Eine vollständige Glättung des Motorstromes ist nicht realisierbar. Sie ist aus der Sicht des Mischstrommotors auch nicht notwendig. Wegen des höheren Oberwellengehalts des Netzstromes ist sie sogar unerwünscht.

Ein brauchbarer Kompromiss zwischen den Kommutierungsbedingungen des Motors, des Gewichtes der Glättungsdrosselspule und der Reduktion der Oberwellen ist die im Abschnitt 3.9 erwähnte Stromwelligkeit von 30...50 % bei normaler Belastung. Der wellenartige Mischstrom fliesst dann ununterbrochen über den Transformator oder den Freilaufkreis.

Bei kleiner Belastung kann es vorkommen, dass der Strom noch vor der nächsten Zündung des Thyristors auf Null absinkt und somit in jeder Halbperiode abreisst. Dieser *lückende Strom* ändert wesentlich die Verhältnisse im Stromrichter, weil der für die Kommutierung massgebende Kurzschlussstromkreis nicht mehr existiert und die Zündbedingungen vom restlichen Stromkreis abhängen. Die Quellenspannung des erregten Fahrmotors kann beispielsweise die Stromübernahme bei kleinem Momentanwert der Transformatorspannung verhindern. Als Gegenmassnahme kann die Wiederholung der Zündimpulse dienen.

Die Induktivität der Glättungsdrosselspule bestimmt die Stromwelligkeit. Für den Stromverlauf ist immer ein Stromkreis massgebend, bestehend aus der Speisespannung (Transformator, einschliesslich Spannung Null beim Freilauf), der Quellenspannung des Fahrmotors, dem ohmschen Gesamtwiderstand und der Gesamtinduktivität (Bild 5.28). An der letzteren liegt die Spannungsdifferenz (in erster Linie Speisespannung zu Quellenspannung) und verursacht die wellenförmige Stromänderung.

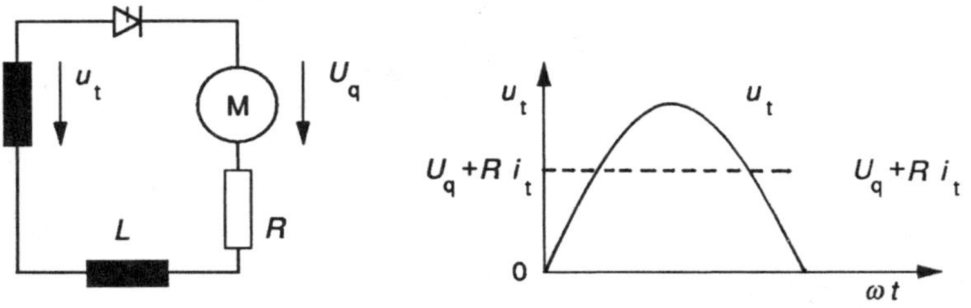

Bild 5.28. Massgebender Stromkreis mit Verlauf der Spannung

Die Differentialgleichung des Stromkreises (mit Bezug auf Gleichung 3.6) ist einfach:

$$u_t = R\,i_t + L\,\frac{di_t}{dt} + U_q = R\,i_t + L\,\frac{di_t}{dt} + K_1\,\Phi\,n \qquad (5.3)$$

Ihre Lösung ist mit etlichen Schwierigkeiten verbunden:

Die Form der Speisespannung variiert stark mit Schaltung und Steuerwinkel. Sie ist keine Sinuswelle mehr. Sie lässt sich nach Fourier in Oberschwingungen zerlegen, jedoch sind auch diese von Fall zu Fall sehr verschieden. Neben der Gleichstromkomponente dominiert die Oberwelle der Pulsfrequenz. Bei den einphasigen Bahnschaltungen ist dies die zweite Oberwelle (doppelte Netzfrequenz). Bei halb gesteuerten Brücken hat sie ihr Maximum bei einem Zündwinkel von 60°. Ihr Effektivwert beträgt dann 61 % der Gleichstromkomponente bei Vollaussteuerung. Die vierte Oberwelle hat ihr Maximum dagegen bei ca. 110°. Weitere Oberschwingungen sind ebenfalls vorhanden.

Die Induktivität der Glättungsdrosselspule hängt von der Sättigung des Eisens ab. Die Gleichstromkomponente wirkt als Vormagnetisierung. Wegen der Nichtlinearität ist eine Superposition der Einzelresultate nicht zulässig.

Der Flussverlauf hängt von der Erregungsart sowie vom ebenfalls nicht linearen magnetischen Kreis des Motors ab. Beim Reihenschlussmotor wird er oft durch einen parallel zur Erregerwicklung geschalteten Widerstand zusätzlich gedämpft. Beim lückenden Strom sind noch die stromsperrende Wirkung des Stromrichters sowie die Zündbedingungen zu berücksichtigen.

Meistens ist die Flusswelligkeit so gering, dass mit einer konstanten Quellenspannung gerechnet werden darf. Auch der kleine Spannungsabfall im ohmschen Gesamtwiderstand kann ohne grossen Fehler als konstant angenommen werden. Wenn dann noch die Induktivität der Glättungsdrosselspule durch ihre Windungszahl und den Fluss ausgedrückt wird, lässt sich die Berechnung problemlos durchführen:

$$u_t = R\,i_t + L\,\frac{di_t}{dt} + U_q \approx (U_q + R\,I_M) + L\,\frac{di_t}{dt} = (U_q + R\,I_M) + N\,\frac{d\Phi}{dt}$$

$$[u_t - (U_q + R\,I_M)]\,dt = N\,d\Phi \tag{5.4}$$

$$\int_a^b [u_t - (U_q + R\,I_M)]\,dt = N \int_a^b d\Phi = N\,\Delta\Phi \tag{5.5}$$

Für die Grenzen des Integrals sollen die Nulldurchgänge der Spannungsfunktion eingesetzt werden. Damit wird in diesem Integrationsintervall die treibende Spannung u_t grösser als die Verbraucherspannung ($U_q + R\,I_M$) und der Strom sowie der Fluss der Glättungsdrosselspule steigen an (oder umgekehrt). Das so bestimmte Integral repräsentiert eine *Spannungszeitfläche*, die für die Flussänderung verantwortlich ist. Die Magnetisierungscharakteristik der Glättungsdrosselspule bestimmt zuletzt die Stromwelligkeit (Bild 5.29).

Diese Überlegung zeigt, dass die erforderliche Induktivität ohne Magnetisierungscharakteristik nicht bestimmt werden kann. Wesentlich ist die *differenzielle Induktivität* im Arbeitspunkt oder im entsprechenden Strombereich:

$$L = N\,\frac{d\Phi}{di_t} \approx N\,\frac{\Delta\Phi}{i_{max} - i_{min}} \tag{5.6}$$

Es kann zu unangenehmen Verwechslungen führen, wenn bei der Festlegung der Glättungsdrosselspule einfach von einer Induktivität gesprochen wird. Bei ungesättigter Drosselspule entfällt diese Gefahr.

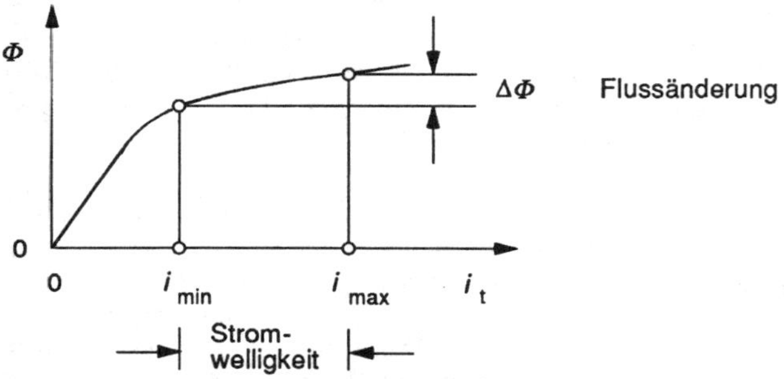

Bild 5.29. Flussänderung der Glättungsdrosselspule und Stromwelligkeit

Der so ermittelte Wert der erforderlichen Induktivität für eine bestimmte Stromwelligkeit kann ohne nennenswerten Fehler um die Induktivität des restlichen Teils des Stromkreises (Wicklungen der Fahrmotoren) verringert werden.

Die Spannungszeitfläche lässt sich einfach rechnen oder in der Literatur einem Diagramm entnehmen [67]. Bei halb gesteuerten Brücken liegt das Maximum beim Zündwinkel von ca. 68°, bei voll gesteuerter Brücke bei 90°.

5.14 Stufenlose Gleichstrom-Steuerungen

Der Gleichstromsteller in seiner einfachsten Form (Bild 4.10) lässt sich nur bei Speisung aus Akkumulatorenbatterien verwenden. Die Induktivität der üblichen Speisenetze erlaubt keine Entnahme impulsartiger Ströme, weil die dabei auftretenden Schaltüberspannungen jeden geordneten Betrieb verunmöglichen würden.

Deswegen muss zwischen der Fahrleitung und dem Gleichstromsteller ein Kondensator als Energiespeicher eingesetzt werden. Er muss genügend gross sein, um die Stromentnahme ohne übermässige Spannungsschwankungen zu ermöglichen:

$$C = \frac{I_M \; t_{ein}}{\Delta U_L} \qquad (5.7)$$

ΔU_L ist hier die zulässige Schwankung der Spannung (z. B. 10 % des Nennwertes). I_M ist der Motorstrom, welcher mit der Einschaltzeit t_{ein} die impulsartig bezogene Ladung bestimmt.

Dabei sind die Werte zu multiplizieren, die das grösste Produkt ergeben: Beispielsweise ist dies bei Frequenzsteuerung die Einschaltzeit bei kleinster Taktfrequenz (bei der der praktisch konstante Netzstrom noch sehr klein ist) und der grösste Motorstrom.

Dieser Speicherkondensator bildet allerdings mit der Induktivität des Netzes einen Schwingkreis mit einer Resonanzfrequenz, die nicht im Bereich der Taktfrequenz liegen darf, um gefährliche Resonanzerscheinungen zu vermeiden. Nun bestimmt die Länge der Fahrleitung zwischen dem Speisepunkt und dem Zug weitgehend die Netzinduktivität. Sie ändert sich mit der Ortslage des Triebfahrzeuges in weiten Grenzen.

Dagegen hilft eine eingebaute Zusatzinduktivität, die die Resonanzfrequenz in jedem Fall genügend tief hält. Sie bildet mit dem Speicherkondensator den Eingangsfilter (Bild 5.30, Beispiel B. 11).

Bei mehrmotorigen Fahrzeugen lässt sich durch versetztes Takten zweier Gleichstromsteller die Grösse des Speicherkondensators reduzieren.

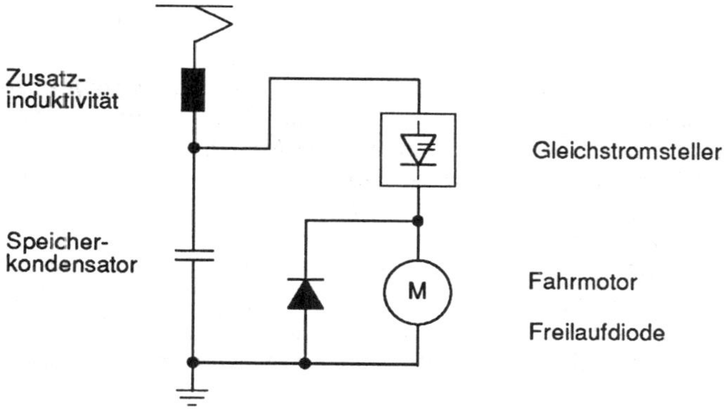

Bild 5.30. Gleichstromsteller mit Eingangsfilter

Durch verschiedene Anpassungen im Stromkreis kann das Verhalten des Fahrmotors im Betrieb verändert werden. Zwei Schaltungsbeispiele sollen auf die Möglichkeiten hinweisen:

Die Anordnung im Bild 5.31 ergibt eine automatische Feldschwächung des Reihenschlussmotors. Bei kleinem Taktverhältnis (kleine Motorspannung) fliesst der Motorstrom überwiegend im Freilauf durch die Erregerwicklung. Während der Einschaltzeit des Gleichstromstellers kann der Erregerstrom über die eigene Feld-Freilaufdiode weiter fliessen. Er baut sich im ohmschen Widerstand des Kreises langsam ab. Mit steigendem Taktverhältnis wird der Erregerstrom immer weniger lang durch den Motorstrom aufgefrischt, so dass sein Mittelwert immer kleiner wird (Beispiel B. 12).

Die nicht eingezeichnete Wendepolwicklung muss selbstverständlich im eigentlichen Ankerstromkreis bleiben. Die Stromschwankungen werden wegen fehlender Induktivität der Erregerwicklung grösser.

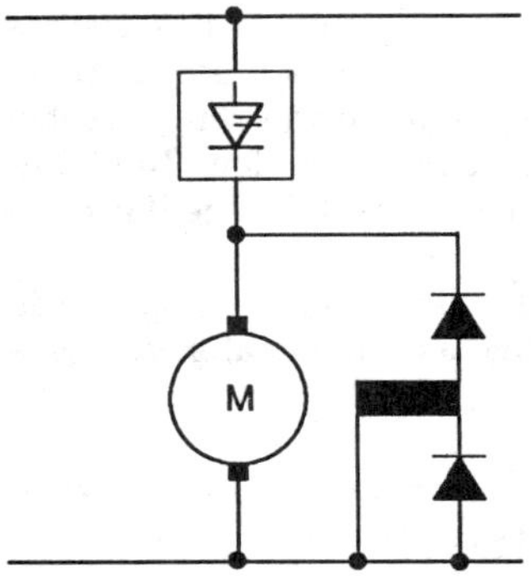

Bild 5.31. Gleichstromsteller mit automatischer Feldschwächung

Die im Bild 5.32 dargestellte Schaltung ermöglicht einen sicheren Nutzbremsbetrieb mit dem Reihenschlussmotor. Dazu wird eine zusätzliche Diode (die *Angleichdiode*) benötigt. Ohne diese Diode funktioniert der Bremsbetrieb einwandfrei, wie im Abschnitt 4.16 erwähnt, solange die Netzspannung grösser als die Quellenspannung des bremsenden Motors ist. Im umgekehrten Fall ist die eingeleitete Selbsterregung nicht mehr kontrollierbar.

Die Angleichdiode überbrückt nun bei steigendem Motorstrom die Erregerwicklung, so dass der Erregerstrom nicht weiter steigen kann. Damit bleibt die Quellenspannung in den Grenzen. Abgesehen von einem Überstromschutz beendet dann die Drehzahlreduktion oder die Spannungserhöhung im Netz diesen unkontrollierbaren Zustand.

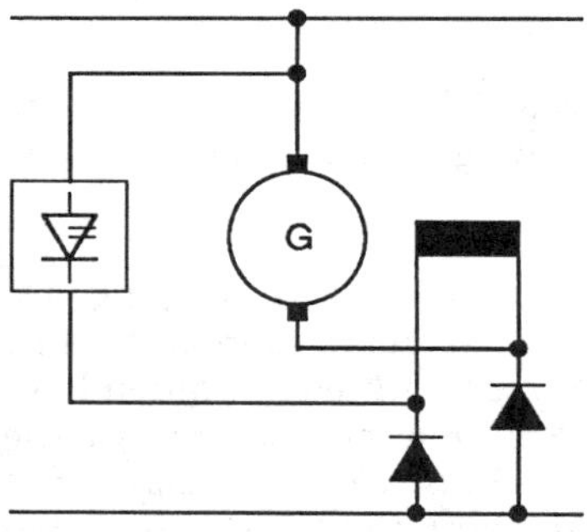

Bild 5.32. Schaltung der Nutzbremse

Es sind auch andere Schaltungskombinationen, wie Widerstandsbremse mit automatischer Feldschwächung, realisierbar.

Gegenüber den Stufenschaltungen weist der Gleichstromsteller bedeutende Vorteile auf:

- Die Vorschaltwiderstände mit den beachtlichen Energieverlusten entfallen. Dadurch wird die Steuerung nahezu verlustlos.
- Die dem Verschleiss unterworfenen mechanischen Schaltelemente entfallen.
- Der Fahrmotor lässt sich im gesamten Geschwindigkeitsbereich bis zu sehr kleinen Geschwindigkeiten wirtschaftlich und kontinuierlich steuern. Die Charakteristik reduziert sich auf die Begrenzungslinien dieses Bereiches. Diese sind durch die zulässigen Grenzwerte (Drehzahl, Strom) und die volle Speisespannung festgelegt.
- Durch die stufenlose Steuerung verschwinden die spürbaren Strom- und Zugkraftstösse beim Schalten. Der Fahrtkomfort wird höher, die Antriebe werden geschont, und wegen der besseren Ausnutzung der Haftreibung ist eine höhere Zugkraft übertragbar.
- Dank der verlustarmen Leistungstransformation wird die Energiequelle optimal belastet.

Als Nachteil sind gewisse Zusatzverluste in der Löscheinrichtung und durch den pulsierenden Strom im Motor sowie die Gefahr der Netzbeeinflussung durch die Oberschwingungen des Stromes zu erwähnen.

Dank der Umformertechnik mit den heutigen Leistungshalbleitern, die weitere Vorteile bringt, hat der Gleichstromsteller an Bedeutung verloren.

5.15 Die Zwangslöschung des Stromes

Der normale Thyristor in seiner Funktion als Schalter kann den Strom nicht löschen. Die Gleichstromkreise verlangen deswegen eine besondere Einrichtung zur *Zwangslöschung* des Stromes. In Wechselstromkreisen ist das nicht erforderlich, weil das Netz den Kommutierungsvorgang besorgt.

In besonderen Wechselstromschaltungen jedoch muss der Strom in einem bestimmten gewünschten Moment kommutiert werden. Beispiele dafür sind die im Abschnitt 5.12 beschriebene löschbare Brücke und die Umrichtertechnik der ersten Generation.

Die klassische Methode ist, einen entsprechend geladenen Kondensator parallel zum stromleitenden Thyristor zu schalten (Bild 5.33). Der Strom kommutiert auf diesen *Löschkondensator*. Damit wird er innerhalb kurzer Zeit entladen und auf die umgekehrte Polarität geladen. Die Entladezeit muss reichen, um den stromlos gewordenen Thyristor sperrfähig zu machen (Schonzeit, etwas grösser als die Freiwerdezeit, ca. 0,01...0,07 ms).

Ein weiterer Thyristor (*Löschthyristor* oder *Hilfsthyristor*) hat die Aufgabe, den Löschkondensator zur Einleitung des Löschvorganges zuzuschalten. Die restlichen Teile der Einrichtung besorgen nach der Löschung des Hauptthyristors die richtige Aufladung des Löschkondensators für den nächsten Zyklus.

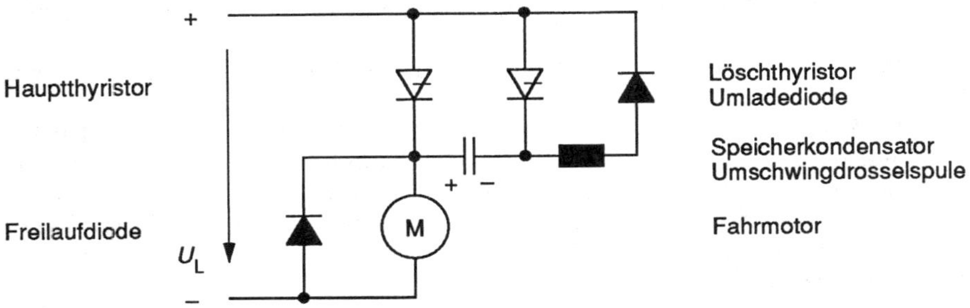

Bild 5.33. Die Löscheinrichtung

Der Ablauf des Löschvorganges lässt sich im Bild 5.34 verfolgen. Zuerst führt der Hauptthyristor den Motorstrom. Der Löschkondensator ist auf die volle Netzspannung mit eingezeichneter Polarität geladen. Beim Zünden des Löschthyristors beginnt seine Entladung in umgekehrter Richtung durch den Hauptthyristor. Da der Entladestrom infolge der minimalen Induktivität des Kreises sehr rasch ansteigt, wird der Strom im Hauptthyristor fast augenblicklich Null und somit die Kommutierung auf den Löschthyristor vollzogen.

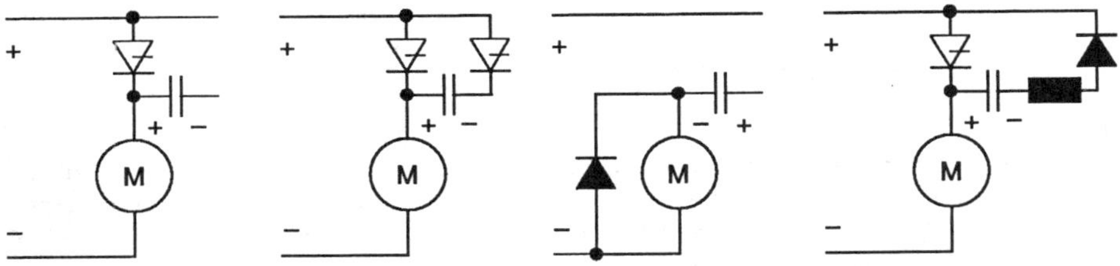

Bild 5.34. Der Ablauf des Löschvorganges

Nun fliesst der Motorstrom weiter über den Löschthyristor. Die Spannung des Kondensators addiert sich zur Netzspannung, so dass der Motor im ersten Moment die doppelte Spannung erhält. Diese Spannungsspitze baut sich mit der Entladung des Kondensators linear ab. Der Vorgang dauert bis zur Umladung des Kondensators auf die Netzspannung. Dann wird die Motorspannung Null, der Motorstrom kommutiert auf die Freilaufdiode und der Löschthyristor bleibt bei geladenem Löschkondensator stromlos.

Bei erneuerter Zündung des Hauptthyristors kann sich der Löschkondensator über die Umladediode und den Hauptthyristor entladen. Der Vorgang spielt sich wie eine Stromschwingung ab. Die Induktivität der Umschwingdrosselspule bestimmt mit der Kapazität des Kondensators die Periode. In der ersten Halbperiode der Schwingung lädt sich der Kondensator um und bleibt so geladen, weil die Umladediode die Stromumkehr im Schwingungskreis nicht zulässt. Somit ist der Löschkondensator für die nächste Löschung des Hauptthyristors wieder vorbereitet.

Die aufwendige Löscheinrichtung wird heute durch abschaltbare Thyristoren ersetzt, welche meistens mit der englischen Abkürzung GTO (Gate Turn Off) bezeichnet werden. Der *abschaltbare Thyristor* kann wie ein normaler Thyristor durch einen positiven Zündimpuls eingeschaltet und durch einen negativen Löschimpuls abgeschaltet werden.

Die Vorteile sind offenkundig und unbestritten. Als Nachteile sind die empfindliche Herstellung bei grösseren Leistungen sowie der kräftige negative Löschimpuls in der Grössenordnung von 20...25 % des Nennstromes zu nennen.

Der später entwickelte Leistungstransistor IGBT, welcher bei der Umrichtertechnik noch besprochen wird, repräsentiert zusammen mit dem GTO den heutigen Stand.

5.16 Berechnungsbeispiele und Übungsaufgaben

Beispiel 7

In einer Wechselstromlokomotive für 50 Hz wird der Mischstrom-Fahrmotor über eine Einphasen-Gleichrichterbrücke mit 1500 V gespeist. Die Welligkeit des Motorstromes von 1000 A soll auf 25 % begrenzt werden. Die dazu erforderliche Induktivität der Glättungsdrosselspule pro Motorstromkreis ist ohne Berücksichtigung der Spannungsabfälle zu bestimmen. Die Induktivität des Fahrmotors ist nicht bekannt.

Die Gleichspannung von 1500 V verlangt gemäss Gleichung 5.2 eine Wechselspannung von 1666 V (Effektivwert):

$$U = \frac{1500}{0,9003} = 1666 \text{ V} \qquad U_q + R\,I_M = 1500 \text{ V} \qquad u_t = U\sqrt{2}\,\sin\omega t$$

Die Nulldurchgänge der Spannungsfunktion gemäss Gleichung 5.5 liegen bei 39,5° und 140,5°:

$$\sin\omega t = 0,6366 \qquad \omega t_a = 0,690\ (39,5°) \qquad \omega t_b = 2,452\ (140,5°)$$

Die dadurch bestimmte Spannungszeitfläche beträgt 3,14 Vs. Der Welligkeit von 25 % entspricht gemäss Gleichung 3.17 eine Stromdifferenz von:

$$i_{max} - i_{min} = 500 \text{ A}$$

Die erforderliche Induktivität des Stromkreises lässt sich nun mit Gleichung 5.6 bestimmen:

$$L = \frac{3{,}14}{500} = 6{,}3 \cdot 10^{-3}\,H = 6{,}3\,mH$$

Davon kann noch die Induktivität des Fahrmotors abgezogen werden, um die erforderliche Induktivität der zusätzlichen Glättungsdrosselspule zu berechnen.

Übungsaufgaben

Aufgabe 21: Die erforderliche Induktivität der Glättungsdrosselspule soll für eine Wechselstromlokomotive für 16 $^2/_3$ Hz bestimmt werden. Der Mischstrom-Fahrmotor wird über eine Einphasen-Gleichrichterbrücke mit 850 V gespeist. Die Welligkeit des Motorstromes von 865 A soll auf 40 % begrenzt werden.

Ergebnis: 7,7 mH

Hinweis: Gleiches Vorgehen wie im Beispiel 7. Bei der Bildung der Spannungszeitfläche ist die verminderte Frequenz zu beachten.

Aufgabe 22: Für einen Gleichstromsteller mit konstanter Einschaltzeit von 1 ms soll der Speicherkondensator des Eingangsfilters bestimmt werden. Die Schwankungen der Speisespannung von 600 V sollen bis zu einem Fahrmotorstrom von 240 A auf 10 % beschränkt bleiben.

Ergebnis: 4 mF

Hinweis: Gleichung 5.7 benutzen.

Umrichtertechnik

5.17 Besonderheiten der Umrichtertechnik

Die bisherige Steuerungstechnik hat sich klar nach dem Stromsystem gerichtet. Die Stromart in der Fahrleitung, Gleichstrom oder Einphasenwechselstrom, sowie die Unterteilung in stufenlose und Stufensteuerungen hat zum heutigen verbreiteten Einsatz von vier Grundkombinationen geführt:

- Gleichstromspeisung, Stufenwiderstand,
- Gleichstromspeisung, stufenloser Gleichstromsteller,
- Wechselstromspeisung, Stufentransformator,
- Wechselstromspeisung, stufenlose Anschnittsteuerung.

Die Umrichtertechnik ist nun die fünfte Variante. Dank ihrem baukastenähnlichen Aufbau können wesentliche Teile der elektrischen Ausrüstung ohne jede Anpassung für Gleich- und Wechselstromspeisung sowie für die später noch zu behandelnden fahrleitungslosen thermoelektrischen Triebfahrzeuge (mit Dieselmotor oder mit anderen thermischen Maschinen) verwendet werden.

Der Grund dafür liegt im Energieweg zwischen dem Netz und dem Fahrmotor. Er führt über drei fast voneinander unabhängige Teile des Umrichters:

Der mittlere Teil (der *Zwischenkreis*) ist ein Energiespeicher in Form eines geladenen Kondensators (*Spannungszwischenkreis*) oder einer gleichstromführenden Drosselspule (*Stromzwischenkreis*). Im ersten Fall ist der Umrichter im Zwischenkreis *spannungsgeführt*, auch U-Umrichter oder Umrichter mit eingeprägter Spannung genannt. Im zweiten Fall ist er *stromgeführt* (I-Umrichter, Umrichter mit eingeprägtem Strom).

Der motorseitige Teil ist ein *Wechselrichter*. Er hat beim spannungsgeführten Zwischenkreis die Aufgabe durch Ein- und Ausschalten der Thyristoren die Gleichspannung in ein Drehstromsystem entsprechender Frequenz und Spannungshöhe umzuformen (*Pulswechselrichter*). Beim stromgeführten Zwischenkreis muss der Wechselrichter den Gleichstrom im Rhythmus der gewünschten Frequenz den drei Phasenwicklungen des Motors zuführen (*Phasenfolgewechselrichter*).

Der netzseitige Teil ist vom Stromsystem abhängig. Er muss ständig den Zwischenkreis nachspeisen. Das kann ein Stromrichter oder ein Gleichstromsteller sein. Bei thermoelektrischen Triebfahrzeugen ist hier in der Regel ein vom Dieselmotor angetriebener Drehstromgenerator mit Gleichrichter zu finden.

Die Nutzbremsung verlangt eine entsprechende Ausführung des netzseitigen Teiles sowie eventuell die Anpassung der Stromrichtung im Wechselrichter. Für die Widerstandsbremsung kann im Zwischenkreis oder auf der Netzseite ein Bremswiderstand angeordnet werden.

Der wesentliche Vorteil der Umrichtertechnik liegt im Fahrmotor. Der empfindliche, schwere und im Unterhalt teuere Kollektormotor wird durch ein weitgehend anspruchsloses Drehstrommotor ersetzt. Besonders vorteilhaft ist der Asynchronmotor mit Käfigläufer. Die Synchronmaschine wird eher selten benutzt.

Die heutige Leistungselektronik bietet die notwendige Steuerung dazu. Aus einer Auswahl von verschiedenen Möglichkeiten hat sich nun für die Mehrzahl der Anwendungen die Schaltung mit dem Spannungszwischenkreis und Pulswechselrichter durchgesetzt. An Stelle der zuerst verwendeten Thyristoren mit Löscheinrichtung werden in heutigen Anlagen abschaltbare Thyristoren (GTO) oder Leistungstransistoren (IGBT) verwendet.

5.18 Spannungsgeführter Umrichter mit Asynchronmotor

Der Baustein des hier verwendeten Wechselrichters ist ein statischer Umschalter, meistens *Phasenbaustein* genannt, mit dem eine Klemme der Motorwicklung an die beiden Pole einer Gleichstromquelle beliebig angeschlossen werden kann. Die Wicklung benötigt somit zwei Umschalter (Bild 5.35).

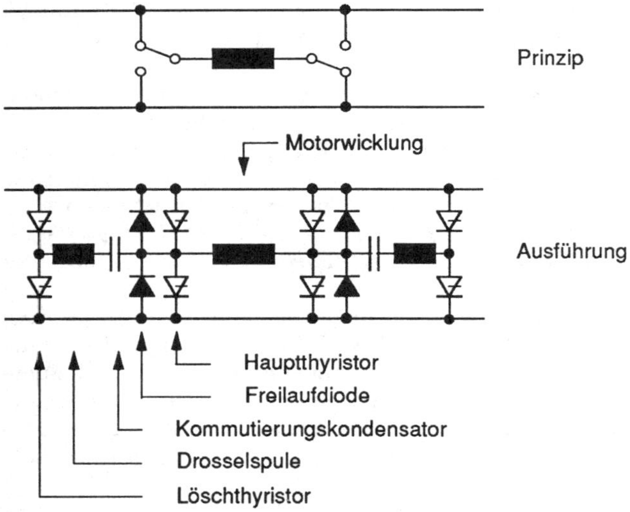

Bild 5.35. Anschluss einer Wicklung über zwei Phasenbausteine

Jede der vier Kontaktstellen besteht aus einem Thyristor mit gegengeschalteter Freilaufdiode oder aus einem rückwärtsleitenden Thyristor. Das Thyristorenpaar einer Wicklungsseite darf wegen des Kurzschlusses der Spannungsquelle nicht gleichzeitig stromführend sein. Zur Löschung dieser Hauptthyristoren sorgt hier noch, wie es in der ersten Generation der Geräte üblich war, eine Zwangskommutierungseinrichtung. Der Kommutierungskondensator wird über die Drosselspule auf die jeweils richtige Polarität geladen und über die Löschthyristoren beim Löschvorgang entladen.

Die Spannungsquelle ist ein Speicherkondensator (*Stützkondensator*) des Umrichter-Zwischenkreises mit beachtlicher Kapazität (Grössenordnung von 30 mF).

Durch das rasche Schaltspiel der Hauptthyristoren kann die Motorwicklung im gewünschten Rhythmus von einer auf die andere Polarität umgeschaltet werden. Diese *Grundfrequenztaktung* entspricht der Speisung mit einer rechteckförmigen Wechselspannung veränderlicher Frequenz.
Der Drehstrommotor erhält pro Phase, zumindest bei getrennten Wicklungen, zwei solche Phasenbausteine. Durch versetztes Takten wird ein Drehstromsystem veränderlicher Frequenz gebildet.

Die dargestellte Zwangskommutierungseinrichtung ist nicht die einzige Variante. Es wurde auch eine Schaltung mit zwei Kommutierungskondensatoren und aufgeteilter Drosselspule verwendet (Bild 5.36). Hier ist auch die wesentliche Vereinfachung beim Einsatz abschaltbarer Thyristoren ersichtlich, wie sie später allgemeine Anwendung fand [80].

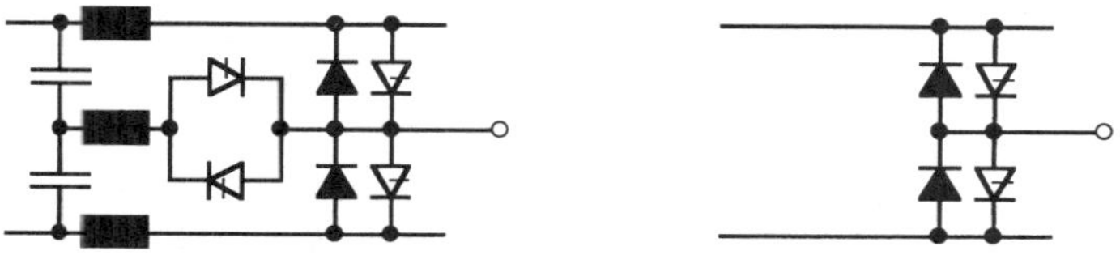

mit normalen Thyristoren — mit abschaltbaren Thyristoren

Bild 5.36. Zwei Ausführungsvarianten des Phasenbausteins

Im Bild 5.37 ist ein Umrichter mit spannungsgeführtem Zwischenkreis in seinem Prinzip dargestellt. Die Speisung des Stützkondensators erfolgt hier noch über eine einfache Gleichrichterbrücke aus dem Wechselstromnetz. Sie muss durch eine Glättungsdrosselspule, die die Wechselstromkomponente der Spannung aufnimmt, vom Kondensator entkoppelt sein. Dieser Teil des Stromkreises entspricht einer bei Wechselstrom üblichen Schaltung, mit dem Unterschied, dass nicht direkt der Fahrmotor, sondern ein Kondensator gespeist wird.
Der Wechselrichter besteht aus sechs als Kontakte gezeichneten Phasenbausteinen. Sie sind an die drei Ständerwicklungen des asynchronen Fahrmotors angeschlossen.

Mehrere Fahrmotoren können parallel gespeist werden, falls die gemeinsame Steuerung in bezug auf die Ausnutzung der Haftreibung nicht stört. In der Regel werden die Fahrmotoren schon im Hinblick auf die Auslegung der Leistungselektronik und das Netzverhalten mindestens pro Drehgestell getrennt angesteuert.

In dem so geschilderten prinzipiellen Aufbau der Umrichtersteuerung sind noch etliche Schwachpunkte zu finden. Zuerst ist der Stützkondensator den Spannungsschwankungen der Fahrleitung, einschliesslich des Spannungsabfalles im

Transformator und im Gleichrichter, unterworfen. Somit müssen auch die Leistungshalbleiter des Wechselrichters für höhere Spannungen ausgelegt werden, was die Anlage wesentlich verteuert.

Als Abhilfe kann zuerst der Eingangsgleichrichter durch einen gesteuerten Stromrichter ersetzt werden. Der Zwischenkreis erhält dadurch eine optimale konstante Spannung. Bei den ausgeführten Anlagen liegt sie meistens zwischen 1100 und 2800 V. Die Entwicklung der Leistungshalbleiter für höhere Spannungen ermöglicht heute auch höhere Werte (bis ca. 4000 V) [72].

Die beachtlichen Spannungsschwankungen des Netzes verlangen jedoch in diesem Fall eine weitgehende Anschnittsteuerung, die mit schlechtem Leistungsfaktor arbeitet. Dazu sind die Oberschwingungen des Stromes zu beachten. Die auch bei den Stromrichter-Triebfahrzeugen bekannte Problematik wird durch das Fehlen der Möglichkeit zur dort benutzten Feldregelung der Motoren noch verschärft.

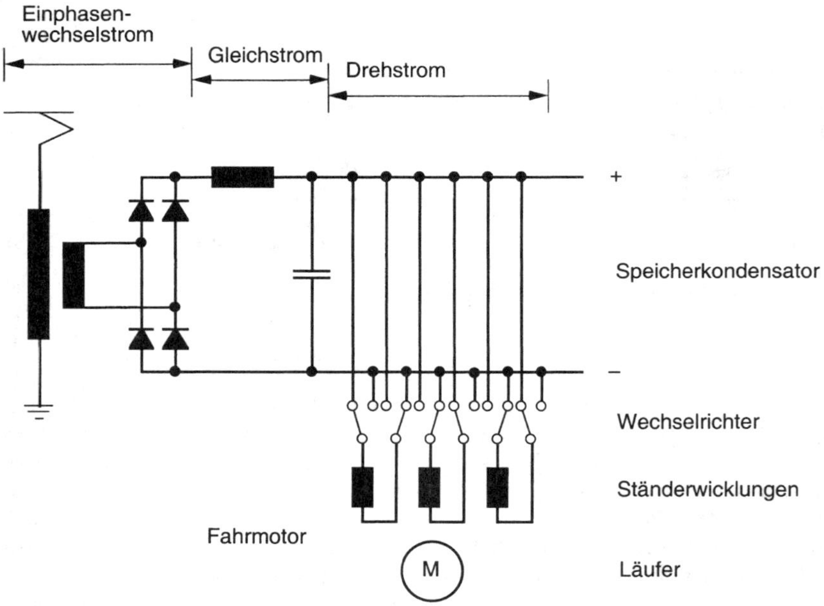

Bild 5.37. Prinzipielles Schaltbild einer Umrichter-Steuerung

Der Phasenbaustein des Wechselrichters bietet jedoch für den Eingangsgleichrichter eine elegante aber aufwendige Lösung. Die unter dem Namen *Vierquadrantensteller* realisierte Schaltung wird im nächsten Abschnitt beschrieben. Sie ergibt einen sinusförmigen, fast oberwellenfreien Netzstrom mit dem Leistungsfaktor von praktisch 1. Sie ist heute die Standardschaltung.

Die Frequenz des Wechselrichters bestimmt die Drehzahl des Motors. Die Form und die Höhe der Ausgangsspannung des Wechselrichters werden bei der einfachen Grundfrequenztaktung mit gleichzeitiger Betätigung beider Umschaltkontakte nicht geändert (Bild 5.38). Somit arbeitet der Motor nur bei einer bestimmten Frequenz mit vollem Feld (Gleichung 3.21). Da die Spannung nicht mehr erhöht werden kann, ergibt sich bei höheren Frequenzen zwangsläufig eine willkommene Feldschwächung (Bild 4.17). Bei kleineren Frequenzen muss allerdings die Motorspannung proportional dazu reduziert werden.

Eine Möglichkeit liegt in der zeitlich gegeneinander verschobenen Betätigung der Umschaltkontakte mit drei resultierenden Spannungskombinationen: positiv, negativ und Null. Die Amplitude der Grundwelle kann durch diese zweipulsige Ansteuerung kontinuierlich verstellt werden.

Bessere Ergebnisse in bezug auf die Oberwellen ergibt die Erhöhung der Taktfrequenz im *Unterschwingungsverfahren* (Bild 5. 38). Auch hier ist die zweipulsige Ansteuerung vorteilhaft.

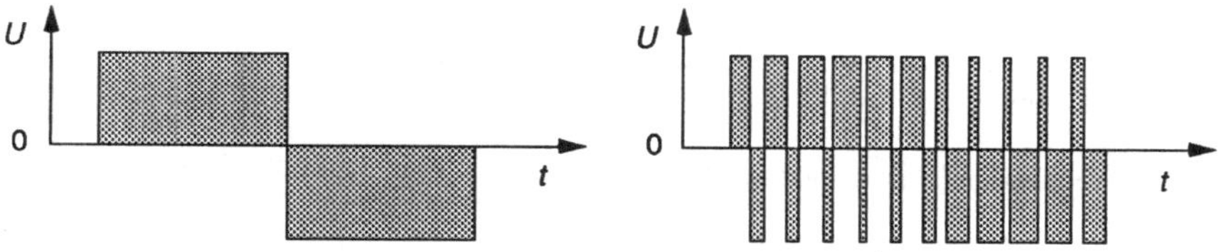

Grundfrequenztaktung Unterschwingungsverfahren

Bild 5.38. Die Bildung der Spannung beim Wechselrichter

Bei diesem Verfahren erfolgt innerhalb der Halbperiode der Grundfrequenz ein mehrmaliges Umschalten der Polarität mit veränderlicher Pulsbreite (Zwischentakten). Damit kann die Sinuswelle gewünschter Amplitude und Frequenz nachgebildet werden. Die Taktfrequenz kann konstant gehalten oder mit der Ausgangsfrequenz synchronisiert werden. Die Taktfrequenz als ein ungerades Vielfaches (3, 5, 7, ...) der Grundfrequenz vermeidet Schwebungen im Motorstrom [80, 81]. Im Hinblick auf die Freiwerdezeit der Thyristoren sind Taktfrequenzen bis ca. 200 Hz gebräuchlich. Die IGBT-Leistungstransistoren lassen höhere Taktfrequenzen (zur Zeit bis ca. 2 kHz) zu.

Insbesondere bei der Grundfrequenztaktung ist die dritte Oberwelle in der Ausgangsspannung stark vertreten. Sie ist gleichphasig und nicht drehfeldbildend. Ihr Strom kann mit einer Gleichphasen-Drosselspule in der Zuleitung zum Fahrmotor eliminiert werden.

Es ist vorteilhaft die drei Motorwicklungen in Stern zu schalten (Bild 5.39). Für den Anschluss an den Wechselrichter sind dann nur drei Phasenbausteine, allerdings fast doppelter Leistung, erforderlich,. Die verkettete Motorspannung wird als Differenzspannung in zwei Schritten gebildet. Bei der Grundfrequenztaktung besteht sie dann aus 120°-Blöcken (anstatt aus 180°-Blöcken gemäss Bild 5.38). Die Gleichphasen-Drosselspule entfällt, weil die gleichphasigen Oberschwingungen verschwinden.

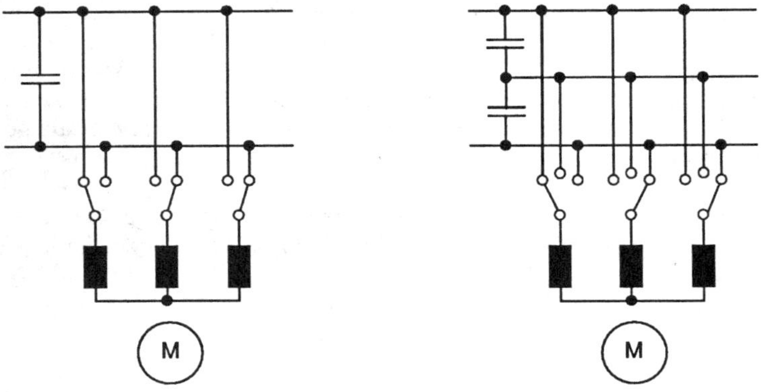

zweistelliger Umschaltkontakt (Zweipunkt-Schaltung) — dreistelliger Umschaltkontakt (Dreipunkt-Schaltung)

Bild 5.39. Der Motoranschluss über drei Phasenbausteine

Der Wechselrichter kann mit vermehrtem Aufwand auch als dreistelliger Umschalter gebaut werden (Bild 5.40). Der dritte Kontakt wird auf den Mittelpunkt der entsprechend unterteilten Zwischenkreisspannung gelegt. Das zweistufige Takten (*Dreipunkt-Schaltung*) verspricht eine Verbesserung des Spannungsverlaufs gegenüber der *Zweipunkt-Schaltung* (Beispiel B. 14) [82].

Bei der Zweipunkt-Schaltung bestimmt die Zündung der Thyristoren 1 bzw. 2 die Polarität am Ausgang des Phasenwechselrichters. Die Dreipunkt-Schaltung erlaubt den dritten Zustand:
- volle positive Spannung: Thyristoren 1 und 2 eingeschaltet
- volle negative Spannung: Thyristoren 3 und 4 eingeschaltet
- Mittelwert: Thyristoren 2 und 3 eingeschaltet

Bei der elektrischen Bremsung ändert sich an der Funktionsweise der Fahrmotor/Wechselrichter-Kombination nichts, lediglich die Steuerung muss einen negativen Schlupf einstellen.

Die in den Zwischenkreis gespeiste Energie kann in das Netz zurückgespeist werden, sofern der Eingangsstromrichter dies zulässt. Sonst muss ein Bremswiderstand eingebaut werden. Die Einschaltung besorgt ein Schalter, ein separater Bremsthyristor oder ein Bremssteller.

Bis auf den Eingangsgleichrichter bleibt die Anordnung bei der Speisung aus einem Gleichstromnetz unverändert. Dieser kann durch einen Gleichstromsteller ersetzt werden, wobei an Stelle der Motorinduktivität eine Drosselspule einzubauen ist. Die direkte Speisung des Stützkondensators aus dem Gleichstromnetz ist wegen Spannungsschwankungen in der Fahrleitung nachteilig, jedoch wegen der Einfachkeit der Schaltung dennoch erwünscht (Beispiel B. 15).

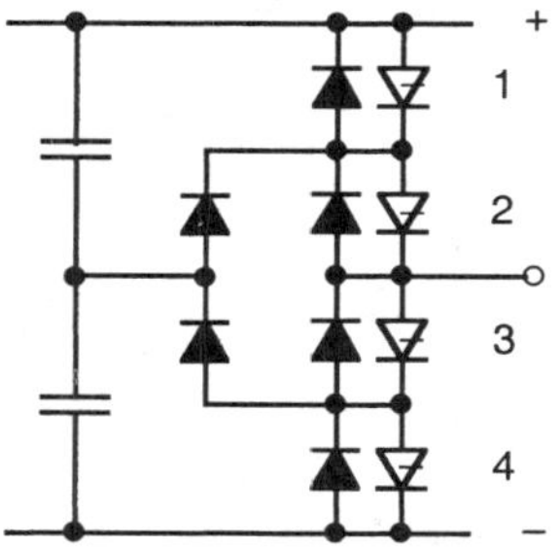

Dreipunkt-Schaltung

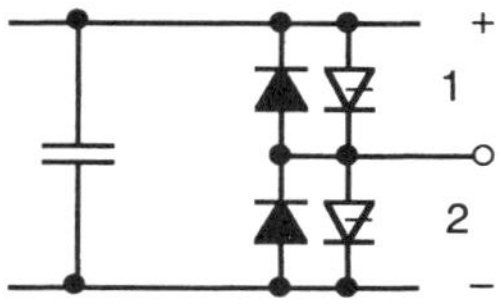

Zweipunkt-Schaltung

Bild 5.40. Mehraufwand bei der Dreipunkt-Schaltung

5.19 Der Vierquadrantensteller

Die gestellte Aufgabe, die notwendige Drehstrom-Antriebsleistung aus dem Einphasenwechselstromnetz mit bestem Leistungsfaktor zu beziehen, verlangt, dass der Netzstrom sinusförmig ist (keine Oberwellen) sowie dass dieser Strom in Phase mit der Spannung ist (keine Blindleistung).

Die Oberwellen allein verursachen schon eine Blindleistung, auch wenn die Grundwelle des Netzstromes in Phase mit der als sinusförmig angenommenen Netzspannung bleibt.

Energietechnisch ist die Aufgabe ohne Verwendung von einem Zwischenspeicher nicht zu lösen, weil die Leistung des einphasigen Netzes mit doppelter Netzfrequenz pulsiert. Die dreiphasige Maschine bezieht dagegen eine nicht pulsierende konstante Leistung, da die Summe der momentanen Leistungen der drei symmetrisch belasteten Phasen immer konstant ist.

Zusätzlich zum Stützkondensator benutzt der Vierquadrantensteller für diese Aufgabe einen aus Induktivität und Kapazität bestehenden und auf die doppelte Netzfrequenz abgestimmten *Saugkreis* [83]. Seine Komponenten weisen für diese Frequenz den gleichen Blindwiderstand auf:

$$\frac{1}{w\,C} = \omega L \qquad (5.8)$$

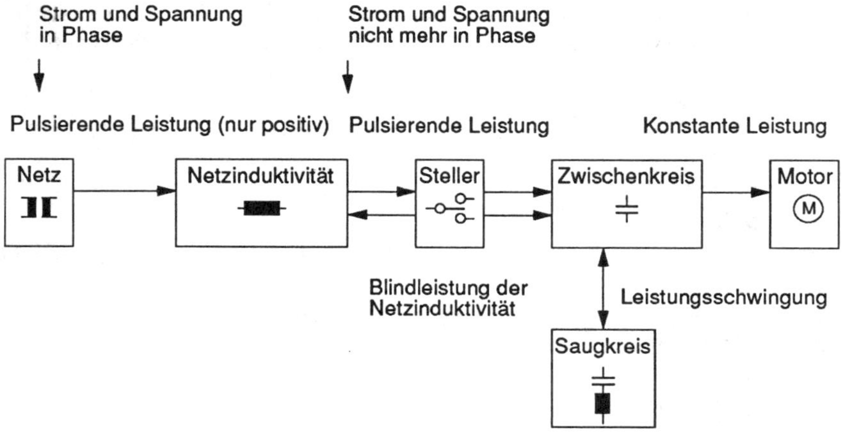

Bild 5.41. Der Leistungsfluss über den Vierquadrantensteller

Nun wird das energetische Verfahren konkretisiert: Die bezogene pulsierende Netzleistung lässt sich in einen konstanten Mittelwert und eine überlagerte Leistungsschwingung aufteilen. Der konstante Mittelwert wird über den Zwischenkreis dem Drehstrommotor zugeführt. Die Leistungsschwingung erfolgt über den Saugkreis (Bild 5.41). Beim Bremsen kehrt der Leistungsfluss lediglich um.

Der Saugkreis hat für die doppelte Netzfrequenz den Widerstand Null und leitet die ihm zugeführte Wechselstromkomponente des Stromes vollständig ab.

Den Ausführungsbefehl für den ganzen Vorgang übernimmt ein Umschalter gleicher Bauart wie der Phasenbaustein des Wechselrichters (Bild 5.42).

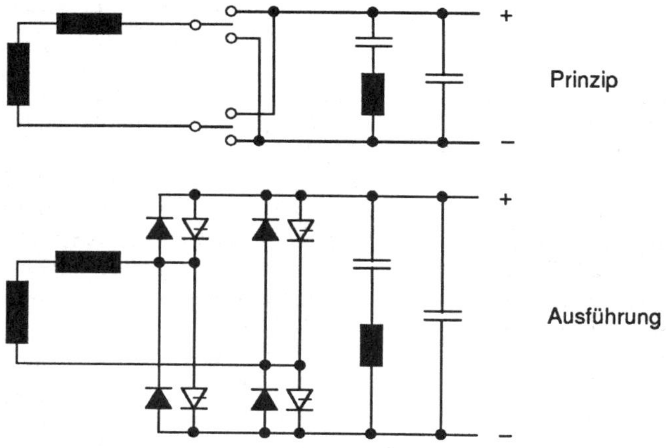

Bild 5.42. Der Phasenbaustein im Vierquadrantensteller

Aus dem Bild 5.43 ist die elementare Funktion des Umschalters ersichtlich. Er muss den Strom des Transformators gegen eine höhere Spannung in den Zwischenkreis einspeisen. Dazu wird eine Netzinduktivität in Form einer separaten Netzdrosselspule oder der Streureaktanz des Transformators benutzt.

Für die Momentanwerte und rasches Takten herrschen die gleichen Verhältnisse wie beim Gleichstromsteller (Abschnitt 4.8): Während der Zeit t_1 ist die Induktivität L kurzgeschlossen und der Strom steigt durch die treibende Spannung U_L geringfügig an. Während der Zeit t_2 arbeitet die Induktivität gegen die Spannung U_C des Zwischenkreises und der Strom baut sich durch die negative Spannungsdifferenz $U_L - U_C$ wieder ab. Das Taktverhältnis muss sich nach der Höhe der Spannungen richten, wenn die Stromänderung am Ende der Taktperiode ausgeglichen werden soll:

$$L\ \Delta I_{L1} + L\ \Delta I_{L2} = 0 = U_L\ t_1 + (U_L - U_C)\ t_2$$

$$\frac{U_L}{U_C} = \frac{t_2}{t_1 + t_2} \tag{5.9}$$

Auch hier gilt die Gleichung 4.17 für die Transformation der Leistung:

$$U_L\ I_L = U_C\ I_C \tag{5.10}$$

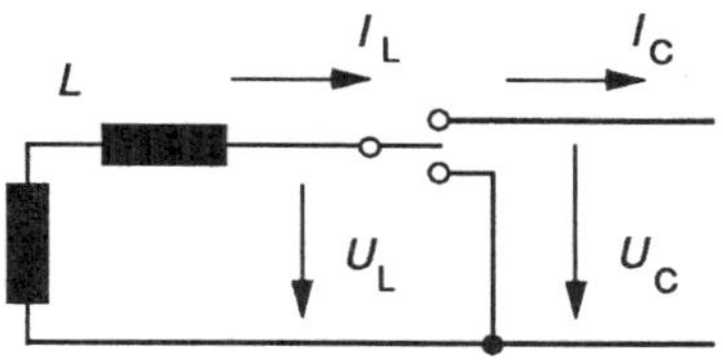

Bild 5.43. Die elementare Funktion des Umschalters beim Takten

Da U_L jedoch nicht konstant ist, sondern sich als Wechselspannung sinusförmig ändert, und der Strom I_L ebenfalls sinusförmig sein soll, muss sich das Taktverhältnis diesem Verlauf ständig anpassen. Die Voraussetzung dazu ist eine genügend hohe Taktfrequenz, beispielsweise das Elffache der Netzfrequenz, was sich bei einer Speisung mit 16 ²/₃ Hz auch mit GTO-Thyristoren noch gut realisieren lässt. Zur Ansteuerung der Umschaltung kann die Abweichung des Stromistwertes vom vorgegebenen sinusförmigen Sollwert ausgewertet werden [83, 84].

Dabei ist noch zu berücksichtigen, dass Strom und Spannung auf der Netzseite in Phase sein sollen. Dies ist auf der Stellerseite der Netzinduktivität nicht mehr der Fall, weil diese mit dem Netzstrom einen induktiven Spannungsabfall verursacht. Damit bekommt die pulsierende Leistung auf der Stellerseite negative Anteile, die auch als Bezug der Blindleistung für die Netzinduktivität aus dem Zwischenkreis zu verstehen sind.

Der Steller muss deswegen in den beiden Halbwellen der Transformatorspannung den positiven sowie den negativen Strom stellen können, worauf auch sein Name hinweist. Er lässt alle vier Kombinationen das Vorzeichen der Wirk- und Blindleistung betreffend (Betrieb in vier Quadranten) zu.

Über die Phasensollwertvorgabe kann somit der Netzstrom beliebig kapazitiv oder induktiv verschoben werden, einschliesslich der Energierückspeisung beim Bremsbetrieb in das Wechselstromnetz oder in einen zusätzlichen Bremswiderstand (Beispiele B. 16, B. 17 und B. 18).

Die Oberwelligkeit des Primärstromes kann noch bedeutend verringert werden, wenn mehrere Vierquadrantensteller mit gegenseitig versetztem Takten (wie in der Blockschaltung Transformator-Steller-Motor, ähnlich Bild 5.3) zur Anwendung kommen. Der in einem breiten Leistungsbereich realisierte Leistungsfaktor von 0,997 spricht für sich (Beispiel B. 16) [85, 86, 87].

Der Zwischenkreis muss nicht immer auf die volle Spannung geregelt werden. Es liegt im Interesse der Erhöhung der Zuverlässigkeit der Halbleiter, den Sollwert des Zwischenkreises bei geringerem Bedarf spannungs- und leistungsabhängig zu reduzieren. Dadurch wird auch der Wirkungsgrad besser [88].

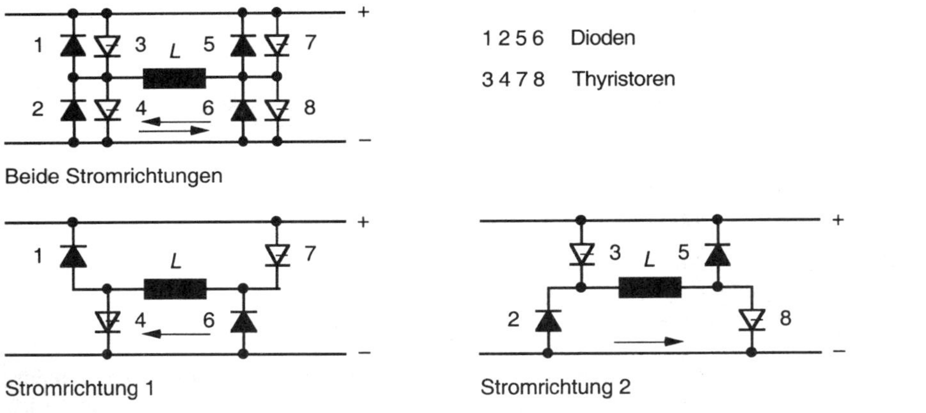

Bild 5.44. Stromwege im Vierquadrantensteller

Zum besseren Verständnis der Funktion des Vierquadrantenstellers soll der mögliche Stromverlauf bei verschiedenen Schaltzuständen verfolgt werden. Dabei sind einfache physikalische Gegebenheiten zu beachten:

- Für jede wechselstromseitige Stromrichtumg stehen zwei Dioden und zwei Thyristoren zur Verfügung (Bild 5.44, Strom in der Induktivität L).
- Der Stromkreis wird über die Dioden und die gezündeten Thyristoren geschlossen. Es sind vier Kombinationen pro Stromrichtung möglich (Bild 5.45 für eine Stromrichtung).

- Während der einzelnen, sehr kurzen Schaltintervalle ändert sich der Strom nur unwesentlich. Die Stromänderungsgeschwindigkeit hängt von der wirksamen Spannung und der Induktivität L ab. Die Induktivität ist somit als Zwischenspeicher für die Energie ein wesentliches Element der Schaltung.
- Der Stromweg ist immer gewährleistet. Ein abrupter schädlicher Stromunterbruch entsteht nicht. Es darf allerdings kein Kurzschluss des Zwischenkreises durch gleichzeitiges Zünden anderer Thyristoren (beispielsweise Thyristoren 3 und 4 bzw. 7 und 8) erfolgen.

In der Tabelle 5.1 sind Leistunsgverhältnisse im Laufe einer Periode der Wechselspannung (positive bzw. negative Halbwelle) für eine, als positiv bezeichnete, Stromrichtung zu finden. Wichtige Voraussetzung ist hier, dass die Spannung des Zwischenkreises höher bleibt als die Amplitude der Wechselspannung.

Tabelle 5.1. Leistungsverhältnisse bei verschiedenen Schaltzuständen

Schaltzustand gemäss Bild 5.45	*a*	*b*	*c*	*d*
Thyristor 7	aus	ein	aus	ein
Thyristor 4	aus	aus	ein	ein
Richtung des Netzstromes	+	+	+	+
1.Halbwelle der Netzspannung	+	+	+	+
Netzleistung	+	+	+	+
Netzstrom zu- oder abnehmend	ab	zu	zu	zu
Leistungsaufnahme Induktivität	–	+	+	+
Leistungsabgabe an den Zwischenkreis	+	0	0	–
2.Halbwelle der Netzspannung	–	–	–	–
Netzleistung	–	–	–	–
Netzstrom zu- oder abnehmend	ab	ab	ab	zu
Leistungsaufnahme Induktivität	–	–	–	+
Leistungsabgabe an den Zwischenkreis	+	0	0	–

Die elementare Funktion des Umschalters gemäss Bild 5.43 kann beispielsweise bei positiver Halbwelle der Netzspannung mit dem Takten zwischen den Schaltzuständen a und b oder a und c realisiert werden, entsprechend dem Energiefluss beim Fahrbetrieb. Der Schaltzustand d ist ungünstig, da er nur eine unnötig verstärkte Stromzunahme bewirkt.

Die negative Halbwelle der Netzspannung ergibt bei der betrachteten Stromrichtung eine negative Netzleistung, d.h. den Bremsbetrieb. Für das Takten können die Schaltzustände b und d bzw. c und d benutzt werden. Der hier ungünstige Schaltzustand a bewirkt eine verstärkte Stromabnahme.

Gleiche Überlegungen gelten selbstverständlich auch für die andere Stromrichtung mit den Leistungshalbleitern 2, 3, 5 und 8.

Rein schaltungsmässig entsteht der Vierquadrantensteller durch die Zusammenlegung einer nicht gesteuerten Diodenbrücke mit einer antiparallel angeordneten voll gesteurten Thyristorenbrücke. Die Funktion ist allerdings nicht gleich.

Analoge Verhältnisse entstehen bei der Verwendung der Schaltung zum Aufbau des Wechselrichters. Die Stelle des Netzes nimmt eine Phase der Motorspannung ein. Im Bremsbetrieb wird die Motorleistung an den Zwichenkreis abgegeben.

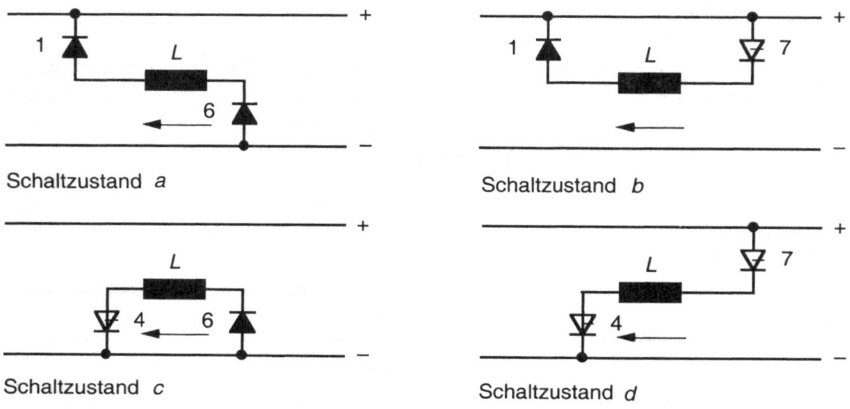

Bild 5.45. Schaltzustände für eine Stromrichtung

5.20 Stromgeführter Umrichter mit Asynchronmotor

Der hier benötigte selbstgeführte Phasenfolgewechselrichter ist viel einfacher im Aufbau, weil er lediglich die Aufgabe hat, den im Zwischenkreis bereits fliessenden Strom an die drei Phasenwicklungen des Motors weiterzuleiten (Bild 5.46).

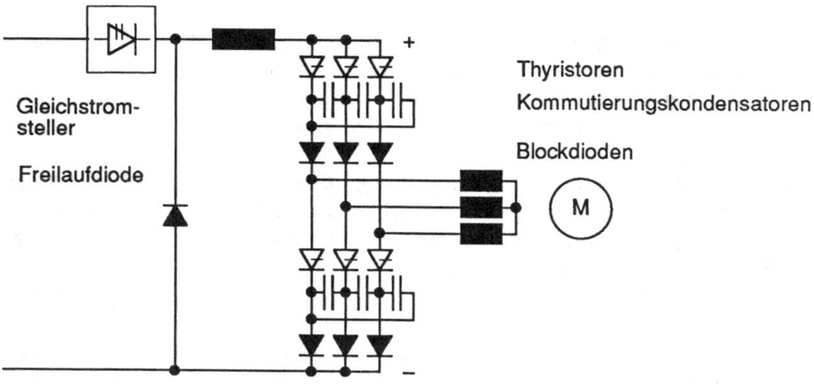

Bild 5.46. Grundaufbau des stromgeführten Umrichters mit Asynchronmotor

Dazu werden die Thyristoren im Turnus gezündet. Die Zündung leitet gleichzeitig die Kommutierung ein, an welcher die drei Kondensatoren mit der Induktivität der Motorwicklungen beteiligt sind.

Die Spannung an den Kondensatoren behält vom vorherigen Kommutierungsvorgang jeweils die richtige Polarität, die den stromleitenden Thyristor im Kurzschlusskreis löscht, sobald der nächste gezündet wird. Der Strom kommutiert dabei zuerst an den an der Löschung beteiligten Kondensator und fliesst sonst noch immer über die gleiche Blockdiode in die bisherige Motorwicklung. Der Kondensator wird dadurch auf die Gegenspannung umgeladen. Beim Anwachsen der Kondensatorspannung über die verkettete Klemmenspannung des Motors beginnt die zweite Diode zu leiten, womit der Strom auf die zweite Wicklung wechselt. Wegen der Induktivität des Kreises erfolgt dies verhältnismässig langsam, was zur Überladung des Kondensators führt. Nach Abschluss des Stromwechsels ist der Vorgang beendet [89].

Die Zeit für die Entladung des Kondensators hängt vom Strom und von der Kapazität ab. Sie muss über der Freiwerdezeit der Thyristoren liegen. Da die Vorgänge relativ langsam ablaufen, können gewöhnliche, nicht besonders schnelle Netzthyristoren eingesetzt werden. Auch hier verspricht der abschaltbare Thyristor Vereinfachungen im Aufbau des Wechselrichters, wobei der Vorteil des Netzthyristors wegfällt.

Der an sich einfache Vorgang beansprucht die Motorisolation mit regelmässigen beachtlichen Spannungsspitzen. Die Kondensatoren müssen auf die Induktivität der Motorwicklung abgestimmt werden. Deswegen kann ein Parameterwechsel (andere Motoren oder Zu- und Abschalten von parallel geschalteten Motoren) zu Schwierigkeiten führen.

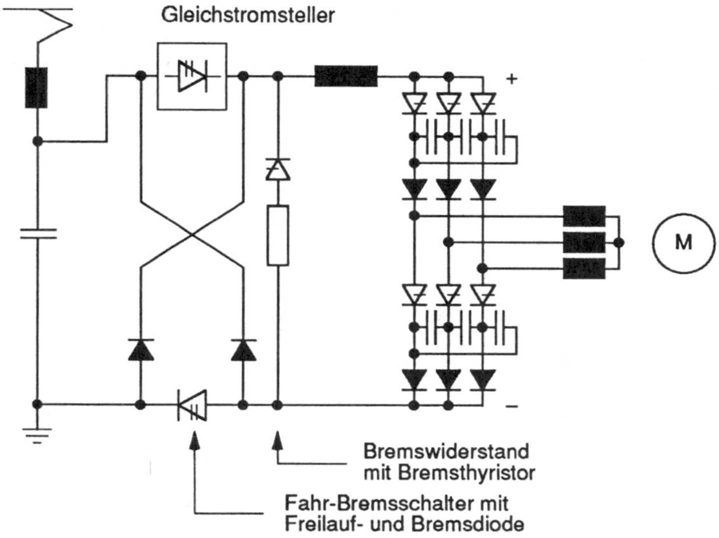

Bild 5.47. Stromgeführter Umrichter im Fahr- und Bremsbetrieb

Bei der Speisung aus einem Gleichstromnetz wird der Strom des Zwischenkreises durch einen Gleichstromsteller geregelt. Die Höhe des Stromes richtet sich nach dem notwendigen Drehmoment des Motors, die Spannung im Zwischenkreis stellt sich entsprechend der abzugebenden Leistung ein. Eine direkte Speisung aus dem Netz ist somit nicht möglich (Beispiel B. 19).

Für den Bremsbetrieb ist der Gleichstromsteller wie üblich umzuschalten. Dazu können mechanische Kontakte oder Schaltthyristoren verwendet werden. Die Stromrichtung im Zwischenkreis sowie durch den Wechselrichter bleibt unverändert. Bild 5.47 zeigt eine Möglichkeit für die Nutzbremsung, die bei fehlendem Aufnahmevermögen des Netzes auf die Widerstandsbremsung umgeschaltet werden kann. Im Fahrbetrieb ist der Fahr-Bremsschalter geschlossen. Sobald der Motor übersynchron dreht und die gleichgerichtete Maschinenspannung negativ wird, bewirkt das Öffnen des Schalters den Aufbau der Bremsschaltung [90].

Die Speisung aus einem Wechselstromnetz mit oder ohne Bremsbetrieb verlangt einen gesteuerten Eingangsstromrichter mit Glättungsdrosselspule als Stromzwischenkreis. Zur Verbesserung des Leistungsfaktors könnte ausser den beim Stromrichter besprochenen Möglichkeiten auch ein Pulsgleichrichter benutzt werden [91]. Für neue Anwendungen kommen solche Kombinationen kaum noch in Frage.

5.21 Umrichter mit Synchronmotor

Der Wechselrichter des stromgeführten Umrichters kann von der Kommutierungseinrichtung befreit werden, wenn die Maschine selbst den Kommutierungsablauf besorgt.

Die Synchronmaschine ist dazu in der Lage, weil sie über ein vom Netz unabhängiges Polsystem verfügt. Der Wechselrichter reduziert sich auf eine voll gesteuerte Drehstrombrücke mit gewöhnlichen Netzthyristoren (Bild 5.48).

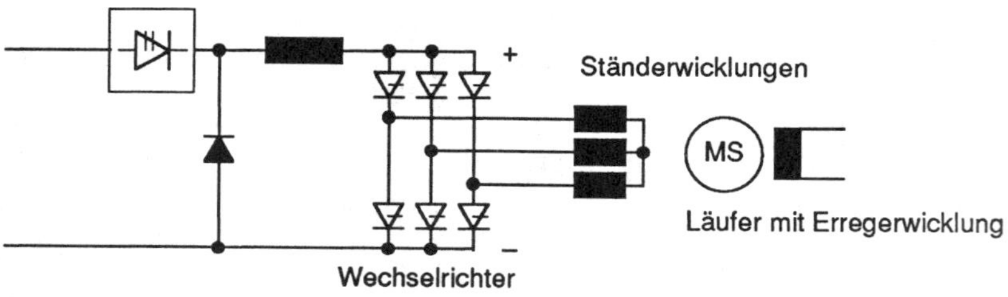

Bild 5.48. Stromgeführter Umrichter mit Synchronmotor

Ein im Synchronmotor eingebauter Geber erfasst die Polradlage. Damit liegt der Verlauf der Spannung fest und die Antriebssteuerung kann in Übereinstimmung mit dem gewünschten Steuerwinkel die Zündimpulse an die Thyristoren erteilen. Der Vorgang ist drehzahlunabhängig. Die Maschine verhält sich wie ein Gleichstrommotor, wobei der Wechselrichter die Rolle des Kollektors übernimmt. Im Gegensatz zum Betrieb an einem starren Netz kann hier kein Kippen erfolgen (Beispiel B. 20).

Die Vereinfachung des Wechselrichters muss mit einigen Nachteilen erkauft werden:

Die Synchronmaschine ist schwerer und aufwendiger im Aufbau als die Asynchronmaschine mit Kurzschlussläufer. Sie braucht eine zusätzliche Erregerquelle und zur raschen Kommutierung eine Dämpferwicklung im Rotor. Die Schleifringe und die Bürsten müssen unterhalten werden.

Bei kleinen Motordrehzahlen (weniger als ca. 3 % der Höchstdrehzahl) reicht die Motorspannung zur Kommutierung nicht aus. Hier muss eine separate Hilfseinrichtung zusammen mit dem Polradlagegeber die Kommutierung erzwingen [92, 93].

Der Wechselrichter muss mit der Maschine synchron arbeiten. Es ist deswegen nicht zulässig oder mindestens sehr problematisch, zwei mechanisch nicht gekuppelte Fahrmotoren über einen Wechselrichter zu betreiben. Auf der Gleichstromseite dagegen steht der Serieschaltung von zwei Wechselrichtern (jeder mit seinem Motor) nichts im Wege.

Zur Verminderung der Drehmomentpulsationen ist es bei grösseren Maschinen angebracht, den Ständer mit zwei versetzten Drehstromwicklungen zu versehen und diese über zwei gemeinsam gesteuerte Wechselrichter als zwölfpulsige Anordnung zu speisen [94].

Im Bremsbetrieb arbeitet der Wechselrichter durch Steuerwinkelverschiebung als Gleichrichter. Die Bedingungen für die Weiterleitung der Bremsenergie an das Netz oder einen Bremswiderstand sind wie beim Asynchronmotor durch den Stromzwischenkreis gegeben.

Die in Frankreich entwickelte und dort im grossen Umfang eingesetzte Umrichtervariante mit Synchronmotor konnte sich nicht durchsetzen. Neben den Nachteilen der Synchronmaschine waren die rasanten Fortschritte in der Leistungselektronik ausschlaggebend für die allgemeine Entscheidung zur Umrichtertechnik mit Asynchronmotoren.

Fast alle bisherigen in der Umrichtertechnik gebauten Hochgeschwindigkeitszüge in Frankreich (TGV) sind mit Synchronfahrmotoren ausgerüstet (Beispiel B. 21). Die Neuentwicklungen basieren auf Asynchronmotoren [95, 96].

In Zukunft könnte die Synchronmaschine eventuell in einer anderen Form zur Anwendung kommen, und zwar als hochpoliger permanenterregter Fahrmotor im getriebelosen Direktantrieb [65].

5.22 Aktueller Stand

Für den Neubau elektrischer Triebfahrzeuge wird heute fast ausschliesslich die Umrichtertechnik verwendet, und zwar die Variante mit Spannungszwischenkreis, Pulswechselrichter und Asynchronmotoren.

Bei der Wechselstomspeisung hat sich der Vierquadrantensteller mit Saugkreis durchgesetzt (Bild 5.49). Bei der Gleichstromspeisung verzichtet man auf den Gleichstromsteller oder eine Sonderschaltung zur Speisung des Spannungszwischenkreises, da die heutigen Hochspannungs-Leistungshalbleiter, mit Sperrfähigkeit von 6,5 kV, den direkten Anschluss auch an das 3-kV-Netz erlauben. Erforderlich ist hier lediglich eine als Netzfilter wirkende Induktivität, um die Oberschwingungsströme zu dämpfen. Die Prinzipschaltungen für beide Stromsysteme lassen sich auch problemlos zusammenfügen, um ein Mehrsystem-Triebfahrzeug zu erhalten. Der Zweifrequenzbetrieb verlangt dazu die entsprechende Auslegung des Transformators für die tiefere Frequenz mit Umschaltung für zwei Spannungen (Bild 5.50) [72].

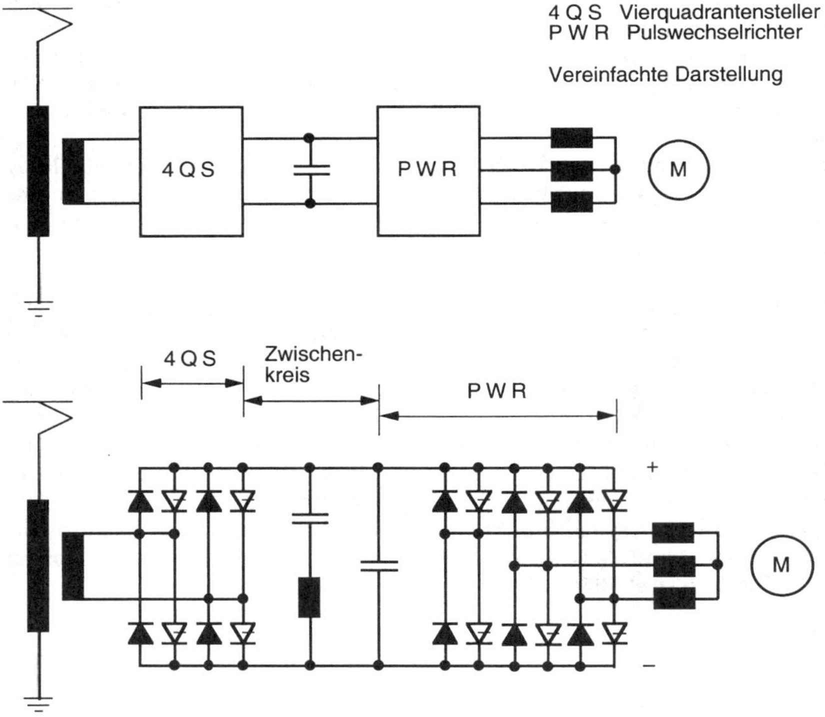

Bild 5.49. Umrichter bei Wechselstromspeisung

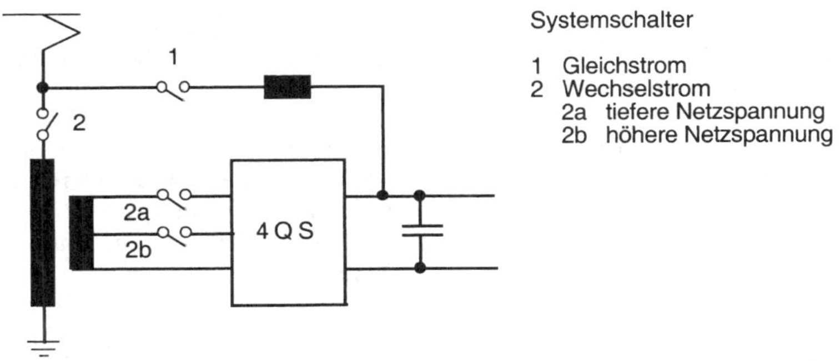

Bild 5.50. Umrichter im Mehrsystembetrieb

Zwecks Übersichtlichkeit ist in diesen Prinzipschaltungen nur jeweils ein Fahrmotor zu finden. In konkreten Fällen sind mehrere Motoren vorhanden, die auf verschiedene Arten mit einem oder mehreren Wechselrichtern kombiniert werden. Der einfachste Fall, alle Fahrmotoren parallel zu schalten und von einem Wechselrichter zu speisen ist traktionstechnisch ungünstig (siehe Abschnitt 9.7). Eher werden getrennt gesteuerte Wechselrichter, für die Motoren jedes einzelnen Drehgestells, oder eine Blockschaltung – ein Wechselrichter pro Fahrmotor – eingesetzt.

Ähnlich kann der Vierquadrantensteller aus mehreren Einheiten gebildet werden. Durch versetztes Takten kann dann die Oberwelligkeit des Netzstromes, wie bereits erwähnt, reduziert werden.

Die Umrichterschaltungen benötigen steuerbare Leistungshalbleiter. Zuerst standen dafür nur die Thyristoren (Elemente mit vier sich abwechselnden p- und n-dotierten Halbleiterschichten) zur Verfügung, da die damaligen Transistoren (Elemente mit drei solchen Halbleiterschichten) für die erforderliche Leistung zu schwach waren.

Da der Thyristor nur durch Stromumkehr gelöscht (ausgeschaltet) werden kann, mussten für die Anwendungen im Gleichstromsteller und später im Umrichter Einrichtungen zur Zwangslöschung eingesetzt werden, wie bei den vorher erläuterten Schaltungen beschrieben. Eine wesentliche Vereinfachung brachte der abschaltbare Thyristor GTO (Gate Turn Off), der durch einen negativen Stromimpuls gelöscht wird. Er wird heute in vielen neuen Anlagen eingesetzt, da die Technologie ausgereift und wirtschaftlich ist (Beispiele B. 22 bis B. 25) [72].

Die anschliessende Entwicklung des Leistunsgstransistors IGBT (Insulated Gate Bipolar Transistor) vereinfachte die Ansteuerung, da an Stelle der Stromimpulse hier ein einfaches Spannungssignal genügt. Damit wird der Stand der Technik erreicht (Beispiel B. 26).

Die niedrigen Schaltverluste des IGBT erlauben höhere Schaltfrequenzen, was beispielsweise beim Vierquadrantensteller am 50-Hz-Netz für die sinusförmige Strombildung vorteilhaft ist. Bei der Schaltungstechnik dominiert die Zweipunkt-Schaltung der Stromrichter. Elemente können beim Bedarf problemlos parallel geschaltet werden [97].

Für zukünftige Anwendungen stehen bereits noch neuere Elemente zur Verfügung: IGCT (Integrated Gate Commutated Thyristor), ein ein- und ausschaltbarer Thyristor spezieller Konstruktion [98].

Abschliessend soll gezeigt werden, wie die Erhöhung der Sperrfähigkeit der Leistungshalbleiter von 4,5 kV auf 6,5 kV den Netzanschluss beim Gleichstrom von 3 kV (Italien, Spanien, Belgien und andere Länder) vereinfacht hat.

Die bisherigen Elemente haben die Spannung des Zwischenkreises mit Einhaltung der Sicherheitsabstände erfahrungsgemäss auf 2800 V begrenzt [88]:

– Nennspannung des Zwischenkreises:	2800 V
– Dynamikbereich der Regelung:	600 V
– Transiente Abschalt-Überspannung:	600 V
– Sicherheitsreserve:	500 V
– Summe, die erforderliche Sperrspannung:	4500V

Da beim erwähnten Stromsystem die Spannung nach Norm im Toleranzbereich von 2000 V bis 3600 V liegen darf (siehe Abschnitt 9.1), mit kurzzeitigen Höchstwerten bis 3900 V, nach Praxis in Italien bis 4000 V, war ein direkter Anschluss an den Zwischenkreis des Umrichters nicht möglich. An Stelle der grundsätzlich möglichen, jedoch aufwendigen und risikoreichen Serieschaltung der GTO-Thyristoren verfolgte man drei, heute nicht mehr notwendige, Lösungen:

- Gleichtromsteller zur Speisung des Zwischenkreises,
- Dreipunkt-Schaltung des Stromrichters,
- Zwei Teilzwischenkreise für halbe Spannung in Serie.

Der Einsatz des Gleichstromstellers ist nahe liegend. Er ermöglicht, wie im Abschnitt 5.14 für den Fahrmotor im Fahr- und im Bremsbetrieb beschrieben, einerseits eine Herabsetzung der Netzspannung. Falls der Betrieb mit zwei Spannungen (Gleichstrom von 3 kV und 1,5 kV) erwünscht ist, ermöglicht er andererseits aber auch eine Erhöhung, Bei Mehrsystem-Triebfahrzeugen, wo der Vierquadrantensteller bereits vorhanden ist, lassen sich seine Komponenten für der Gleichstromsteller benutzen (Beispiel B. 27).

Die aufwendige Dreipunkt-Schaltung benutzt ohnehin den in der Mitte unterteilten Zwischenkreis, wodurch die Thyristoren nur mit der halben Netzspannung beansprucht sind (Bild 5.40, Beispiel B. 28).

Bei zwei Teilzwischenkreisen in Serie, die getrennte Fahrmotoren speisen, müssen die Motoren für eine tiefere Spannung ausgelegt werden, was die Dimensionierung des Wechselrichters negativ beeinflusst (höherer Strom). Dies ist insbesondere bei Mehrsystem-Triebfahrzeugen ungünstig. Als Abhilfe können hier die Fahrmotoren mit Doppel-Stern-Wicklung mit Umschaltmöglichkeiten der Wicklungsstränge in Serie ausgeführt werden. Mit erheblichem Schaltaufwand erfolgt dann die Umgruppierung:

- Gleichstrombetrieb: Zwischenkreise in Serie, Wicklungsstränge getrennt gespeist (halbe Zwischenkreisspannung),
- Wechselstrombetrieb: Zwischenkreise parallel, Wicklungsstränge in Serie geschaltet (volle Zwischenkreisspannung).

Der Vorteil liegt hier in kleineren Wechselrichtern, die für den Wechselstrombetrieb auszulegen sind. Im Gleichstrombetrieb werden dann die Phasenbausteine des nicht benutzten Vierquadrantenstellers für die Speisung der getrennten Motorstränge (doppelter Strombedarf) zugeschaltet (Beispiel B. 29).

6. Die elektrische Ausrüstung

6.1 Stromabnehmer

Für die Stromversorgung elektrischer Triebfahrzeuge mit Gleichstrom oder Einphasenwechselstrom ist ein zweipoliger Anschluss notwendig. Die isolierte, gegen Erde unter Spannung stehende Fahrleitung bildet einen Anschlusspol, die nicht isolierten Fahrschienen bilden den anderen.

In der Regel wird die Fahrleitung als eine oberhalb der Gleise aufgehängte *Oberleitung* gebaut. Der Stromabnehmer stellt die elektrische Verbindung vom bestrichenen Fahrdraht zum Triebfahrzeug her.

Zur einwandfreien Erfüllung seiner Aufgabe muss der Stromabnehmer allen Höhenunterschieden des Fahrdrahtes rasch folgen, ohne den Kontakt zu verlieren. Dies stellt, insbesondere bei höheren Fahrgeschwindigkeiten, hohe Anforderungen an seine dynamischen Eigenschaften. Aus heutiger Sicht liegt die Grenze der einigermassen befriedigenden Stromabnahme, bestmögliche Anpassung zwischen Stromabnehmer und Fahrleitung vorausgesetzt, bei ca. 400 km/h. Geschwindigkeiten um 500 km/h sind technologisch machbar. Die Grenze ist durch die *Wellenausbreitungsgeschwindigkeit* der Fahrleitung gegeben [99].

Für kleinere Geschwindigkeiten (zum Teil Strassenbahnen und Industriebahnen) eignen sich einfache Stromabnehmer, wie *Stangenstromabnehmer* (Stange mit Gleitschuh oder Kontaktrolle) oder *Lyrastromabnehmer* (Bügel mit Schleifstück) gut. Im übrigen werden nur Stromabnehmer mit gefederter Wippe benutzt. Die ältere, schwerere Bauart (*Scherenstromabnehmer*) verschwindet langsam zugunsten leichterer und Platz sparender *Einholmstromabnehmer*. Dieser nichtsymmetrische Stromabnehmer kann mit Gelenk in Fahrtrichtung (*Kniegang*) oder umgekehrt (*Spiessgang*) betrieben werden.

Die Anpresskraft gegen den Fahrdraht ist für eine gute Stromabnahme wichtig. Sie beträgt, je nach Verhältnissen und Ausführung der Fahrleitung, im Stillstand 50...120 N, Extremfälle ausgenommen. Sie soll unabhängig von der Arbeitshöhe konstant bleiben. Besonders wichtig ist der aerodynamische Einfluss des Fahrwindes, der diese statische Anpresskraft beträchtlich erhöhen oder reduzieren kann. Dabei kommt auch die Unsymmetrie des Stromabnehmers zur Geltung. Bei extrem hohen Fahrgeschwindigkeiten wird die Anpresskraft auch durch Druckluft geregelt (Beispiel B. 18).

Eine interessante unübliche Bauart ist der für den französischen Höchstgeschwindigkeitszug TGV entwickelte zweistufige Stromabnehmer. Der untere Teil folgt den langsamen Änderungen der Fahrdrahthöhe. Darauf sitzt die zweite Stufe mit kleiner dynamischer Masse [100].

Mit einem aktiv geregeltem Stromabnehmer sollte das Befahren vorhandener Oberleitungen mit höherer als ihrer Auslegegeschwindigkeit möglich sein, und dies bei geringerem Verschleiss und weniger Lärm [101].

Triebfahrzeuge mit gesteuerter Querneigeeinrichtung benötigen einen auf dem Wagendach verschiebbaren und durch die Querneigung des Wagenkastens geführten Stromabnehmer. Eine andere Möglichkeit ist den Stromabnehmer auf dem Drehgestell unabhängig vom dazwischen pendelnden Wagenkasten zu verankern [102].

Als Schleifstückmaterial werden Kohle, Aluminium oder Kupfer verwendet, gelegentlich auch Stahl. Die Kohle schont durch schmierende Wirkung den Fahrdraht und verursacht wenig Hochfrequenzstörungen. Sie hat jedoch einen relativ hohen elektrischen Übergangswiderstand. Aluminium begünstigt die Riffelbildung am Fahrdraht, es ist jedoch leicht und deswegen für hohe Geschwindigkeiten vorteilhaft. Kupfer eignet sich für hohe Ströme und ergibt auch bei vereister Fahrleitung eine gute Stromabnahme.

Zur Reduktion der Abnutzung soll unter einer Fahrleitung nach Möglichkeit nur gleichartiges Schleifstückmaterial zur Anwendung kommen. So führt zum Beispiel ein gemischter Betrieb mit Kohle und Aluminium wegen der durch Aluminium aufgerauhten Schleiffläche zu übermässigem Verschleiss an Kohleschleifstücken.

Die meisten Bahnen verwenden als Schleifstückmaterial Kohle (Hartkohle oder metallisierte Kohle).

Viele Triebfahrzeuge werden mit zwei Stromabnehmern ausgerüstet. Der zweite dient als Reserve. Im Falle einer Stromabnehmerhavarie ist der gesenkte Stromabnehmer weniger gefährdet, wenn er vor dem beschädigten liegt. Deshalb wird nach Möglichkeit immer mit dem hinteren Stromabnehmer gefahren. Auch der Fahrwindeinfluss ist dann geringer.

Ein hoher Strom, beispielsweise bei Gleichstromspeisung und hoher Leistung, verlangt in einigen Fällen die Fahrt mit beiden Stromabnehmern.

Gelegentlich werden diese zwei Stromabnehmer mit verschiedenen Schleifstücken versehen, die nach Bedarf verwendet werden, beispielsweise ein Stromabnehmer mit Kohle für den normalen Betrieb, der andere mit Kupfer, falls der Fahrdraht vereist ist.

Beschädigungen der Fahrleitung können durch Einbau von Abschergliedern in das Gestänge reduziert werden. Beim Anstossen an Hindernisse bricht diese Sollbruchstelle und der Stromabnehmer fällt in sich zusammen [17].

Eine automatische Senkeinrichtung für Hochgeschwindigkeitsstromabnehmer reagiert bei Beschädigungen auf Druckabfall in einem mit Druckluft versorgten Kanal [103].

Die Stromrückleitung zu den Schienen erfolgt über die Räder des Triebfahrzeuges. Die im Stromkreis liegenden Rollenlager können durch den Strom zerstört werden. Sie sind deshalb durch geeignete *Erdungsbürsten* zu umgehen.

Die wenigen noch vorhandenen Drehstrombahnen verwenden eine zweipolige Oberleitung, an der zwei Phasen des Stromversorgungssystems angeschlossen sind. Die dritte Phase liegt nicht isoliert an den Schienen. Die Abzweigungen bei den Weichen verlangen Isolierstellen in der Fahrleitung. Deswegen müssen die Triebfahrzeuge ständig mit zwei gehobenen Doppel-Stromabnehmern fahren.

Auch die Trolleybusse (Oberleitungsbusse) als schienenlose Gleichstromfahrzeuge brauchen für die zweipolige Fahrleitung einen Doppel-Stromabnehmer.

Die Fahrleitung wird bei vielen Bahnen des Nahverkehrs (beispielsweise im Raum London) aus Platzgründen nicht als Oberleitung sondern als eine neben dem Gleis angeordnete *Stromschienenleitung* gebaut. Bei den Weichen muss sie unterbrochen und auf die andere Gleisseite verlegt werden, so dass sie zu beiden Seiten des Triebfahrzeuges Stromabnehmer benötigt.

Die Betätigung der Stromabnehmer erfolgt in der Regel mit Druckluft, bei einfachen Fahrzeugen auch von Hand mit Seilzug oder Gestänge.

Bei unkonventionellen Bahnsystemen mit Kurzstatormotor müssten zwei- bis dreipolige Stromschienen mit entsprechenden Stromabnehmern zum Einsatz kommen. Die Problematik einer sicheren Stromabnahme bei den angestrebten extrem hohen Fahrgeschwindigkeiten bis ca. 500 km/h ist nicht gelöst. Sie lässt sich mit dem Langstatormotor umgehen.

6.2 Der Leistungskreis der Fahrmotoren

Für den Einbau in das Triebfahrzeug wird heute die Apparatur in vormontierten und geprüften Einheiten zusammengebaut. Dies erleichtert die Endmontage bei engen Raumverhältnissen und verkürzt die Inbetriebsetzung.

Die Schaltapparatur

Zu der bereits beschriebenen Steuerapparatur werden im Leistungskreis noch folgende Einzelapparate benötigt:

Hauptschalter zum Schalten des Triebfahrzeuges unter Belastung oder beim Ansprechen verschiedener Schutz- und Sicherheitseinrichtungen: Beim Wechselstrom ist das ein druckluftbetätigter Hochspannungsschnellschalter oder ein Vakuumschalter. Im Defektfall muss er den Kurzschlussstrom unterbrechen können, nach Möglichkeit bereits nach dem ersten Stromnulldurchgang.

Die Gleichstromspeisung verlangt ultraschnelle Schalter mit elektromagnetischer Blasung. Sie sollen den noch anwachsenden Kurzschlussstrom in einigen Millisekunden löschen können.

Motortrennschütze zur Schaltung einzelner Kollektor-Fahrmotoren unter Strom: Sie sind insbesondere bei den verhältnismässig langsamen Stufenschaltersteuerungen erforderlich. Zur Schaltung höherer Ströme verfügen sie im allgemeinen über eine elektromagnetische Blasung. Bei kleineren Strömen ist eine zusätzliche Luftbeblasung von Vorteil. Auf die Trennschütze wirken auch verschiedene Überwachungseinrichtungen zur Sperrung des Motorstromes. Die Betätigung erfolgt elektropneumatisch (sofern Druckluft vorhanden) oder elektromagnetisch.

Wendeschalter für Fahrtrichtungswechsel durch stromloses Umpolen der Anker- oder der Erregerwicklung der Fahrmotoren: Er wird oft mit dem *Bremsumschalter* zur Umschaltung vom Fahr- auf den Bremsbetrieb kombiniert. Die Betätigung erfolgt meistens mit Druckluft.

Motorabtrennkontakte zur potenzialsfreien Abtrennung von einzelnen Fahrmotoren im Defektfall: In der Regel werden sie als handbediente Schalter oder Laschen, oft mit dem Wendeschalter kombiniert, ausgeführt.

Bei einfachen Fahrzeugen kann die Betätigung aller Apparate von Hand erfolgen (Direktkontroller).

Bis auf den Hauptschalter und eventuelle Motorabtrennkontakte benötigt die Umrichtertechnik solche Apparate nicht. Gelegentlich sind Bremsumschalter oder Umschalter zum Systemwechsel erforderlich.

Die Leistungswiderstände

Die *Hochleistungs-Widerstände* (Stufenwiderstände, Bremswiderstände) werden vorwiegend als Bandwiderstände gebaut. Als Widerstandsmaterial eignen sich Legierungen aus Nickel, Chrom, Aluminium und Eisen gut. Sie vertragen Temperaturen von 450...600 °C, wobei auf benachbarte Teile achtzugeben ist. Die früher viel verwendeten Gusseisenwiderstände sind nur bis 300...400 °C belastbar und schwer. Sie haben jedoch eine grössere thermische Kapazität.

Werden sie auf dem Dach des Triebfahrzeuges aufgestellt, wird die natürliche Kühlung durch den Fahrwind genutzt. Wenn die Dachfläche nicht ausreicht, müssen die Widerstände fremdbelüftet im Fahrzeug untergebracht werden.

Die thermische Zeitkonstante nichtbelüfteter Gusseisenwiderstände beträgt 15...20 min. Bei Fremdbelüftung sinkt sie auf 2...3 min. Für die fremdbelüfteten Bandwiderstände liegt sie im Bereich von 20...30 s [18].

Die Umrichtertechnik benötigt keine Leistunswiderstände. Sie werden dort benutzt wo – wie bei Zahnradbahnen – eine Widerstandsbremse erforderlich ist, oder wenn diese Bremse aus anderen Gründen, beispielsweise bei Dieseltriebfahrzeugen, erwünscht ist.

Der Haupttransformator

Neben seiner Grundaufgabe, die Fahrmotorenstromkreise zu versorgen, speist der *Haupttransformator* einer Wechselstromlokomotive auch die Hilfsbetriebe und liefert eine beträchtliche Leistung für die oft sehr aufwendigen Komfortausrüstungen.

Die Hilfsbetriebe werden aus einer zusätzlichen Transformatorwicklung gespeist. Je nach Art der Hilfsbetriebe werden auch mehrere Wicklungen für verschiedene Spannungsebenen benutzt. Zur Fremderregung der Kollektor-Fahrmotoren dient oft eine separate Erregerwicklung. Die Speisung der Zugsammelschiene (ehemalige Zugheizung), erfolgt ab einer Anzapfung der Hochspannungswicklung mit normalisierten Spannungen (bei europäischen Normalspurbahnen 1000 oder 1500 V) oder aus einer besonderen Wicklung.

Die Kurzschlussspannung der Stufenschaltertransformatoren ist stufenabhängig. Sie liegt für die letzte Stufe üblicherweise im Bereich von 7...12 %. Damit wird im Allgemeinen ein Optimum in Bezug auf die Kurzschlussstrombegrenzung und den Spannungsabfall erreicht.

Beim Stromrichtertransformator mit mehreren Traktionswicklungen (Folgeschaltung) genügt die Angabe einer Kurzschlussspannung nicht, da bei den Kommutierungsvorgängen einzelne Wicklungen beteiligt sind. Das Ersatzschaltbild des Transformators muss verschiedene Kombinationen berücksichtigen und wird dadurch kompliziert. Von zentraler Bedeutung ist hier die Entkoppelung der einzelnen Wicklungssysteme. Zur Verhinderung der kapazitiv übertragbaren Überspannungen sind Abschirmungen zwischen den Wicklungen erforderlich [104].

Bei der Umrichtertechnik verlangt die Speisung des Vierquadrantenstellers wesentlich höhere Kurzschlussspannungswerte (25...30 % oder mehr).

Der Haupttransformator wird bis heute fast ausschliesslich in Ölausführung gebaut. Vermehrt werden auch andere Kühlmittel, wie umweltfreundliche Ester, eingesetzt. Als schwerster Bauteil verlangt der Transformator den Einbau in die Mitte des Triebfahrzeuges. Bei kleineren Leistungen, insbesondere bei Triebwagen, genügt die Ölselbstkühlung über Kühlrippen oder Kühlrohre üblicher Bauart, wenn der unter dem Wagenboden oder auf dem Wagendach angeordnete Transformator vom Fahrwind bestrichen wird. Grössere Transformatoren erhalten einen separat aufgestellten Ölkühler mit erzwungenem Ölkreislauf.

Für die Zukunft werden Alternativkonzepte zur massiven Reduktion des Transformatorgewichts evaluiert. Vor dem Transformator könnten Wechselstrom/Wechselstrom-Umrichter mit mittelfrequenter Ausgangsspannung (bis ca. 5 kHz) angeordnet werden. Damit wird der für diese Frequenz ausgelegte Transformator erheblich leichter. Die Netzspannung von 15 bis 25 kV liegt allerdings viel zu hoch für einen einzigen Umrichter, so dass eine Serieschaltung von mehreren Umrichtern vorgeschlagen wird [8, 65, 72]. In weiterer Konsequenz könnte der Transformator gänzlich entfallen.

Die Leistungshalbleiter

Die *Leistungshalbleiter* – Thyristoren, Leistungstransistoren und Dioden einschliesslich Kühler – mit Beschaltung, Trennsicherungen und eventuellen Überwachungseinrichtungen werden zu Blöcken zusammengefasst. Vermehrt wird die integrierte Bauform als Modul verwendet.

Die viel verwendete direkte Fremdbelüftung der Leistungshalbleiter ist einfach, jedoch in bezug auf die Verschmutzung im Betrieb problembehaftet. Ein geschlossener Kühlluftkreislauf ist besser. Der Einbau des ganzen Stromrichterblocks in einen Kessel unter Öl, in der bei Öltransformatoren bekannten Ausführung (Öltauchkühlung), löst die Frage der Reinigung vollständig, verlangt allerdings sehr zuverlässige Elemente nebst Zubehör, weil der Ausbau bei Defekten mit umfangreichen Demontagearbeiten verbunden ist. Bei grösseren Leistungen wird das durch den Kessel zum Ölkühler gepumpte Öl über Schikanen so geführt, dass eine direkte Ölbenetzung der Elemente eine wirksame Kühlung gewährleistet (Beispiel B. 17).

Eine günstige Lösung ist die Fremdkühlung der Leistungshalbleiter mit erzwungenem Ölumlauf (Kühldose), die auch eine hohe Leistungskonzentration ohne Reinigungsprobleme zulässt (Beispiel B. 16). Zu erwähnen ist noch die Kühlung mit innerem Flüssigkeits-Dampf-Kreislauf (Wärmerohrkühler, Siedebadkühlung) durch Wasser oder heute kaum mehr zulässigen Fluorkohlenwasserstoff. Beim modularen Aufbau der Leistungshalbleiter ist eine integrierte Wasserkühlung (Wasser mit Frostschutzmittel) die vorteilhafteste Kombination.

Die früher je nach Spannung und Strom erforderliche Serie- bzw. Parallelschaltung von Stromrichterelementen wird immer weniger benötigt. Dank hoher Zuverlässigkeit der Leistungshalbleiter kann auf die so genannte "n–1"-Auslegung verzichtet werden. Bei dieser wird die Anzahl "n" der Elemente in Serie- oder Parallelschaltung so gewählt, dass beim Ausfall eines Elementes der Betrieb nicht eingeschränkt werden muss.

6.3 Hilfsenergiequellen

Kleine und sehr einfache Triebfahrzeuge benötigen zu Steuerung keine Hilfsenergie, weil die Betätigung der Apparatur direkt von Hand erfolgt. Sonst verfügen alle Triebfahrzeuge über ein Gleichstrombordnetz mit *Akkumulatorenbatterie* als netzunabhängige Hilfsenergiequelle. An dieses Netz werden in der Regel folgende Verbraucher angeschlossen:

- Steuerstromkreise sämtlicher Apparate, die nicht direkt von Hand zu betätigen sind. Dazu gehören auch verschiedene Sicherheitseinrichtungen und Überwachungen sowie die Speisung der gesamten Steuerelektronik und Leittechnik.
- Signal- und Innen-Beleuchtung des Triebfahrzeuges.
- Verschiedene Kleinverbraucher, wie Scheibenwischer und Hilfskompressor, falls keine andere passende Energiequelle zur Verfügung steht.
- Gelegentlich auch grössere Verbraucher, wie die Erregung der elektrischen Bremse, der Magnetschienenbremse oder der Wirbelstrombremse.

Die Nennspannungen der Akkumulatorenbatterien liegen zwischen 12 und 120 V. In Deutschland waren 24 V gebräuchlich. Dies ist die untere Grenze für ein stark belastetes Bordnetz. Bei neueren Triebfahrzeugen wird deswegen ein Bordnetz von 110 V benutzt, wobei für einige Verbraucher die Spannung von 24 V beibehalten wird.

Auch andere Spannungen, wie 48 V, 72 V und 96 V, sind im Gebrauch. In der Schweiz ist eine Batteriespannung von 36 V üblich.

Überwiegend werden Blei-Akkumulatoren eingesetzt, jedoch sind auch die alkalischen (in erster Linie Nickel-Kadmium) stark verbreitet (Beispiel B. 18). Die letzteren sind leichter, weniger temperatur-, stoss- und lastempfindlich, darum besser geeignet für Überlastungen und eine unregelmässige Ladung, jedoch teuerer und grösseren Spannungsschwankungen unterworfen.

Im Betrieb ist mindestens mit Schwankungen zwischen 70 % und 125 % der Versorgungsspannung zu rechnen.

Falls keine grösseren Verbraucher zu versorgen sind, genügen in der Regel Akkumulatorenbatterien mit Kapazitäten von 60...150 Ah. Bei den neuen Triebzügen der Deutschen Bahn (ICE 3) werden Batterien mit 280 Ah eingesetzt [105].

Zur Speisung der Steuerstromkreise, insbesondere im Zusammenhang mit den Sicherheitseinrichtungen, die auch beim Netzausfall funktionieren müssen, sind netzabhängige Stromquellen nicht geeignet. Sie können die Akkumulatorenbatterie nicht ersetzen.

Die Bahnfahrzeuge sind meistens mit einer Druckluftbremse ausgerüstet. Zu ihrer Bedienung müssen die Triebfahrzeuge über eine *Druckluftanlage* verfügen, die dann auch für andere Zwecke, wie Türsteuerung und Signalpfeife, ihre Verwendung findet. Durch Zwischenschaltung der Druckluft als Energieträger in die Steuerung elektrischer Apparate wird die Akkumulatorenbatterie wesentlich entlastet, weil sie nur noch die Energie zur Betätigung pneumatischer Ventile zu liefern hat (elektropneumatische Steuerung).

Da die Druckluftbremse europäischer Normalspurbahnen für den Druck von 5 bar eingerichtet ist, müssen sich andere Verbraucher diesem Druck anpassen. Die Druckluftversorgung erfolgt im allgemeinen mit einem Druck von 8...10 bar (0,8...1,0 MPa).

Gelegentlich – beispielsweise bei gewissen Bergbahnen – wird statt Druckluft Drucköl von 50...100 bar (5...10 MPa) verwendet. Wegen der Dichtigkeitsprobleme eignet sich diese Lösung nur für kleine geschlossene Anlagen, wo die Ölleitungen im Betrieb nicht regelmässig gekuppelt werden. Das Drucköl ist weniger frostempfindlich als die Druckluft (kein Kondenswasser). Dank des hohen Druckes beanspruchen die hydraulischen Apparate sehr wenig Platz (Beispiel B. 13).

6.4 Hilfsbetriebe

Neben dem Traktionsantrieb benötigt das Triebfahrzeug auch verschiedene *Hilfsbetriebe*. Die elektrische Ausrüstung, das Bremssystem und der vorgesehene Einsatz bestimmen den Bedarf.

Zu den Hilfsbetrieben zählen hauptsächlich die folgenden Einrichtungen:

- Ladegerät zur Akkumulatorenbatterie. Das statische Gerät wird heute generell eingesetzt. In älteren Triebfahrzeugen ist zu diesem Zweck ein Ladegenerator zu finden.
- Kompressor (Luftpresser) zur Versorgung der Druckluftanlage.
- Hilfskompressor zum ersten Anheben des Stromabnehmers bei entleerter Druckluftanlage (Speisung ab Batterie).
- Ventilatoren zur Fremdkühlung der Fahrmotoren (Fahrmotorlüfter). Meistens wird ein Ventilator pro Fahrmotor oder pro Drehgestell eingesetzt. Der Lufteinsog erfolgt aus dem Maschinenraum oder besser von aussen über Filter, wobei die Lüftungsöffnungen wegen kleinerer Verschmutzungsgefahr in Dachhöhe liegen sollen. Bei eigengekühlten Motoren wird ein ähnlicher Luftweg angestrebt.
- Ölumlaufpumpe zur Zirkulation des Transformatorenöls durch einen separat angeordneten Ölkühler. Ähnliche Pumpen dienen bei ölgekühlten Stromrichterelementen dem gleichen Zweck.
- Ventilatoren zur Belüftung der Ölkühler (Ölkühlerlüfter), der luftgekühlten Stromrichter, der Leistungswiderstände sowie anderer Geräte nach Bedarf.
- Bremserregergerät oder eine Erregermaschine als Stromquelle für die Erregung der elektrischen Bremse bei Kollektor-Fahrmotoren.
- Vakuumpumpe bei Anwendung der Vakuumbremse im Zug.
- Ölpumpe zur Versorgung einer eventuellen Druckölanlage.
- Heizung und eventuelle Klimatisierung der Führerräume.

Ein direkter mechanischer Antrieb, durch einen Radsatz oder Fahrmotor, kommt für gewisse Hilfsbetriebe, wie Erregermaschine, Ladegenerator, zweiter Kompressor, gelegentlich zur Anwendung. Sonst wird im allgemeinen der übersichtliche, leicht zu schaltende und heute oft drehzahlgeregelte elektromotorische Antrieb bevorzugt.

Typische Antriebsleistungen für Hilfsbetriebe sind: Kompressor 6...20 kW, Fahrmotorenventilatoren 5...40 kW, verschiedene andere Ventilatoren 1...20 kW, Ölumlaufpumpen 1...3 kW, Vakuumpumpe 4...10 kW. Diese Zahlen dienen lediglich zur Orientierung, weil die benötigten Leistungen stark vom Gesamtkonzept des Triebfahrzeuges abhängig sind.

6.5 Die Energieversorgung der Hilfsbetriebe

Die Hilfsbetriebe und ihre Energieversorgung haben die Entwicklung der Leistungskreise vom Kollektormotor zur Drehstrommaschine mitgemacht. Bei den Triebfahrzeugen älterer Bauart erfolgt die Speisung der Kollektormotoren mit Gleichstrom (direkt aus der Fahrleitung oder über eine Umformergruppe) bzw. mit Einphasenwechselstrom aus dem Haupttransformator. In besonderen Fällen wird die Energie aus dem Stromkreis der Fahrmotoren bezogen.

Bei neueren Triebfahrzeugen wird praktisch ausschliesslich ein Drehstrombordnetz zur Energieversorgung aufgebaut.

Speisung aus der Fahrleitung

Die Gleichstromspeisung bis ca. 600 V stellt keine besonderen Anforderungen an die Antriebsmotoren. Die Schwierigkeiten wachsen mit steigender Spannung. Bei 3000 V ist der Motor für die kleinen hier gefragten Leistungen kaum befriedigend herstellbar. Er wird schwer und teuer (Isolation, Kollektor) und bleibt im Betrieb empfindlich.

Die Motoren erhalten üblicherweise die Reihenschlusserregung. Der Anschluss erfolgt über Hochleistungssicherung, Schaltschütz und Widerstand zur Begrenzung des Anlaufstromes.

Bei paarweise benötigten Antrieben (Ventilatorgruppen oder Ähnliches) sind dauernd in Serie geschaltete Halbspannungsmotoren vorteilhaft.

Für die Batterieladung werden Umformergruppen (Motor/Ladegenerator) oder heute praktisch nur noch statische Ladegeräte eingesetzt.

Gelegentlich sind bei alten Fahrzeugen seltsame einfache Lösungen zu finden. Ein Beispiel ist die direkte Ladung der Akkumulatorenbatterie aus der Fahrleitung über den Stromkreis des Ventilatormotors. Dieser wirkt wie ein Ladewiderstand ohne jede Möglichkeit zur Regulierung. Nur robuste alkalische Akkumulatoren können einer solchen Behandlung standhalten.

Speisung aus dem Gleichstrombordnetz

Die Schwierigkeiten mit den Kollektormotoren bei höheren Speisespannungen der Gleichstrombahnen liessen sich durch Anschluss an ein starkes Gleichstrombordnetz passender Spannung umgehen. Das Bordnetz wurde über eine Umformergruppe gespeist. Damit musste nur ein einziger Motor für die hohe Speisespannung ausgelegt werden, was wegen der relativ grossen benötigten Leistung weniger problematisch war (Doppelmotor mit zwei in Serie geschalteten Kollektoren).

Die Umformergruppe mit Doppelkollektormotor, seit Jahrzehnten in Italien üblich, wurde später auch für das nachstehend beschriebene Drehstrombordnetz verwendet (Beispiel B. 6, Gleichstrommotor 3000 V, 95 kW).

Speisung aus dem Wechselstrombordnetz

Bei den Wechselstrombahnen wird der Haupttransformator mit einer separaten Wicklung zur Speisung der Hilfsbetriebe versehen. Somit entsteht ein nicht geregeltes Bordnetz mit der Frequenz des speisenden Netzes. Meistens wird dazu eine normalisierte Spannung (z.B. 230 V) verwendet.

Die Antriebsmotoren unterliegen derselben Problematik der Wechselstromspeisung wie die Fahrmotoren. So sind bei verminderter Frequenz (16 2/3 Hz) Einphasenwechselstrom-Reihenschlussmotoren mit ohmschen Wendepolshunts oder einfachere Mischstrommotoren mit vorgeschaltetem Gleichrichter üblich. Bei unverminderter Frequenz (50 bzw. 60 Hz) kommen nur Mischstrommotoren in Betracht. Der Anschluss des Motors erfolgt über Sicherung, Schaltschütz und Widerstand zur Begrenzung des Anlaufstromes.

Die Motoren können auch gemeinsam aus einem Gleichrichter gespeist werden, womit ein Gleichstrom-Hilfsnetz entsteht. In diesem Falle ist es vorteilhaft, dieses Hilfsnetz mit einem Stromrichter in Anschnittsteuerung zu regeln.

Eine einzige Spannung reicht nicht immer aus. Für bestimmte Anwendungen sind Spannungszwischenwerte erforderlich, falls zum Beispiel die Ventilatoren mit zwei Drehzahlen laufen sollen (Umschaltung Sommer/Winter) oder bei gewissen Schaltungen für die Erregung der Nutzbremse. Dies ist einfach mit Anzapfungen an der Transformatorwicklung zu realisieren.

Zwei Belüftungsstufen lassen sich auch mit Serie/Parallel-Umschaltung der Ventilatormotoren erreichen.

Zum Antrieb der Ölumlaufpumpen wird oft noch ein Einphasen-Asynchronmotor mit Kondensator-Hilfsphase zum Anlauf verwendet. Da sein Kurzschlussläufer keine Anschlüsse braucht, konnte die Gruppe als stopfbüchsenlose Einheit gebaut werden.

Der Einphasen-Asynchronmotor wurde wegen seiner praktisch konstanten Drehzahl gerne für den Antrieb des Ladegenerators eingesetzt. Bei 16 2/3 Hz ist sein Anwendungsgebiet durch die kleine Drehzahl (höchste synchrone Drehzahl bei zweipoliger Ausführung 1000 1/min) beschränkt.

Das Bordnetz kann in der Regel vom Transformator auf eine Steckdose zum Anschluss an das ortsfeste Netz umgeschaltet werden. Dadurch wird die Speisung der Hilfsbetriebe im Depot sichergestellt, ohne das ganze Triebfahrzeug unter Spannung setzen zu müssen.

Speisung aus dem Stromkreis der Fahrmotoren

Die Eingliederung bestimmter Hilfsbetriebemotoren in den Stromkreis der Fahrmotoren ist unter Umständen eine vorteilhafte Variante, insbesondere, wenn dadurch Hochspannungsmotoren zu vermeiden sind.

So können zum Beispiel Ventilatormotoren in Serie mit den zu kühlenden Fahrmotoren geschaltet werden. Damit wird eine belastungsabhängige Lüftung erzielt, da bei steigendem Fahrmotorstrom sich das Drehmoment und die Drehzahl des Ventilatormotors erhöhen.

Eine ähnliche Wirkung hat der Anschluss des Ventilatormotors für Anfahr- und Bremswiderstände parallel zur letzten Widerstandsstufe.

Um die volle Netzunabhängigkeit der elektrischen Widerstandsbremse zu erreichen, werden im Bedarfsfall verschiedene für den Bremsbetrieb unerlässliche Hilfsbetriebe (wie Kompressor, Ventilatoren für Fahrmotoren, Bremserregergerät) für die Speisung aus dem Bremswiderstand ausgerüstet. Im Normalbetrieb erfolgt die Speisung dieser Hilfsbetriebe aus der Fahrleitung, beim Spannungsausfall wird auf den Bremswiderstand umgeschaltet. Dies ist insbesondere für Bahnen mit längeren stärkeren Gefällen wichtig.

Speisung aus dem Drehstrombordnetz

Gleichzeitig mit der Entwicklung der Umrichtertechnik für den Traktionsantrieb wurde diese Technik auch für die Hilfsbetriebe eingeführt. Die Vorteile liegen einerseits in einfachen Drehstrom-Asynchronmotoren mit Kurzschlussläufer und andererseits in der Möglichkeit der stufenlosen Drehzahlverstellung durch die veränderliche Frequenz.

Zur Energieversorgung aus dem Gleichstrom- oder Wechselstromnetz wird ein *Hilfsbetriebe-Umrichter* (*Bordnetzumrichter*) eingesetzt. Wie beim Traktionsumrichter kann er strom- oder spannungsgeführt sein. Die Frequenz der abgegebenen Spannung soll genügend gross sein, um raschlaufende Motoren verwenden zu können (Frequenzbereich bis ca. 100 Hz).

Ein einzelner Umrichter mit zwei ab Zwischenkreis getrennt gesteuerten Wechselrichtern oder zwei getrennte Umrichter lassen zwei Drehstrombordnetze entstehen. Das erste Netz veränderlicher Frequenz (zum Beispiel 15...60 Hz) ermöglicht eine bedarfsabhängige Kühlluftförderung, das zweite, mit konstanter Ausgangsfrequenz, steht für andere Verbraucher zur Verfügung (Beispiel B. 17).

Nicht rotierende Verbraucher, wie Batterieladung oder die Klimatisierung der Führerräume können unabhängig vom Drehstrombordnetz gespeist werden.

Ein günstiges Anwendungsgebiet für ein Drehstrombordnetz fester Frequenz sind Zugskompositionen geschlossener Bauart, bei denen aus diesem Netz verschiedene Verbraucher, wie Küche, Klimaanlage, Lüftung und Ladung der Akkumulatorenbatterien einzelner Wagen versorgt werden können. Üblicherweise wird das Netz für 400/230 V, 50 Hz ausgelegt.

Eine aus heutiger Sicht interessante Kuriosität ist die einphasig gespeiste Drehstrom-Asynchronmaschine zur Energieversorgung des Drehstrombordnetzes *(Arno-Umformer)*. Die rotierende Maschine erzeugt eine dreiphasige Spannung, die allerdings bei Belastung unsymmetrisch wird (Beispiel B. 10).

Die Zugsammelschiene

Für die Energieversorgung der Verbraucher in den antriebslosen angehängten Wagen besteht eine *Zugsammelschiene*, nach dem früheren Zweck auch *Heizleitung* genannt. Bei Gleichstrombahnen wird sie direkt aus der Fahrleitung gespeist, bei Wechselstrombahnen mit einer normalisierten Spannung ab Haupttransformator (1000 V, 16 ²/₃ Hz bzw. 1500 V, 50 Hz bei europäischen Normalspurbahnen).

Aus der Zugsammelschiene werden in erster Linie die Komfortausrüstungen und die Batterieladegeräte der Wagen gespeist.

6.6 Die Komfortausrüstungen

Die seinerzeitig rudimentären Komfortausrüstungen der Eisenbahnwagen, Heizung und Beleuchtung, haben sich in den letzten Jahren zu anspruchsvollen Anlagen entwickelt. Aus der früheren, nur im Winter durchgekuppelten Heizleitung ist die dauernd eingeschaltete Zugsammelschiene entstanden. Sie ist einpolig. Die Rückleitung zum Triebfahrzeug erfolgt über die Schienen.

Im internationalen Verkehr wird die Zugsammelschiene, je nach Stromsystem des Bahnnetzes, mit Spannungen verschiedener Grösse und Frequenz (einschliesslich Gleichstrom) gespeist. Die angeschlossenen Wagenausrüstungen müssen für den Mehrsystem-Betrieb gebaut werden, wobei auch hier mit Vorteil für die interne Energieversorgung die Umrichtertechnik eingesetzt wird.

Die einfachste Art der *Zugheizung* sind die im Wagen verteilten Heizkörper (*Konvektionsheizung*). Wegen der hohen Spannung (bis 3000 V) müssen mehrere Heizelemente in Serie geschaltet werden. Sie werden in 2...3 Stufen von Hand eingestellt oder über Thermostate gesteuert. Bedeutend günstiger ist eine *Luftheizung* mit einem zentralen Lufterhitzer und erzwungener Luftströmung. Dies ergibt eine angenehme Wagenheizung mit aufgewärmter Frischluft im Winter sowie eine Lüftung im Sommer. Für höchste Ansprüche wird eine Klimaanlage zur Konditionierung der zirkulierenden Luft eingebaut.

Die notwendige installierte Heizleistung beträgt bei mitteleuropäischen Verhältnissen ca. 300 W/m^3. Der Bedarf summiert sich auf ca. 35...40 kW pro Wagen, womit ein ganzer Reisezug im Extremfall bis ca. 800 kW benötigt.

Der Energieverbrauch der Zugheizung im mitteleuropäischen Winter beträgt 16...20 % der gesamten, für den Zugbetrieb erforderlichen Energie [6].

Um die Wagen des Zuges rechtzeitig, noch vor Ankupplung der Lokomotive, vorzuheizen, wird die Zugsammelschiene provisorisch an eine ortsfeste Vorheizanlage angeschlossen.

Gelegentlich wird für die Triebwagenheizung die Bremsenergie der elektrischen Widerstandsbremse verwendet. Die Lösung ist energiesparend, lässt jedoch eine gute Regulierung der Heizleistung mit einfachen Mitteln nicht zu.

Zur Speisung der *Zugbeleuchtung* verfügt in der Regel jeder Wagen über eine Akkumulatorenbatterie. Sie wurde früher immer über eigene achsangetriebene Ladegeneratoren geladen. Die Regelung muss dann in einem weiten Drehzahlbereich einwandfrei funktionieren. Nachteilig ist, dass die Ladung im Stillstand überhaupt nicht erfolgt, was bei längeren Standzeiten mit eingeschalteter Beleuchtung Probleme verursacht. Heute wird die Ladung der Batterie über ein Ladegerät aus der Zugsammelschiene bevorzugt.

Die Küche der Speisewagen ist ebenfalls an die Zugsammelschiene angeschlossen. Eine ununterbrochene Stromversorgung ist aus naheliegenden Gründen auch beim Lokomotivwechsel erwünscht. Ein eigener Stromabnehmer des Speisewagens kann hier dienlich sein. Er muss automatisch gesenkt werden, sobald der Zug wieder fährt.

Für die Energieversorgung moderner Reisezugwagen, sowie Triebwagen und Triebzüge, mit den immer umfangreicheren Komfortausrüstungen, die bis zum Internet und Fernsehen reichen, wird eine hochentwickelte Umrichtertechnik verwendet.

6.7 Die Schutzeinrichtungen

Diese Einrichtungen dienen zum Schutz der elektrischen Ausrüstung des Triebfahrzeuges. Sie unterscheiden sich zum Teil wesentlich von den üblichen Schutzeinrichtungen elektrischer Anlagen.

Die hier beschriebenen Einrichungen, früher als Einzelgeräte (Relais) in die Steuerstromkreise eingebaut, werden heute in die Leittechnik des Triebfahrzeuges integriert. Mit Sensoren werden die benötigten Grössen, wie Spannung, Strom, Drehzahl, Temperatur und anderes erfasst und im Rechner im gewünschten Zusammenhang ausgewertet. Die wesentlichen Grundüberlegungen haben sich dabei kaum verändert, nur die Variationsmöglichkkeiten sind bedeutend grösser geworden.

Überstromschutz

Ein unverzögerter Überstromschutz für die einzelnen Kollektor-Fahrmotoren ist unerlässlich, weil der Motor im Anfahrbereich oft die Grenze des zulässigen Stromes erreicht. Bei Überschreitung um höchstens 10 % muss die Ausschaltung über den Hauptschalter erfolgen. Die Drehstrom-Fahrmotoren sind diesbezüglich weniger empfindlich.

Im Stromkreis der Widerstandsbremse wurde früher oft auf den Überstromschutz verzichtet, um die Bremskraft nach Möglichkeit nicht zu unterbrechen.

Auch andere Teile der Ausrüstung, wie Hilfsbetriebe, Zugsammelschiene und Primärseite des Transformators müssen für den Fall eines Kurzschlusses ähnlich geschützt werden. Die einzelnen Stromkreise werden in der Regel selektiv abgesichert.

Kleine Triebfahrzeuge haben oft statt des Hauptschalters nur eine Schmelzsicherung. Diese ist nicht in der Lage schwere Kurzschlüsse abzuschalten.

Die Leistungshalbleiter verlangen einen sehr raschen Überstromschutz. Dieser kann mit einem unverzögerten Hauptschalter in Kombination mit flinken Sicherungen realisiert werden. Bei kleinen Leistungen genügen die in der Schmelzcharakteristik vollangepassten Sicherungen. In parallel geschalteten Stromzweigen ermöglichen solche Sicherungen das selektive Abschalten des defekten Zweiges.

In den ersten Entwicklungsjahren wurden zusätzlich ultraschnelle Kurzschliesser eingesetzt, die den Stromrichter durch Überbrücken entlasteten. Die verfeinerte Kurzschliesser-Methode durch Zündung sämtlicher Thyristoren wird wegen der grossen Ladung des Zwischenkreis-Stützkondensators heute noch in der Umrichtertechnik benutzt. In Zukunft dürften solche Einrichtungen verschwinden, und beispielsweise durch Sperrung der Thyristoren in Kombination mit einem Entladewiderstand ersetzt werden.

Überlastschutz

Obwohl der Überstromschutz die Fahrmotoren thermisch nicht schützen kann, wurde ein besonderer Überlastschutz im Allgemeinen nicht vorgesehen, weil der Einbau von Temperaturfühlern in die Wicklung des Kollektormotors beim robusten Bahnbetrieb unerwünscht ist. Ein thermisches Abbild liesse sich einfacher verwirklichen. Der Nutzen solcher Einrichtungen ist jedoch fraglich, weil der Führer auf der Strecke gegen Überlastung praktisch nichts unternehmen kann.

Die vorherige Anpassung der Belastung an das Streckenprofil und die Fahrmotorcharakteristik ist der beste Überlastschutz der Fahrmotoren und der ganzen elektrischen Ausrüstung überhaupt.

Ein Temperaturfühler ist nützlich, wenn er einfach eingebaut werden kann und eine regulierbare Ventilation vorgesehen ist, beispielsweise beim Drehstrommotor, Stromrichter, Bremswiderstand oder Transformator. Bei stärkerem Temperaturanstieg wird die Ventilation voll eingeschaltet.

Überspannungsschutz

Überspannungsableiter bieten einen passenden Schutz gegen Überspannungen, die aus der Fahrleitung kommen (atmosphärische Entladungen) oder beim Schalten auftreten. Insbesondere sind die empfindlichen Leistungshalbleiter durch Spannungsspitzen gefährdet.

Zu hohe Spannungen können im Betrieb mit der Nutzbremse entstehen, wenn die Fahrleitung die Bremsenergie nicht aufnehmen kann. In diesem Fall muss eine Spannungsüberwachung die elektrische Bremsung unterbrechen oder auf den Bremswiderstand umschalten.

Die Überwachung der Motorspannung ist bei Kollektormotoren angebracht, falls Kommutierungsschwierigkeiten wegen zu hoher Kollektorspannung zu erwarten sind.

Null- und Unterspannungsschutz

Beim Spannungsausfall in der Fahrleitung muss mit ca. 1 s Verzögerung die Nullspannungsüberwachung die Kollektor-Fahrmotoren abschalten, um zu verhindern, dass bei Rückkehr der Spannung diese plötzlich in voller Höhe auf die bereits stillstehenden oder stark abgebremsten Motoren einwirkt. Kürzere Spannungsausfälle, die auf das Abspringen des Stromabnehmers zurückzuführen sind, sollen ohne Wirkung bleiben.

Der Schutz muss bei zu tiefen Spannungen, die die Funktion der Hilfsbetriebe oder anderer Teile beeinträchtigen können, ansprechen.

Eine besondere Überwachung für das Vorhandensein der vollen Spannung ist im Zwischenkreis des Umrichters unerlässlich, da bei ungenügender Spannung die Funktion versagt.

Erdschlussüberwachung

Für das Bahnfahrzeug bilden die Schienen das Erdpotenzial. Ein Massenschluss ist in diesem Sinne ein Erdschluss. Bei einpolig geerdeten Stromkreisen der Zugsammelschiene, verursacht der spannungsseitige Erdschluss gleichzeitig einen Kurzschluss, auf welchen der Überstromschutz anspricht.

Die galvanisch von der Fahrleitung getrennten Stromkreise der Fahrmotoren werden oft nur elastisch geerdet, um bei einem signalisierten Erdschluss den Betrieb bis zur nächsten Reparaturgelegenheit weiterführen zu können.

Bei Gleichstrombahnen ist ein Differenzialschutz mit Wirkung auf den Hauptschalter vorteilhaft. Er überwacht den Gesamtstrom des Triebfahrzeuges. Ein Erdschluss wird dadurch erfasst, bevor der Fehlerstrom höhere Werte erreicht und den Überstromschutz aktiviert hat. Dies reduziert die sonst schweren Gleichstromschäden auf ein Minimum.

Schleuderschutz und Gleitschutz

Der Schleuderschutz hat die Aufgabe das Schleudern eines Triebradsatzes bei ungenügender Haftreibung festzustellen und Gegenmassnahmen einzuleiten. Der Vorgang wird durch Vergleich der Drehzahlen der einzelnen Radsätze über einen angebauten Drehzahlgeber oder durch das frühzeitige Erkennen der Beschleunigungstendenz (Drehzahländerung) erfasst. Solange die Unterschiede klein sind, genügt das Anhalten des Anfahrvorganges, eventuell kombiniert mit Sanden oder der Betätigung der Schleuderbremse. Bei grösseren Drehzahlunterschieden müssen die Motoren durch Reduktion der Zugkraft entlastet werden.

Die Einrichtung kann auch absolute Drehzahlwerte erfassen und somit die Motordrehzahl und die Fahrgeschwindigkeit überwachen.

Auch ein Vergleich der Motorströme (bei parallel geschalteten Kollektor-Motoren) oder der Motorspannungen (bei Serieschaltung der Motoren) wird benutzt. Er ist einfach, jedoch weniger genau.

Der Schleuderschutz ist unentbehrlich für Triebfahrzeuge mit hoher Ausnutzung der Haftreibung. Er ist auch bei Fernsteuerung besonders wichtig, bei der der Führer das Triebfahrzeug örtlich entfernt bedient und keine unmittelbare Übersicht über die Fahrmotoren hat.

Einfachere Triebfahrzeuge haben oft keinen Schleuderschutz.

Der Gleitschutz übernimmt eine ähnliche Aufgabe beim Gleiten eines gebremsten Radsatzes. Im Triebfahrzeug kann er mit dem Schleuderschutz kombiniert werden, wobei beim Ansprechen die Bremskraft zu reduzieren ist. Somit muss er neben der elektrischen auch auf die mechanische Bremse einwirken.

Der Gleitschutz findet auch bei den nicht angetriebenen Radsätzen der Wagen immer mehr Anwendung.

Überdrehzahlschutz

Ein besonderer zusätzlicher Überdrehzahlschutz der Fahrmotoren ist nicht üblich. Falls die Kollektor-Fahrmotoren vom Radsatz entkuppelt werden können (gewisse Schaltgetriebe sowie Kupplungen bei Zahnradbahnen), ist ein Überdrehzahlschutz durch angebaute Fliehkraftschalter erforderlich.

Verschiedene Überwachungen

Die richtige Funktion der Kühlkreise muss durch Strömungs- oder Druckwächter in Kühlluftkanälen und Ölleitungen überwacht werden.

Nach Bedarf werden verschiedene Drücke, Temperaturen oder andere Zustände in die Überwachung einbezogen. Als Beispiel sind die Symmetrieüberwachung des Primärstromes zur frühzeitigen Erfassung von Störungen beim Stromrichter und die Störstromüberwachung im Primärstom zu erwähnen.

Zu den Überwachungseinrichtungen ohne Eingriff in die Steuerung sind Meldelampen und Anzeigeinstrumente im Führerraum zu zählen. Es ist üblich, auch bei einfachen älteren Fahrzeugen, mindestens die Fahrgeschwindigkeit, die Spannung der Fahrleitung und den Motorstrom im Fahr- und Bremsbetrieb anzuzeigen. Dazu kommen die Druckanzeigen zur Druckluftbremse. Die Fahrgeschwindigkeit wird über einen am Radsatz angebauten Geber erfasst und zu Kontrollzwecken ständig aufgezeichnet.

Mit Meldelampen werden wichtige Zustände, wie Störungen, Türschliessung, Ventilation und Ähnliches, signalisiert sowie, durch akustische Einrichtungen ergänzt, Warnungen in Zusammenhang mit der Zugsicherung erteilt.

Neuere Triebfahrzeuge mit Leittechnik sind mit komfortablen Bildschirm-Anzeigesystemen im Führerraum ausgerüstet, die auch eine Fehlerdiagnose einschliessen. Die Möglichkeiten zur Information des Führers sind dabei praktisch unbeschränkt.

6.8 Die Sicherheitseinrichtungen

Durch die Sicherheitseinrichtungen sollen Unfälle im Bahnbetrieb verhindert werden. Der Aufwand für diese Einrichtungen variiert von Fall zu Fall stark und hängt in erster Linie von der Wichtigkeit der zu befahrenden Strecken und von der Höhe der Fahrgeschwindigkeit ab.

Fahrwegsicherung

Das umfangreiche Gebiet der Fahrwegsicherung (Überwachung der Gleisbesetzung und der Weichenstellungen, gegenseitige Verriegelung zwischen den Signalen zur Erstellung einer sicheren Fahrstrasse) liegt ausserhalb der Triebfahrzeuge und übersteigt den Rahmen dieser Betrachtungen. Als Ausgang der Fahrwegsicherung werden dem Führer optisch über Hauptsignale Befehle zum Halten (rot) oder Warnungen zum Verlangsamen (gelb) erteilt, sowie die freie Fahrt (grün) bewilligt. Verschiedene Geschwindigkeitsbeschränkungen (grün/gelb-Kombinationen) kommen hinzu. Damit wird das sichere Befahren eines Streckenabschnittes (Block, Streckenblock) gewährleistet.

Der Führer muss die Signalstellung rechtzeitig wahrnehmen, um den Zug noch vor dem Signal anhalten zu können. Zu diesem Zweck werden in 400...1000 m Entfernung Vorsignale, die die Stellung der Hauptsignale anzeigen, aufgestellt. Der Abstand von 1000 m reicht bei mässigen Fahrgeschwindigkeiten bis etwa 160 km/h als Bremsweg aus. Höhere Geschwindigkeiten verlangen grössere Abstände, beispielsweise mindestens 1500 m für 200 km/h.

Bei Fahrgeschwindigkeiten über 160 km/h wird der notwendige Vorsignalabstand zu gross. Zudem wird eine eindeutige Erfassung des optischen Signals bei schlechten Sichtverhältnissen (Nacht, Nebel, Tunnel) fraglich. Die Problematik ist nur mit dauernder Übertragung der Signalstellung oder noch besser der Zielentfernung und der Zielgeschwindigkeit in das Triebfahrzeug zufriedenstellend zu lösen. Dazu steht in erster Linie eine im Gleis verlegte Doppelleitung, der *Linienleiter*, zur Verfügung. Die berührungslose induktive Ankoppelung erfolgt über die Fahrzeugantenne. Der Informationsübermittlung dienen Telegramme im Trägerfrequenzbereich von ca. 30...60 kHz, gelegentlich auch mit höheren Frequenzen.

Eine zentrale Rechnerstelle, über Linienleiter oder andere Geräte mit sämtlichen Zügen eines Streckenabschnittes in ständiger Verbindung, kann die ortsfesten Signale ersetzen. Der Rechner überwacht die Lage, die Geschwindigkeit und den Abstand der Züge, bestimmt unter Berücksichtigung des Bremsweges die zulässige Fahrgeschwindigkeit und überträgt die erforderlichen Angaben auf ein Anzeigegerät im Führerstand sowie an die Zugsicherung.

Zugsicherung und Sicherheitssteuerung

Die Befehle der Fahrwegsicherung müssen selbstverständlich unbedingt befolgt werden. Bei einfachen Verhältnissen genügt die Wachsamkeit des Führers. Im allgemeinen ist eine besondere Überwachung unerlässlich.

Die seit langem benutzte so genannte *Totmanneinrichtung* hat die Aufgabe, den Zug bei Dienstunfähigkeit des Führers zum Stehen zu bringen. Der Führer muss während der Fahrt ständig ein Pedal oder eine Taste drücken. Diese sind so angeordnet, dass sie ihn nicht belästigen, jedoch mit grösster Wahrscheinlichkeit losgelassen werden, falls er ohnmächtig würde. Nach der Warnung folgt mit einer kleinen Verzögerung von ca. 5 s die Schnellbremsung.

Die *Sicherheitsfahrschaltung* dient der *Wachsamkeitskontrolle* des Führers. Er muss in kürzeren Abständen, zum Beispiel spätestens nach 30 s Fahrzeit oder 1500 m Fahrweg eine Handlung vornehmen. Andernfalls wird der Zug, nach akustischer Warnung, durch Schnellbremsung angehalten [28].

Die Minimalanforderung an eine Zugsicherung ist die rechtzeitige akustische Warnung des Führers bei Signalstellung Halt. Diese erfolgt über Streckenmagnete am Vorsignal. Der Führer hat innerhalb kurzer Zeit über einen Schalter zu quittieren, dass er den Haltebefehl verstanden hat. Andernfalls erfolgt eine zwangsläufige Schnellbremsung. Nachteilig ist, dass damit die Überwachung abgeschlossen ist. Es kann vorkommen, dass der Führer quittiert und nicht reagiert. Eine eventuelle Zwangsbetätigung der Bremse bei Vorbeifahrt am Hauptsignal kommt zu spät.

Bedeutend besser ist die Geschwindigkeitsüberwachung, wie sie bei der Deutschen Bahn seit Jahren angewendet wird (Indusi). Drei Gleismagnete verschiedener Frequenz (1000, 500, 2000 Hz) wirken mittels Resonanz auf die Schaltung des fahrenden Triebfahrzeuges ein. Neben dem Quittieren erfolgen drei abgestufte Geschwindigkeitskontrollen [28].

Eine Weiterentwicklung ist die Zugüberwachungsanlage mit induktiver Übermittlung der erforderlichen Informationen (Zielentfernung, Zielgeschwindigkeit, Neigung der Strecke) in das Triebfahrzeug bei Vorbeifahrt am Vorsignal. Mit Hilfe der gespeicherten Zugsparameter (Art, Masse, Bremsvermögen) rechnet sich damit das Triebfahrzeug den notwendigen Verlauf der Geschwindigkeit aus. Zur Überwachung des Bremsvorganges wird der vom Eingabepunkt durchfahrene Weg mit der Sollgeschwindigkeit verglichen.

Die *Linienzugbeeinflussung* mit der kontinuierlichen Geschwindigkeitsüberwachung über Linienleiter ist insbesondere für hohe Fahrgeschwindigkeiten eine bewährte Zugsicherung.

Die neueste Entwicklung ist das Zugbeeinflussungssystem ETCS.

Die Fahrzeugpositionierung über das Satellitensignal (GPS, Global Positioning System) könnte in Zukunft auch für die Zugsicherung verwendet werden. Entwickelt wird diese Möglichkeit in den USA [106].

Das Zugbeeinflussungssystem ETCS

Die rasante Entwicklung digitaler Steuerungen, der Bedarf an vermehrter Sicherheit im Fahrbetrieb, insbesondere bei hohen Geschwindigkeiten, sowie der Wunsch mit einer einheitlichen europäischen Lösung den grenzüberschreitenden Verkehr zu erleichtern, haben zur Entwicklung des europaweiten *Zugbeeinflussungssystems ETCS* geführt.

ETCS (European Train Control System) ist modular aufgebaut, mit normierten Schnittstellen zur Informationsübertragung zwischen Strecke und Zug. Es sind hier zuerst drei Ebenen (Level) zu unterscheiden [107]:

Level 1: Konventionelle Streckensignale mit Fahrzeugsicherung, Zugsicherung und eventueller Geschwindigkeitsüberwachung. Punktuelle Informationsübertragung von der Strecke zum Fahrzeug über gleismagnetähnliche Geräte, so genannte *Eurobalisen*. Level 1 entspricht funktionsmässig dem bisherigen Stand der Technik.

Level 2: Die Streckensignale entfallen, die Fahrwegsicherung bleibt. Die Informationsübertragung zum Fahrzeug erfolgt über Funk. Die Eurobalisen im Gleis dienen der Zugortung. Die Informationen werden im Führeraum auf einem Bildschirm angezeigt.
Die wichtige Voraussetzung ist eine stabile Datenübertragung. Unter dem Namen GSM-R (Global System Mobile Communications Railways) wird das System entwickelt [108].

Level 3: Wie Level 2, jedoch Fahrwegsicherung ohne fixe Blockeinteilung, noch in Entwicklung.

ETCS Level 2 sollte bald einsatzbereit sein. In mehreren Ländern sind ausgedehnte Versuche im Gange. Das System soll zunächst auf Hochgeschwindigkeitsstrecken verwirklicht werden. Ausrüstung längerer Strecken, wie zur Zeit in der Schweiz vorgesehen, dürfen noch etliche Probleme bergen.

Die Bremseinrichtungen

Die immer vorhandene mechanische Bremse, meistens als Druckluftbremse ausgeführt, ist die wichtigste Bremseinrichtung. Die elektrische Bremse sowie die eventuell in Zusammenhang mit den Bremssystemen stehenden Überwachungen gehören auch dazu.

Erwähnenswert ist die in den Strassenbahnwagen früher viel verwendete elektrische Betätigung der mechanischen Bremse über Elektromagnete, die meistens aus dem Bremsstromkreis der Fahrmotoren gespeist werden (*Solenoidbremse*).

Falls die Haftreibung zur Entwicklung der erforderlichen Bremskraft nicht genügt, müssen besondere Bremseinrichtungen eingebaut werden. Dies ist notwendig bei hohen Fahrgeschwindigkeiten, beim Befahren von grossen Gefällen (ab ca. 60 ‰) sowie für Notbremsungen bei Strassen- und Stadtbahnen.

Für diese Aufgabe wird im allgemeinen die *Magnetschienenbremse* eingesetzt. Die im Drehgestell elastisch aufgehängten Bremsmagnete werden bei Schnellbremsungen erregt. Sie pressen sich durch Magnetkräfte auf die Schiene und erzeugen Bremskraft durch Reibung. Die Erregung erfolgt aus der Fahrleitung, aus der Akkumulatorenbatterie oder aus dem Stromkreis der elektrischen Bremse. Die Anpresskräfte betragen bis 120 kN pro Magnet [2].

Die Bremswirkung der Magnetschienenbremse nimmt bei abnehmender Geschwindigkeit zu. Sie soll nach Möglichkeit vor dem Stillstand abgeschaltet werden, um einen unangenehmen Halteruck zu vermeiden.

Die *lineare Wirbelstrombremse* ist eine Neuheit auf diesem Gebiet. Sie besteht aus mehreren Elektromagneten, die zur Bremsung erregt und mit einem Abstand von ca. 7 mm über die Schiene geführt werden, wobei in dieser verschleissfrei Wirbelströme erzeugt werden (Beispiele B. 18 und B. 25).

Beide Bremsen können auch mit Permanentmagneten versehen werden. Dann sind sie jedoch nicht mehr regulierbar (Beispiel 22).

Besondere Sicherheitseinrichtungen

Die Zahnradbahnen benötigen zusätzliche Sicherheitseinrichtungen. Sie werden im Abschnitt 8.4 besprochen.

Berührungsschutz

Ein Schutz gegen Berühren der unter Spannung stehenden Teile ist unerlässlich. Dazu gehören:

- Eine einwandfreie Betriebserdung über Erdungbürsten der Stromrückleitung zu den Schienen.
- Schutzerdungen verschiedener Stromkreise (Fahrmotoren, Hilfsbetriebe, Akkumulatorenbatterie).
- Ein Erdungsschalter für die Dachapparatur.
- Verriegelungen zu den abgeschlossenen Hochspannungsräumen, so dass diese nur bei gesenktem Stromabnehmer und eingelegtem Erdungsschalter zugänglich sind.
- Verschiedene Verschalungen als Schutz gegen zufällige Berührung.
- Eventuell eine Erdungsstange zur Erdung der Fahrleitung bei Arbeiten auf dem Fahrzeugdach. Ihr Nutzen ist allerdings umstritten, weil sie bei unsachgemässem Gebrauch für den Bedienenden gefährlich sein könnte. Sie kann auch schwere Kurzschlüsse verursachen. Deshalb ist sie, obwohl manchenorts noch verlangt, heute eher verboten.

Zur Vermeidung von Lagerschäden soll die Schutzerdung der Masse des Fahrzeuges über eigene Erdungsbürsten getrennt von der Betriebserdung erfolgen. Um im Störungsfall eine höhere Sicherheit zu erreichen, werden beide Erdungen über eine sättigbare *Erdungsdrosselspule* verbunden, die bei grösseren Fehlerströmen die Stromaufteilung auf alle Erdungsbürsten zulässt.

6.9 Von den Steuerstromkreisen zur Leittechnik

Der überwiegende Teil der heute verkehrenden Triebfahrzeuge hat umfangreiche, in *Relaistechnik* aufgebaute Steuerstromkreise. Dazu gehören Ansteuerungen aller Schaltapparate für die Steuerung und den Schutz der Fahrmotoren und der Hilfsbetriebe sowie verschiedene Verriegelungen.

Nur bei sehr kleinen Leistungen erfolgt mit dem Direktkontroller eine Handsteuerung der Fahrmotoren ohne Steuerstromkreise. Sonst sind grundsätzlich drei Bedienungsarten über einen *Steuerkontroller* (*Fahrschalter*) zu unterscheiden:

Die *indirekte Steuerung* kommt bei Schützen mit elektropneumatischer oder elektromagnetischer Betätigung vor. Der Steuerkontroller weist Stellungen für einzelne Fahr- und Bremsstufen auf. Der Führer stellt die gewünschte Stufe ein. Die Ansprechzeit beträgt ca. 0,1...0,3 s, so dass die angesteuerte Stufe praktisch ohne Verzögerung geschaltet wird. Bei rascher Verstellung über mehrere Stufen werden eventuell Stufen übersprungen, falls keine Verriegelung eingebaut ist.

Die Steuerleistungen sind bei der elektromagnetischen Betätigung beträchtlich grösser als bei der elektropneumatischen, weil sie die Betätigungsenergie einschliessen.

Bei den servomotorisch angetriebenen Stufenschaltern kommt oft die *Nachlaufsteuerung* zur Anwendung. Auch hier weist der Steuerkontroller Stellungen für einzelne Stufen auf. Die Verstellung auf eine andere Stufe setzt den Servomotor in Gang. Alle Zwischenstufen werden zwangsläufig richtig, jedoch verhältnismässig langsam durchgeschaltet. Somit dauert das Durchlaufen des ganzen Stufenbereiches mehrere Sekunden.

Der Steuerkontroller für die *Befehlsgebersteuerung* des Stufenschalters kennt grundsätzlich nur die Stellungen "Auf" und "Ab" sowie die Ruhestellung. Der Führer erteilt damit der Apparatur den Befehl zum Schalten in die gewünschte Richtung. In der Ruhestellung verharrt der Stufenschalter auf der zuletzt erreichten Stufe. Die Schaltgeschwindigkeit ist gleich gross wie bei der Nachlaufsteuerung. Da eine gewünschte Fahrstufe nicht gezielt angesteuert werden kann, müssen Stromwächter beim Erreichen bestimmter Stromwerte das Weiterschalten verhindern. Die Steuerung lässt sich durch mehrere "Auf"-Stellungen mit verschiedenen Schaltgeschwindigkeiten oder Strombegrenzungen verfeinern.

Die Übertragung aller Steuerbefehle sowie der Meldungen und Messungen zwischen dem Führertisch und der ausführenden Apparatur erfolgt über eine Vielfachleitung. Der Steuerwagenbetrieb verlangt eine durchgehende Verlegung einer mehradrigen Leitung im Zug. Im allgemeinen werden 36...63 Adern gebraucht.

Die Schutzrelais und verschiedene Verriegelungen vervollständigen die Steuerstromkreise. So müssen beispielsweise die feindlichen Schütze bei der Schützensteuerung gegeneinander verriegelt werden. Der Wendeschalter darf nicht unter Strom umschalten und die Motortrennschütze dürfen nur auf der Nullstellung des Stufenschalters eingeschaltet werden.

Die allgemeine Einführung der Elektronik hat zuerst die Steuerstromkreise erfasst. Komplizierte und empfindliche elektromechanische Apparate, wie Schutzrelais, Ablaufsteuerungen und Messgeräte, wurden beim Neubau der Triebfahrzeuge einzeln durch elektronische Einrichtungen ohne bewegliche Teile ersetzt.

Von Vorteil war die Unempfindlichkeit gegen Erschütterungen, Feuchtigkeit und Staub, die einen wartungsarmen Betrieb versprach. Dazu kam ein einfacher Aufbau komplizierter Schaltungen und Verknüpfungen.

Für die Übertragung der Fahrbefehle konnten Lösungen ohne Vielfachleitung entwickelt werden. Die Benutzung einer Anzahl verschiedener Tonfrequenzen zu den einzelnen Befehlen benötigt mittels einer einzigen Trägerfrequenz (um 100 kHz) nur eine Leitung, die Zugsammelschiene [109].

Es hat sich bald gezeigt, dass die elektronischen Steuerungen einen besonderen, zusammenhängenden funktionellen Aufbau verlangen, um die Vorteile der Elektronik bei kleinstem Aufwand auszunutzen. Ein blosser Ersatz konventioneller Relais durch elektronische, bei sonst gleichbleibender Schaltung, führt nicht zum optimalen Ergebnis. Ein wesentliches Element in der Entwicklung elektronischer Steuerungen war die fast vollständige Umstellung von der analogen auf die digitale Technik.

Die allmähliche Ablösung der Relaistechnik durch die *speicherprogrammierbare Steuerung* ist als nächster Schritt zu verzeichnen. Sie findet heute ihren technischen Höhepunkt in der *Leittechnik* des Triebfahrzeuges.

Die hohen Anforderungen des Betriebsablaufes eines Hochleistungstriebfahrzeuges im Fern- und Nahverkehr lassen sich heute nur mit Hilfe eines Rechners mit tragbarem Aufwand erfüllen. Dabei verlangt die Leitelektronik nur einen Bruchteil an Volumen einer gleichwertigen Steuerelektronik. Die umfangreichen Optimierungen zur Erzielung eines in jeder Hinsicht günstigen Betriebsverhaltens (Adhäsionsausnutzung, Leistungsausnutzung, Netzfreundlichkeit, energiesparende Massnahmen, Schutztechnik, Betriebssicherheit und anderes mehr) erfolgen durch die Anpassung des Rechnerprogramms. Die Verdrahtung ist nur zum Anschluss der Messwertgeber (im Prinzip Strom, Spannung und Drehzahl) sowie der Ausgangbefehle erforderlich.

Die Realisierung der Leitelektronik kann auf zwei Ebenen erfolgen. Die Fahrzeugleitebene übernimmt die zentrale Steuerung auf Grund der Befehle der Triebfahrzeugbedienung. Diese Vorgänge sind nicht zeitkritisch. Die Steuersignale werden auf der zweiten Ebene, der Antriebsleitebene, in der Regel für jede Antriebseinheit (Drehgestell, Stromrichter) getrennt, verarbeitet. Hier werden zeitkritische Funktionen durchgeführt, wie die Aufbereitung der Zündsignale und Schutzeingriffe, was wesentlich schnellere Prozessoren verlangt.

Insbesondere bei geschlossenen Zugskompositionen (Triebzügen) wird die Fahrzeugleitebene (*Fahrzeugbus*), die grundsätzlich auf ein Fahrzeug beschränkt ist, durch den durchgekuppelten *Zugbus* ergänzt.

Eine wichtige Zusatzeinrichtung ist das Diagnosegerät zur Fehlererkennung. Die Informationsausgabe über einen Bildschirm (früher Drucker) im Maschinenraum enthält Weisungen für den Führer (Sofortmassnahmen) sowie gespeicherte elektrische Werte im Augenblick der Störung als Hilfe für die spätere Störungsbehebung [80, 110].

Erwähnenswert ist die Anwendung der Lichtwellenleiter für die Zuführung der Stromrichterimpulse mit galvanischer Trennung zwischen dem Leistungskreis und der Leitelektronik. Auch zur Datenübertragung zwischen den Wagen einer Zugskomposition wurden bereits Lichtwellenleiter mit entsprechenden Kupplungen eingesetzt (Beispiel B. 18).

Für die Fernsteuerung einer zweiten gegen die Mitte oder am Ende des Güterzuges eingesetzten Lokomotive kommt nur die Funktechnik in Betracht, da die beliebig zusammengesetzten Güterwagen keine Leiterverbindungen erlauben. Wesentlich ist hier eine gute Übertragungsqualität auch im Tunnel.

Eine bedienungsfreundliche Anordnung der Steuer- und Überwachungsapparatur im Führeraum war ein lang gehegter Wunsch, der jedoch von Bahn zur Bahn verschiedenartige Konzeptionen brachte. Heute wird im Hinblick auf den grenzüberschreitenden Verkehr, aber auch wegen der Herstellungskosten, ein europäisch standardisierter *Führertisch* angestrebt [111].

6.10 Mehrsystem-Triebfahrzeuge

Da die Bahnen verschiedener Länder mit verschiedenen Stromsystemen elektrifiziert sind, verlangt der grenzüberschreitende Verkehr, in erster Linie in Europa, Mehrsystem-Triebfahrzeuge, um einen zeitraubenden Lokomotivwechsel an der Grenze zu vermeiden. Auch innerhalb eines Landes (zum Beispiel Frankreich) treten gelegentlich Berührungspunkte zwischen Stromsystemen mit der gleichen Problematik auf.

In den Kombinationen treten in erster Linie die vier europäischen Stromsysteme der Hauptbahnen auf:

- Gleichstrom 1,5 kV,
- Gleichstrom 3 kV,
- Einphasenwechselstrom 16 $^{2}/_{3}$ Hz, 15 kV,
- Einphasenwechselstrom 50 Hz, 25 kV.

Nach der Eröffnung der Kanalverbindung nach Grossbritannien kommt noch das dort übliche Geichstromsystem von 750 V mit Speisung über die dritte Schiene hinzu. Es sind auch Kombinationen mit anderen Frequenzen, wie 60 Hz oder 25 Hz sowie mit anderen Spannungen, wie 6,25 kV oder 750 V, möglich.

Zweispannungs-Triebfahrzeuge älterer Bauart (Kollektormotoren)

Dazu gehören vor allem Gleichstrom-Triebfahrzeuge für den Betrieb mit 1,5 kV und 3 kV, wie dies beispielsweise der Verkehr zwischen Belgien (3 kV) und den Niederlanden (1,5 kV) verlangt. Die ganze, aus der Fahrleitung gespeiste elektrische Ausrüstung (Fahrmotoren, Hilfsbetriebe, Heizung) ist hier paarweise vorhanden und, je nach Spannung, in Serie oder parallel gruppiert. Damit steht bei beiden Spannungen die volle Leistung zur Verfügung.

Wenn in besonderen Fällen die Spannungen nicht das Verhältnis 1:2 aufweisen, steht heute die Umrichtertechnik zur Verfügung. Der Gleichstromsteller kann jede Spannung verarbeiten, jedoch sinkt bei kleiner Spannung die Motorleistung dementsprechend.

Wechselstrom-Triebfahrzeuge für zwei Spannungen gleicher Frequenz (wie früher 25 kV und 6,25 kV bei 50 Hz in Grossbritannien) benötigen lediglich eine Umschaltung der Primärwicklung des Haupttransformators. Im erwähnten Fall wurde seinerzeit neben der normalen Spannung von 25 kV noch eine kleinere gewählt, um auf den Strecken mit sehr begrenzen Lichtraumverhältnissen die Isolationsabstände der Fahrleitung reduzieren zu können.

Zweifrequenz-Triebfahrzeuge

Der Zweifrequenzbetrieb, gleichzeitig auch mit zwei Spannungen, kommt bei der Berührung beider Einphasenwechselstromsysteme vor (in erster Linie Frankreich mit 50 Hz, 25 kV zu Deutschland oder der Schweiz mit 16 $^2/_3$ Hz, 15 kV). Die Primärwicklung des Haupttransformators für 25 kV muss einen Anschluss für 15 kV enthalten und der ganze Transformator ist gemäss der allgemeinen Transformatorformel (Gleichung 3.21) für den Betrieb mit tieferer Frequenz auszulegen. Der Betrieb mit höherer Frequenz ist dann problemlos, weil die Eisenverluste des Transformators bei reduziertem Fluss kleiner werden.

In den USA werden Zweifrequenzlokomotiven eingesetzt, die bei 25 Hz, 11 kV sowie bei 60 Hz, 12,5 kV und 25 kV betrieben werden können [45].

Zwei- und Mehrsystem-Triebfahrzeuge

Eigentliche Mehrsystem-Triebfahrzeuge sind für den Betrieb mit Gleich- und Einphasenwechselstrom eingerichtet. Die Viersystem-Auslegung, bei allen vier vorher aufgeführten Stromsystemen (ohne Grossbritannien) einsetzbar, ist für uneingeschränkte europäische Verbindungen geeignet. Je nach vorgesehenem Einsatz genügt sonst eine Dreisystem- oder Zweisystem-Ausrüstung (Beispiel B. 20).

Vor der Einführung der Umrichtertechnik waren getrennte Ausrüstungen für Gleich- und Wechselstrom zur Steuerungen der stromrichtergespeisten Mischstrommotoren erforderlich. Die einfachere Lösung war die Steuerung im Gleichstromteil, wobei dieser im Wechselstrombetrieb über einen Transformator und ungesteuerten Gleichrichter gespeist wurde. Die Steuerung im Wechselstromteil verlangte für den Gleichstrombetrieb einen Wechselrichter zur Speisung des Haupttransformators.

Aus heutiger Sicht kommt für ein Mehrsystem-Triebfahrzeug nur die Umrichtertechnik in Frage (Beispiele B. 25 und B. 26).

Für den Gleich- und Wechselstrombetrieb sind getrennte Hauptschalter notwendig. Dagegen würde im Prinzip ein für die höchste Spannung und den grössten Strom dimensionierter Stromabnehmer genügen. In der Praxis sind jedoch mehrere (2...4) verschiedene Stromabnehmer erforderlich, weil sich die zu befahrenden Strecken nicht nur durch das Stromsystem, sondern auch durch das Begrenzungsprofil, die Führung der Fahrleitung und das Schleifstückmaterial unterscheiden. So ist beispielsweise bei sonst gleichem Stromsystem für die Strecken in der Schweiz ein anderer Stromabnehmer als für die Strecken in Deutschland einzusetzen. Zur Verhinderung von Fehleinschaltungen ist eine Überwachungseinrichtung notwendig, die bei gehobenem Stromabnehmer die Höhe und die Frequenz der Speisespannung kontrolliert. Bei Übereinstimmung wird der entsprechende Hauptschalter zur Einschaltung freigegeben.

Eine besondere Problematik stellen die von Land zu Land verschiedenen Zugsicherungssysteme dar, welche die getrennte Apparaturen verlangen. Abhilfe dürfte das europäische Zugbeeinflussungssystem ETCS bringen.

7. Erläuterungen zum mechanischen Teil

7.1 Grundsätzlicher Aufbau der Triebfahrzeuge

Der tragende Teil des Triebfahrzeuges ist der Bodenrahmen (der Hauptrahmen). Auf diesem sind Aufbauten, wie Führerstände und Seitenwände, angeordnet. Das Ganze bildet oft zusammen eine selbsttragende geschweisste Einheit, den *Kasten*.

Andernfalls ist der eigentliche Kasten ein vom Bodenrahmen trennbarer Aufbau. Dies war die übliche Bauart bei früheren Lokomotiven.

In der Regel ist der Lokomotivkasten an beiden Enden mit Führerständen versehen. Dazwischen befindet sich der Maschinenraum. Wenn die Sicht in eine Fahrtrichtung genügt, wie zum Beispiel bei geschlossenen Kompositionen, kann auf den anderen Führerstand verzichtet werden. Es bestehen auch Bauarten mit nur einem Führerstand mit Sicht in beide Richtungen. Dieser wird zentral oder an einem Ende angeordnet. In diesem Fall muss der Kasten durch schmälere oder niedrigere Vorbauten ersetzt werden.

Einen grossen Teil des Triebwagenkastens belegt die Nutzlast (Personenabteile, Gepäckabteil). Der Maschinenraum schrumpft zu einem meist sehr gedrängten Apparateraum. Nach Möglichkeit werden grössere Komponenten, wie Haupttransformator oder Hilfsbetriebe, unter dem Wagenboden oder auf dem Wagendach angeordnet. Der Kasten ist mit einem oder zwei Führerständen versehen.

Neben Stahl als Baumaterial wird für den Triebwagenkasten auch Aluminium verwendet. Der Stirnteil mit Führerstand wird neuerdings wegen höherer Formfreiheit oft in Kunststoff angefertigt.

Die gestiegenen Ansprüche an die Bedienungsfreundlichkeit verlangen heute eine komfortable Einrichtung des Führerstandes. Dazu gehören ein bequemer Sitzplatz, die ergonomische Anordnung der Apparatur, eine gute Heizung und Belüftung, gelegentlich die Klimatisierung. Der noch aus Zeiten der stehenden Bedienung stammende Begriff Führerstand wird deswegen immer mehr durch das Wort *Führerraum* ersetzt.

Der Kasten stützt sich auf Radsätze ab. Nur bei kleinen oder sehr alten Lokomotiven sind diese direkt im Bodenrahmen gelagert. Sonst werden zwei bis drei Radsätze in ein *Drehgestell* eingebaut. Die Triebradsätze, die die Zugkraft auf die Schienen übertragen, bilden ein *Triebdrehgestell*, die antriebslosen Radsätze der Wagen ein *Laufdrehgestell*.

Die Drehgestelle sind um einen zentralen festen oder ideellen Mittelpunkt drehbar. Durch ihre Beweglichkeit ermöglichen sie auch bei längeren Fahrzeugen die Anpassung der Räder im Gleisbogen.

Es ist üblich, bei der Anordnung der Radsätze von *Achsen* zu sprechen: zwei- oder dreiachsiges Drehgestell, vier- oder sechsachsige Lokomotive, zwei- oder vierachsiger Wagen. Es wird auch einzeln von *Triebachse* und *Laufachse* gesprochen.

Die Radsätze sind in vertikaler Richtung federnd gelagert. Damit wird die *Primärfederung* des Fahrzeuges realisiert. Seitlich müssen sie starr geführt werden oder radial einstellbar sein. In bestimmten Fällen, wie bei dreiachsigen Drehgestellen, ist ein Seitenspiel des Radsatzes erforderlich.

Die *Sekundärfederung* entsteht durch die elastische Abstützung des Kastens auf die Drehgestelle. Sie ist für einen ruhigen Lauf unerlässlich.

Neben den Triebradsätzen erhielten frühere Lokomotiven auch antriebslose *Laufradsätze.* Sie übernahmen das überschüssige Lokomotivgewicht und sollten das Fahrzeug im Gleisbogen sicherer führen. Verschiedene Anordnungen mit Trieb- und Laufachsen sind ebenso zu finden, wie kombinierte Drehgestelle und schwenkbare Radsätze.

Die Laufachsen haben sich zur Fahrzeugführung als nicht notwendig erwiesen. Dank dem heutigen Leichtbau erübrigen sie sich auch als Gewichtsträger, so dass die gesamte Masse der Lokomotive als nützliche Adhäsionslast wirken kann.

Neuartige Lokomotiven haben zwei oder drei *zweiachsige* Triebdrehgestelle. Weniger günstig für eine kurvenreiche Strecke ist die Ausführung mit zwei *dreiachsigen* Triebdrehgestellen.

Triebwagen grösserer Leistung erhalten zwei zweiachsige Triebdrehgestelle. In besonderen Fällen kommen auch dreiachsige Triebdrehgestelle zur Anwendung. Bei kleinerer Leistung genügt unter Umständen ein Triebdrehgestell. Dann können auch beide Drehgestelle mit je einer Trieb- und Laufachse ausgerüstet werden.

An Stelle von zwei Lokomotiven in Doppeltraktion kann eine *Doppellokomotive* verwendet werden. Sie besteht aus zwei baulich getrennten Halblokomotiven, jede mit nur einem Führerstand, die nur als eine eng verbundene Einheit eingesetzt werden können. Sinngemäss gilt dies auch für *Doppeltriebwagen* (Beispiele B. 13 und B. 30).

Durch die *Zug- und Stossvorrichtung* werden die Traktionskräfte von Fahrzeug zu Fahrzeug übertragen. Im europäischen Hauptbahnnetz sind Seitenpuffer mit handbedientem Zughaken im Gebrauch. Verschiedene Bauarten kommen in isolierten Netzen vor. *Automatische Kupplungen* sind unter anderem in den USA und in Russland sowie im Nahverkehr und bei verschiedenen geschlossenen Zugskompositionen zu finden.

Die Länge des Fahrzeuges ist mehr oder weniger frei wählbar, wobei der Bogenlauf Grenzen setzt. Die Breite und die Höhe unterliegen der strengen Begrenzung des Fahrraumes (*Lichtraumprofil*). Dadurch entstehen bei Hochleistungslokomotiven und Triebwagen oft schwierige Probleme mit der Unterbringung der Apparatur.

Bei engen Kurven der Strassenbahnen ist ein kurzer Wagenkasten vorteilhaft. Er ermöglicht eine breitere Gestaltung des Wagens. Deswegen werden im Nahverkehr oft gelenkig gebaute Fahrzeuge (*Gelenkfahrzeuge*) eingesetzt, bei denen sich die Wagenkästen zum Teil auf dazwischenliegende Drehgestelle oder Radsätze abstützen (Beispiel B. 12, zweiteiliger *Gelenktriebwagen).*

Es sind verschiedene Varianten der Gelenkfahrzeuge zu finden. In letzter Zeit werden häufig mehrteilige Ausführungen gebaut (Beispiel B. 31, fünfteiliges *Gelenkfahrzeug*).

Eine weitere Bauart sind die mit oder ohne Treibfahrzeug gelenkig gebauten Zugskompositionen der Hauptbahnen (*Gliederzug*).

Der klassische Radsatz mit zwei über die Achswelle starr verbundenen Rädern wird für gewisse Anwendungen, zum Beispiel bei Strassenbahnen, in letzter Zeit immer mehr durch getrennte, in einem Fahrwerk angeordnete *Einzelräder*, ersetzt. Dies erleichert einerseits den Bau eines zum bequemen Einsteigen vorteilhaften niedrigen Wagenbodens (*Niederflurfahrzeuge*). Andererseits entfällt der in engen Kurven lästige Längsschlupf zwischen Rad und Schiene, der sonst wegen ungleicher Wege der Aussen- und Innenräder nicht zu vermeiden ist. Dadurch werden die Lärmentwicklung, der Verschleiss und der Energieverbrauch vermindert, insbesondere in Kombination mit Lenkvorichtungen, die die Räder immer tangential zur Schiene ausrichten.

Bei der zur Erhöhung der Fahrgeschwindigkeit auf kurvenreichen Strecken heute häufig verwendeten *Neigetechnik* wird der Wagenkasten mit einer gesteuerten Querneigeeinrichtung versehen. Das aktive Neigesystem wird in der Regel elektrisch oder hydraulisch betätigt. Die Regelung erfolgt auf Grund der augenblicklich erfassten Sensordaten oder basiert auf den in einem Regler abgelegten Trassierungsdaten [112].

Besondere Vorkehrungen sind beim Stromabnehmer erforderlich, da er wegen der Lage zur Fahrleitung die Querneigung des Wagenkastens nicht mitmachen darf [102].

Das passive Neigesystem (Bauart Talgo, Spanien) benötigt keine Steuerung. Die Querneigung beim Bogenlauf erfolgt durch die Wirkung der Fliehkraft auf den pendelnd aufgehängten Wagenkasten [113].

7.2 Einzelantrieb

Wie im Abschnitt 3.2 erläutert, wird der Fahrmotor in der Regel getrennt vom Radsatz aufgestellt. Die Verbindung erfolgt über ein Getriebe mit passendem Übersetzungsverhältnis (Bild 3.1).

Die Masse des Motors muss von der hart auf den Schienen liegenden Masse des Radsatzes entkoppelt werden. Der feste Einbau des Motors in das Drehgestell ergibt dynamisch günstige Bedingungen. Er ist dann vollständig abgefedert aufgestellt (*Gestellmotor*). Das Getriebe überträgt die Kräfte und soll dabei das um 35 mm liegende Spiel der Primärfederung nicht behindern.

Diese schwierige Aufgabe lässt sich mit einigem Aufwand meistern. Verschiedene Lösungen haben sich im jahrelangen Einsatz bewährt. Sie unterscheiden sich unter anderem durch den Anteil des Übersetzungsgetriebes an der unabgefederten Masse.

Als Repräsentant einer fast achtzigjährigen, noch bis kurzem im Betrieb befindlichen, doch längst nicht mehr gebauten Technik ist der *Buchli-Antrieb* erwähnenswert. Die Triebradsätze sind im Untergestell gelagert, wo auch der Motor mit dem Getriebe befestigt ist. Das Grossrad läuft exzentrisch zum Radsatz. Zwei Kuppelstangen und zwei ineinander greifende Zahnsegmente als Gelenkmechanismen bilden die bewegliche kraftschlüssige Verbindung.

Eine spätere Entwicklung war der *Federantrieb* (Bild 7.1). Der Motor und das Getriebe sind im Drehgestell befestigt und somit vom Radsatz vollständig entkoppelt. Die Radsatzwelle wird mit genügend Spiel durch das Grossrad geführt.

Die Drehmomentübertragung erfolgt über einen auf dieser Welle aufgepressten Mitnehmer, dessen Finger sich auf die im Grossrad eingebauten Stahl- oder Gummifedern abstützen und somit die Beweglichkeit des Radsatzes nicht stören (Beispiele B. 1 und B. 2).

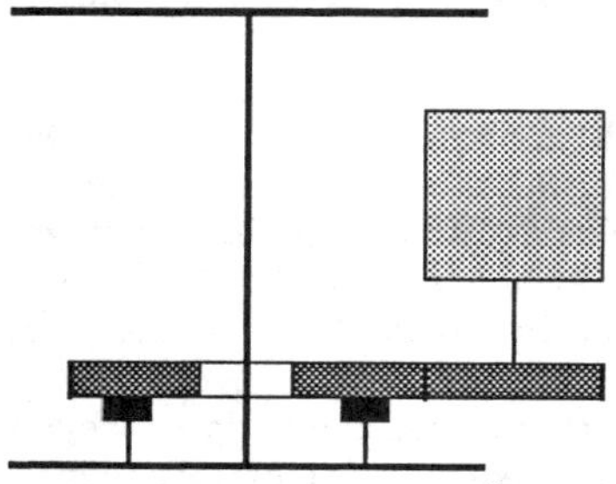

Bild 7.1. Federantrieb (schematische Anordnung)

Das klassische Getriebebauelement zum Spielausgleich ist die Kardanwelle. Sie lässt sich bei der hier betrachteten *Queranordnung* des Motors aus Platzgründen nicht auf die übliche Art verlegen. Die Kardanwelle kann jedoch durch die als Hohlwelle ausgebildete Motorwelle geführt werden. Nachteilig ist, dass dabei die beiden Zahnräder zur nicht abgefederten Masse zählen (Bild 7.2). Als Kardangelenke dienen dünne elastische Scheiben (*Scheibenantrieb*) oder Stahllamellen (*Lamellenantrieb*). In dieser Ausführung werden sie heute nicht mehr gebaut.

Zur Verkleinerung der unabgefederten Masse ist es besser, das Übersetzungsgetriebe mit dem Motor im Drehgestell zu befestigen, die Kardanwelle als Hohlwelle auszubilden und durch diese die Achswelle zu führen. Als Kardangelenke kommen in erster Linie Gummielemente in Betracht (*Gummigelenk-Kardanantrieb*, *Gummiring-Kardanantrieb* (Beispiel B. 16).

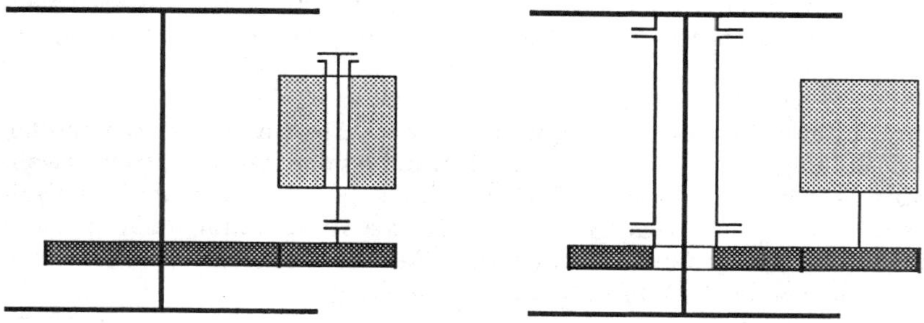

mit Motorhohlwelle mit Kardanhohlwelle

Bild 7.2. Kardanantrieb (schematische Darstellung)

Die einfachste und meistverbreitete Anordnung ist der *Tatzenlagerantrieb* (Bild. 7.3). Auf einer Seite stützt sich der Motor unabgefedert auf die Achswelle, auf der anderen Seite ist er elastisch im Drehgestell aufgehängt. Das Grossrad sitzt fest auf der Achswelle, das Kleinrad ebenfalls fest auf der Motorwelle. Dank dem Tatzenlager bleibt die Zentrale bei Durchfederung unverändert, womit richtige Eingriffsverhältnisse des Zahnradpaares jederzeit gewährleistet sind. Der Antrieb eignet sich nicht für höhere Fahrgeschwindigkeiten, weil die Masse des Fahrmotors nur unvollständig abgefedert ist. Die vernünftige Grenze dürfte bei ca. 100 km/h liegen, obwohl Realisierungen bis in den Geschwindigkeitsbereich von 180 km/h reichen [114].

Beim *Gummiring-Federantrieb* ist der Motor auf einer Hohlwelle statt direkt auf der Achswelle mit einem Tatzenlager abgestützt. Die Hohlwelle ist mit dem Radsatz über Gummiringe elastisch verbunden, womit der Motor vollkommen federnd aufgehängt ist (*Schwebemotor*). Diese in Deutschland viel gebaute Anordnung eignet sich auch für höhere Geschwindigkeiten gut.

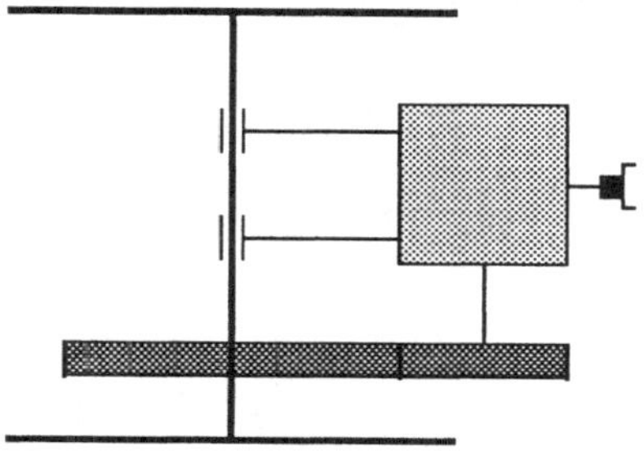

einfacher Tatzenlagerantrieb

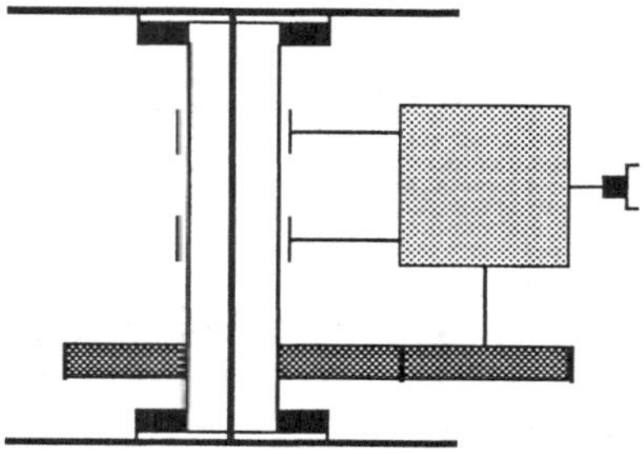

Gummiring-Federantrieb (Schwebemotor)

Bild 7.3. Varianten des Tatzenlagerantriebes (schematische Darstellung)

Ein seitlich verschiebbares Tatzenlager entkoppelt die Radsatzmasse von der Motormasse in Querrichtung (*Schiebelagerantrieb*). Dieser einfache Antrieb reduziert im Vergleich zum Tatzenlagerantrieb die dynamische Beanspruchung der Schienen. In der Kombination mit radial einstellbaren Radsätzen (*Lenk-Schiebelagerantrieb*) ist eine weitere Neuentwicklung auf diesem Gebiet entstanden (Beispiel B. 17) [80].

Es zeigt sich nun die Tendenz den Asynchronmotor als eine mit dem Getriebe geschlossene Einheit zu bauen, was eine konstruktive Optimierung der ganzen Anordnung ermöglicht. Je nach Geschwindigkeitsbereich sind verschiedene Bauarten (zum Beispiel voll abgefedert mit Hohlwelle oder Tatzenlager) möglich, die als IGA (*Integrierter Gesamtantrieb*) bezeichnet werden.

Eine wichtige Charakteristik des Antriebes, wenigstens bei Verwendung von Kollektormotoren, ist die Drehelastizität. Sie kommt insbesondere bei schweren Anfahrten zur Geltung. Die Drehelastizität erlaubt dem Motor noch im Stillstand des Radsatzes eine gewisse Drehbewegung zum Spannen der Federn, womit der Anfahrstrom nicht bis zum Losbrechen des Zuges über gleiche Kollektorlamellen fliessen muss.

Die Drehelastizität lässt sich durch Einbau von Federelementen in das Grossrad realisieren, falls sie nicht bereits durch den Aufbau des Antriebes gegeben ist.

Die *Längsanordnung* des Fahrmotors im Drehgestell erlaubt die Anbringung einer Kardanwelle üblicher Bauart zum Antrieb des Radsatzes (Bild 7.4). Von Nachteil sind die benötigte Gesamtlänge, ein empfindliches Kegelradgetriebe und ein beschränkter Motordurchmesser, falls zwei Motoren im Drehgestell zu platzieren sind. Deshalb ist sie für Hochleistungsantriebe nicht geeignet. Vorteilhaft ist die einfacher zu realisierende grössere Übersetzung bei Verwendung raschlaufender Motoren.

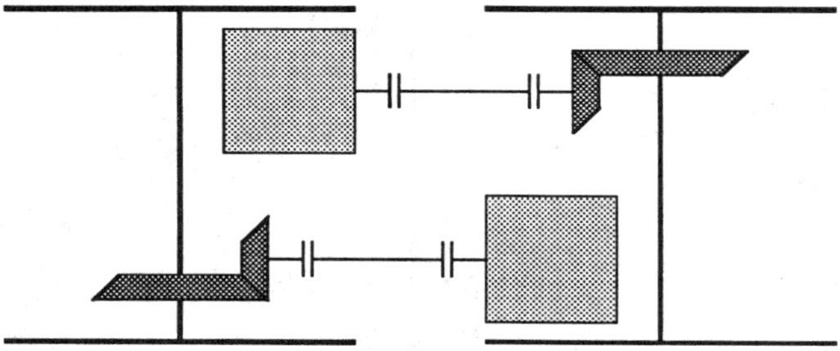

Bild 7.4. Kardanantrieb bei Längsanordnung der Motoren (schematische Darstellung)

Mehr Platz bietet die Befestigung des Fahrmotors im Untergestell des Triebfahrzeuges. Die Kardanwelle muss in diesem Fall auch die Bewegungen des Drehgestells zum Kasten ausgleichen, was beim Bogenlauf wegen ungleichförmiger Übertragung der Winkelgeschwindigkeit zu Schwierigkeiten führt.

Der Radsatz mit fest aufgepressten Rädern bestimmte die ganze bisherige Technik des Bahnantriebes. In Zukunft wird voraussichtlich zur Verbesserung des Bogenlaufes die Anordnung mit losen Rädern vermehrt zur Anwendung kommen. Dazu passende Einzelradantriebe für Strassenbahnen stehen zur Verfügung [115].

Für den Einzelradantrieb eignen sich aus Platzgründen insbesondere kleine kompakte Asynchronmotoren, von ca. 20...50 kW Leistung, vorteilhaft mit Wasserkühlung. Der kleine Motor wird in der Regel auf der aussenseite des Rades, seitlich oder oberhalb des Rades im Kastenportal, angeordnet.

7.3 Gruppenantrieb

Bei den Lokomotiven alter Bauart wurden meistens die Triebradsätze gruppenweise durch Stangen und Kurbeln gekuppelt. Jede Gruppe wurde von zentral angeordneten Fahrmotoren über Gestänge angetrieben (*Stangenantrieb*, Bild 7.5). Eine Zahnradübersetzung wird auch hier verwendet, um den Motor für eine höhere Drehzahl bauen zu können.

Diese von den Dampflokomotiven übernommene Antriebsart hat gegenüber dem Einzelantrieb der Radsätze auch gewisse Vorteile: Ein Fahrmotor grösserer Leistung ist maschinenbautechnisch günstiger als mehrere Einzelmotoren. Gekuppelte Radsätze zeigen eine kleinere Schleudertendenz als nicht gekuppelte, weil das Schleudern des einzelnen Radsatzes bei stellenweise schlechten Adhäsionsverhältnissen nicht auftreten kann.

Die Nachteile überwiegen jedoch: Grosse kreisende Massen und die dauernd zwischen Zug und Stoss wechselnden Kräfte im Antriebsgestänge ergeben zusammen mit dem unvermeidlichen Lagerspiel und anderen Toleranzen einen unruhigen Lauf mit Schwingungen und hohen Spitzenkräften. Dadurch wird auch der Unterhalt teuer.

Grundsätzlich ist die Einfügung eines oszillierenden Mechanismus mit ungleichmässiger Drehmomentübertragung zwischen dem Elektromotor und dem Rad unerwünscht, weil das Rad zur Entwicklung einer konstanten Zugkraft ein gleichmässiges Drehmoment benötigt.

Aus diesen Gründen wurde der Stangenantrieb bei elektrischen Triebfahrzeugen verlassen; er wird nur noch in besonderen Fällen, wie bei kleinen Rangierlokomotiven, benutzt.

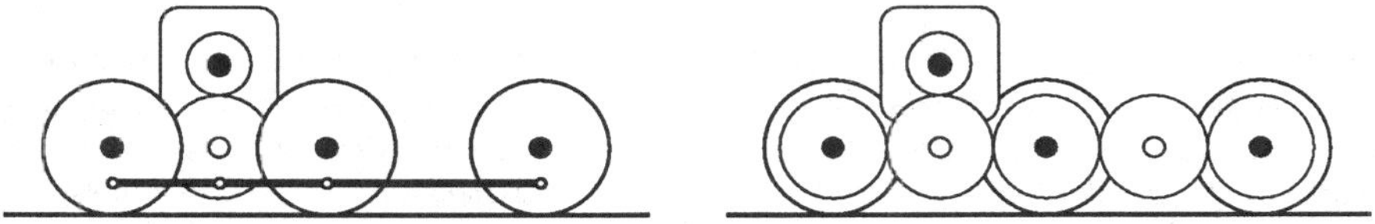

mit Kuppelstangen — Stangenantrieb

ohne Kuppelstangen — Einmotordrehgestell

Bild 7.5. Gruppenantrieb (prinzipielle Darstellung)

Der gekuppelte Antrieb wurde später in einer ganz anderen Bauart verwendet: Die Drehmomentübertragung von einem zentral im Drehgestell angeordneten Fahrmotor zu den Radsätzen erfolgt hier ausschliesslich über Zahnräder, ohne Verwendung von Stangen (Bild 7.5). Wie beim Einzelantrieb muss die Verbindung eine Kardanwelle oder ein elastisches Glied enthalten, weil der Fahrmotor im Drehgestell starr befestigt ist.

Diese in der französischen Praxis bisher viel verwendete Antriebsart hat alle Vorteile des gekuppelten Antriebes, ohne die Nachteile einer Stangenübertragung aufzuweisen. Insbesondere kann die Haftreibung gut ausgenutzt werden. Das immerhin komplizierte Zahnradgetriebe und Beschränkungen in der Gestaltung des Drehgestells haben seine allgemeine Einführung verhindert (Beispiele B. 11 und B. 20).

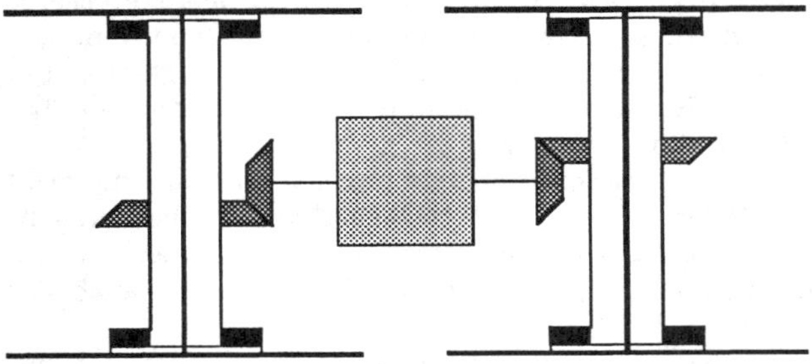

Bild 7.6. Gruppenantrieb bei Längsanordnung des Motors (schematische Darstellung)

Die Anordnung wird *Einmotordrehgestell* (nach dem französischen Namen "*bogie monomoteur*") genannt, obwohl in dreiachsigen Drehgestellen auch zwei Motoren dem Antrieb dienen können.

Das Getriebe wird gelegentlich auch mit einem im Stillstand schaltbaren Übersetzungswechsel versehen. Damit passt sich die Lokomotive dem jeweiligen Einsatz (Reisezüge, Güterzüge) besser an.

Im Nahverkehr ist der Gruppenantrieb mit Längsanordnung des Fahrmotors im Drehgestell stark verbreitet. Zum Ausgleich der Radsatzbewegung kann beiderseits des Motors ein Kardanantrieb angeordnet werden. Bei mässigen Fahrgeschwindigkeiten hat sich eine Achshohlwelle mit Abstützung und Drehmomentübertragung auf die Radsätze über elastische Gummikupplungen gut bewährt (Bild 7.6). Der ganze Motorgetriebeblock ist somit schwebend abgefedert.

Ein interessantes Beispiel eines Gruppenantriebes ist der *einseitige Antrieb* eines Strassenbahn-Gelenkfahrzeuges (Bild 7.7, Beispiel B. 31). Das *Fahrwerk* hat vier Einzelräder, die als zwei Radpaare in Abhängigkeit des Ausdrehwinkels zweier benachbarter Kastenteile durch ein Lenkgestänge gesteuert werden. Je zwei über Kardanwelle verbundene Räder einer Wagenseite (zwei Einzelradantriebe) werden durch einen Fahrmotor angetrieben. Zwecks tangentialer Ausrichtung der Räder ist ein Längenausgleich erforderlich.

Die Anornung verlangt die getrennte Aussteuerung der Fahrmotoren beider Seiten, um die unterschiedlichen Drehzahlen der Innen- und Aussenräder auszugleichen.

Im vorliegenden Beispiel entfällt im mittlerem Fahrwerk der Antrieb einer Seite, um mehr Platz für den Einstieg zu erhalten [116].

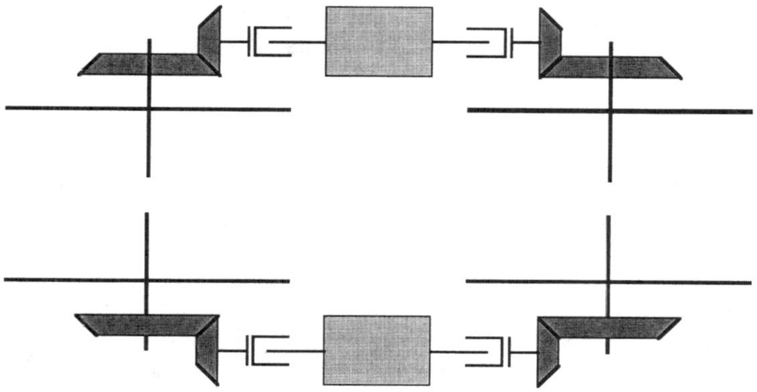

Bild 7.7. Einseitiger Antrieb (schematische Darstellung)

7.4 Bezeichnung der Antriebsanordnung

Der Internationale Eisenbahnverband UIC hat die Bezeichnungsart der Triebfahrzeuge festgelegt [117]. Sie basiert auf der *Radsatzfolge* (Achs- und Antriebsanordnung). Andere Merkmale werden nicht berücksichtigt. Diese Bezeichnungen werden in der Literatur überall verwendet.

Das Triebfahrzeug wird in zusammenhängende Achsgruppen, wie Drehgestelle, Hauptrahmen und schwenkbare Radsätze unterteilt. In jeder Gruppe wird die Zahl der fortlaufend gleichartigen Radsätze bezeichnet: Laufradsätze in arabischen Ziffern (1, 2, ...), Triebradsätze mit grossen lateinischen Buchstaben (A, B, C, ...). Die gekuppelten Radsätze erhalten keine zusätzliche Bezeichnung, die einzeln angetriebenen als Index die Ziffer "0".

Die Beweglichkeit der Drehgestelle und der schwenkbaren Achsen wird mit einem Apostroph gekennzeichnet, wenn es sich nur um eine Ziffer oder einen Buchstaben handelt. Andernfalls werden die Bezeichnungen in Klammern gesetzt.

Auf diese Art werden alle Radsätze des Triebfahrzeuges, von einem Ende beginnend, berücksichtigt. Dazu einige Beispiele:

Bo'Bo' bezeichnet ein vierachsiges Triebfahrzeug mit Drehgestellen und Einzelantrieb. Beim Gruppenantrieb wäre die Bezeichnung B'B'. Es ist daraus nicht ersichtlich, ob es sich um eine Lokomotive oder einen Triebwagen handelt.

Eine sechsachsige Lokomotive mit Einzelantrieb wird als Bo'Bo'Bo' oder als Co'Co' bezeichnet, je nach dem, ob sie mit zweiachsigen oder dreiachsigen Triebdrehgestellen gebaut ist.

Eine dreiachsige Lokomotive mit Stangenantrieb (ohne Drehgestell) erhält die Bezeichnung C. Ein vierachsiger Triebwagen mit einem Triebdrehgestell mit gekuppelten Achsen und einem Laufdrehgestell wird als B'2' klassifiziert.

Ein Drehgestell mit je einem Trieb- und Laufradsatz wird als (1Ao) bezeichnet. Ein schwenkbares Gestell mit Stangenantrieb der drei Triebradsätze sowie mit einem zusätzlich schwenkbaren Laufradsatz ergibt die Achsanordnung (C1').

Mit dem Zeichen "+" wird die bauliche Trennung der Fahrzeuge gekennzeichnet. Eine achtachsige Doppellokomotive erhält beispielsweise die Bezeichnung B'B'+B'B'.

Eine ganz andere Bezeichnungsart ist in der Schweiz üblich. Sie gibt Auskunft über die Art und die Geschwindigkeitsklasse des Triebfahrzeuges. Ausserdem werden summarisch die Zahl der Triebradsätze und die Gesamtzahl der Radsätze ohne Berücksichtigung der Antriebsanordnung angegeben. Einzelheiten mit einigen Vergleichsbeispielen sind im Anhang C zu finden.

Leider stammen diese Geschwindigkeitsklassen noch aus alten Zeiten. So werden alle Lokomotiven mit Höchstgeschwindigkeiten über 110 km/h der höchsten Klasse R zugeteilt. Aus diesem Grund ist seit Jahren jede vierachsige elektrische Lokomotive der Schweizerischen Bundesbahnen eine Re 4/4 gewesen. Sie unterschieden sich durch römische Zahlen als Indizes. Die Aufzählung erreichte bereits die damals im Bau befindlichen Lokomotiven Re 4/4 ^{V} und Re 4/4 ^{VI}, als die Schweizerischen Bundesbahnen ein neues sechsstelliges Nummernsystem einführten. Danach erhielten die erwähnten Lokomotiven die Bezeichnungen Re 450 bzw. Re 460.

Die bisherige Bezeichnungsart wird in der Schweiz noch in vielen Fällen, insbesondere bei älteren Triebfahrzeugen, benutzt.

Auch hier sind neue Wege zu finden. Der Antrieb der Einzelräder war nicht vorgesehen. Die für das neue Strassenbahn-Gelenkfahrzeug nach Beispiel B. 31 gewählte Bezeichnung Be 5/6 ist logisch: 5 von 6 Radpaaren (nicht Radsätzen) sind angetrieben.

7.5 Mechanische Bremsen

Im Bahnbetrieb werden fast ausschliesslich *pneumatisch* betätigte Bremsen verwendet. Sie haben in jahrzehntelanger Entwicklung einen hohen Grad an Sicherheit erreicht. Das Bremsgestänge presst die Bremsklötze gegen die Lauffläche der Räder (*Klotzbremse*) oder gegen besondere Bremsscheiben (*Scheibenbremse*) und erzeugt Bremskraft durch Reibung. Die Bremsenergie wird in Wärme umgesetzt. Dabei entsteht ein erheblicher Bremsklotzverschleiss.

Die klassischen Bremssohlen der Klotzbremse sind aus Gusseisen (Grauguss). Ihr Reibwert steigt bei kleineren Geschwindigkeiten stark an (ca. von 0,1 auf 0,3). Deswegen führt die Bremsung zu einem unangenehmen Halteruck, falls sie nicht rechtzeitig abgeschwächt wird. Verwendet wird auch Kunststoff unterschiedlicher Zusammensetzung. Kunststoff hat einen fast konstanten Reibwert um 0,3...0,4 und verursacht weniger Lärm. Nachteilig wirken sich die geringe Wärmeleitfähigkeit, die höhere Vereisungsgefahr und die Neigung zur reibflächenbeschädigenden Einlagerung von Metallteilen aus [1, 8, 18].

Gelegentlich werden besondere Bremstrommeln am Radsatz oder beim Getriebe eingebaut (*Trommelbremse*), wobei die Bremsklötze auch auf einem Band angeordnet werden können (*Bandbremse*). Durch die verstärkende Wirkung des anliegenden Bandes wirkt jedoch die Bandbremse nicht in beiden Fahrtrichtungen gleich.

Bei bescheidenen Bremsleistungen genügt die Betätigung der Bremse von Hand (*Handbremse*). Die Handbetätigung wird auch zum Abstellen der einzelnen Fahrzeuge benutzt.

Falls zur Vereinfachung auf die Druckluftausrüstung der Fahrzeuge verzichtet wird, kann die Bremsbetätigung elektromagnetisch erfolgen.

In Einzelfällen wird die mechanische Bremse auch *hydraulisch* betätigt (Beispiel B. 13).

Die pneumatische Bremse kann als Druckluft- oder als Vakuumbremse gebaut werden. Die im grössten Teil der Welt eingesetzte *Druckluftbremse* arbeitet mit Drücken von ca. 3...8 bar (0,3...0,8 MPa). Die *Vakuumbremse* (die *Luftsaugebremse*) kann aus physikalischen Gründen nur einen Druck von ca. 0,5...0,7 bar benutzen. Diese Arbeitsdrücke werden als die atmosphärische Druckdifferenz (Differenz zu Aussenluft) gemessen.

Für bestimmte Anwendungen ist die *direkt wirkende* Druckluftbremse geeignet. Sonst können nur die *indirekt wirkende*, *automatische* Druckluftbremse oder die Vakuumbremse als Sicherheitsbremse dienen.

Direkt wirkende Druckluftbremse

An den *Hauptluftbehälter* des Triebfahrzeuges wird das *Führerbremsventil* angeschlossen. Über dieses Ventil reguliert der Führer den Druck in der Bremsleitung, die zu einzelnen Bremszylindern führt (Bild 7.8).

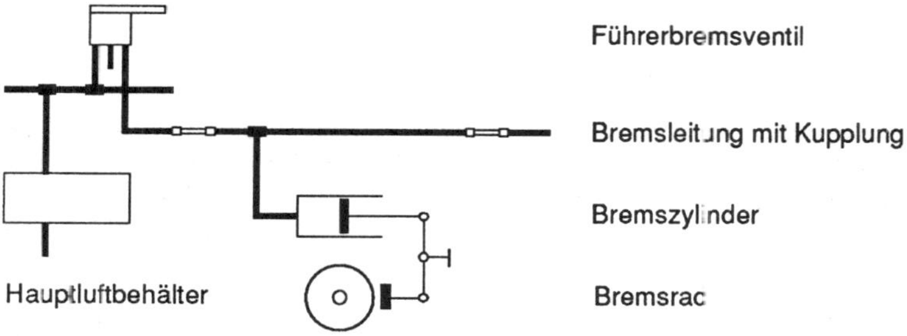

Bild 7.8. Direkt wirkende Druckluftbremse (vereinfachte Darstellung)

Die Bremse ist einfach, rasch in der Wirkung und gut regulierbar. Sie wird deswegen oft als Zusatz zur nachstehend beschriebenen indirekten Bremse verwendet, zum Beispiel im Verschiebedienst mit Wirkung nur auf das Triebfahrzeug (*Rangierbremse*).

Als eine durchgehende, im ganzen Zug wirkende Bremse eignet sich die direkte Bremse nicht, weil bei ungewollten Zugtrennungen keine Bremswirkung eintritt.

Indirekt wirkende, automatische Druckluftbremse

Das aus dem Hauptluftbehälter versorgte Führerbremsventil arbeitet als Druckregler und hält die durch den Zug durchgehende Bremsleitung, die hier *Hauptleitung* (oder *Hauptluftleitung*) genannt wird, unter einem konstanten Druck. In jedem Wagen befinden sich ein besonderes Steuerventil und ein Hilfsluftbehälter mit lokalem Druckluftvorrat (Bild 7.9). Weitere notwendige Einrichtungen (beispielsweise zum Lösen der Bremse bei abgestellten Wagen) werden in diese Prinzipbetrachtung nicht einbezogen.

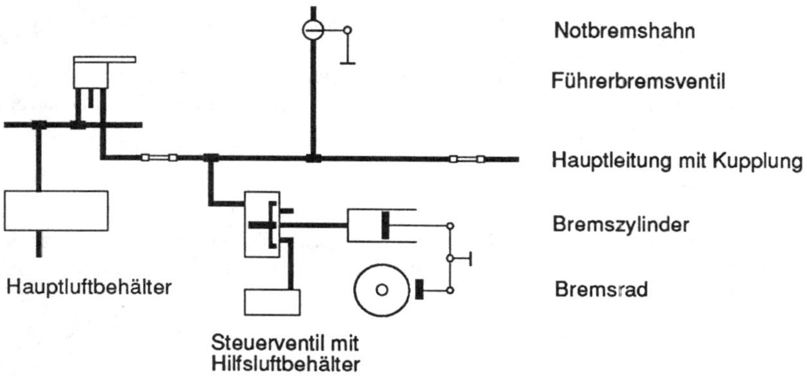

Bild 7.9. Indirekt wirkende, automatische Druckluftbremse (vereinfachte Darstellung)

Zuerst muss das ganze System gefüllt werden. Beim vollen Druck in der Hauptleitung entlüftet das Steuerventil den Bremszylinder und die Bremse ist gelöst. Bei den europäischen Hauptbahnen beträgt dieser volle Druck 5 bar. Er wird während der Fahrt beibehalten, wobei der Ausgleich der Leckverluste über das Führerbremsventil erfolgt (Nachspeisung).

Zum Bremsen mindert der Führer den Druck in der Hauptleitung. Das Steuerventil stellt um und lässt die Luft aus dem Hilfsluftbehälter bis zum Erreichen eines Gleichgewichtzustandes in den Bremszylinder strömen. Die Bremse wirkt somit *indirekt*.

Die Bremswirkung setzt bei einer Druckminderung um ca. 0,4 bar ein. Die volle Wirkung wird bei Druckabsenkung auf etwa 3,0...3,5 bar erreicht (*Vollbremsung*).

Zum Lösen der Bremse wird der Druck wieder erhöht. Das Steuerventil entlüftet den Bremszylinder. Der Hilfsluftbehälter wird aus der Hauptleitung nachgespeist.

Im Notfall haben die Reisenden die Möglichkeit durch Ziehen der Notbremse die Hauptleitung zu entleeren und somit den Zug anzuhalten (*Notbremsung, Schnellbremsung*). Ähnlich wirken die Sicherheitseinrichtungen. Bei ungewollten Zugtrennungen reisst die Schlauchkupplung zwischen den Wagen, und die Bremse im ganzen Zug wird *automatisch* betätigt.

Die Nachspeisung durch das Führerbremsventil muss so klein sein, dass bei einer solchen Entleerung der Druck in der Hauptleitung sicher zusammenbricht.
Zur Druckluftversorgung des Führerbremsventils in einem Steuerwagen ist neben der Hauptleitung eine durchgehende Speiseleitung im Zug erforderlich.

Die automatische Druckluftbremse wird heute im Bahnbetrieb überall verwendet. Es gibt verschiedene Bauarten, die aufeinander abgestimmt sein müssen, um beliebige Wagenzusammensetzungen zu ermöglichen. Heutige Systeme sind beim Bremsen und beim Lösen regulierbar, wobei jedem Druck in der Hauptleitung ein bestimmter Bremszylinderdruck entspricht. Ältere Systeme waren beim Lösen nicht regulierbar: Bei jeder Druckerhöhung in der Hauptleitung wurde die Bremse vollständig gelöst (einlösige Bremse) und dadurch die Regulierung der Bremskraft erschwert.

Die Problematik der automatischen Bremse ist sehr umfangreich und verlangt einen komplizierten Aufbau einzelner Elemente (Führerbremsventil, Steuerventil, verschiedene zusätzliche Apparate) sowie ein verzweigtes Luftleitungsschema.
Zwei Probleme verdienen besondere Beachtung: Das Erschöpfen der Bremse bei wiederholtem Bremsen und Lösen wegen fehlender Nachspeisung über die Hauptleitung sowie die Durchschlaggeschwindigkeit mit welcher sich ein Steuerbefehl durch den Zug fortpflanzt. Diese auf 100...250 m/s begrenzte Geschwindigkeit ist insbesondere für lange Züge wichtig, weil sie zu Zugtrennungen wegen zeitlicher Verschiebung des Bremsvorganges führen kann. Sie lässt sich durch elektrische Steuerung der Bremsventile in jedem Wagen wesentlich erhöhen [2, 28].

Neuerdings wird vermehrt die *Federspeicherbremse* verwendet. Zum Bremsen wird die Kraftwirkung der eingebauten Feder benutzt. Zum Lösen wird die Federkraft durch Druckluft überwunden. Die Bremse ist nicht erschöpfbar. Allerdings sind besondere Massnahmen erforderlich, um stillgelegte Fahrzeuge ohne Druckluft verschieben zu können.

Vakuumbremse (Luftsaugebremse)

Im Betrieb läuft die Vakuumpumpe ständig und entleert die Bremsleitung, den Bremszylinder und einen Sonderbehälter (Bild 7.10). Das im Kolben des Bremszylinders eingebaute Rückschlagventil lässt die Luft aus dem Sonderbehälter entweichen. Das ganze System steht unter Vakuum, und die Bremse ist gelöst.

Für die Bremsung wird das Vakuum in der Bremsleitung teilweise oder vollständig zerstört. Dies erfolgt über das Führerbremsventil, durch Ziehen der Notbremse oder bei ungewollten Zugtrennungen. In der unteren Kammer des Bremszylinders entsteht ein Überdruck. In der oberen Kammer sowie im Sonderbehälter bleibt das Vakuum erhalten, weil das im Kolben eingebaute Rückschlagventil schliesst. Durch die Druckdifferenz hebt sich der Kolben und bremst.

Zum Lösen der Bremse wird das Vakuum in der Bremsleitung wieder hergestellt. Der Kolben des Bremszylinders sinkt infolge seines Eigengewichtes.

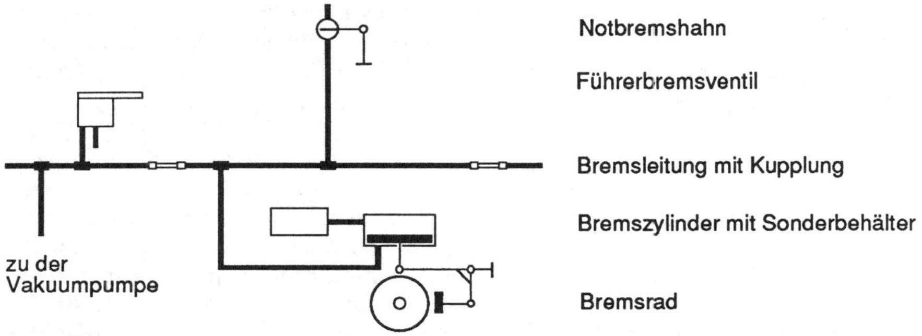

Bild 7.10. Vakuumbremse (vereinfachte Darstellung)

Wegen des viel kleineren Arbeitsdruckes verlangt die Vakuumbremse grössere Bremszylinder, Behälter und Verbindungsrohre als die Druckluftbremse. Das ist ihr grösster Nachteil. Vor Jahrzehnten war sie in bezug auf die Regulierbarkeit der Druckluftbremse überlegen. Deswegen wurde sie viel verwendet. Heute hat sie ihr Existenzrecht verloren. Sie bleibt noch bei manchen Bahnen in Gebrauch, weil die Umstellung auf Druckluft mit hohen Kosten verbunden ist (Beispiel B. 15).

8. Zahnradbahnen

8.1 Zahnradbetrieb

Bei den Bahnen im Gebirge stehen für die Bewältigung beträchtlicher Höhendifferenzen oft nur kurze Entfernungen zur Verfügung. Die Streckenführung kann sich durch eine entsprechend grosse Neigung den Verhältnissen nur zum Teil anpassen. Ab einer bestimmten Grenze reicht die Haftreibung zwischen Rad und Schiene zur sicheren Übertragung der Zug- und Bremskräfte nicht mehr aus.

Diese *Grenzneigung* hängt von der erforderlichen Zugbildung ab. Für den Fahrbetrieb ist das Verhältnis der Anhängelast zur Adhäsionslast massgebend. Ein alleinfahrender laufachsloser Triebwagen kann im Extremfall Neigungen bis ca. 130 ‰ bewältigen. Als vernünftige Grenze, die noch eine minimale Anhängelast zulässt, kann die Neigung von 90 ‰ betrachtet werden. Für Neigungen ab 60 ‰ ist die Verwendung von Schienenbremsen zur Erhöhung der Bremskraft üblich oder sogar vorgeschrieben [9].

Bei noch grösseren Neigungen müssen die Traktionskräfte durch andere, von der Adhäsion unabhängige Mittel, übertragen werden. Dazu sind Zahnräder geeignet. Auf einer Seite sind sie mit den Bremsen und den Fahrmotoren des Triebfahrzeuges gekuppelt, auf der anderen Seite greifen sie in eine zwischen den Schienen befestigte *Zahnstange* ein. Ein solches *Triebzahnrad* bildet mit der Zahnstange ein offenes Getriebe, den *Zahnradantrieb*.

Auf diese Art entstehen Zahnradbahnen. Sie bewältigen Neigungen bis 500 ‰. Beim Einsatz schwerer Züge wird der Zahnradantrieb bereits auf mässigen Neigungen ab ca. 60 ‰ verwendet.

Der *reine Zahnradbetrieb* verlangt eine durchgehend verlegte Zahnstange. Der *kombinierte Zahnrad- und Adhäsionsbetrieb* benutzt sie nur auf steilen Streckenabschnitten (*Zahnradstrecke*). Auf dem übrigen Teil der Strecke erfolgt die Übertragung der Traktionskräfte ohne Zahnstange (*Adhäsionsstrecke*). An der Übergangsstelle muss die Zahnstange zur Gewährleistung eines ungestörten Zahneingriffes besonders geformt und elastisch befestigt werden (*Zahnstangeneinfahrt*).

Über 170 Zahnradbahnen wurden bis heute in der Welt gebaut [118]. Etliche sind im Laufe der Zeit aus verschiedenen Gründen stillgelegt oder auf den Adhäsionsantrieb umgestellt worden. Besonders viele leistungsfähige Zahnradbahnen verkehren in der Schweiz.

Der Energieverbrauch der Zahradbahnen ist beträchtlich. Allein die Bewältigung des Neigungswiderstandes auf einer Steigung von zum Beispiel 250 ‰ benötigt nach Abschnitt 2.10 ca. 2400 kJ/tkm Energie. Ein Teil davon kann allerdings durch die elektrische Nutzbremse rückgewonnen werden.

Ein anderes von der Haftreibung unabhängiges Antriebssystem ist der Linearmotor. Von diesem Standpunkt aus kann er als eine elektrische Zahnstange betrachtet werden. Es ist deshalb zu erwarten, dass er in Zukunft in gewissen Fällen als Ersatz für den Zahnradantrieb angewendet wird.

8.2 Die Zahnstange

Die Zahnstange wird immer in der Gleismitte angeordnet und auf den Schwellen befestigt. Meistens erfolgt der Zahneingriff vertikal (Bild 8.1). Die Zahnteilung beträgt mit wenigen Ausnahmen 100 oder 120 mm.

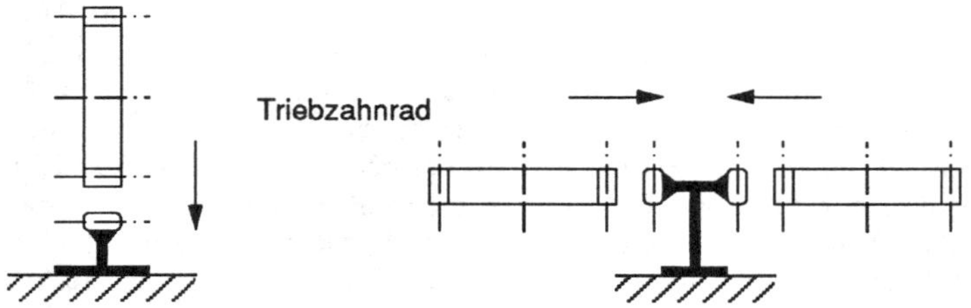

Zahneingriff *vertikal* Zahneingriff *horizontal* (Doppelzahnstange)

Bild 8.1. Zahnstange und Zahneingriff

Zahnstange mit vertikalem Zahneingriff

Für Zahnstangen dieser Art bestehen verschiedene konstruktive Lösungen mit folgenden Hauptvarianten:

- Zwei U-förmige Seitenträger halten die einzelnen Zähne zusammen (*Leiterzahnstange*, System *Riggenbach*). Die Herstellung ist einfach. Die Zahnstange ist jedoch schwer und für enge Kurven weniger geeignet.
- Zwei (gelegentlich auch drei) schmale verzahnte Lamellen sind in einem Lamellenträger parallel angeordnet (*Lamellenzahnstange*, System *Abt*). Das Triebzahnrad ist entsprechend auch mit zwei (bzw. drei) Zahnkränzen ausgerüstet. Die Verzahnung der Kränze ist versetzt, womit die Übertragung der Traktionskräfte gleichmässiger wird. Diese Zahnstange ist leicht, jedoch relativ schwach und deswegen schnee- und eisempfindlich.
- Die Zahnstange besteht aus einer Schiene mit Spezialprofil. Aus dem vollen Schienenkopf werden die Zähne ausgefräst (*Keilkopfzahnstange*, System *Strub*). Die Herstellung ist teuer, die Montage aber einfach. Im Unterhalt ist sie anspruchslos.
- Auf neueren Zahnradstrecken wird als Ersatz für die Spezialprofilschiene eine breite Lamelle mit entsprechendem Träger verwendet (*einfache Lamellenzahnstange*).

Die Zahnstange mit vertikalem Zahneingriff ist für Neigungen bis ca. 250 ‰ gut geeignet. Die Beschränkung liegt im *Zahnauftrieb* (Bild 8.2):

Die Zug- oder die Bremskraft wird zwischen dem Zahnrad und der Zahnstange über die Zahnflanken übertragen. Bei idealer Schmierung ist die Richtung dieser Kraft senkrecht zur geneigten Fläche der Zahnflanke (Normalkraft). Sie deckt sich somit nicht mit der Richtung der Traktionskräfte. Die Differenz ist eine senkrecht zur Schienenebene gerichtete Kraft, der Zahnauftrieb. Er hat die Tendenz, das Fahrzeug von den Schienen abzuheben.

Der Zahnauftrieb darf keinesfalls die entgegenwirkende Komponente der Gewichtskraft des Fahrzeuges überwinden. Diese Forderung lässt sich nur bei mässigen Neigungen realisieren.

Während des Zahneingriffes gleitet der Radzahn im Berührungspunkt gegenüber dem Stangenzahn nach oben oder nach unten. Deswegen entsteht bei ungenügender Schmierung eine Reibungskraft, die den Zahnauftrieb abwechselnd verstärkt und abschwächt. Damit der Einfluss der Reibung nicht zu gross wird, muss die Zahnstange gut geschmiert werden.

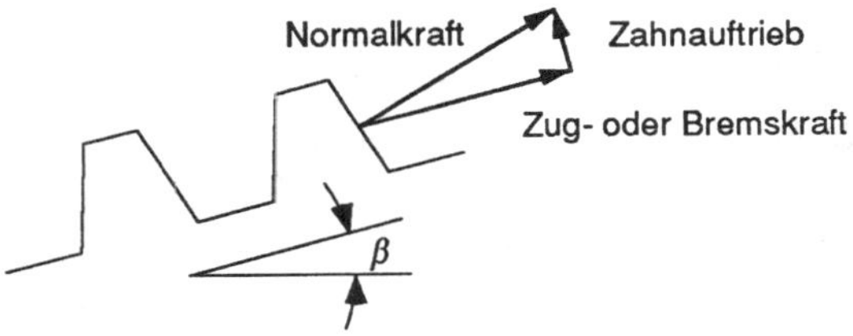

Bild 8.2. Kräfteplan des Zahneingriffes (ohne Reibung)

Doppelzahnstange mit horizontalem Zahneingriff

Die doppelverzahnte breite Lamelle ist liegend angeordnet (System *Locher*). In diese greifen von beiden Seiten Triebzahnräder ein. Die Zahnstange ist schwer und teuer. Gleisverbindungen verlangen Schiebebühnen oder Wendeplatten, da Weichen nicht ausführbar sind.

Diese Bauart ist bei extrem grossen Neigungen vorteilhaft, weil der Zahnauftrieb entfällt. Sie ist lediglich bei der Pilatusbahn, Schweiz, (480 ‰) zur Anwendung gekommen.

8.3 Die Zahnradantriebe

Reiner Zahnradantrieb

In der Regel treibt jeder Fahrmotor über eine Kardanwelle oder über ein ähnliches Antriebsorgan ein an einem Radsatz frei drehend gelagertes Triebzahnrad an (Bild 8.3). Wegen der verhältnismässig kleinen Fahrgeschwindigkeit muss das Getriebe meistens eine doppelte Übersetzung erhalten. Die Bremstrommeln der mechanischen Bremsen sind mit dem Antrieb zusammengebaut, eine auf der Motorseite des Getriebes (*Getriebebremse*), die andere direkt beim Triebzahnrad (*Zahnradbremse*).

Die Fahrmotoren sind im gefederten Teil des Triebfahrzeuges (Drehgestell, eventuell Kasten) befestigt. Sie können in Quer- oder in Längsrichtung angeordnet werden (Beispiel B. 13).

Die Tangentialfederung des Zahnkranzes ist für einen ruhigen Lauf des Triebzahnrades vorteilhaft. Beim gekuppelten Antrieb zweier Triebzahnräder ist sie zur gleichmässigen Lastaufteilung unerlässlich.

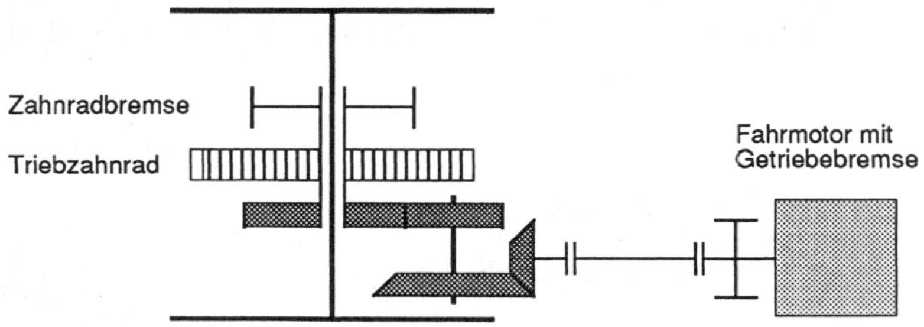

Bild 8.3. Reiner Zahnradantrieb (schematische Anordnung)

Gemeinsamer Zahnrad- und Adhäsionsantrieb

Bei diesem Antrieb wird der Zahnradteil mit einem Adhäsionsteil erweitert, so dass ein kombinierter Zahnrad- und Adhäsionsbetrieb durchgeführt werden kann (Bild 8.4).

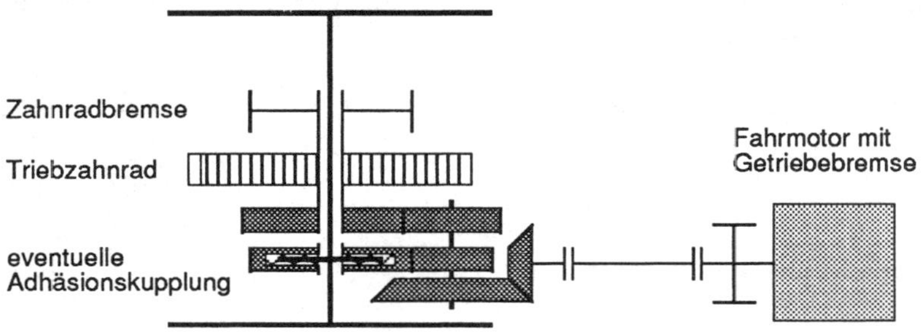

Bild 8.4. Gemeinsamer Zahnrad- und Adhäsionsantrieb (schematische Anordnung)

Auf den Streckenabschnitten ohne Zahnstange wirkt der ganze Antrieb wie ein gewöhnlicher Adhäsionsantrieb. Das Triebzahnrad dreht leer mit. Die im Bild dargestellte Adhäsionskupplung soll als eingerückt betrachtet werden. Sie ist nicht unbedingt erforderlich, jedoch aus folgenden Gründen von Vorteil:

Auf den Zahnstangenabschnitten wird die Zugkraft teilweise über das Triebzahnrad und teilweise mit Haftreibung über Triebräder übertragen.

Der Aussendurchmesser des Triebzahnrades muss kleiner als der Triebraddurchmesser sein, um ein unbehindertes Überfahren der Schienen bei den Weichen zu ermöglichen. Deswegen sind zwei verschiedene Übersetzungen erforderlich. Obwohl sie so gewählt werden, dass beide Antriebsteile die gleiche Fahrgeschwindigkeit ergeben sollen, ist dies nur bei einem ganz bestimmten Triebraddurchmesser (in der Regel bei halb abgenutzten Radreifen) möglich. Vorher und nachher muss ein Schlupf zwischen Rad und Schiene entstehen, der nur durch eine gewaltsame Überwindung der Haftreibung zu realisieren ist. Als Folge treten im Antrieb beachtliche innere Kräfte mit entsprechend hoher Abnutzung und einem unruhigen Lauf auf.

Ein solcher *dauernd verkuppelter* Antrieb ist deswegen nur für Strecken mit einem bescheidenen Anteil an Zahnstangenabschnitten geeignet (Beispiel B. 3).

Ausserdem muss die zulässige Radreifenabnutzung reduziert werden, um den störenden Schlupf auf tragbare Werte, ungefähr auf 2 %, zu begrenzen.

Durch eine druckluft- oder druckölbetätigte *Adhäsionskupplung* lässt sich der Adhäsionsantrieb im Zahnradbetrieb abkuppeln. Dadurch wird der Schlupf eliminiert. Dann müssen nur noch die Einfahrt in die Zahnstange sowie die Ausfahrt gekuppelt erfolgen.

Getrennter Zahnrad- und Adhäsionsantrieb

Die beiden Antriebe sind hier vollständig getrennt. Bei einem sechsmotorigen Triebfahrzeug können beispielsweise vier Fahrmotoren mit einem gewöhnlichen Adhäsionsantrieb versehen werden. Die anderen zwei erhalten einen reinen Zahnradantrieb, und werden nur auf der Zahnradstrecke eingeschaltet.

Auf diese Art unterstützt der Adhäsionsantrieb den Zahnradantrieb und entlastet die Zahnstange. Dies ist insbesondere bei Zahnradbahnen mit mässigen Neigungen (80...120 ‰) vorteilhaft, weil dort ein grosser Teil der Traktionskräfte ohne Zahnstange übertragen werden kann.

Beim getrennten Antrieb ist die richtige Drehzahl des Triebzahnrades vor der Einfahrt in die Zahnstange nicht gewährleistet. Deswegen ist eine Synchronisierungseinrichtung zur Vermeidung von Schlägen unumgänglich. Sie lässt sich zum Beispiel bei der Reihenschlusserregung der parallel geschalteten Fahrmotoren durch eine vorübergehende Parallelschaltung sämtlicher Erregerwicklungen realisieren. Die Motoren werden somit alle gleich erregt und erreichen gemäss Gleichung 3.6 unabhängig von der Belastung auch ungefähr die gleiche Drehzahl.

Der Differenzialantrieb

Die neueste Entwicklung auf diesem Gebiet ist eine Kombination zwischen dem gemeinsamen und dem getrennten Antrieb. Der Zahnrad- und der Adhäsionsteil sind über ein Differenzialgetriebe gekuppelt (Bild 8.5). Das Fahrmotordrehmoment wird in einem als Planetengetriebe ausgebildeten Verteildifferenzial im vorgegebenen Verhältnis (beispielsweise 1:2) zwischen dem Adhäsionsantrieb und dem Zahnradantrieb aufgeteilt. Die Umfangsgeschwindigkeiten des Triebrades und des Triebzahnrades können sich dabei frei einspielen.

Auf der Adhäsionsstrecke müssen die beiden Antriebsteile durch eine nicht eingezeichnete Differenzialsperre verkuppelt werden.

Im normalen Betrieb arbeitet der gemeinsame Antrieb mit einer in bezug auf die Haftreibung und die Festigkeit der Zahnstange festgelegten optimalen Zugkraftaufteilung. Das freie Spiel der Geschwindigkeiten ist allerdings bei einem Schleuder- oder Gleitvorgang nachteilig. Dann müsste wieder die Differenzialsperre eingreifen. Die Begrenzung der Schlupfgeschwindigkeit kann in diesem Fall noch besser durch eine hydraulische Einrichtung mit gleichzeitiger Verlagerung der Zugkraft vom Adhäsions- auf den Zahnradantrieb erfolgen (Beispiel B. 9) [119, 120].

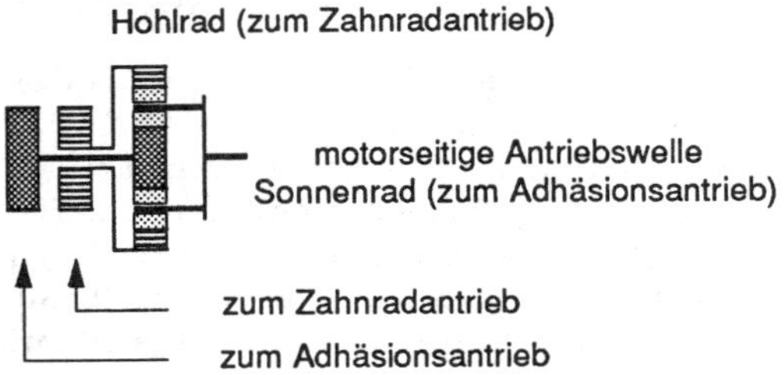

Bild 8.5. Differenzialantrieb (schematische Anordnung)

8.4 Bremsen und Sicherheitseinrichtungen

Die grossen Neigungen der Zahnradstrecken verlangen besondere Sicherheitsmassnahmen für den Störungsfall, weil unbeherrschte Vorgänge sich sehr rasch katastrophal ausweiten können [9].

Wenn zum Beispiel ein Zug auf einer Steigung von 250 ‰ mit einer Geschwindigkeit von 20 km/h fährt und die Stromversorgung ausfällt, wird er durch den Neigungswiderstand nach ca. 3 s bereits auf Null abgebremst. Nach weiteren 3 s würde er dieselbe Geschwindigkeit talwärts erreichen und könnte durch seine Bremsen kaum mehr angehalten werden.

Beharrungsbremse

Die Triebfahrzeuge benötigen eine Beharrungsbremse, um die Fahrgeschwindigkeit des Zuges bei *Talfahrt* im vorgeschriebenen Rahmen zu halten. Bei elektrischen Triebfahrzeugen dient immer die elektrische Bremse diesem Zweck. Die mechanischen Bremsen eignen sich für diese Aufgabe nicht, weil sie eine ungenügende thermische Kapazität aufweisen. Bei kleineren Gefällen kann die Adhäsions-Klotz- oder Scheibenbremse üblicher Bauart mitbenutzt werden.

Die elektrische Bremse kann eine Nutzbremse oder eine Widerstandsbremse sein. Als Beharrungsbremse muss sie allerdings beim Netzausfall in der Regel eine Talfahrt erlauben, um die Reisenden in Sicherheit zu bringen. Deswegen wird fast immer eine netzunabhängige Widerstandsbremse allein oder auch zusätzlich zur energetisch vorteilhafteren Nutzbremse eingebaut.

Mechanische Anhaltebremsen

Zwei voneinander unabhängige mechanische Anhaltebremsen sind erforderlich. Sie wirken über getrennte Bremstrommeln auf die Triebzahnräder und, soweit vorhanden, auf die nicht angetriebenen Bremszahnräder.

Bei Strecken mit einseitiger Neigung wird oft eine von diesen Bremsen als richtungsabhängige *Klinkenbremse* gebaut. Sie bremst normal nur in einer Fahrtrichtung (in *Talrichtung*). In der anderen Fahrtrichtung (in Bergrichtung) ist sie durch einen Klinkenmechanismus freilaufend und somit unwirksam. Vor der *Bergfahrt* wird die Klinkenbremse angezogen. Somit verhindert sie bei eventuellem Netzausfall jedes Rückwärtsrollen des Zuges. Bei der Talfahrt kann die gelöste Klinkenbremse jederzeit als eine normale Bremse benutzt werden.

In einem Bremssystem kann die Zahnradbremse mit der Adhäsions-Klotz- oder Scheibenbremse üblicher Bauart kombiniert werden.

Die beiden mechanischen Bremsen sichern den Zug als Einheit. Oft werden sie im Triebfahrzeug konzentriert. In diesem Fall müssen die mitgeführten Wagen aus Sicherheitsgründen immer bergseits der Triebfahrzeuge eingereiht werden (Betrieb mit *Vorstellwagen*).

Entgleisungssicherheit

Die bei einer Bremsung während der Talfahrt auftretenden Trägheitskräfte beeinflussen die Radsatzlast. Grundsätzlich werden die vorderen (talseitigen) Radsätze mehr belastet. Die hinteren (bergseitigen) Radsätze werden dagegen entlastet. Zusammen mit dem Zahnauftrieb kann die Entlastung des bergseitigen Radsatzes bei starker Bremsung die Gewichtskraft übersteigen und damit das Fahrzeug aus den Schienen heben.

Das Auftreten dieser äusserst gefährlichen Situation muss in jedem Fall, auch wenn beide Bremsen gleichzeitig wirken, verhindert werden. Deswegen dürfen die Bremsen nicht zu stark sein, obwohl dies in Bezug auf ihre thermische Belastung günstiger wäre.

Die auf diesen Überlegungen beruhende *Entgleisungssicherheit* (*Stabilität*) wird für alle Extremfälle durch eine aufwendige Rechnung nachgeprüft.

Drehmoment-Begrenzungsorgan

Bei Bürstenrundfeuern am Kollektor des Fahrmotors oder bei Kurzschlüssen im Motorstromkreis können übermässige, die Stabilität des Triebfahrzeuges gefährdende Kräfte entstehen. Als Gegenmassnahme soll zwischen dem Kollektor-Fahrmotor und dem Triebzahnrad ein Drehmoment-Begrenzungsorgan (zum Beispiel eine *Rutschkupplung*) eingebaut werden.

Der Drehstrommotor benötigt diese Einrichtung nicht, weil sein maximal mögliches Drehmoment im Kippunkt genau bekannt ist.

Begrenzung der Fahrgeschwindigkeit bei Talfahrt

Eine Überbeanspruchung der mechanischen Anhaltebremsen kann wegen der Erwärmung rasch zum Bremsversagen führen. Für die Beherrschung der Bremsbelastung ist die Begrenzung der Fahrgeschwindigkeit im Gefälle wesentlich.

Unter Berücksichtigung der heutigen konstruktiven Möglichkeiten legen die schweizerischen Vorschriften die Höchstgeschwindigkeit in Abhängigkeit der Neigung fest (Tabelle 8.1) [9]. Die Zahlen gelten für Züge mit gleichmässiger Verteilung der Bremsen auf alle Fahrzeuge.

Die auf allen Steigungen und auf Gefällen bis 50 ‰ zugelassene Geschwindigkeit von 40 km/h ist nicht durch die Bremsen sondern durch das Befahren der Zahnstange begrenzt.

Tabelle 8.1. Höchstgeschwindigkeit in Abhängigkeit der Neigung

I	≥ 0	- 50	- 90	- 120	- 160	- 200	- 250	- 300	- 480	‰
v	40	40	32	27,5	23	20	17,5	15	9	km/h

Zusätzliche Überwachungen

Besonders wichtig ist die Überwachung der Fahrgeschwindigkeit während der Talfahrt auf grösseren Neigungen. Bei kleiner Überschreitung wird unverzögert eine mechanische Bremse betätigt und somit der Zug angehalten.

Auch verschiedene andere für die Funktion der Bremsen wichtige Zustände müssen überwacht werden. Dazu zählen genügende Druckluftvorräte und richtige Stellungen der Steuerorgane bei kombiniertem Zahnrad- und Adhäsionsbetrieb.

Dabei soll eine Überbremsung durch gleichzeitige Betätigung beider mechanischen Anhaltebremsen verhindert werden. Dies ist in der Schaltung zu berücksichtigen. Eine Bremse muss beispielsweise beim Ausfall der Steuerspannung automatisch betätigt werden. Die andere darf in diesem Fall jedoch nicht ansprechen.

Bei Bahnen mit kombiniertem Zahnrad- und Adhäsionsbetrieb muss der Wechsel der Betriebsart durch den Führer rechtzeitig erfolgen. Eine Überwachung der Umschaltung ist erforderlich, wenn damit wichtige Umstellungen wie Änderungen im Bremsprogramm und im Antrieb oder Einschalten der Sicherheitseinrichtungen zusammenhängen. Diese Überwachung kann entweder am Anfang und am Ende der Zahnradstrecke über Streckenmagnete erfolgen oder auf der ganzen Streckenlänge mit einem magnetischen Zahnstangenfühler durchgeführt werden (Beispiel B. 3).

9. Das Betriebsverhalten

9.1 Der Bahnbetrieb

Die elektrische Ausrüstung der Bahnfahrzeuge arbeitet unter *Betriebsbedingungen*, welche sich von den Verhältnissen, die in ortsfesten Anlagen üblich sind, zum Teil wesentlich unterscheiden:

- *Erschütterungen* während der Fahrt: Mit der Zeit lösen sich ungesicherte Schrauben; infolge der Ermüdung brechen schlecht befestigte Leiter und andere Teile ab. An unabgefederten Fahrzeugteilen (Radsätzen) sind Beschleunigungen bis ca. 30 *g*, verursacht durch Schienenstösse, Weichen und andere Störpunkte im Gleis, üblich. Vereinzelt werden auch Werte über 100 *g* gemessen. Die hohen Beschleunigungen können die angebauten Teile (wie Geschwindigkeitsgeber) mechanisch beschädigen.
- *Stösse*, insbesondere beim Rangieren: Diesbezüglich ist im Fahrzeug mit Beschleunigungen von mindestens 3 *g*, in Extremfällen sogar bis 6...10 *g* zu rechnen. Dies gefährdet mechanisch empfindliche Elemente. Andere Teile, wie Schaltschütze und Relais, können in ihrer Funktion gestört werden.
- *Schmutz*, hauptsächlich metallischer Bremsstaub und Öl, führt leicht zu Überschlägen von den unter Spannung stehenden Teilen zur Masse. Durch Abrieb der Kohlenbürsten in den Kollektormotoren entstehen Kohlenstaubablagerungen, die bei ungenügender Reinigung des Motors Überschläge und Wicklungsschäden verursachen.
- *Schnee* und *Regen* gefährden die Isolation, wenn sie in die elektrische Ausrüstung (Motoren, Widerstände) durch Kühlöffnungen eindringen.
- *Wechselnde klimatische Verhältnisse* (Temperatur, Feuchtigkeit) beim Befahren von Tunneln und längeren Neigungen begünstigen Kondenswasserbildung und dadurch Korrosion und Isolationsschäden.
- *Besondere klimatische Verhältnisse* sind von Fall zu Fall zu beachten: bei Bergbahnen (Kälte, Wind, verdünnte Kühlluft in der Höhe), im Bereich der Küstenstrecken (salzhaltige Meeresluft, Luftfeuchtigkeit), in tropischen Gebieten (extreme Luftfeuchtigkeit, hohe Temperaturen), in Wüstengebieten (Sand), in arktischen Gegenden (tiefe Temperaturen, in Sibirien -60 °C [45]).
- *Wechselnde Belastung*. Die Lastschwankungen mit ständigen Temperaturänderungen und entsprechend wechselnden thermischen Ausdehnungen können zu Wicklungsschäden und Zerstörung der Halbleiterelemente (Dioden, Thyristoren) führen, falls diese nicht lastwechselfest gebaut sind.
- *Überspannungen* und *Funktionsstörungen* durch unvermeidbare Stromunterbrechungen zwischen dem Stromabnehmer und der Fahrleitung während der Fahrt.
- Beachtliche *Schwankungen der Speisespannung*.

Diese Betriebsbedingungen erfordern eine entsprechende Auslegung der ganzen elektrischen Ausrüstung. Oft wird sie nicht besonders präzis als *bahnmässige Ausführung* definiert. Dabei sind auch die Gegebenheiten des Fahrzeugbaus zu befolgen: erwünscht sind ein möglichst kleines Gewicht und wegen Platzbeanspruchung eine gedrängte Bauart.

Die zuständigen nationalen und internationalen Gremien berücksichtigen diese Eigenart der elektrischen Ausrüstung durch besondere Behandlung der Bahnausrüstungen im Vorschriftenwesen.

Dazu sind in erster Linie die praktisch in der ganzen Welt seit Jahren anerkannten Regeln der Internationalen Elektrotechnischen Kommission *IEC* (International Electrotechnical Commission) zu nennen. Sie sind fast ohne Änderung, nach Bedarf aus dem englisch/französischen Original übersetzt, in verschiedene nationale Norm- und Vorschriftensammlungen aufgenommen worden.

Die eisenbahnspezifischen Normen und Regelungen werden ebenfalls seit Jahren koordiniert und dreisprachig (Deutsch, Englisch und Französisch) vom Internationalen Eisenbahnverband (Union Internationale des Chemins de fer) als *UIC-Kodex* herausgegeben.

Im Rahmen der europäischen Standardisierung sind später europäische Normen unter dem Namen *Euro-Norm* (EN) entstanden Das Europäische Komitee für Elektrotechnische Normung (CENELEC) erstellt diese Richtlinien in Zusammenarbeit mit den IEC-Gremien laufend, so dass sie sich heute weitgehend mit den IEC-Regeln decken. Auch der UIC-Kodex wird in ähnlicher Zusammenarbeit angepasst.

Eine kleine Auswahl aus diesem Vorschriftenwerk ist im Anhang D aufgeführt.

Im Bahnbetrieb treten auch unter normalen Verhältnissen beachtliche Schwankungen der Speisespannung auf, da die Abstände zwischen den einzelnen Speisepunkten relativ gross gewählt werden und engere Grenzen eine unwirtschaftliche Verstärkung der Fahrleitung bedingen würden.

Die Euro-Norm EN 50163 und der UIC-Kodex 600 geben folgende Grenzen für die Abweichung der Spannung vom Nennwert sowie für die Frequenz an:

für Gleichstrom von	600 V:	400	bis	720 V
	750 V:	500	bis	900 V
	1,5 kV:	1000	bis	1800 V
	3 kV:	2000	bis	3600 V
für Einphasenwechselstrom von	15 kV:	12 000	bis	17 250 V
	25 kV:	19 000	bis	27 500 V
für die Nennfrequenz von	16 2/3 Hz:	16 1/6	bis	17 Hz
	50 Hz:	49	bis	51 Hz

Kurzzeitig sind noch etwas grössere Spannungsabfälle zulässig.

Gewisse Bahnverwaltungen legen für ihr Netz andere Grenzen der Spannungsschwankungen fest.

Die elektrische Ausrüstung muss in diesen Spannungsgrenzen einwandfrei arbeiten. Dies betrifft elektrische und mechanische Funktionen, Leistung, Erwärmung, Schaltvermögen und Isolation. Insbesondere ist der weite Spannungsbereich von 67,7...120 % (fast das Verhältnis 1:2) bei den Gleichstrombahnen zu berücksichtigen.

Bei den Wechselstrombahnen wird die elektrische Ausrüstung über den Haupttransformator gespeist. Die Schwankungen der Speisespannung werden durch den Spannungsabfall im Transformator (ca. 7...12 % bei Nennstrom) verstärkt.

Auch die Schwankungen der Netzfrequenz sind bedeutend höher als in einem Landesnetz üblich.

9.2 Das Fahrdiagramm

Während der Fahrt ändern sich ständig die Parameter der Strecke sowie die Beschleunigung und die Geschwindigkeit des Zuges. Damit wird die elektrische Ausrüstung einer wechselnden Belastung unterworfen. Zur Beurteilung der Verhältnisse ist ein *Fahrdiagramm* unentbehrlich. Aus diesem sind der zurückgelegte Weg und der Verlauf der Geschwindigkeit sowie anderer für die Belastung massgebender Grössen, wie Zugkraft, Strom oder Erwärmung ersichtlich.

Für die Aufstellung des Fahrdiagramms müssen bekannt sein:
- die Streckenparameter (Neigungen, Bogen, eventuelle Besonderheiten);
- die zulässigen und die gewünschten Fahrgeschwindigkeiten in jedem Abschnitt der Strecke;
- Angaben über den Zug (Art, Masse des Triebfahrzeuges und der Anhängelast, Adhäsionslast);
- die Fahrzeugcharakteristik im Fahr- und Bremsbetrieb mit vollständigen Daten wie Schaltung, Abstufung, Motorstrom, Erregung, Grenzwerte;
- das Bremsvermögen der mechanischen Bremsen;
- besondere Anforderungen, wie gewünschte Beschleunigung, Haltestellen.

Die Berechnung erfolgt Punkt für Punkt. In gewissen Grenzen frei wählbar ist nur die Beschleunigung. Folgende zwei Varianten müssen parallel verfolgt werden:

In einem Fall ist eine bestimmte Beschleunigung erwünscht. Damit ist über die Fahrwiderstände die Zugkraft festgelegt. Dies ist beispielsweise im Nahverkehr üblich. Die Haftreibung und die Einhaltung der Grenzwerte (Zugkraft, Strom) müssen dabei überprüft werden. Eine Überschreitung zwingt zur Reduktion der Beschleunigung.

Im zweiten Fall wird die Zugkraft im Hinblick auf die Grenzwerte oder die Haftreibung festgelegt. Daraus ergibt sich die Beschleunigung. Dieser Berechnungsvorgang ist zum Beispiel bei schweren Zügen üblich.

Aus der Integration der Beschleunigung über die Zeit resultiert die Fahrgeschwindigkeit. Die nochmalige Integration ergibt den zurückgelegten Weg. Die dazu benötigte Fahrzeit ist die Summe der Zeitschritte (Integrationsabschnitte).

Durch den Verlauf der Zugkraft ist der Motorstrom über die Fahrzeugcharakteristik bestimmt.

Zur Erläuterung des Verfahrens ist im Bild 9.1 ein einfaches Fahrdiagramm für eine Fahrt zwischen zwei Haltestellen dargestellt. Die Übertragung der benötigten Werte aus der Fahrzeugcharakteristik wird durch die Spiegelung an einer Hilfsgeraden angedeutet.

Die Anfahrt beginnt im Moment $t = t_1$ (Punkt A). Der Strom und die Zugkraft bleiben bis zum Punkt B konstant. Bei Stufensteuerungen können die durch die

Abstufung verursachten Sprünge meistens vernachlässigt und durch einen Mittelwert ersetzt werden.

Der Überschuss an Zugkraft gegenüber der Summe aus Lauf-, Bogen- und Neigungswiderstand bestimmt gemäss Gleichungen 2.9 und 2.19 die Beschleunigung:

$$a = \frac{W_a}{m \ \xi \cdot 10^3} = \frac{F - W_f - W_b - W_I}{m \ \xi \cdot 10^3} \qquad \text{m/s}^2 \tag{9.1}$$

Mit einer nahezu konstanten Beschleunigung wird der Punkt B erreicht. Auch hier kann in der Regel bei mässigen Geschwindigkeiten mit einem Mittelwert des Laufwiderstandes gerechnet werden. Sonst ist eine Unterteilung des Abschnittes AB erforderlich.

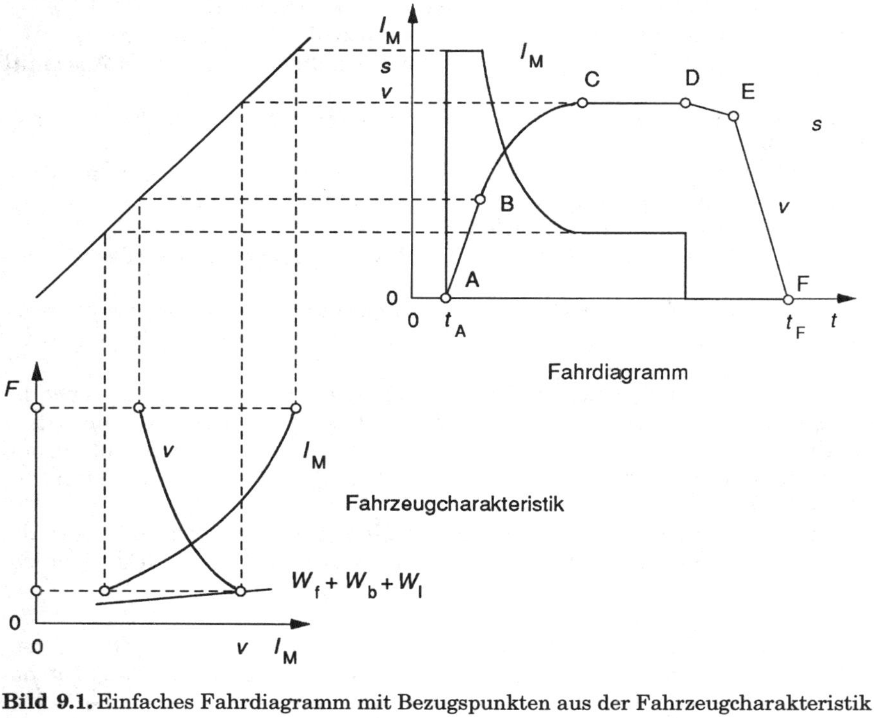

Bild 9.1. Einfaches Fahrdiagramm mit Bezugspunkten aus der Fahrzeugcharakteristik

Die Fahrgeschwindigkeit im Punkt B und der zurückgelegte Weg lassen sich einfach berechnen (mit Umrechnung auf km/h mit dem Faktor 3,6):

$$v = 3{,}6 \int_A^B a \ \mathrm{d}t \qquad \text{km/h} \tag{9.2}$$

$$s = \frac{1}{3{,}6} \int_A^B v \; dt \qquad \text{m} \tag{9.3}$$

Im Abschnitt BC fällt der Strom mit steigender Fahrgeschwindigkeit gemäss Fahrzeugcharakteristik ab. Die Beschleunigung wird kleiner. Im Punkt C wird die Beharrungsgeschwindigkeit erreicht. Hier ist $F = W_f + W_b + W_I$. Die Beschleunigung sinkt auf Null. Der theoretisch unendlich lange Vorgang gilt in der Nähe der Beharrungsgeschwindigkeit praktisch als abgeschlossen.

Bis zum Punkt D bleiben der Strom, die Fahrgeschwindigkeit und die Zugkraft konstant. Dann wird der Strom ausgeschaltet. Die Zugkraft setzt aus. Die Fahrwiderstände $W_f + W_b + W_I$ bestimmen die Verzögerung (*Auslauf*). Im Punkt E erfolgt die Betätigung der mechanischen Bremse, um den Zug bis zum Stillstand (Punkt F) abzubremsen.

Die Beschleunigung, die Fahrgeschwindigkeit und der Weg werden wie vorher berechnet.

Die für die ganze Strecke AF benötigte Fahrzeit beträgt:

$$t_{AF} = t_F - t_A = t_{AB} + t_{BC} + t_{CD} + t_{DE} + t_{EF} \tag{9.4}$$

Solche Fahrdiagramme werden für charakteristische Strecken und verschiedene vorgesehene Züge angefertigt. Die Berechnung wird nach Bedarf vereinfacht durch Aufteilung in Abschnitte mit konstanter Beschleunigung oder in äquidistante Zeitabschnitte. An Stelle der früher oft verwendeten graphischen Methoden kommen heute nur noch Rechner zur Anwendung.

9.3 Die Erwärmung

Bei konstanter Belastung einer elektrischen Maschine ändert sich ihre Temperatur nach der allgemeinen Erwärmungsrelation:

$$\Delta\vartheta = \Delta\vartheta_a + (\Delta\vartheta_\infty - \Delta\vartheta_a)(1 - e^{-t/\tau}) \tag{9.5}$$

Da die Temperatur im Betrieb ohne Gefährdung der Maschine einen bestimmten Wert nicht überschreiten darf, wird mit der vereinbarten höchsten Umgebungstemperatur auch die zulässige Erwärmung festgelegt.

Die Anfangserwärmung besteht bereits am Anfang des betrachteten Belastungsintervalls. Sie ist das Ergebnis der vorherigen Belastung. Die Enderwärmung, erst nach langer Betriebszeit mit konstanter Belastung erreichbar, ist bei unveränderten Kühlverhältnissen der Verlustleistung proportional.

Die *thermische Zeitkonstante* hängt von der thermischen Kapazität (gespeicherte Wärme) und von der Kühlung (abgegebene Wärme) ab. Sie wird bei intensiverer Kühlung kleiner.

Diese Überlegungen gelten für alle Komponenten des Stromkreises. Die zu erwartenden Erwärmungen sollen insbesondere bei Maschinen, Transformatoren, Leistungswiderständen und Leistungshalbleitern überprüft werden.

Der Erwärmungsverlauf lässt sich gemäss Gleichung 9.5 Punkt für Punkt wie beim Fahrdiagramm rechnen (Bild 9.2). Neben der Enderwärmung für jede Belastung (Strom) müssen noch die thermischen Zeitkonstanten bekannt sein.

Die elektrische Maschine ist kein homogener Körper mit einer einzigen Zeitkonstante. Die Werte können für einzelne Bestandteile (Wicklungen, Gehäuse) sehr verschieden sein. Dies ist bei der Beurteilung der Erwärmung zu beachten. Die Rechnung wird allerdings oft mit einer mittleren Zeitkonstante der Maschine durchgeführt.

Ähnliche Verhältnisse liegen bei Öltransformatoren vor. Sie haben im Vergleich zu Maschinen höhere Zeitkonstanten.

Besonders kleine Zeitkonstanten weisen die Leistungshalbleiter auf.

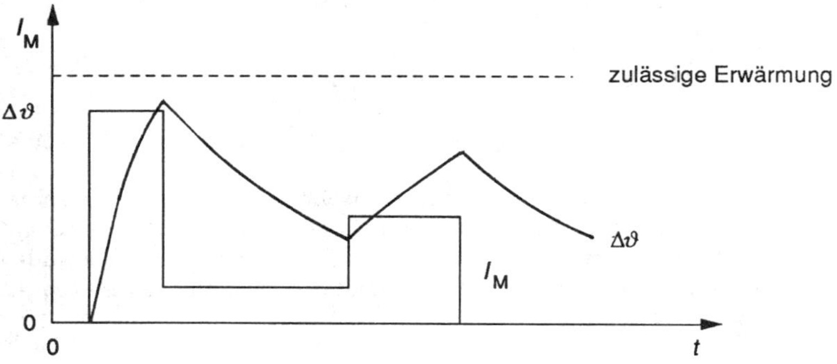

Bild 9.2. Erwärmungsverlauf in einem Fahrdiagramm

Der auf Grund des Fahrdiagramms ermittelte Erwärmungsverlauf ist für die Bestimmung der Nenndaten oder der zulässigen Belastung ausschlaggebend. Jede Komponente des Stromkreises und die Belastung müssen so aufeinander abgestimmt werden, dass die zulässigen Erwärmungen während des ganzen Betriebsablaufs nicht überschritten werden.

Kurze Belastungsschwankungen, wie sie beispielsweise während der Anfahrt bei Stufensteuerungen auftreten, dürfen durch einen äquivalenten Mittelwert (effektiver Strom) ersetzt werden, wenn das betrachtete Intervall im Verhältnis zur Zeitkonstante klein ist. Je nach Anforderungen an die Genauigkeit der Rechnung sollten diese Intervalle nicht länger als ca. 10 bis höchstens 50 % der Zeitkonstante sein.

Ein Ergebnis solcher Erwärmungsberechnungen ist der ungleiche Nennstrom für verschiedene Teile der Ausrüstung. Er beträgt zum Beispiel bei einem Haupttransformator üblicherweise nur ca. 60...80 % des Nennstromes der von ihm direkt (ohne Stromrichter oder Umrichter) zu speisenden Fahrmotoren. Neben der grösseren thermischen Zeitkonstante spielt bei Stufensteuerungen noch der Umstand eine Rolle, dass nicht immer alle Transformatorwindungen stromführend sind (Beispiele B. 1, B. 2 und B. 3).

Im Bild 9.3 ist der Erwärmungsverlauf zur Definition des Stundenstromes (siehe Abschnitt 3.7) dargestellt. Der am Anfang kalte Motor (Anfangserwärmung Null) erreicht nach einer Stunde Belastung mit diesem Strom die zulässige Erwärmung. Anschliessend muss der Strom mindestens auf den Dauerstrom reduziert werden, um eine unzulässige Übererwärmung zu vermeiden.

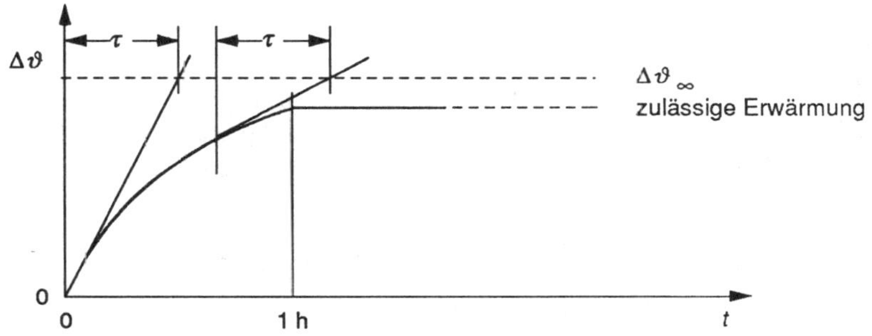

Bild 9.3. Erwärmungsverlauf beim Stundenbetrieb

Die Tangente im Anfangspunkt der Erwärmungskurve bestimmt die Zeitkonstante durch den Schnittpunkt mit der Linie der Enderwärmung. Da gemäss Gleichung 9.5 jeder Punkt der Kurve als ein Anfangspunkt betrachtet werden kann, gilt diese Konstruktion für den ganzen Verlauf der Erwärmungskurve.

Die durch internationale Regeln festgelegten zulässigen Erwärmungen basieren auf Erfahrungen, in erster Linie mit den benutzten Isolierstoffen. Sie sollen eine genügend lange Lebensdauer der Maschinen und Geräte gewährleisten. Massgebend sind die Umgebungstemperatur und die Art der Belastung.

Im Bahnbetrieb mit ständig sich ändernder Belastung werden die Höchsttemperaturen nur selten und meistens nur kurzzeitig erreicht. Deswegen können hier die Regeln höhere Erwärmungen als bei stationären Betrieben zulassen, ohne dadurch die Lebensdauer der Maschinen zu verkürzen.

9.4 Radsatz- und Drehgestellentlastung

Die Aufteilung der Gewichtskraft des Triebfahrzeuges auf Drehgestelle und einzelne Radsätze hängt von der Lage des Schwerpunktes und von der Lage des Stützpunktes am Drehgestell ab. Im Allgemeinen wird eine gleichmässige Aufteilung auf alle Triebradsätze angestrebt (Bild 9.4).

Die Kombinationen mit jeweils zwei Komponenten (zwei Drehgestelle, zwei Radsätze) ergeben eine statisch bestimmte Aufteilung der Kräfte. Bei drei Drehgestellen oder beim dreiachsigen Drehgestell muss die Federung mitberücksichtigt werden.

Die zwischen Rad und Schiene entwickelte Zugkraft und die vom Triebfahrzeug auf die gezogenen Wagen über die Zugvorrichtung übertragene Zugkraft bilden ein Kräftepaar und üben somit ein Drehmoment auf das Triebfahrzeug aus. Als Reaktion ändern sich die Stützkräfte: ein Drehgestell wird mehr belastet, das andere entlastet.

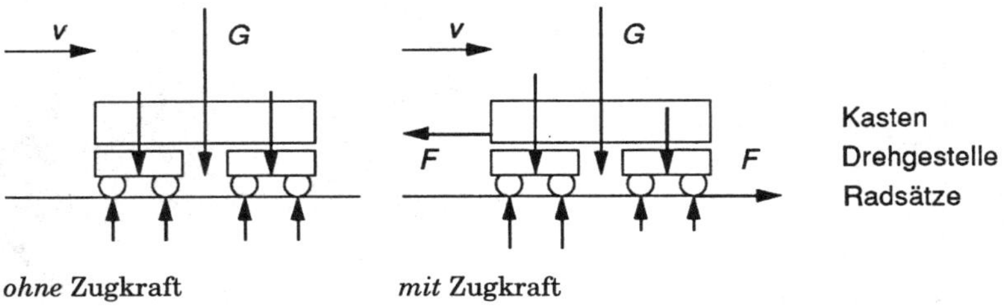

Bild 9.4. Aufteilung der Gewichtskraft auf Radsätze

Auch innerhalb des Drehgestells erfolgt eine Verlagerung der Radsatzkräfte (Bild 9.5). Im Gegensatz zur Kraft der Zugvorrichtung, die immer parallel zur Schienenebene und immer im gleichen Abstand von dieser wirkt, lässt sich die Richtung der auf den Kasten übertragenen Kraft konstruktiv beeinflussen. Eine geneigte tiefe Zugstange (Tiefzugvorrichtung) reduziert die Verlagerung.

Der vollständige Ausgleich wird erreicht, wenn die Zugkraft auf Schienenoberkante in der Mitte zwischen den Radsätzen angreift.

Ein solcher Ausgleich kann jedoch bei ungünstigen konstruktiven Verhältnissen Längsschwingungen des Fahrzeuges (Nickschwingungen des Drehgestells) verursachen.

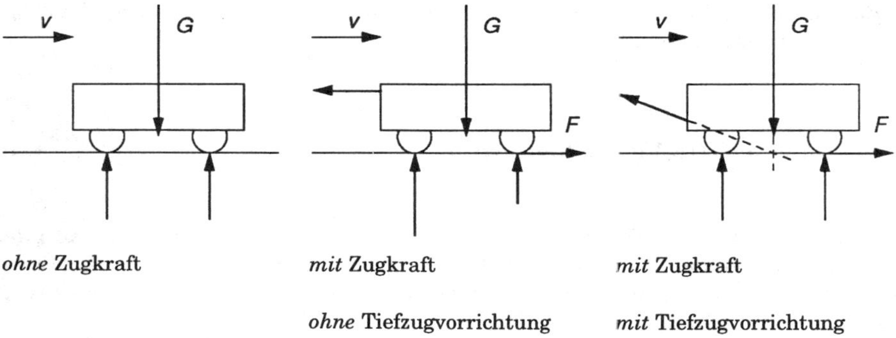

Bild 9.5. Verlagerung der Radsatzkräfte im Drehgestell

Ergänzende Massnahmen sind ein grosser Radsatzstand und besondere Ausgleichvorrichtungen (beispielsweise Druckluftzylinder mit Seilzug kombiniert), um zwischen Drehgestell und Kasten passende, der Entlastung entgegenwirkende Kräfte zu entwickeln.

Die Zugkraft bewirkt eine Entlastung des in Bezug auf die Fahrtrichtung *vorderen* Drehgestells oder Radsatzes. Die Bremskraft wirkt umgekehrt. Insbesondere wird bei der Anfahrt der vorderste Radsatz des Triebfahrzeuges entlastet.

Wegen der Verkleinerung der Radsatzkraft können die entlasteten Radsätze weniger Zugkraft übertragen. Sie neigen zum Schleudern, wenn alle Radsätze mit gleichem Drehmoment angetrieben werden, wie dies bei gemeinsam angesteuerten Fahrmotoren der Einzelantriebe der Fall ist. Beim Gruppenantrieb ist die Schleudertendenz geringer, weil die Verlagerung der Kräfte zwischen gekuppelten Radsätzen ohne Wirkung bleibt.

9.5 Die Führung des Zuges

Der Einhaltung der gewünschten *Fahrgeschwindigkeit* dient die Steuerung der Fahrmotoren im Betrieb. Sie muss dazu mit einer Regelung ergänzt werden.

Im einfachsten, heute noch immer üblichen Fall reguliert der *Triebfahrzeugführer* die Fahrgeschwindigkeit. Er vergleicht den Istwert (Anzeige des Geschwindigkeitsmessers) mit dem Sollwert (Fahrplan, verschiedene Geschwindigkeitsbegrenzungen entlang der Strecke, persönliche Erfahrungswerte beispielsweise bei bevorstehendem Halt) und erteilt der Steuer- und Bremsapparatur die erforderlichen Befehle von Hand. Damit ist der Regelkreis geschlossen.

Bei diesem Reguliervorgang muss der Führer noch weitere Grössen wie den zulässigen Strom und eine angemessene Beschleunigung berücksichtigen. Er richtet sich dabei teilweise nach Instrumenten (Motorstromanzeige), teilweise nach dem Gefühl. Dazu gehört auch die Beurteilung der Streckenverhältnisse in Bezug auf das Schleudern. Es können auch gewisse übergeordnete Eingriffe vorgesehen werden. Beim Erreichen eines bestimmten Stromwertes wird beispielsweise das weitere Aufschalten verhindert (*Strombegrenzung*).

Um den Führer zu entlasten, insbesondere bei Untergrund- und Stadtschnellbahnen, wird diese Aufgabe oft einer Regelapparatur anvertraut (*Geschwindigkeitsregler*). Der Führer stellt die gewünschte Fahrgeschwindigkeit ein. Die Apparatur sorgt für den Übergang auf den neuen Sollwert mit festgelegter Beschleunigung. Dadurch wickelt sich auch der Betrieb optimal ab. So kann mit Hilfe des Linienleiters das Bahnsteighalten des Zuges praktisch genau im vorgesehen Haltepunkt erfolgen (*Zielbremsung* mit Abweichungen von weniger als 1 m vom Zielpunkt).

Der *automatische Zugbetrieb* wurde zuerst bei den Untergrund- und Stadtschnellbahnen eingeführt. Die Automatik ersetzt den Führer. Er erteilt höchstens noch den Abfahrbefehl und greift nur in Störungsfällen ein. Die Basisinformationen (Fahrplan, Fahrzeugcharakteristik) werden im voraus im Zug gespeichert. Weitere erforderliche Informationen, in erster Linie Sollgeschwindigkeit, Zielentfernung und Zielgeschwindigkeit, werden über Linienleiter aus der zentralen Rechnerstelle übermittelt.

Bei einfachen Verhältnissen sind ortsfeste Streckenmagnete zur punktförmigen Information (Signalstellung und Ähnliches) brauchbar.

Ein vollautomatischer *führerloser* (oder *fahrerloser*) *Zugbetrieb* wird in der ganzen Welt immer öfter realisiert. Besonders erwähnenswert ist der 1983 eröffnete führerlose U-Bahn-Betrieb in Lille (Frankreich) mit damals etwa 60 000 Fahrgästen pro Tag [1, 121]. Daraus ist heute das weltweit grösste vollautomatische Stadtbahnnetz mit 45 km Länge entstanden [45].

9.6 Die Anfahrt

Ein wesentlicher Unterschied zwischen den alten Stufensteuerungen und den heutigen stufenlosen Steuerungen wird bei der Anfahrtsproblematik ersichtlich.

Während der Anfahrt wird der Zug vom Stillstand auf die gewünschte Fahrgeschwindigkeit beschleunigt. Beim Durchschalten einer Anzahl Fahrstufen der Stufensteuerung treten unvermeidbare Zugkraftsprünge auf. Die stufenlosen Steuerungen ergeben dagegen einen kontinuierlichen Verlauf der Zugkraft.

Je nach Belastung und Neigung ist eine kleinere oder grössere Anfahrzugkraft erforderlich. Die Abstufung soll so gewählt werden, dass bei allen Betriebsverhältnissen eine möglichst stossfreie Anfahrt erfolgt. Dies gilt auch für Geschwindigkeitsänderungen während der Fahrt sowie für die elektrische Bremsung.

Die Festlegung der Abstufung ist aus diesem Grunde ein Kompromiss zwischen dem Aufwand an Schaltapparatur und dem Fahrkomfort. Die feinere Abstufung lässt eine bessere Ausnutzung der Haftreibung zu, weil bei kleineren Zugkraftsprüngen eine grössere mittlere Zugkraft bei gleichen Spitzenwerten erreicht wird. Auch in dieser Hinsicht ist eine stufenlose Steuerung ideal.

Bei einer guten Abstufung (sofern heute noch überhaupt eine Abstufung als gut bezeichnet werden kann) dürfen die Zugkraftsprünge 15...20 % der mittleren Anfahrzugkraft nicht überschreiten. Für bescheidenere Ansprüche sind Werte von 30...35 % noch tragbar.

Als Beispiel kann im Bild 9.6 die Anfahrt unter voller Belastung für ein Gleichstrom-Triebfahrzeug verfolgt werden. In der Fahrzeugcharakteristik für konstante Speisespannung mit Widerstandsstufen ist der Ablauf der Anfahrt dick ausgezogen.

Die Anfahrt beginnt in der Schaltung Serie. Der Führer muss zuerst auf eine genügend hohe Fahrstufe aufschalten, um die zur Anfahrt benötigte Zugkraft zu erreichen. Dann setzt sich der Zug in Bewegung. Mit steigender Fahrgeschwindigkeit sinkt der Strom. Beim Erreichen eines bestimmten Stromes (*Zuschaltstrom*) schaltet der Führer auf die nächste Stufe. Nach der letzten Stufe Serie folgt die erste Stufe in der Schaltung Parallel. Auf der letzten Stufe Parallel (wirtschaftliche Fahrstufe) ist der Vorgang beendet. Mit abnehmender Beschleunigung erreicht der Zug die konstante Beharrungsgeschwindigkeit.

Der Zuschaltstrom hängt von der Belastung und von der gewünschten Beschleunigung ab. Er muss auf jeden Fall so tief liegen, dass beim Schalten auf die nächste Fahrstufe der höchstzulässige Strom I_{max} nicht überschritten wird.

Ähnlich erfolgt die Anfahrt bei einem Wechselstrom-Triebfahrzeug. Jede Fahrstufe ist hier eine wirtschaftliche Fahrstufe, die für die Beharrungsfahrt benutzt werden darf.

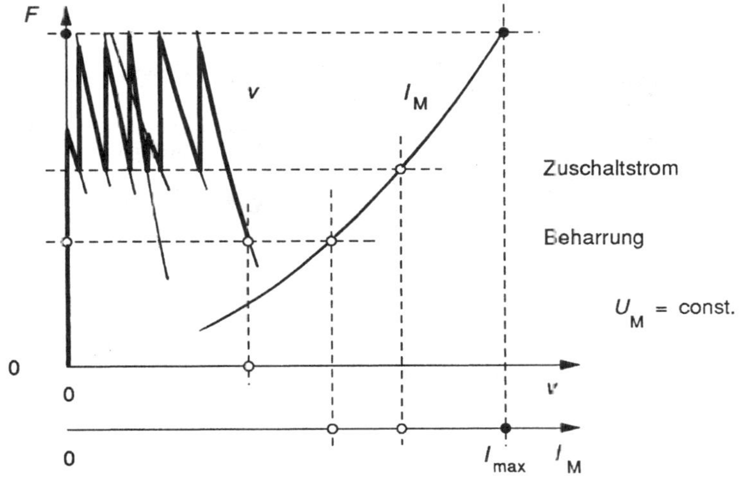

Bild 9.6. Anfahrt mit Stufenwiderständen (Gleichstrom)

Die seinerzeit mühevolle Festlegung der Abstufung erfolgte auf Grund der Fahrmotorcharakteristik unter Berücksichtigung der tolerierbaren Zugkraftsprünge, und zwar für verschiedene Belastungsfälle, von einer schweren bis zu einer leichten Anfahrt. Durch Stufenverschiebungen im aufgezeichneten Kurvenbild erfolgte dann die Optimierung, die durch konstruktive Gegebenheiten (realisierbare Widerstandswerte, kleine Windungszahlen des Transformators bei Niederspannungssteuerung) zusätzlich eingeengt war.

Die Vorschaltwiderstände zu den Fahrmotoren, wie sie bei den Gleichstrom-Stufenschaltungen angewendet werden, verursachen bei der Anfahrt Verluste. Diese lassen sich in einem idealisierten Anfahrdiagramm (extrem feine Abstufung, Speisespannung, Strom und Beschleunigung konstant, verlustloser Fahrmotor) veranschaulichen (Bild 9.7).

Während der Anfahrt mit konstanter Beschleunigung steigt die Fahrgeschwindigkeit linear an. Nach den Gleichungen 3.8...3.10 bleibt der Strom konstant und die Motorspannung steigt ebenfalls linear an. Die Differenz zur konstanten Speisespannung wird vom Vorschaltwiderstand übernommen.

Das Netz übergibt die Leistung $U\,I_M$. Davon übernimmt der Motor den nützlichen Anteil $U_M\,I_M$. Die Differenz $(U - U_M)\,I_M$ ist die Verlustleistung, die in den Widerständen in Wärme umgesetzt wird. Die Energie als Produkt der Leistung und der Zeit entspricht im Diagramm einer Fläche.

Nach Abschluss der Anfahrt sind die Verluste gleich gross wie die nützliche Energieaufnahme des Motors, falls keine Umgruppierung vorgenommen wird. Dies bedeutet, dass bei jeder Anfahrt ein *Energieverlust* entsteht, der gleich gross ist, wie die *gesamte kinetische Energie* des Zuges.

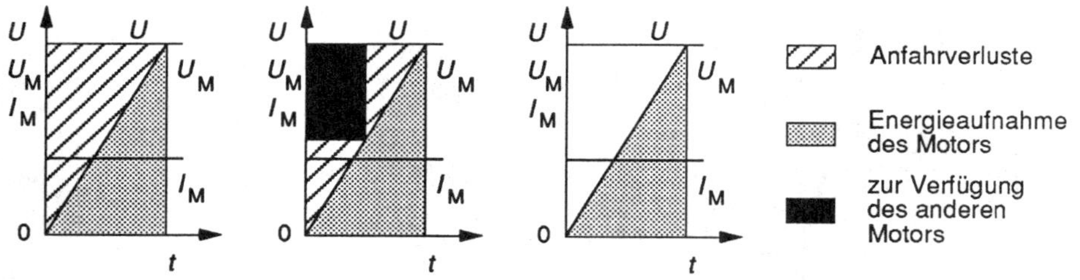

Stufenwiderstand	*Stufenwiderstand*	*ohne Widerstand*
keine Umgruppierung	Umgruppierung Serie/Parallel	Gleichstromsteller Stufentransformator Stromrichter

Bild 9.7. Energiebilanz zur Anfahrt

Der Gruppierungswechsel von der Schaltung Serie auf die Schaltung Parallel bei halber Geschwindigkeit reduziert die Anfahrverluste auf die Hälfte, weil in der Schaltung Serie der Vorschaltwiderstand nur die Spannungsdifferenz zur halben Speisespannung übernehmen muss.

Der Vorschaltwiderstand mit seinen Verlusten entfällt beim Gleichstromsteller sowie bei Steuerungen über Stufentransformator oder Stromrichter.

9.7 Die Überbeanspruchung der Haftreibung

Eine unangenehme Störung der geregelten Führung des Zuges ist die Überschreitung der Grenze der Haftreibung, die ohne Gegenmassnahmen zum Schleudern (bzw. zum Gleiten) führt.

Ohne zusätzliche Regelung neigen die Fahrmotoren, je nach Stromsystem, Schaltung und Antriebsart, verschieden stark zum Schleudern.

Wichtig ist als Erstes der Verlauf der Drehzahl/Drehmoment-Charakteristik im Arbeitspunkt (Bild 9.8). Eine kleine Drehzahlerhöhung bewirkt bei steiler Charakteristik eine starke Drehmomentabnahme. Damit ist die Möglichkeit grösser, dass ein aufgetretenes leichtes Schleudern im Makroschlupfbereich (siehe Abschnitt 2.9) von selbst aufhört. Allerdings darf dabei die Regelung durch Nachführen des Drehmoments nicht ungünstig eingreifen.

Die Charakteristik des Einphasenwechselstrommotors mit Reihenschlusserregung ist wegen induktiver Spannungsabfälle weniger steil als diejenige des Gleichstrommotors. Deswegen weist der Wechselstrommotor eine grössere Schleudertendenz auf.

Die gemischte Erregung vermindert die Schleudertendenz. Noch günstiger ist die reine Fremderregung. Der Drehstrommotor verhält sich diesbezüglich wie ein fremderregter Kollektormotor.

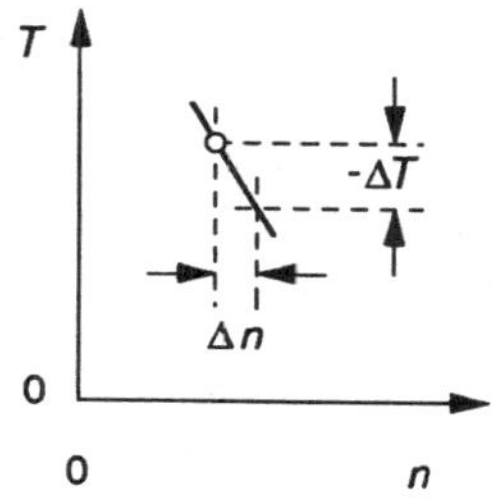

Bild 9.8. Einfluss der Fahrmotorcharakteristik auf die Schleudertendenz

In Serie geschaltete Motoren neigen mehr zum Schleudern als parallel geschaltete. Der schleudernde Motor einer in Serie geschalteten Motorengruppe nimmt, ohne sich dabei zu entlasten, mehr Spannung auf als die anderen Motoren, weil der Strom und somit auch das Drehmoment für die ganze Gruppe gleich bleiben müssen. In Schaltung Parallel bleibt dagegen die Motorspannung unverändert und der schleudernde Motor wird entlastet. Gleiches Verhalten zeigen Stromrichterschaltungen mit gebundener Motorspannung (wie im Bild 5.4).

Durch eine zusätzliche Parallelschaltung der Erregerwicklungen über eine Ausgleichleitung lässt sich die Schleudertendenz parallel geschalteter Reihenschlussmotoren verringern. Die Erregung des schleudernden Motors bleibt dann praktisch unverändert. Somit weisen die Motoren den in Bezug auf das Schleudern günstigen Nebenschlusscharakter auf (Beispiele B. 1 und B. 2).

Die Drehmomentpulsation des Einphasenwechselstrommotors wirkt sich auf die Schleudertendenz nachteilig aus.

Stufenlose Steuerungen sind auch aus dieser Sicht besonders günstig, weil die Zugkraftspitzen beim Stufenschalten wegfallen.

Ausserdem ermöglichen heutige Schaltungen ohne übermässigen Aufwand die getrennte Ansteuerung der Fahrmotorengruppen oder der einzelnen Motoren. Dies wird im Allgemeinen bei vierachsigen Lokomotiven zur selektiven Drehmomentvorgabe an beide Drehgestelle genutzt, um die Zugkraft der Drehgestellentlastung durch das Moment der Zugvorrichtung anzupassen. Die selektive Einzelansteuerung der Fahrmotoren ist der Idealfall.

Diese Überlegungen beziehen sich auf die statische Motorcharakteristik, die sich bei unveränderter Speisung des Motors ergibt.

Falls keine Regelung vorhanden ist, muss der Führer eingreifen und die Zugkraft so lange stark reduzieren, bis das Schleudern aufhört. Im gleichem Sinne arbeitet eine in den meisten Fällen vorhandene Schleuderschutzeinrichtung (siehe Abschnitt 6.7).

Ein wirksames einfaches Mittel gegen Schleudern ist, neben dem altbekannten Sanden, das vorübergehende leichte Anziehen der mechanischen Bremse, womit die auf die Triebräder übertragene Zugkraft reduziert wird. Der Führer kann diese Schleuderbremse nach eigenem Ermessen betätigen.

Um eine optimale Kraftschlussausnutzung zu erreichen, ist eine übergeordnete Regelung erwünscht, die den Verlauf der Schlupfcharakteristik (Bild 2.6) berücksichtigt und die Schleudergrenze frühzeitig erkennt.

Eine einfache Geschwindigkeitsregelung mit Zugkraftvorgabe ohne Schleuderschutzeingriff, die im Mikroschlupfbereich gut funktioniert, würde den aufgetretenen Makroschlupf über das Haftwertmaximum bis zur Regelgrenze erhöhen.

Ausgereifte Regelungen der Umrichtertechnik ermöglichen einen sicheren Betrieb auch im Bereich des Haftwertmaximums, sogar ohne Erfassung der Motordrehzahl über eingebaute Drehzahlgeber. Durch Messung der elektrischen Grössen (Strom, Spannung, Frequenz) lassen sich der elektrische Schlupf und somit das Drehmoment und die Drehzahl bestimmen.

9.8 Die Problematik hoher Geschwindigkeiten

Fahrgeschwindigkeiten bis 200 km/h für Reisezüge und 120 km/h für besondere Güterzüge gelten bereits heute in vielen Fällen bei wichtigen Strecken im Flachland als Standard.

Nach dem heutigen Stand der Technik lassen sich recht problemlos Geschwindigkeiten bis mindestens 350 km/h bewältigen. Mit besonderen Massnahmen konnten bei Versuchsfahrten in Deutschland und Frankreich mehrmals Geschwindigkeiten von über 400 km/h erreicht werden. Die Rekordmarke liegt zur Zeit bei 515,3 km/h [99, 122].

Die Voraussetzung für hohe Fahrgeschwindigkeiten ist ein kostenintensiver Unterhalt der Gleisanlage und der Fahrleitung sowie der Triebfahrzeuge (in erster Linie Radreifen, Federung und Stromabnehmer).

Bei erstklassiger Gleisausführung und grossen Krümmungsradien kann die Spurführung als gesichert betrachtet werden. Geschwindigkeitsbegrenzend ist nach heutigen Erfahrungen in erster Linie die Fahrleitung (Wellenausbreitungsgeschwindigkeit, siehe Abschnitte 6.1 und 12.7).

Infolge des mit der dritten Potenz der Geschwindigkeit ansteigenden Luftwiderstandes verlangen hohe Fahrgeschwindigkeiten eine sehr hohe Antriebsleistung. Beim Übergang von 300 km/h auf 500 km/h müsste sie somit fast auf das Fünffache ansteigen. Im Tunnel ist der Leistungsbedarf besonders gross. Ausrüstungen für solche Leistungen lassen sich mit heutigen Mitteln nicht mehr in das Fahrzeug einbauen und die benötigten Zugkräfte nicht durch Adhäsion auf die Schiene übertragen. Auch der Energieverbrauch wäre enorm.

Der erforderliche Bremsweg beträgt bei 300 km/h über 4 km. Er steigt mit der zweiten Potenz der Geschwindigkeit.

Auch die Beschleunigungszeiten werden länger. Nur bei genügend grossen Haltestellenabständen lassen sich namhafte Reisedauerverkürzungen realisieren. Deswegen ist die Frage berechtigt, ob ein genügender Bedarf nach extrem hohen Geschwindigkeiten überhaupt vorhanden ist.

Schon im Hinblick auf den Energieverbrauch und die Unterhaltskosten dürfte die vernünftige Grenze der planmässigen Fahrgeschwindigkeiten bei konventionellen Bahnsystemen in absehbarer Zukunft bei 350 km/h liegen.

Ein paar Zahlen zu einigen neu gebauten Hochgeschwindigkeitsstrecken illustrieren den erreichten Stand:

Das LGV-Netz in Frankreich (Lignes à Grande Vitesse), in 1981 angefangen, umfasst 1520 km (Stand Juli 2001) und wird überwiegend mit 300 km/h befahren. Seit Eröffnung über 1 Milliarde Fahrgäste in den TGV-Zügen (Trains à Grande Vitesse), praktisch ein unfallfreier Betrieb. Weitere Strecken für 320 km/h werden gebaut [45].

Die Neubaustrecke Madrid-Barcelona (Spanien) 625 km, Höchstgeschwindigkeit 350 km/h, im Bau und demnächst in Betrieb als Verlängerung der Neubaustrecke Sevilla-Madrid [8, 45].

Das Shinkansen-Netz in Japan, 1964 mit der ersten Hochgeschwindigkeitsstrecke der Welt eröffnet (damals 210 km/h, heute 270...300 km/h), umfasste Ende 2002 die Hauptlinie über Tokyo (1670 km) und einige Abzweig- und Umspurstrecken. Seit Eröffnung und bis Mitte 2002 ca. 5 Milliarden Fahrgäste ohne Schaden durch ein Zugunglück [47, 123].

Die Neubaustrecke Köln-Rhein/Main, Deutschland, 177 km, ist für eine Höchstgeschwindigkeit von 330 km/h mit verhältnissmässig kleinen Kurvenradien (bis 3350 m) und beachtlichen Neigungen (bis 40 ‰) gebaut worden. Im Regelbetrieb beträgt die Höchstgeschwindigkeit 300 km/h, höhere Werte, 330 km/h bis sogar 400 km/h, sollen möglich sein [45, 124].

Alle diese Strecken sind für Normalspur gebaut und elektrifiziert mit Einphasenwechselstrom 50 Hz, 25 kV (Frankreich und Spanien), 50 oder 60 Hz, 25 kV (Japan) bzw. 16 2/3 Hz, 15 kV (Deutschland).

9.9 Interoperabilität

Um den internationalen Bahnverkehr im europäischen Raum zu erleichtern, wird eine Harmonisierung der in verschiedenen Ländern im Laufe der Zeit entstandenen technischen Unterschiede angestrebt. Sie soll im Rahmen der wirtschaftlichen Möglichkeiten erfolgen. Die wesentlichen Unterschiede, welche die *Interoperabilität* heute erschweren, sind:

- Spurweite,
- Lichtraumprofil,
- Stromsystem,
- Fahrleitung und Stromabnehmer.
- Fahrweg- und Zugsicherung.

Spurweite

Glücklicherweise verwenden die meisten europäischen Hauptbahnen die Nomalspur. Probleme entstehen im Verkehr mit Spanien/Portugal (Breitspur) und mit dem russisch/finnischem Raum (andere Breitspur). Ein Umbau auf Normalspur kommt kaum in Frage. Direkt verkehrende Wagen werden der Spurweite angepasst, und zwar durch umspurbare Radsätze (Spanien) oder durch den Drehgestellwechsel (Russland). Neue Hochgeschwindigkeitsstrecken, wie Sevilla-Madrid-Barcelona, für Normalspur gebaut, sind Schritte zur Vereinheitlichung.

Lichtraumprofil

Obwohl längst standardisiert, weist das Lichtraumprofil normalspuriger Strecken in Europa gewisse Unterschiede auf, die von Fall zu Fall unangenehme Beschränkungen diktieren. Gravierend ist die Differenz zum kleineren Lichtraumprofil der britischen Bahnen [125].

Stromsystem

Eine Vereinheitlichung, die nur in die Richtung von 50-Hz-Einphasenwechselstrom gehen könnte, ist schon aus wirtschaftlichen Gründen nicht vorstellbar. Neben dem ohnehin veralteten englischen System mit Speisung über die dritte Schiene dürfte in weiterer Zukunft höchstens noch das Gleichstromsystem tieferer Spannung (1,5 kV) verschwinden. Die heutige Lösung stellen Mehssystem-Triebfahrzeuge in Umrichtertechnik oder die Dieseltraktion dar.

Fahrleitung und Stromabnehmer

Die unterschiedliche Verlegung der Fahrleitung kann zwei verschiedene Stromabnehmer auch bei gleichem Stromsystem verlangen, wie beim Übergang Deutschland/Schweiz. Eine Vereinheitlichung wäre für bestehende Strecken zu teuer. Die Fahrleitungen neuer oder umgebauter Strecken, für Geschwindigkeiten um 200 km/h oder höher gebaut, sollen einen standardisierten Stromabnehmer zulassen.

Fahrweg- und Zugsicherung

Die von Land zu Land verschiedenen Sicherheitseinrichtungen bedingen für den grenzüberschreitenden Verkehr die Ausrüstung der Triebfahrzeuge mit mehrfacher Apparatur. Dazu kommen unterschiedliche Dienstanweisungen für den Führer sowie die Sprachbarrieren. Abhilfe wird in dem Zugbeeinflussungssystem ETCS gesucht (siehe Abschnitt 6.8). Ein standardisierter Führertisch dürfte auch die Bedienung der Fahrzeuge vereinheitlichen.

Die Basis für die Interoperabilität

Die Basis für den grenzüberschreitenden Bahnverkehr im europäischen Raum bildet die hundertjährige Normierung der mechanischen Zugkupplung sowie der Druckluftbremse. Sie ist noch heute gültig und insbesondere für den Güterverkehr unerlässlich.

9.10 Der Unterhalt der Triebfahrzeuge

Der regelmässige, sorgfältige *Unterhalt* (*Wartung*, *Instandhaltung*) ist die Voraussetzung für die Betriebssicherheit der Fahrzeuge.

Die notwendigen Arbeiten sollen nach einer bestimmten Betriebszeit oder nach einer bestimmten Laufleistung durchgeführt werden. Diese Erfahrungswerte hängen von den technischen Eigenschaften sowie vom Betriebseinsatz ab. Die sich daraus ergebenden Intervalle sind verschieden lang.

Zur Verringerung der Kosten und der Stillstandszeiten der Fahrzeuge werden diese Unterhaltsarbeiten planmässig in Gruppen zusammengefasst. Der Rhythmus hängt vom schwächsten Glied ab. Bei einer modernen Lokomotive sind die Radreifen die am stärksten dem Verschleiss unterworfenen Teile. Deswegen basiert der Arbeitsplan auf dem zur Berichtigung der Radreifen (Radreprofilierung) notwendigen Intervall. Es beträgt meistens 200 000...600 000 km (Revisionsintervall). Bei hohen Fahrgeschwindigkeiten können auch kürzere Abstände angemessen sein (Frankreich, 80 000 km) [126].

Einige Arbeiten lassen grössere Zeitabstände zu. Solche werden dann bei jeder zweiten oder dritten Revision durchgeführt. Dazu gehört beispielsweise das Überdrehen der Fahrmotorkollektoren.

Andere Arbeiten verlangen kürzere Fristen. Das Revisionsintervall wird entsprechend unterteilt. Kontrollen und Pflege (Schmierdienst, Schleifstücke) werden wöchentlich, zum Teil täglich, durchgeführt.

Der Unterhalt einer Lokomotive mit Kollektormotoren könnte beispielsweise nach folgendem Plan erfolgen:

täglich	Kontrolle: Laufwerk, Bremsen
wöchentlich	Pflege: Schmierdienst, Sand, Bremssohlen
nach 4000...12 000 km	Kontrolle: Radreifen, Schleifstücke (Stromabnehmer)
nach 20 000...80 000 km	Kontrolle: Bürsten (Fahrmotoren, Hilfsbetriebe) Revision der Schaltapparate Erneuerung der Schleifstücke und Abbrandkontakte (Schaltapparate)
nach 375 000 km	Radreprofilierung (Abdrehen), Kontrolle der Fahrmotoren
nach 750 000 km	Abheben des Lokomotivkastens, Auswechslung der Radreifen
nach 1 500 000 km	Revision der Fahrmotoren, Überdrehen der Kollektoren, Gesamtuntersuchung der Lokomotive
nach 4 500 000 km	Totale Zerlegung der Lokomotive, Erneuerung der Verkabelung, eventuelle Modernisierungen

Bei guter Kommutierung beträgt die Kohlenabnützung der Fahrmotorenbürsten 0,1...0,2 mm pro 1000 km Laufleistung. Im Nahverkehr treten etwas höhere Werte bis ca. 0,5 mm auf [66].

Gut ausgenutzte Triebfahrzeuge im Vollbahndienst erreichen mittlere Laufleistungen von 200 000...300 000 km im Jahr. Die Spitzenwerte bei Hochgeschwindigkeitszügen in Deutschland und Frankreich liegen bei 500 000 km [8, 45]. Die gesamte Nutzungszeit der Lokomotive kann mit 40...60 Jahren angesetzt werden [1, 59, 127].

Die Wartung moderner Triebfahrzeuge ist wegen besserer Zugänglichkeit und neuer Technologie einfacher, obwohl die Komplexität stark gestiegen ist. Umfangreiche Diagnosesysteme ermöglichen eine Frühwarnung im Betrieb. Der rasche Generationenwechsel elektronischer Komponenten verursacht allerdings Probleme beim Ersatz [128].

Benachbarte Traktionsgebiete

10. Thermoelektrische Triebfahrzeuge

10.1 Thermische Triebfahrzeuge

Bei thermischen Triebfahrzeugen wird die zum Antrieb benötigte Energie als Brennstoff mitgeführt und in einem *Verbrennungsmotor* in mechanische Energie umgesetzt.

Der wichtigste zu diesem Zweck überall verwendete Verbrennungsmotor ist der *Dieselmotor*. Eine gewisse Verbreitung hat auch die bedeutend leichtere *Gasturbine* gefunden. Ihr Wirkungsgrad ist jedoch schlechter, insbesondere bei Teillast. Der *Benzinmotor* kommt wegen hoher Betriebskosten nur bei kleinsten Leistungen, zum Beispiel bei Traktoren, in Betracht.

Der Wirkungsgrad des Dieselmotors beträgt im Bestpunkt 33...40 %. Bei der Gasturbine erreicht er 21 %, beim Benzinmotor 25 % [14, 129].

Die klassische Dampflokomotive mit Kolbendampfmaschine zählt nicht zu dieser Kategorie, weil sie eine direkte Kraftkopplung verwendet. Als Sonderfall sind dagegen Triebfahrzeuge mit *Dampfturbine* einzuschliessen, weil sie, abgesehen von der Dampferzeugungsanlage, eine ähnliche Ausrüstung zur Kraftübertragung wie die Lokomotiven mit Verbrennungsmotoren aufweisen. Sie haben einen bedeutend besseren Wirkungsgrad als die übliche Dampflokomotive.

Im Rahmen der für ein thermisches Triebfahrzeug benötigten Leistungen bietet der Dieselmotor bei einer genügenden Betriebssicherheit, mässigem Gewicht und leichter Bedienung die wirtschaftlichste Lösung. Das ist der Grund für seine heutige breite Verwendung (*Dieseltraktion*). Die Zukunft erfordert allerdings einen Brennstoffersatz für das kostbare Erdöl.

Anderseits verlangt der Dieselmotor eine der Belastung gut angepasste Drehzahl. Die Kraftübertragung zu den Triebradsätzen muss deswegen veränderliche Fahrgeschwindigkeiten bei konstanter Drehzahl des Dieselmotors ermöglichen.

Die *Kraftübertragung* zu den Triebradsätzen kann erfolgen:

- *mechanisch*: über ein Schaltgetriebe, ähnlich wie beim Auto (geeignet nur für kleinste Leistungen);
- *hydraulisch*: durch Zwischenschaltung hydraulischer Drehmomentwandler und Kupplungen (*dieselhydraulische Triebfahrzeuge*);

– *elektrisch*: der Dieselmotor treibt einen Generator an, welcher die elektrischen Fahrmotoren mit Strom versorgt (*dieselelektrische Triebfahrzeuge*).

Beim Benzinmotor wird praktisch nur die mechanische Kraftübertragung verwendet. Gas- und Dampfturbinen werden in der Regel mit elektrischer Übertragung betrieben.

Thermoelektrische Triebfahrzeuge sind thermische Triebfahrzeuge mit elektrischer Kraftübertragung. Der mitgeführte Stromerzeuger, einschliesslich Brennstoffvorrat, beansprucht Platz und Gewicht. Deswegen lassen sich so grosse Leistungen wie bei rein elektrischen Triebfahrzeugen nicht realisieren. Sie liegen meistens um 2000...3000 kW, mit Spitzenwerten von über 6000 kW [45].

10.2 Dieselelektrischer Antrieb

Die Fahrmotoren der klassischen dieselelektrischen Lokomotive sind Gleichstrom-Reihenschlussmotoren üblicher Bauart. Den Strom liefert ein *Gleichstromgenerator* oder ein *Drehstrom-Synchrongenerator* mit nachgeschaltetem Gleichrichter. Die Steuerung der Fahrmotoren ist dabei einfach, weil die Generatorspannung beliebig verstellbar ist.

Auch auf diesem Gebiet wird heute generell die Umrichtertechnik mit Gleichstrom-Zwischenkreis gefolgt vom Wechselrichter und Drehstrom-Fahrmotoren verwendet. An Stelle der Fahrleitung speist der Generator den Zwischenkreis. Hier lässt sich auch der einfachere Drehstrom-*Asynchrongenerator* einsetzen, der den Magnetisierungsstrom über einen Wechselrichter aus dem Zwischenkreis bezieht (Beispiel 32) [130].

In vielen Teilen unterscheidet sich die elektrische Ausrüstung einer dieselelektrischen Lokomotive somit kaum von der Ausrüstung eines elektrischen Triebfahrzeuges. Die durch den Dieselmotor diktierte Leistung ergibt jedoch ein grundsätzlich anderes Betriebsverhalten.

Je nach Ausführung beträgt die Drehzahl des Dieselmotors bei voller Leistung 1400...2200 1/min (schnellaufende Motoren) oder 700...1100 1/min (langsamlaufende Motoren, insbesondere in Übersee) [129]. Bei Teilast sind niedrigere Drehzahlen erwünscht. Der Generator muss sich dieser Forderung anpassen.

Die Verhältnisse und die seinerzeit entwickelte Technik lassen sich am einfachsten am Beispiel des viel verwendeten gegenkompoundierten Gleichstromgenerators erläutern (Bild 10.1).

Die Generatorcharakteristik (Bild 10.2) folgt aus der kombinierten Erregung. Die feste Nebenschlusserregung und die regulierbare Fremderregung bestimmen zusammen die Leerlaufspannung. Die starke Gegenkompoundierung reduziert die Generatorspannung bei steigendem Strom derart, dass der zulässige Stromwert auch bei stillstehendem Fahrmotor und voller Drehzahl sowie Fremderregung des Generators (Kurzschluss) nicht überschritten wird. Deswegen kann der Fahrmotor grundsätzlich ohne jede Steuerapparatur direkt an die Klemmen des Generators angeschlossen werden.

Bei der betrachteten Drehzahl kann der Dieselmotor seine volle Leistung abgeben. Auf der Generatorseite entspricht die Leistung dem Produkt $U I_M$, das in der Charakteristik auf einer Hyperbel (*Hyperbel konstanter Leistung*) liegt, wobei noch der Wirkungsgrad des Generators zu berücksichtigen ist.

In den Bereichen AB und CD der Charakteristik ist der Dieselmotor unterbelastet. Sein Regler drosselt die Brennstoffzufuhr. Dagegen muss im Bereich BC die Generatorcharakteristik auf die Hyperbel konstanter Leistung angepasst werden, weil der Dieselmotor kaum überlastbar ist. Die optimale Anpassung erfolgt durch die Reduktion der Fremderregung. Damit sinkt die Generatorspannung auf den gewünschten Wert.

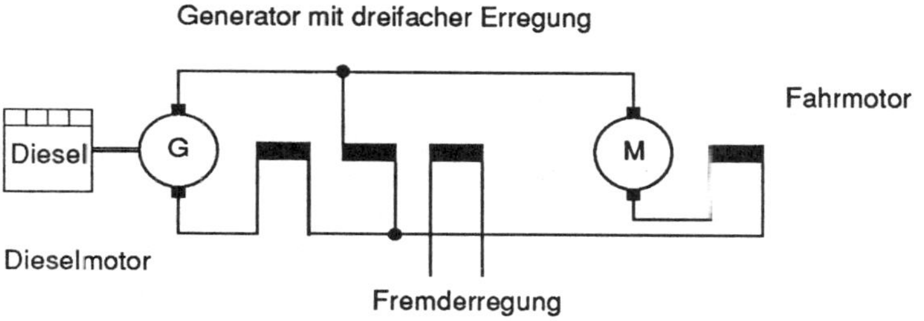

Bild 10.1. Grundsätzliche Schaltung der klassischen Diesellokomotive

Zur Anfahrt der Lokomotive schaltet der Führer die Fahrmotoren an den laufenden und voll erregten Generator. Der hohe Motorstrom ergibt eine grosse Zugkraft. Der Zug fährt an (Punkt A). Mit steigender Fahrgeschwindigkeit steigt auch die Spannung bei leicht abnehmendem Strom bis zum Punkt B. Hier entwickelt der Dieselmotor die volle Leistung.

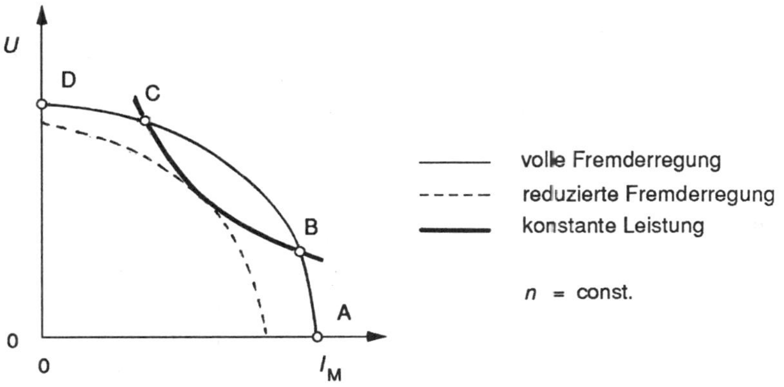

Bild 10.2. Die Generatorcharakteristik

Nun muss der Spannungsregler eingreifen. Zuerst wird entlang der Hyperbel konstanter Leistung die Erregung reduziert. Im weiteren Verlauf erfolgt wieder die Verstärkung der Erregung bis zum Punkt C.

Meistens wird irgendwo im weiten Bereich BC mit sinkendem Strom die Beharrungszugkraft erreicht. Der Zug fährt nun mit konstanter Fahrgeschwindigkeit weiter, wobei der Dieselmotor mit voller Leistung arbeitet.

Dank dieser Generatorcharakteristik erfolgt somit eine Anfahrt bis zur Beharrungsgeschwindigkeit, ohne dass der Führer den Ablauf steuern muss. Die der notwendigen Zugkraft und der Leistung des Dieselmotors entsprechende Geschwindigkeit stellt sich automatisch ein. Die Vorteile einer solchen Steuerung sind die leichte Bedienung und die beste Wirtschaftlichkeit wegen der optimalen Ausnutzung des Dieselmotors.

Bei leichteren Zügen erfolgt die Beharrung erst bei Vollerregung im Bereich CD (kleine Zugkraft bei kleinem Motorstrom).

Die so erreichbare Fahrgeschwindigkeit kann auch zu hoch sein (leichte Züge, Ebene, Geschwindigkeitsbeschränkungen). In diesem Fall vermindert der Führer den Sollwert der Dieselmotorleistung stufenlos oder in Stufen. Jeder Leistungsstufe ist eine optimale Drehzahl des Dieselmotors zugeordnet. Die kleinste Drehzahl (Leerlauf) beträgt ca. 30...45 % der Drehzahl bei voller Leistung [129].

Die verkleinerte Drehzahl bei verminderter Leistung des Dieselmotors ergibt eine reduzierte Generatorspannung bei gleichem Strom. Daraus resultiert bei der benötigten Zugkraft eine kleinere Fahrgeschwindigkeit .

Bei einfachen Verhältnissen kann auf die Spannungsregelung über die Erregung verzichtet werden. Im Bereich BC der Generatorcharakteristik wird dann der Dieselmotor überlastet. Er reagiert mit Drehzahlabfall (*Drehzahldrückung*) und damit auch mit Leistungsabfall bis das Gleichgewicht der Leistungen wieder hergestellt ist [14]. Diese *Charakteristiken-Steuerung* ergibt einen weniger wirtschaftlichen Betrieb, weil der Dieselmotor unter ungünstigen Bedingungen arbeiten muss. Ausserdem wird seine volle Leistung nur in einem kleinen Bereich ausgenutzt. Andererseits stellt die Charakteristiken-Steuerung zusätzliche Anforderungen an den Generator (gute Anpassung der Charakteristik an die Hyperbel konstanter Leistung durch geringe Sättigung und starke Gegenkompoundierung), um die unerwünschte Drehzahldrückung auf ein Minimum zu beschränken.

Ähnlich lässt sich die Steuerung über die Generatorspannung beim Drehstrom-Synchrongenerator anwenden. Der Generator kann auch mit konstanter Spannung betrieben werden und dann gleichzeitig die Energie für die Zugheizung abgeben. In diesem Fall sind die Fahrmotoren separat zu steuern.

10.3 Die Stromkreise

Dank der Charakteristik des Generators benötigt der Stromkreis der Gleichstrom-Fahrmotoren in der klassischen dieselelektrischen Lokomotive grundsätzlich nur noch den Wendeschalter und die Motortrennschütze. Die Steuerung bleibt auf die Erregung des Generators sowie auf die Einstellung der gewünschten Antriebsleistung beschränkt.

Lokomotiven mit zwei Dieselmotoren erlauben einen sehr wirtschaftlichen Betrieb bei halber Leistung mit einem abgestellten Dieselmotor. Dabei können weiterhin alle Fahrmotoren benutzt werden. Sie müssen lediglich zur Speisung aus einem einzigen Generator in Serie oder parallel geschaltet werden. Die Parallelschaltung lässt in bezug auf den Generator nur den halben Motorstrom zu, womit die Zugkraftreduktion auf die halbe Leistung erfolgt (leichte Züge). Bei der Serieschaltung der Fahrmotoren können der Motorstrom und damit auch die Zugkraft unverändert bleiben; die Fahrgeschwindigkeit sinkt ungefähr auf die Hälfte (schwere, langsame Züge).

Auf diese Art ist auch eine Vergrösserung der Zugkraft möglich. Dazu wird an Stelle einer zweiten Lokomotive lediglich ihr Fahrmotorenteil benötigt (Drehgestelle mit Ballast als *Motortender*). Über eine Stromkupplung werden die zusätzlichen Fahrmotoren in Serie zu den Motoren der Lokomotive geschaltet. Bei halber Geschwindigkeit wird die Zugkraft verdoppelt.

Die elektrische Widerstandsbremse ist ohne Schwierigkeiten mit einem entsprechenden festen Bremswiderstand realisierbar. Die Fahrmotoren können dabei aus dem Generator fremderregt werden.

Die elektrische Ausrüstung anderer thermoelektrischer Triebfahrzeuge (mit Gas- oder Dampfturbine) ist im Prinzip gleich gebaut.

Alle Schaltungsvarianten der Umrichtertechnik lassen sich auch bei einem dieselelektrischen Triebfahrzeug anwenden. Die Speisung des Zwischenkreises aus dem Generator mit regulierbarer Spannung ist sogar einfacher, weil keine Rücksicht auf die Spannungsschwankungen der Fahrleitung und auf äussere Beeinflussungen erforderlich ist (Beispiel B. 14).

Gelegentlich werden thermoelektrische Triebfahrzeuge mit einer zusätzlichen Apparatur zur Speisung aus der Fahrleitung versehen, so dass sie auch als rein elektrische Triebfahrzeuge verwendet werden können. Solche *Zweikraft-Triebfahrzeuge*, auch *Hybridfahrzeuge* genannt, eignen sich besonders gut zur Bedienung nicht elektrifizierter Anschlussgleise elektrischer Bahnen. Als netzunabhängige Fahrzeuge leisten sie auch gute Dienste bei Reparaturen und Unterhaltsarbeiten auf elektrifizierten Strecken.

Auch bei Strassenbahnen und Trolleybussen können dieselelektrische Hilfsantriebe zum Befahren fahrdrahtloser Abschnitte oder beim Stromausfall nützlich sein. Die Kombination mit einem Energiespeicher (siehe Abschnitt 11.4) ist ebenfalls möglich.

Der dieselelektrische Antrieb wird gelegentlich auch bei Strassenfahrzeugen eingebaut, um die Vorteile der elektrischen Kraftübertragung auszunutzen. Als Beispiele sind der Dieselautobus und grosse Baufahrzeuge zu erwähnen.

Neben den für eine elektrische Lokomotive üblichen Hilfsbetrieben benötigt ein dieselelektrisches Triebfahrzeug verschiedene, durch die Dieselmotoranlage bestimmte Hilfseinrichtungen, wie Brennstoff- und Schmierölpumpen sowie Ventilatoren für den Kühler des Dieselmotors. Die mehrheitlich wassergekühlten Motoren verlangen ausserdem eine Wasserumlaufpumpe und eventuell einen Kühlwasservorwärmer.

Die Stromversorgung der Hilfsbetriebe erfolgt bei den Triebfahrzeugen klassischer Bauart meistens aus einem mit dem Generator zusammengekuppelten

Gleich- oder Drehstrom-Hilfsgenerator. Er kann auch von einem getrennten Dieselmotor angetrieben werden. Der Hilfsgenerator besorgt die Fremderregung des Hauptgenerators sowie die Ladung der Akkumulatorenbatterie.

Bei den Triebfahrzeugen in Umrichtertechnik kann der Energiebezug aus dem Zwischenkreis über Hilfsbetriebeumrichter erfolgen.

Zum Anlassen des Dieselmotors dient der mit ihm gekuppelte Gleichstrom-Generator. Beim Drehstrom-Generator wird ein separater elektrischer Anlassmotor verwendet. Die entsprechend dimensionierte Akkumulatorenbatterie liefert den Anlassstrom. Zur Vermeidung einer schweren Batterie kommt auch das Anlassen mit Druckluft in Betracht.

Der Brennstoffvorrat reicht meistens für eine Strecke von 400...800 km aus. Spitzenwerte liegen bei 2500 km [129].

Ein zusätzlicher, vom Dieselmotor angetriebener Generator, oder der Hauptgenerator, speist die Zugsammelschiene für die Stromversorgung des Zuges.

10.4 Dieselhydraulischer Antrieb

Hier verbindet ein hydraulischer *Drehmomentwandler* zwei Wellen über einen gemeinsamen Ölkreislauf. Die Antriebswelle (Seite Dieselmotor) ist mit einem Pumpenrad versehen. Die angetriebene Welle (Seite Triebradsatz) erhält ein Turbinenrad. Das übertragene Drehmoment nimmt mit wachsendem Schlupf zwischen den beiden Wellen zu, so dass sich die Drehzahl der angetriebenen Welle stufenlos der Belastung anpasst (*hydrodynamischer* Antrieb).

Der Wirkungsgrad des Drehmomentwandlers ist stark drehzahlabhängig. Um im ganzen Geschwindigkeitsbereich eine günstige Kraftübertragung vom Dieselmotor auf die Radsätze zu ermöglichen, werden oft gleichzeitig mehrere Wandler mit verschiedenen Übersetzungsverhältnissen angeordnet. Sie lassen sich durch Füllen und Entleeren von Öl stossfrei ein- und ausschalten. Es wird auch nur ein Drehmomentwandler mit nachgeschaltetem mechanischem Mehrstufengetriebe in 3...4 Stufen verwendet. Dazu ist noch ein Wendegetriebe zur Änderung der Fahrtrichtung erforderlich.

Üblicherweise werden bei hydraulischer Kraftübertragung alle Radsätze eines Drehgestells über Kardanwellen gekuppelt und gemeinsam angetrieben. Der Antrieb der Hilfsbetriebe erfolgt über zusätzliche Kardanwellen.

Die Vorteile des dieselhydraulischen Antriebes liegen im geringeren Preis und Gewicht. Der dieselelektrische Antrieb weist dagegen andere Vorteile auf:

- besserer durchschnittlicher Wirkungsgrad und damit ein kleinerer Brennstoffverbrauch;
- bessere Anpassung an die optimalen Betriebsbedingungen des Dieselmotors;
- hohe Zugkraft bei der Anfahrt;
- einfache Bedienung;
- bessere Möglichkeiten zum Antrieb der Hilfsbetriebe.

Bei kleineren Leistungen wird auch eine Kraftübertragung mit Hochdrucköl verwendet (*hydrostatischer* Antrieb, beispielsweise 550 kW, 420 bar) [131].

11. Sonder- und Strassenfahrzeuge

11.1 Strassenfahrzeuge mit Fahrleitung (Trolleybus)

Die Strassenfahrzeuge dieser Gruppe (*Trolleybus*, *Oberleitungsbus* oder *O-Bus*) gehören nicht in das Gebiet der Bahnen. Da sie jedoch grundsätzlich die gleiche elektrische Ausrüstung wie ein elektrisches Schienenfahrzeug aufweisen und auf die gleiche Art zu steuern sind, sollen sie hier erwähnt werden.

Im Wesentlichen sind folgende Besonderheiten ihrer elektrischen Ausrüstung zu beachten:

- Die Stromrückleitung über die Schienen fällt weg. Die Stromversorgung erfolgt über eine zweipolige Oberleitung mit Gleichstrom von 550...750 V (ausnahmsweise bis 1100 V). Somit sind zwei einpolige Stangenstromabnehmer oder ein Doppel-Stromabnehmer erforderlich.
- Die Schutzerdung des Wagenkastens über die Schienen fehlt. Durch die Bereifung ist der Kasten vom Boden isoliert. Es ist deshalb besonders wichtig, dass die elektrische Ausrüstung einwandfrei vom Kasten isoliert bleibt, um Unfälle beim Betreten des Fahrzeuges (Schrittspannung) zu vermeiden. Zu den gebräuchlichen Massnahmen gehören die isolierte Aufstellung der Apparategerüste (doppelte Isolation mit Zwischenmasse), regelmässige Isolationskontrollen und ein Isolationswächter.
- Der Fahrzeugführer benutzt die Hände zur Lenkung. Die Gestaltung des Führerstandes muss dieser Bedienungsweise Rechnung tragen (beispielsweise durch Fussbetätigung des Steuerkontrollers).
- In der Regel erhält das einfache Fahrzeug nur einen Fahrmotor. Bei Gelenkfahrzeugen werden oft zwei Fahrmotoren eingebaut.
- Der Anschluss soll über eine Gleichrichterbrücke erfolgen, falls die Ausrüstung auf die Polarität empfindlich ist (Gleichstromsteller, Umrichter). Damit werden Schäden durch falsches Anlegen der Stromabnehmer verhindert.

Der Trolleybus hat meistens noch eine stufenlose Gleichstrom-Steuerung. Auch bei ihm ist die Umrichtertechnik mit dem Drehstrom-Asynchronmotor der Stand der Technik.

Gelegentlich wird der Antrieb mit einem Hilfs-Dieselmotor ergänzt. Damit verfügt das Strassenfahrzeug über zusätzliche Bewegungsfreiheit, die bei Störungen, Verkehrsstockungen und ausserordentlichen Fahrten ausgenutzt werden kann (*Zweikraft-Trolleybus*). Eine Akkumulatorenbatterie kann dem gleichen Zweck dienen.

Der *Duo-Bus* ist die Bezeichnung für einen Zweikraft-Trolleybus mit einem vollwertigen Dieselmotor, welcher in den Bezirken ohne Fahrleitung den Betrieb mit voller Leistung erlaubt.

Als Verkehrsmittel hat der Trolleybus gegenüber der Strassenbahn gewisse Vorteile: Er ist beweglicher auf der Strasse und in Bezug auf die Investitionen billiger. Dagegen ist seine Verkehrskapazität kleiner, der Energieverbrauch grösser und der Unterhalt (einschliesslich Strassenanteil) teurer. Deswegen ist er für den Massentransport weniger geeignet. Er kann eine Schienenbahn bei grosser Verkehrsdichte nicht ersetzen.

Sein umweltfreundlicher elektrischer Antrieb bringt dem Trolleybus wesentliche energetisch-ökologische Vorteile im Vergleich zum Autobus. Bei mittlerer Verkehrsdichte (Wagenfolge zwischen 10 und 30 Minuten) ist er auch wirtschaftlicher als dieser [2]. Deswegen wird er oft an Stelle des Autobusses auf verkehrstechnisch geeigneten Strecken eingesetzt.

11.2 Akkumulatoren-Triebfahrzeuge

Triebfahrzeuge dieser Art werden aus einem mitgeführten Energiespeicher in Form einer Akkumulatorenbatterie gespeist. Sie brauchen somit keine Fahrleitung. Der Energiespeicher begrenzt jedoch die ohne Nachladung erreichbare Distanz: die *Reichweite* (*Aktionsradius*). Sie beträgt ca. 100...500 km [2].

Solche Triebfahrzeuge werden beispielsweise eingesetzt:
- auf nicht elektrifizierten Anschlussgleisen;
- im Werkverkehr (Industrieanlagen), wenn eine Fahrleitung das Beladen und Entladen der Wagen stört;
- bei Grubenbahnen zur Erhöhung der Sicherheit (keine Gefährdung des Personals durch eine Fahrleitung);
- insbesondere in schlagwettergefährdeten Gruben, weil dort eine Fahrleitung wegen Funkenbildung nicht zulässig ist.

Als Energiespeicher kommen in erster Linie Blei-Akkumulatoren sowie alkalische Akkumulatoren mit Spannungen von 80...440 V zur Anwendung. Wie im Abschnitt 6.3 erwähnt, sind die ersterwähnten billiger, schwerer und empfindlicher. Sie verlangen einen sorgfältigen Unterhalt und eine regelmässige Ladung. Die alkalischen Akkumulatoren sind anspruchslos und haben eine längere Lebensdauer.

Zur Ladung wird die Batterie, meistens über Nacht, an ein ortsfestes Ladegerät angeschlossen. Nach ungefähr 1500...2000 Spielen (Ladung/Entladung) muss die Batterie ersetzt werden [2].

In Zukunft werden voraussichtlich vermehrt auch andere Arten von Akkumulatoren verwendet werden, so zum Beispiel die Natrium-Schwefel-Batterie.

Die Reichweite hängt vom einbaubaren Gewicht der Akkumulatorenbatterie und einer energiesparenden Fahrweise ab. In dieser Hinsicht sind stufenlose Gleichstrom-Steuerungen mit Nutzbremsung besonders vorteilhaft. Beim robusten Grubenbetrieb werden noch oft einfache Schaltungen mit Stufenwiderständen bevorzugt.

Auch Zweikraft-Triebfahrzeuge für den Akkumulatoren- und Fahrleitungsbetrieb sind bekannt [45]. Die wesentlich kleinere Batteriespannung erlaubt ohne Fahrleitung nur Rangierfahrten mit Kriechgeschwindigkeit.

11.3 Strassenfahrzeuge mit Akkumulator (Elektroauto)

Zu den elektrischen Strassenfahrzeugen mit Akkumulator als Energiespeicher zählen zunächst verschiedene Kleinfahrzeuge für den ortsgebundenen Strassenverkehr: Gabelstapler, Elektroschlepper und Elektrokarren für Fabriktransporte, Zustelldienste, Post und Gepäck. Neben freier Beweglichkeit kommen hier bei Fahrten auf kurze Entfernungen mit häufigem Anfahren die Vorteile des elektrischen Antriebes besonders zur Geltung (*Umweltfreundlichkeit*, insbesondere keine Abgase und wenig Lärm, einfache Bedienung, kleine Betriebskosten).

Ihre bahnähnliche elektrische Ausrüstung ist sehr einfach (Gleichstrommotor, Stufenwiderstände mit wenig Stufen, eventuell ein einfacher Gleichstromsteller). Die Batteriespannung beträgt 12...80 V (meistens Bleiakkumulator). Der Aktionsradius ist klein (30...60 km) [2].

Entwickelt wurde auch ein Zweikraft-Auto mit Benzinmotor und zusätzlichem elektrischen Antrieb (*Hybrid-Antrieb*), um seine Umweltfreundlichkeit im engen Stadtgebiet auszunutzen.

Möglicherweise werden in Zukunft elektrische Strassenfahrzeuge auch im täglichen Individualverkehr in grossem Umfang Anwendung finden. Ein *Elektroauto* könnte das heutige Benzinauto weitgehend ersetzen und damit nebst der dringend notwendigen Schonung der Erdölvorräte die Umwelt wesentlich entlasten. Die Bereitstellung der dazu benötigten elektrischen Energie stellt aber aus verschiedenen Gründen ein nicht unerhebliches Problem dar.

Heute wird das Elektroauto nur in sehr beschränktem Masse eingesetzt. Neben verschiedenen Kleinwagen-Versuchsausführungen ist es dort als Nutzfahrzeug zu finden, wo die Ladung der Batterien über Nacht erfolgen kann (Kehrrichtabfuhr, Strassenreinigung, Lieferwagen, Paketdienst der Post, Ortsverkehr in bestimmten Kurorten).

Der hohe Preis und der schwere Energiespeicher sind allerdings zwei wichtige Nachteile, die noch zu eliminieren sind. Vielversprechend ist die Entwicklung der Natrium-Schwefel-Batterie mit einer Betriebstemperatur von 300 °C. Sie sollte einem Personenwagen heutigen Zuschnitts im Stadtverkehr eine Reichweite von etwa 200 km erlauben [132].

Der Einsatz der Brennstoffzelle mit direkter Stromgewinnung aus Wasserstoff und Sauerstoff dürfte eine Alternative darstellen.

Allerdings steht Wasserstoff in der Natur nicht direkt zur Verfügung. Er muss mehr oder weniger energieintensiv erzeugt werden. Auch die Speicherung des Wasserstoffs im Fahrzeug (herabgekühlt in flüssiger Form oder als Gas unter hohem Druck) ist noch ungelöst.

Die Solarzellen haben in diesem Zusammenhang wegen ihrer beschränkten Leistung keine grosse Bedeutung. Sie können bei voller Sonnenbestrahlung (in Mitteleuropa ca. 1000 W/m^2) nicht mehr als ca. 100...150 W/m^2 abgeben.

Die Entwicklung der optimalen Schaltung steht noch bevor. Sie muss auf jeden Fall preisgünstig und stromsparend sein. Ein Gleichstrommotor mit einem einfachen Gleichstromsteller oder ein ebenso einfacher Umrichter mit Drehstrommotor kommen in Betracht.

11.4 Mechanische und elektrostatische Energiespeicher

Neben der Akkumulatorenbatterie, dem klassischen elektrochemischen Speicher, sind in der Bahntechnik mechanische und elektrostatische Energiespeicher (Kondensatoren) von gewisser Bedeutung.

Bei den vor Jahrzehnten in geringerer Stückzahl gebauten Gyrofahrzeugen (Gyrobus) wurde die Antriebsenergie in einer rotierenden Masse (Schwungrad) mechanisch gespeichert.

Der Antriebsmotor des Schwungrades wurde an geeigneten Speisepunkten (Ladestellen) an das ortsfeste Netz angeschlossen. Er brachte dort das Schwungrad auf hohe Drehzahlen (Umfangsgeschwindigkeit bis 300 m/s bei Stahl). Während der anschliessenden Fahrt arbeitete der Antriebsmotor als Generator und versorgte den Fahrmotor mit Strom. Die Drehzahl des Schwungrades sank dabei ab.

Mit einer Schwungradmasse von ca. 10 % des Fahrzeuggewichtes konnten seinerzeit Fahrstrecken von ca. 20 km zwischen den Ladestellen erreicht werden.

Die Lagerung des schweren Schwungrades bei hohen Drehzahlen sowie bei Erschütterungen während der Fahrt verursacht besondere Probleme. Aus diesen Gründen (und auch wegen der kleinen Reichweite) haben die Gyrofahrzeuge eine minimale Anwendung gefunden. Diese erste Fahrzeuggeneration gehört der Vergangenheit an.

Bei den realisierten Lösungen diente eine Drehstrom-Asynchronmaschine dem Antrieb des Schwungrades. Im Generatorbetrieb erfolgte die Selbsterregung über parallel geschaltete veränderliche Kondensatoren. Der Fahrmotor war ein polumschaltbarer Asynchronmotor mit Käfigläufer.

Nun beginnt eine Neuentwicklung. Es wird beispielsweise der Einsatz in dieselelektrischen Triebfahrzeugen vorgeschlagen. Damit wird der Energieaustausch im Fahr- und Bremsbetrieb ermöglicht, und auch die Umweltverträglichkeit verbessert. Das neue Material (Kohlefasern) lässt Drehzahlen bis 21 000 1/min bei einer Schwungmasse von 1300 kg (mit Tragrahmen) zu. Der Antrieb des Schwungrades erfolgt mit einer permanenterregten Synchronmaschine, die den Energieaustausch (6 kWh, bis 450 kW Leistung) mit dem Zwischenkreis des Fahrmotoren-Umrichters herstellt [133].

Als Alternative sind neu entwickelte Doppelschicht-Kondensatoren grosser Kapazität zu erwähnen. Sie werden über einen Gleichstromsteller an den Zwischenkeis des Umrichters angeschlossen.

11.5 Andere Bahnsysteme mit mechanischer Spurhaltung

Einige Bahnsysteme benutzen nicht das übliche, auf der Stahlschiene laufende Stahlrad mit Spurkranz zum Tragen, Führen und Antreiben des Fahrzeuges.

Durch pneubereifte Räder soll der Fahrkomfort verbessert und der Lärmpegel gesenkt werden. Dabei wird allerdings der Laufwiderstand grösser.

Die seinerzeit viel beachteten Versuchswagen (*Michelines*) benutzten Pneuräder mit Spurkranz auf normalen Schienen und konnten somit das allgemeine Bahnnetz befahren [2].

Die Weiterentwicklung führte zuerst bei der Metro in Paris zu einer breiten Anwendung (*Métro sur pneu*), wobei nun die Pneuräder auf besonderen Holz- oder Betonbalken laufen. Zusätzliche Leiträder führen das Fahrzeug seitlich in der Spur. Zum Notlauf kann die Schiene mit dem üblichen Spurkranzrad beibehalten werden. Zu diesem im Frankreich verbreitetem System gehört auch der im Abschnitt 9.5 erwähnte U-Bahn-Betrieb in Lille.

Verschiedene, oft vollautomatische (fahrerlose), Personentransportsysteme mit kleineren Fahrzeugen verkehren unter den Namen wie *Alweg*, *Monorail* und *People Mover*. Sie fahren, elektrisch angetrieben, mechanisch durch Führungsräder in der Spur gehalten, auf eigenem Fahrweg. Ein Beispiel ist die 1994 eröffnete SkyLine auf dem Flughafen Frankfurt am Main (Deutschland) [45].

Vereinzelt sind noch andere Bahnsysteme zu finden, die sich aus verschiedenen Gründen nicht verbreiten konnten. Dazu zählen die *O-Bahn* in Essen (Deutschland) und Adelaide (Australien), die *C-Bahn* (Cabinenbahn, Versuchsanlagen) sowie die *H-Bahn* (Hängebahn) in Dortmund (Deutschland) [121, 134].

Das wohl bekannteste Beispiel ist die hundertjährige Wuppertaler Schwebebahn (Deutschland).

11.6 Unkonventionelle Bahnsysteme

Die unkonventionellen Bahnsysteme befinden sich heute noch im Versuchsstadium. Sie sollen durch ihre *Berührungsfreiheit* in Zukunft Bahnanlagen für Höchstgeschwindigkeiten bis ca. 500 km/h ermöglichen.

Ein zweites, nicht mehr verfolgtes Anwendungsgebiet wurde im Nahverkehr (*Kabinenbahnen*) gesucht.

Zum *Tragen* und *Führen* der Fahrzeuge stehen als berührungsfreie Mittel folgende *Schwebesysteme* zur Verfügung:

- *Luftkissen*, durch einen künstlich erzeugten Luftüberdruck;
- *Permanentmagnete*;
- *Elektromagnete* mit entsprechender Regelung;
- *elektrodynamische Kräfte* zwischen zwei stromdurchflossenen Spulen.

Das Luftkissen benötigt einen erheblichen Energieaufwand. Es ist auch in bezug auf die Lärmentwicklung nachteilig. Voraussichtlich kommt es in Zukunft für Bahnanlagen kaum mehr in Frage.

Bei den Permanentmagneten kann die anziehende oder abstossende Wirkung ohne Energieaufwand genutzt werden. Leider ist eine solche Anordnung aus physikalischen Gründen unstabil. Sie verlangt eine zusätzliche Stabilisierung. Diese kann aus seitlichen Führungsrollen oder geregelten Magneten bestehen.

Die geregelten Elektromagnete als Trag- und Führungssystem stellen höchste Ansprüche an die Regelung. Sie dürften als die optimale Lösung betrachtet werden.

Die tragenden elektrodynamischen Kräfte entstehen zwischen einer stromdurchflossenen Magnetspule im Fahrzeug (Feld) und dem Strom, den sie in einer anderen im Gleis verlegten Spule induziert, wenn sie sich über diese bewegt. Im Stillstand besteht keine Wirkung. Für die Anfahrt ist somit eine Abstützung über Räder, ähnlich wie bei einem Flugzeugstart, unentbehrlich.
Die Erzeugung des notwendigen magnetischen Feldes erfordert in einer solchen Spule grosse Stromdichte. Dazu sollen supraleitende, mit flüssigem Helium gekühlte Spulen verwendet werden. Diese Lösung ist sehr aufwendig. Dank den neuesten Entwicklungen in der Supraleitertechnik könnte dieses Konzept neue Aktualität erlangen.

Zum *Antreiben* eignet sich bei all diesen Systemen nur der berührungsfreie *Linearmotor*. Besonders vorteilhaft ist der Langstatormotor, weil er keine Stromzuführung zum Fahrzeug benötigt. Eine solche lässt sich bei grösseren Leistungen kaum berührungsfrei realisieren.
Ein zusätzlicher Vorteil des Linearmotors ist seine Unabhängigkeit von der Haftreibung. Die Fahrzeuge können grosse Neigungen bewältigen. Der Antrieb lässt sich mit einer elektrischen Zahnstange vergleichen.

Nach einer Anzahl verschiedener Versuchsanlagen und Projekte in aller Welt hat das in Deutschland entwickelte System Transrapid als einziges die kommerzielle Reife für Grossanlagen erreicht.

Die viel versprechende *M-Bahn* (Magnetbahn) mit Permanentmagneten zum Tragen des Fahrzeugs und mit synchronem Langstatormotor (Erprobungsstrecke in Berlin) musste wegen örtlicher Umstellungen abgebrochen werden.

11.7 Magnetschwebebahn Transrapid

Die *Magnetschwebebahn* oder die *Magnetschnellbahn Transrapid* ist für Geschwindigkeiten bis 500 km/h ausgelegt. Auf der während Jahren betriebenen Versuchsanlage in Deutschland erreichte die Bahn bei vielen sicher durchgeführten Fahrten regelmässig Geschwindigkeiten von weit über 400 km/h.

Die geplanten Grossanlagen in Deutschland und in den USA sind aus wirtschaftlichen Gründen nicht oder noch nicht gebaut worden. Die erste fertiggestellte Anlage steht nun in China (Shanghai, Beispiel B. 33) im kommerziellen Einsatz.

Das Trag- und Führungssystem arbeitet mit geregelten anziehenden Elektromagneten. Sie stellen einen gleichbleibenden Abstand von ca. 10 mm vom Fahrweg sicher. Damit kann das Fahrzeug auch bei kleinen Geschwindigkeiten schweben. Beim Halt wird das Fahrzeug auf Tragkufen abgesetzt. Sie sind als Gleitflächen ausgebildet. Die seitliche Führung übernehmen geregelte Führmagnete. Bild 11.1 zeigt die schematische Anordnung.

Als Antrieb dienen zwei synchrone Langstator-Linearmotoren. Die im Fahrweg links und rechts angeordneten Starorwicklungen sind in Antriebsstrecken unterteilt. Sie werden einzeln aus den entlang der Strecke befindlichen Umrichter-Unterwerken mit Drehstrom veränderlicher Frequenz (0 bis 300 Hz) gespeist. Die als Erregerteil wirkenden Tragmagnete werden mitgezogen, wobei die Speisefrequenz die Fahrgeschwindigkeit bestimmt. In einem so gebildeten Antriebsbereich verkehrt jeweils nur ein Fahrzeug.

Betriebliches Bremsen erfolgt durch die Linearmotoren. Zusätzlich verfügt das Fahrzeug über Wirbelstrom-Bremsmagnete.

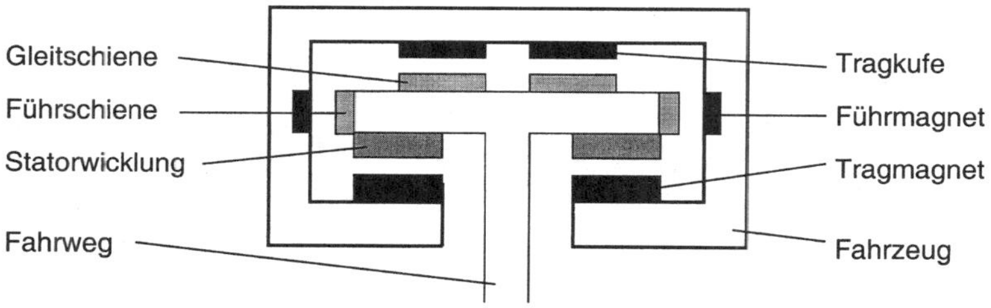

Bild 11.1. Das Trag- und Führungssystem

Die Datenübertragung zwischen den Komponenten basiert auf einem Lichtwellenleitring und der Funkverbindung mit dem Fahrzeug sowie auf einer dezentralen Betriebsleittechnik.

Die Energieversorgung für die Einrichtungen an Bord der Transrapid-Fahrzeuge erfolgt berührungsfrei über Lineargeneratoren in den Tragmagneten, was allerdings erst ab ca. 20 km/h möglich ist. Im Stillstand und bei Geschwindigkeiten unterhalb von 100 km/h erfolgt die Versorgung über Stromschienen und fahrzeugseitige Stromabnehmer [135, 136].

Die Magnetschwebebahn hat einen ruhigen Lauf auch bei hohen Geschwindigkeiten sowie einen niedrigen Geräuschpegel und sie verwendet eine weitgehend verschleissfreie Technik. Wegen der Unabhängigkeit von der Haftreibung kann sie auch grössere Steigungen überwinden und sich somit der Landschaft gut anpassen.

Das aufwendige System lässt sich technisch nicht in das allgemeine Schienennetz integrieren. Für Verbindungen Punkt zu Punkt hat es Vorteile, jedoch ist seine Wirtschaftlichkeit umstritten.

Die Zukunft hängt von einem unfallfreien kommerziellen Betrieb ab. Eine sichere Schwebefunktion bei hohen Geschwindigkeiten ist die wichtigste Voraussetzung dazu.

In Japan wird ein ähnliches System (*Maglev*), jedoch mit elektrodynamischem Schwebesystem entwickelt. Sein Nachteil ist, dass bei kleineren Geschwindigkeiten (bis ca. 120 km/h) die Tragkräfte für das Schweben nicht ausreichen.

Auf der kommerziellen Anlage in Shanghai erreichte Transrapid bei Versuchsfahrten eine Geschwindigkeit von 501 km/h. Einen noch höheren Wert, 581 km/h, auch bemannt, verzeichnete die Magnetbahn Maglev auf der Versuchsstrecke in Japan [8].

Energieversorgung

12. Energieversorgung elektrischer Bahnen

12.1 Grundsätzlicher Aufbau

Die Energieversorgung der mit Gleichstrom, Drehstrom oder Einphasenwechselstrom unverminderter Frequenz (Landesfrequenz) elektrifizierten Bahnen erfolgt aus dem allgemeinen Landesnetz (Kraftwerke und Drehstrom-Übertragungsleitungen der allgemeinen Landesversorgung).

Die Unterwerke zur Speisung der Fahrleitung sind an geeigneten Hochspannungspunkten an das Landesnetz angeschlossen (Bild 12.1).

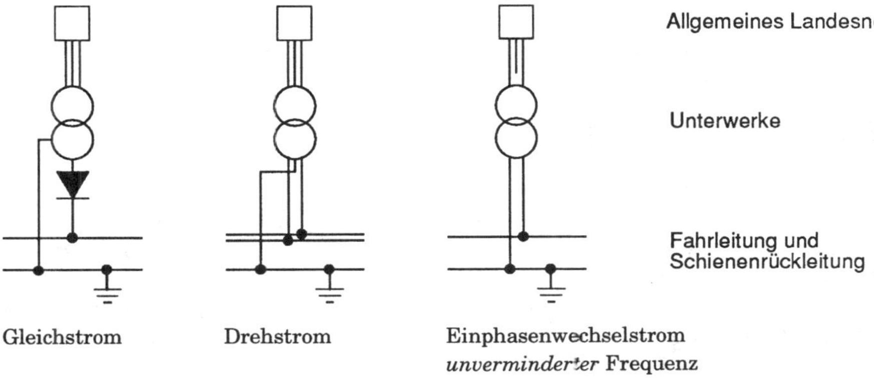

Bild 12.1. Energieversorgung aus dem allgemeinen Landesnetz

Auch bei den mit Einphasenwechselstrom verminderter Frequenz elektrifizierten Bahnen ist die Speisung aus dem allgemeinen Landesnetz, beispielsweise über rotierende Umformergruppen, möglich. Diese *dezentrale* Art der Bahnstromversorgung ist in Schweden und Norwegen üblich. In Österreich und der Schweiz erfolgt die Speisung aus einem separaten Bahnnetz mit eigenen Kraftwerken und Übertragungsleitungen für Einphasenwechselstrom verminderter Frequenz (*zentrale* Stromversorgung). In Deutschland sind aus historischen Gründen noch beide Speisearten vorhanden, wobei die zentrale Stromversorgung überwiegt (Bild 12.2) [17].

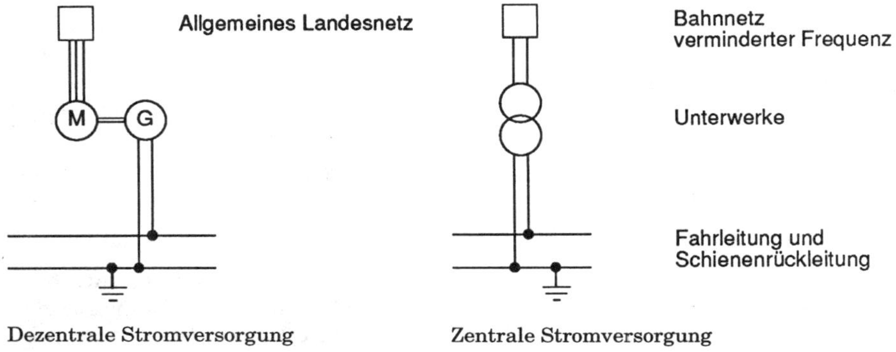

Bild 12.2. Speisearten beim Einphasenwechselstrom verminderter Frequenz

12.2 Hauptmerkmale

Der Vergleich zwischen den einzelnen Stromsystemen elektrischer Bahnen lässt folgende Hauptunterschiede erkennen:

Gleichstrom

- Einfacher Energiebezug direkt aus dem Landesnetz.
- Aufwendige Gleichrichter-Unterwerke. Die Nutzbremsung verlangt noch zusätzliche Einrichtungen (Wechselrichter), um die Rückspeisung der Energie bei geänderter Stromrichtung in das Drehstromnetz zu ermöglichen.
- Unterwerke auf kurzer Distanz. Obwohl bei Gleichstrom hohe Schwankungen der Speisespannung zulässig sind (siehe Abschnitt 9.1), verlangt die verhältnismässig kleine Spannung der Fahrleitung einen geringen Abstand der Speisepunkte. Er beträgt bei 1500 V ca. 8...25 km und bei 3000 V ca. 11...60 km. Die notwendige Leistung muss in mehrere kleine Einheiten aufgeteilt werden, was die Unterwerke verteuert [16, 45].
- Schwere und teuere Fahrleitung. Der hohe Strom bei kleiner Speisespannung bedingt eine schwere Bauart der Fahrleitung. Der Gesamtquerschnitt einschliesslich eventueller Verstärkungsleiter beträgt bei 1500 V pro Gleis ca. 400...800 mm^2. Bei 3000 V sind Querschnitte von ca. 400 mm^2 üblich [16].
- Symmetrische Belastung des Landesnetzes.

Drehstrom

- Einfacher Energiebezug direkt aus dem Landesnetz.
- Einfache Transformatoren-Unterwerke. Die Nutzbremsung verursacht keinen Mehraufwand.
- Komplizierte zweipolige Fahrleitung. Diese ist insbesondere in den Bahnhöfen (Weichenstrassen) nachteilig.
- Unterwerke auf kurzer Distanz. Die zweipolige Fahrleitung erlaubt keine höhere Speisespannung.
- Symmetrische Belastung des Landesnetzes.

Einphasenwechselstrom unverminderter Frequenz (Landesfrequenz)

- Einfacher Energiebezug direkt aus dem Landesnetz.
- Einfache Transformatoren-Unterwerke. Die Nutzbremsung verursacht keinen Mehraufwand.
- Grosser Abstand der Unterwerke. Bei der üblichen Speisespannung von 25 kV bei 50 Hz kann der Abstand der Speisepunkte ca. 40...80 km betragen. Die Konzentration der Leistung in grössere Einheiten reduziert die Gesamtkosten.
- Einfache Fahrleitung. Bei der hohen Speisespannung genügt bei mittleren Verhältnissen eine leichte Fahrleitung mit einem Gesamtquerschnitt von 150...190 mm^2. Die grösseren Isolatoren fallen kaum ins Gewicht [16, 100].
- Asymmetrische Belastung des Landesnetzes.

Einphasenwechselstrom verminderter Frequenz

Beide Speisearten:
- Grosser Abstand der Unterwerke. Die meistbenutzte Speisespannung von 15 kV bei 16 $^2/_3$ Hz ergibt praktisch gleiche Abstände wie die Speisung mit 25 kV bei 50 Hz. Der Einfluss der kleineren Speisespannung wird durch den reduzierten induktiven Spannungsabfall ausgeglichen.
- Einfache Fahrleitung mit gleichen Verhältnissen wie bei Einphasenwechselstrom unverminderter Frequenz.
- Ungünstige Bauart der Generatoren und Transformatoren wegen der Frequenzminderung.

Zentrale Stromversorgung:
- Keine Beanspruchung des Landesnetzes, somit eine unabhängige Energieversorgung.
- Ein separates Bahnnetz ist erforderlich. Neben dem Netz der allgemeinen Landesversorgung wird noch im ganzen Land ein zweites Netz mit Sonderfrequenz für nur ca. 5 % des Landesverbrauches an elektrischer Energie aufgebaut. Zwei Versorgungsnetze sind wirtschaftlich nicht vertretbar und würden heute nicht mehr gebaut.
- Über besondere Umformergruppen oder Umrichter ist ein Energieaustausch zwischen diesen beiden Netzen möglich (Netzkupplung).
- Symmetrische Belastung des Landesnetzes bei Netzkupplung.
- Einfache Transformatoren-Unterwerke. Die Nutzbremsung verursacht keinen Mehraufwand.

Dezentrale Stromversorgung:
- Einfacher Energiebezug direkt aus dem Landesnetz.
- Aufwendige Unterwerke mit rotierenden Umformergruppen oder mit statischen Umrichtern.
- Erhöhter Energieverbrauch wegen der Verluste in Umformergruppen und Umrichtern.
- Symmetrische Belastung des Landesnetzes.

12.3 Kraftwerke und Unterwerke

Die Kraftwerke und Unterwerke zur Energieversorgung elektrischer Bahnen unterscheiden sich in ihrer Konzeption und Ausrüstung nur unwesentlich von anderen elektrischen Anlagen dieser Art. Gewisse Besonderheiten des Bahnbetriebes sind jedoch zu beachten:

Generatoren für Einphasenwechselstrom

Die an das einphasige Netz abgegebene Leistung (das Produkt der Spannung und des Stromes) pulsiert mit der doppelten Netzfrequenz. Deswegen pulsiert auch das übertragene Drehmoment des Einphasen-Generators mit dieser Frequenz und beansprucht dadurch die Fundamente der Maschine sehr stark. Dies ist ein wesentlicher Unterschied zu einem symmetrisch belasteten Drehstromgenerator, der immer eine konstante Leistung abgibt. Die entstehenden Vibrationen liegen in einem unangenehmen Frequenzbereich (33 $^1/_3$ Hz). Nebst solider Bauart erfordern sie eine elastische Aufhängung des Generators.

Der Generator ist immer eine Einphasen-Synchronmaschine. Die Netzfrequenz beschränkt die Drehzahl. Bei 16 $^2/_3$ Hz beträgt gemäss Gleichung 3.18 die höchstmögliche Drehzahl (zweipoliger Generator) 1000 1/min. Nennleistungen bis 187,5 MVA konnten bei dieser Drehzahl mit Wasserstoffkühlung realisiert werden [137].

Durch den Belastungsstrom entsteht ein Wechselfeld, das in zwei entgegengesetzt umlaufende Drehfelder zerlegt werden kann. Eine ausreichend dimensionierte Dämpferwicklung ist zur Kompensation des gegenläufigen Drehfeldes erforderlich.

Übertragungsleitungen

Das Einphasennetz braucht selbstverständlich zweipolige Leitungen. Meistens sind die Freileitungen für zwei parallel verlaufende Übertragungssysteme vierpolig aufgebaut.

Verminderte Frequenz

Einige Teile der elektrischen Anlage müssen für den Betrieb mit verminderter Frequenz besonders ausgelegt werden.

Die Bauleistung aller Transformatoren steigt in Übereinstimmung mit der allgemeinen Transformatorformel (Gleichung 3.21) im Verhältnis der Frequenzminderung. Bei 16 2/3 Hz muss die Bauleistung im Vergleich zur normalen Ausführung für 50 Hz verdreifacht werden. Die entsprechend längere Stromhalbwelle führt zur erhöhten Belastung bei Leistungsschaltern (Lichtbogendauer) und Leistungshalbleitern (Stromflussdauer).

Unterwerke bei dezentraler Stromversorgung

Bei der Umformung von 50 Hz auf 16 2/3 Hz bestehen rotierende Umformer aus einem Einphasen-Synchrongenerator und einem Dreiphasen-Synchronmotor dreifacher Polzahl. Die Drehzahl beträgt 500 1/min oder 1000 1/min (Ausführung mit 4 und 12 bzw. 2 und 6 Polen). Grössere Einheiten (10 MVA) erreichen einen Wirkungsgrad von ca. 93 %.

Statische Umrichter mit direkter Phasenumwandlung bilden die Einphasenspannung aus Ausschnitten der dreiphasigen Spannung höherer Frequenz (Direktumrichter). Sie arbeiten mit einem Wirkungsgrad von ca. 94 % [138].

Gleichrichter-Unterwerke

Ältere Anlagen waren noch mit Quecksilberdampf-Gleichrichtern bestückt. Vorher benutzte man rotierende Umformergruppen. Beide sind heute kaum mehr zu finden. Bei neueren Anlagen sind ausschliesslich Silizium-Leistungshalbleiter als Dioden und Thyristoren im Einsatz.

Die Nutzbremsung verlangt neben einem ungesteuerten, mit Dioden bestückten Gleichrichter einen Thyristor-Wechselrichter für die umgekehrte Stromrichtung.

Erwähnenswert ist der gelegentliche Einsatz elektrischer und mechanischer Energiespeicher (seinerzeit Akkumulatorenbatterien, heute Hochleistungskondensatoren und elektrisch angetriebene Schwungräder) zum Ausgleich des Energiebezugs.

Speisung der Fahrleitung

Die Unterwerke sind in der Regel unmittelbar neben der Strecke angeordnet und speisen dort die Fahrleitung. Zu den entfernten Speisepunkten werden besondere Speiseleitungen verlegt. Ein typischer Fall ist die Stromversorgung eines dichten Strassenbahnnetzes aus einem zentralen Unterwerk. Die Speisung schliesst auch die Stromrückleitung (Anschluss der Schienen) ein.

Der Anschluss jedes Fahrleitungsabschnittes erfolgt über Schnellschalter, die bei einer Störung (Kurzschluss) die Speisung unterbrechen. Solche Abschaltungen werden oft durch Bäume, Äste oder Ähnliches verursacht. Nach Erfahrungen in Frankreich und in Deutschland sind deswegen 85 bis 90 % aller Fahrleitungskurzschlüsse vorübergehender Art [139].

Zur Vermeidung des Wiedereinschaltens auf einen noch bestehenden Kurzschluss sind automatische Prüfeinrichtungen vorteilhaft. Hier wird die Speisung zuerst für kurze Zeit über einen Prüfwiderstand eingeschaltet und der Strom gemessen. Seine Grösse zeigt, ob die Störung noch besteht.

Die übliche Spannung von 25 kV beim Einphasenstrom der Landesfrequenz reicht nicht immer aus, um den angestrebten Abstand der Unterwerke zu realisieren. In einigen Fällen wurde deshalb die Spannung der Fahrleitung auf 50 kV erhöht. Dies erfordert grössere Isolationsabstände.

Eine andere Möglichkeit ist die Speisung ab Unterwerk mit 50 kV. Der Mittelpunkt wird an die Schienen (2 x 25 kV) über verteilte Autotransformatoren angeschlossen [100, 140]. Die Spannung der Fahrleitung bleibt somit bei 25 kV. Diese in der letzten Zeit für Hochgeschwindigkeitsstrecken (Frankreich, Korea, Spanien, Versuche in Deutschland) oft verwendete Anordnung wird, nicht ganz korrekt, auch Mehrspannungssystem genannt (Bild 12.3).

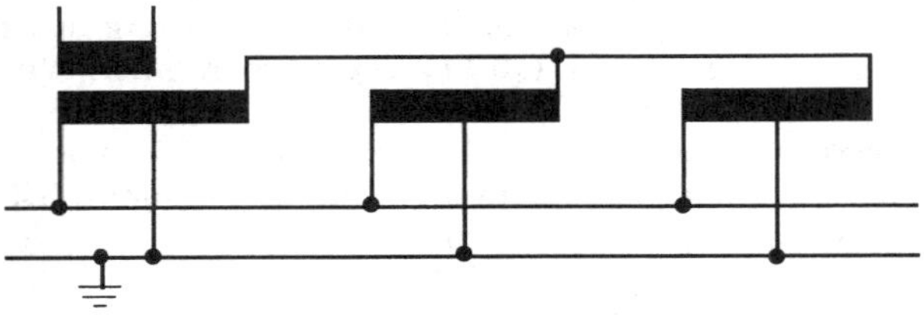

Bild 12.3. Mehrspannungssystem mit Autotransformator

12.4 Netzkupplung

Es ist vorteilhaft das Bahnnetz verminderter Frequenz mit dem Netz der allgemeinen Landesversorgung über besondere Umformergruppen zu kuppeln, um den Energieaustausch zwischen diesen Netzen nach Bedarf zu ermöglichen.

Die Netzkupplung muss *elastisch* sein. Dies bedeutet, dass der Energieaustausch in beiden Richtungen mit einem günstigen Leistungsfaktor möglich sein soll, unabhängig von den Schwankungen der Spannung und der Frequenz in den gekuppelten Netzen.

Die übliche Methode bedient sich dazu einer Synchronmaschine auf der Einphasenseite und einer Asynchronmaschine mit Schlupfregelung auf der Drehstromseite. Der Läufer der Asynchronmaschine erhält über Schleifringe eine zusätzliche, nach Grösse und Phasenlage regulierbare Spannung. Die Frequenz dieser Spannung muss mit der Schlupffrequenz übereinstimmen, die sich aus dem momentanen Frequenzlauf beider Netze ergibt. Falls beispielsweise die Netze mit Nennfrequenz laufen (16 $^{2}/_{3}$ Hz und 50 Hz), ist der Schlupf Null. Die Kupplung der beiden Netze muss sowohl im untersynchronen wie auch im übersynchronen Betrieb arbeiten.

Die früher meistverbreitete Schlupfregelung verwendet die *Scherbius-Kaskade*, die aus der Scherbiusmaschine und einem Frequenzumformer für ihre Erregung besteht. Die Kaskade wird mit den Hauptmaschinen zusammengekuppelt (Bild 12.4). Weitere Maschinen, wie ein Drehtransformator (festgehaltene Asynchronmaschine) zur Einstellung der Phasenlage sowie eventuell eine Zwischenverstärkergruppe für die Erregung vervollständigen die Einrichtung.

Die *Scherbiusmaschine* ist eine dreiphasige Kollektormaschine mit je drei Haupt- und Wendepolen. Sie wird nicht mehr gebaut, weil die ganze Kaskade heute durch einen statischen *Frequenzumrichter* ersetzt werden kann. Die mit den Elementen der Leistungselektronik nach Frequenz, Grösse und Phasenlage beliebig einstellbare Spannung wird wie bisher dem Läufer der Asynchronmaschine zugeführt.

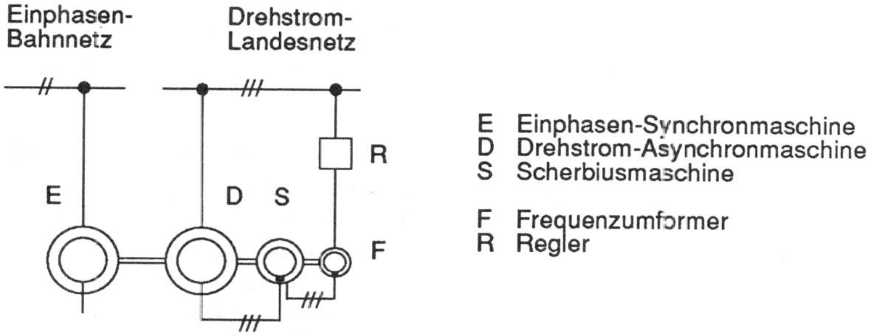

Bild 12.4. Netzkupplungsumformer mit Scherbiuskaskade

Die bisher grössten Netzkupplungsumformer dieser Art arbeiten mit einem Wirkungsgrad von 95 % bei Vollast (Seebach, Schweizerische Bundesbahnen, 60 MW bzw. 80 MVA). Die einstellbare Frequenzbandbreite beträgt 6 % [141].

Die Deutsche Bahn hat in Neckarwestheim noch etwas grössere Umformer (70 MW, 82,35 MVA) in Betrieb genommen [142, 143].

Die rotierenden Frequenzumrichter werden zunehmend durch statische Umrichter mit Spannungszwischenkreis ersetzt. Vierquadrantensteller in IGCT- bzw. GTO-Ausführung sind der Stand der Technik.

Als Beispiele sind der 15-MW-Standardumrichter für die Deutsche Bahn zu erwähnen, sowie sein Vorgänger, der 100-MW-Umrichter Bremen mit GTO-Serieschaltung und dem Spannungszwischenkreis von 10 kV [144, 145].

Die weltweit grösste Frequenzumrichteranlage (fünf Einheiten, je 36 MW, 45 MVA) wurde kürzlich in den USA errichtet. Sie speist das 25-kV-Bahnnetz aus dem Landesnetz von 60 Hz. Auch hier werden GTO-Thyristoren verwendet [146].

Die gute Einhaltung der Frequenz von 16 2/3 Hz im Bahnnetz hat bei der Kupplung mit dem praktisch starren 50-Hz-Netz immer öfter den Betriebszustand mit Schlupf Null ergeben. Im Läufer der Asynchronmaschine flossen dabei unsymmetrische Gleichströme (Frequenz Null), die zu thermischen Problemen und Schäden geführt hatten.

Als erfolgreiche Gegenmassnahme zeigte sich eine minimale Veränderung der Sollfrequenz um ca. 0,2 %, d.h. von 16 2/3 Hz auf 16,7 Hz. Dies wurde für die zentralen Bahnstromnetze in Deutschland, Österreich und der Schweiz real vollzogen. Es handelt sich hier also um technische Gründe, nicht um eine Rundung.

Für die dezentrale Stromversorgung mit den Synchron-Synchron-Umformern bleibt das Verhältnis der Frequenzen 3:1 fest. Die Bezeichnung 16,7 Hz wäre hier falsch.

Die Frage der Nennfrequenz wird zurzeit in den Normungsgremien behandelt. Vorläufig bleibt sie bei 16 2/3 Hz, obwohl die Angabe 16,7 Hz nun häufig verwendet wird [147, 148].

12.5 Asymmetrische Belastung

Die direkte Speisung der Bahnen mit Einphasenwechselstrom aus dem Drehstromnetz der allgemeinen Landesversorgung belastet das Netz *asymmetrisch* mit grosser Leistung. Die ungleichen Ströme der drei Phasen (*Schieflast*) verursachen ungleiche Spannungsabfälle, die zu Spannungsasymmetrien führen.

Für ein Drehstromnetz ist die Asymmetrie unerwünscht. Sie verursacht erhöhte Verluste in elektrischen Maschinen, Apparaten und Leitungen und vermindert ihre Belastbarkeit oder ihre Lebensdauer. Besonders empfindlich sind Drehfeldmaschinen jeder Art sowie die gewöhnliche Beleuchtung [149].

Kleine einphasige Energieverbraucher, wie Beleuchtung oder Haushaltapparate, lassen sich genügend gleichmässig auf die drei Phasen des Drehstromnetzes verteilen, so dass die daraus resultierende Belastung praktisch symmetrisch ist. Dies ist bei elektrischen Triebfahrzeugen als ortsveränderlichen Grossverbrauchern mit ständig schwankender Leistungsaufnahme nicht der Fall.

Nähere Untersuchungen über die Auswirkungen der asymmetrischen Bahnbelastung führten zu folgenden Ergebnissen [16, 149, 150]:

- In einer einigermassen industrialisierten Gegend sind Netze ab 90 kV in der Regel genügend stark, um die einphasige Bahnbelastung ohne Schwierigkeiten zu übernehmen. Die Netze kleinerer Spannung sind dazu weniger geeignet und müssen genauer untersucht werden, wenn sie zur Speisung der Bahnunterwerke benutzt werden sollen.
- In schwach entwickelten Gegenden, wo die Bahnen der Hauptverbraucher des Landesnetzes sind, kann die einphasige Bahnbelastung unzulässig hohe Asymmetrien verursachen.
- Ein einfaches Kriterium für die Beurteilung der Auswirkungen ist das Verhältnis der Einphasenleistung zur Kurzschlussleistung.
- Die Kurzschlussleistung des Netzes im betrachteten Speisepunkt soll ca. 200 MVA nicht unterschreiten. Nach Möglichkeit soll sie mindestens 400 MVA betragen. In diesem Fall sind auch beim Anschluss grösserer Bahnunterwerke mit ungefähr 20 MVA Leistung keine Schwierigkeiten zu erwarten.
- Um den asymmetrischen Strom ohne Schaden aufnehmen zu können, müssen die Generatoren der Kraftwerke mit einer ausreichend dimensionierten Dämpferwicklung versehen sein.
- Bei der Beurteilung der Auswirkungen der asymmetrischen Belastung ist nicht nur die maximale Asymmetrie, sondern auch ihre relative Dauer, die in der Regel sehr kurz ist, zu berücksichtigen. Die Asymmetrie im Netz, definiert als

das Verhältnis der inversen zur direkten Komponente der Spannungen, soll im Dauerbetrieb 2 % nicht überschreiten. Höchstwerte bis 5 % in Verteilernetzen sowie bis 10 % in Hochspannungsnetzen sind tolerierbar.

Nach der IEC-Regel 60034-1 für rotierende Maschinen gilt die Spannung als symmetrisch, wenn die inverse Komponente dauernd höchstens 1 % und kurzzeitig höchstens 1,5 % beträgt und ausserdem die nullte Komponente unterhalb 1 % bleibt. Die Belastung des Generators gilt als symmetrisch, wenn bei symmetrischer Spannung weder die inverse noch die nullte Komponente des Stromes 5 % überschreiten [151].

Bei der Elektrifizierung der Bahnen mit 50 Hz in Frankreich verlangte die Elektrizitätswirtschaft eine andere Begrenzung. Die Einphasenbelastung durfte im Dauernetrieb nicht grösser als 2 % und für 2 Minuten nicht grösser als 3 % der Kurzschlussleistung des Anschlussknotens sein [139].

Gelegentlich wird die Asymmetrie enger begrenzt. Für die Stromversorgung des Kanaltunnels Frankreich-England durfte die inverse Komponente auf der englischen Seite den Grenzwert 0,25 % nicht überschreiten [152].

Die Speisung der einzelnen Fahrleitungsabschnitte soll so weit wie möglich auf die drei Phasen des Netzes verteilt werden, um die Asymmetrien zu verkleinern. Dies ist selbstverständlich nur begrenzt möglich.

In einem Knotenpunkt der Strecke können mit Vorteil drei Verbraucher gruppiert werden. Der Anschluss erfolgt über drei Transformatoren an je eine verkettete Spannung [153].

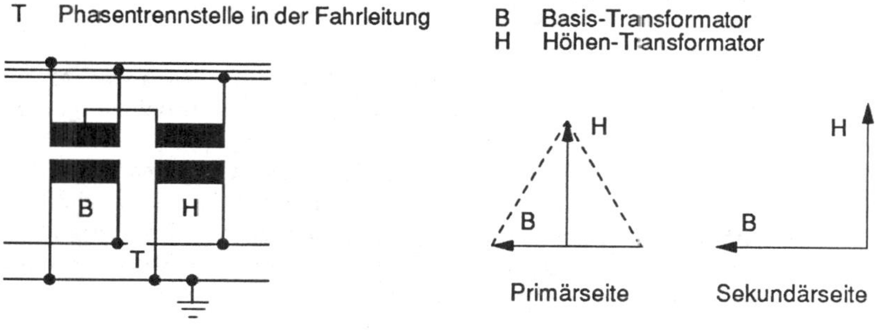

Grundsätzlicher Aufbau

Zeigerbild der Spannungen

Bild 12.5. Die Scott-Schaltung der Speisetransformatoren

Eine namhafte Verbesserung bei schwächeren Netzen kann die *Scott-Schaltung* der Speisetransformatoren bringen (Bild 12.5). Dadurch entstehen auf der Sekundärseite (Fahrleitung) zwei um eine Viertelperiode phasenverschobene Stromsysteme, die bei gleicher Leistung eine symmetrische Belastung des Drehstromnetzes ergeben.

Die pulsierende Leistung des Einphasenwechselstromes vereitelt jeden Versuch eine einphasige Belastung in die symmetrische Drehstromleistung (konstante Leistung) zu transformieren, weil der Transformator, abgesehen von dem hier nicht betrachteten Magnetisierungsstrom, kein Energiespeicher ist. Die Leistungspulsationen der zwei phasenverschobenen Stromsysteme in der Scott-Schaltung heben sich gegenseitig auf, wenn sie gleich gross sind, woraus als Summe eine konstante und symmetrische Drehstromleistung resultiert.

Als Bauleistung verlangt die Scott-Schaltung 104 % der Durchgangsleistung des Transformators [149].

In vielen Fällen sind die Unterwerke entlang einer Bahnlinie aufgestellt. Getrennte Speisungen in beide Richtungen können als zwei Verbraucher aufgefasst werden. Dies ist eine günstige Voraussetzung für die Anwendung der zweiphasigen Scott-Schaltung. Sie wird jedoch kaum benutzt, da die heutigen Hochspannungsnetze in der Regel genügend stark sind. Meistens werden in einem solchen Speisepunkt zwei gewöhnliche Transformatoren an zwei verkettete Spannungen des Drehstromnetzes angeschlossen (*V-Schaltung*).

In neuester Zeit werden auch Symmetrieumrichter vorgeschlagen, um die pulsierende einphasige Leistung auf die symmetrische Drehstromleistung zu ergänzen. Dabei wird der Umrichter, ähnlich wie beim Vierquadrantensteller, an einen Schwingkreis doppelter Frequenz angeschlossen. Er liefert somit die erforderliche Blindleistung [152].

12.6 Netzfreundlichkeit und elektromagnetische Verträglichkeit

Bei Speisung mit sinusförmiger Wechselspannung wird, falls der Verbraucher eine konstante Impedanz (Scheinwiderstand) aufweist, der Strom sinusförmig. Andernfalls treten *Oberschwingungen* (*Oberwellen*) auf.

Wegen der Eisensättigung ist bereits der Magnetisierungsstrom des Transformators nicht sinusförmig. Noch stärker weicht der Strom bei den Stromrichtersteuerungen, insbesondere im Bereich der Teilaussteuerung, von der Sinusform ab. Im Normalbetrieb treten nur ungerade Oberwellen auf. Bei Störungen im Stromrichter sind auch gerade Oberwellen vertreten.

Die Oberwellen verschlechtern den Leistungsfaktor, weil sich der Effektivwert des Netzstromes I_L aus den Effektivwerten der Grundschwingung I_{L1} und aller Oberwellen ($I_{L2}...I_{Ln}$) zusammensetzt:

$$I_L = \sqrt{I_{L1}^2 + I_{L2}^2 + I_{L3}^2 + ...\ I_{Ln}^2} \qquad (12.1)$$

Die Scheinleistung, für die alle Netzkomponenten zu bemessen sind, ist durch den Effektivwert des Netzstromes bestimmt. Die Oberwellen können mit der *sinusförmigen* Spannung der Grundfrequenz keine Leistung erbringen (Mittelwert Null). Die Wirkleistung hängt deswegen lediglich von der Grundschwingung des Stromes und ihrem Phasenverschiebungswinkel ab:

$$\lambda = \frac{P}{S} = \frac{U\ I_{L1}\ \cos\varphi_1}{U\ I_L} = \frac{I_{L1}}{I_L}\ \cos\varphi_1 \ \leq\ \cos\varphi_1 \qquad (12.2)$$

Der Leistungsfaktor, als das Verhältnis Wirkleistung zu Scheinleistung, ist beim nichtsinusförmigen Strom immer kleiner als 1, auch wenn die Phasenverschiebung zwischen Strom (Grundschwingung) und Spannung Null ist.

Daneben können die Oberwellen des Fahrleitungsstromes benachbarte elektrische Anlagen beeinflussen und eventuell in ihrer Funktion stören. Die *Beeinflussung* kann durch galvanische, induktive oder kapazitive Kopplung erfolgen. In erster Linie sind Fernmeldeanlagen und Bahnsicherheitseinrichtungen dieser Beeinflussung unterworfen.

Die Hochfrequenzanlagen (Funkverbindungen, Radio, Fernsehen) werden praktisch nicht beeinflusst, weil der Oberwellengehalt an hochfrequenten Oberschwingungen verschwindend klein ist.

Für die Beeinflussung der parallel zur Fahrleitung verlegten Leitungen der Fernmeldeanlagen sind vor allem die im tonfrequenten Bereich liegenden Oberschwingungen massgebend (Telefon). Durch eine abgeschirmte Verkabelung der Leitungen lässt sich die störende induktive Kopplung klein halten.

Mit Hilfe von Saugtransformatoren kann der Rückleitungsstrom in einen parallel zur Fahrleitung verlegten Rückleiter gezwungen werden, was zu Verkleinerung der Beeinflussungen führt.

Ein Mass für den Oberwellengehalt des Fahrleitungsstromes im tonfrequenten Bereich ist der *psophometrisch bewertete Störstrom*. Die international genormte Bewertung benutzt einen Frequenzgang, der dem mittleren menschlichen Ohr entspricht.

Bei einer vierachsigen Hochleistungslokomotive für 16 $^2/_3$ Hz mit Stromrichter-Steuerung treten, je nach Aufwand in der Schaltung, psophometrisch bewertete Störströme im Bereich von 3...9 A auf [77]. Die Umrichtertechnik mit Vierquadrantensteller und eventuell einem zusätzlichen Störstromfilter reduziert diesen Wert auf etwa 1...2 A [80, 87].

Besonders empfindlich auf die Kopplung über die Schienenrückleitung sind die Gleisstromkreise der niederfrequenten Sicherungsanlagen (Fahrwegsicherung). Zur Gleisüberwachung wird ein niederfrequentes Signal (beispielsweise 100 Hz) am Anfang eines Gleisabschnittes in die beiden Schienen eingespeist und am anderen Ende ausgewertet. Dort ist das Signal nur bei freiem Gleis vorhanden. Bei besetztem Gleis wird dagegen das Signal durch Radsätze der Wagen kurzgeschlossen. Nun kann ein Oberschwingungsanteil dieser Frequenz im Fahrleitungsstrom in der Schienenrückleitung einen Spannungsabfall verursachen, der die Auswertung der Gleisfreimeldung verfälscht.

Die Fahrleitungsströme in diesem Frequenzbereich müssen durch Filter oder geeignete Massnahmen in der Steuerung eliminiert werden.

Bei der Gleichstromspeisung sind die meistens sechspulsigen Gleichrichter der Unterwerke zu erwähnen, die im Drehstromnetz eine ausgeprägte fünfte und siebente Stromoberwelle erzeugen. Ausserdem verursacht der Gleichstromsteller im Fahrleitungsstrom Oberschwingungen der Taktfrequenz. Dadurch können ähnliche Beeinflussungsprobleme entstehen.

In vielen anderen Fällen können elektrostatische und magnetische Einflüsse unangenehme Folgen haben. Zu erwähnen sind beispielsweise der Streufluss des Transformators, die gegenseitige Störung der elektronischen Geräte sowie die mögliche Auswirkung auf den Menschen.

Diese ganze historisch entstandene Problematik wird heute unter dem Namen *elektromagnetische Verträglichkeit* erfasst. Sie muss bei jedem neuen Element überprüft werden, und zwar in Bezug auf die Störaussendung sowie die Störfestigkeit.

Wichtige Massnahmen sind Abschirmung, eine günstige Kabelverlegung und passende Filter.

12.7 Die Fahrleitung

Die Fahrleitung muss die elektrische Energie dem Triebfahrzeug zuführen und während der Fahrt abgeben. Diese doppelte Aufgabe – Energieübertragung und Energieabgabe – bestimmt ihre elektrische und mechanische Auslegung.

Stromabnehmer und Fahrleitung sind unabhängige Schwingungssysteme, die unter Einfluss von verschiedenen Störquellen wie Wind, Temperatur, Eisbildung und Gleisfehler zusammenwirken müssen. Sie bilden so eine schwingungsfähige Einheit.

Um eine sichere Stromabgabe ohne Abspringen des Stromabnehmers bei allen Fahrgeschwindigkeiten zu ermöglichen, muss die Fahrleitung genügend starr sein, eine so weit wie möglich konstante Fahrdrahthöhe einhalten und eine gleichmässige Elastizität und Massenkonzentration aufweisen.
Die Schwingungsproblematik verlangt eine Optimierung zwischen dem Stromabnehmer und der Fahrleitung. Zusätzliche Probleme können deshalb bei der Mehrfachtraktion entstehen, wenn der Abstand zwischen den gehobenen Stromabnehmern zu klein wird. Als Abhilfe kann bei Zugskompositionen mit zwei Triebköpfen eine durchgehende Dachleitung die Energieversorgung beider Teile über einen einzigen Stromabnehmer ermöglichen.

Ein einfacher aufgespannter Fahrdraht genügt nur bei kleinen Fahrgeschwindigkeiten bis ca. 50...60 km/h. Höhere Fahrgeschwindigkeiten verlangen eine *Kettenfahrleitung*, bei welcher der Fahrdraht mit Hängern auf einem Tragseil aufgehängt ist (Bild 12.6). Zur Vermeidung harter Punkte erfolgt die Aufhängung bei Stützpunkten (Masten) über ein Zwischenseil (*Y-Beiseil*).

Um den Temperatureinfluss auf den Fahrdrahtdurchhang zu eliminieren, werden der Fahrdraht und das Tragseil in Abständen von 800...1500 m mit Gewichten nachgespannt. Die Wanderung des Fahrdrahtes wird durch einen Festpunkt in der Mitte verhindert. In dieser Ausführung sind Fahrgeschwindigkeiten von 300 bis 400 km/h einwandfrei beherrschbar.

Eine wesentliche Rolle bei hohen Geschwindigkeiten spielt die Wellenausbreitungsgeschwindigkeit. Sie beträgt bei Fahrleitungen in Frankreich und Deutschland 420...440 km/h. Ab einer Fahrgeschwindigkeit von ca. 300 km/h steigt der sonst bescheidene Anhub der Fahrleitung überproportional an und erreicht knapp unterhalb der Wellenausbreitungsgeschwindigkeit kritische Werte. Damit werden jeder weiteren Geschwindigkeitserhöhung Grenzen gesetzt. Die Vergrösserung der Zugspannung des Fahrdrahtes erhöht die Wellenausbreitungsgeschwindigkeit, so dass Fahrgeschwindigkeiten von ca. 500 km/h möglich würden [99].

Bei der Fahrleitung SICAT H 1.0 für Neubaustrecken in Deutschland beträgt die Wellenausbreitungsgeschwindigkeit 572 km/h, was Betriebsgeschwindigkeiten bis 400 km/h erlaubt [154].

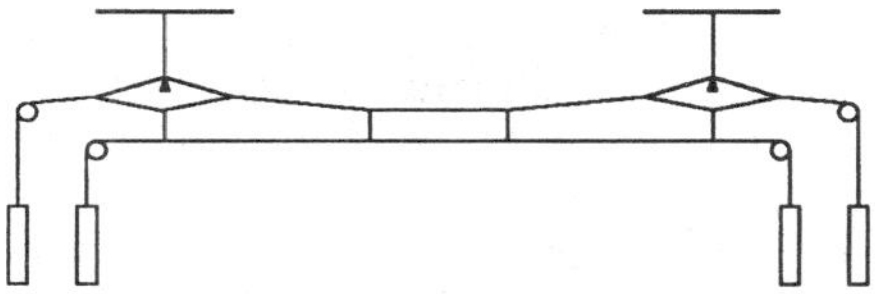

Bild 12.6. Die Kettenfahrleitung mit Nachspannung

Bei mässigen Fahrgeschwindigkeiten bis ca. 110...130 km/h kann das Tragseil fest verankert bleiben. Nur der Fahrdraht wird dann nachgespannt. Eine solche Fahrleitung ist nicht temperaturunabhängig. Die Schweizerischen Bundesbahnen haben seinerzeit mit dieser Art Fahrleitung bei 125 km/h gute Erfahrungen gemacht. Sie ist noch heute auf einigen Strecken in Gebrauch. Doch bereits bei der Erhöhung der Höchstgeschwindigkeit auf 140 km/h musste das nachgespannte Tragseil eingeführt werden.

Auch kompliziertere Kettenfahrleitungen werden gebaut, z.B. mit einem Zwischentragseil oder mit zwei Fahrdrähten. Dies ist auch eine Frage des Querschnittes bei kleineren Betriebsspannungen und entsprechend hohen Strömen.

Um eine Rillenbildung am Schleifstück des Stromabnehmers zu verhindern, wird der Fahrdraht auf gerader Strecke von Stützpunkt zu Stützpunkt zickzackförmig zur Gleisachse geführt. Diese *Zickzack*-Führung beträgt in der Regel ± 200...400 mm. Da sie nicht einheitlich ist, verhindert sie ohne Umrüsten des Stromabnehmers oft die Verwendung von sonst problemlos einsetzbaren Fremdlokomotiven (zum Beispiel zwischen Deutschland und der Schweiz).

Als Material wird meistens für den Fahrdraht Kupfer oder eine Kupfer-Legierung und für das Tragseil Stahl oder Bronze verwendet. Der Querschnitt richtet sich nach dem zu führenden Strom. Hochgespannter Einphasenwechselstrom ermöglicht eine leichte Bauart. Gleichstrom von 1500 V verlangt eine schwere Fahrleitung mit zusätzlichen Leitern oder besondere Verstärkungsleitungen entlang der Strecke.

Die Oberleitung der Deutschen Bahn (15 kV) für 330 km/h verwendet einen Fahrdraht aus silberlegiertem Kupfer mit einem Querschnitt von 120 mm^2 und ein Tragseil aus Bronze mit dem gleichen Querschnitt. Die Nachspannkraft beträgt 27 kN für den Fahrdraht sowie 21 kN für das Tragseil. Die Zickzack-Führung ist mit ± 300 mm kleiner als sonst bei der Deutschen Bundesbahn üblich (± 400 mm) [155].

Nach den Erfahrungen in Deutschland muss der Fahrdraht nach 2 Millionen Stromabnehmerdurchgängen ausgewechselt werden. Dies entspricht bei ca. 300 Durchgängen pro Tag (stark befahrene Strecke) einer Zeit von 20 Jahren [101].

Die Fahrleitung muss in kleinere Abschnitte unterteilbar sein, um die Auswirkungen eines Fahrleitungsdefektes zu lokalisieren. Meistens bilden die Streckengleise zwischen den Bahnhöfen sowie Gruppen von Bahnhofgleisen solche Abschnitte.

Ausserdem wird im Allgemeinen die Wechselstrom-Fahrleitung in getrennt gespeiste Abschnitte unterteilt, die bei Netzstörungen auch einen unsynchronen Betrieb der Kraftwerke zulassen. Die Fahrleitung muss dann an entsprechenden Stellen durch kurze spannungslose *Schutzstrecken* getrennt sein, die durch die Stromabnehmer der Züge nicht überbrückt werden können. Ähnliche Trennstellen sind beim Übergang an die andere Phase des Drehstrom-Landesnetzes erforderlich (*Phasentrennstellen*) sowie selbstverständlich an den Wechselstellen der Stromsysteme. Die kurze spannungslose Strecke wird im Schwung durchfahren.

Der Systemwechsel kann auch in einem Bahnhof, in dem der Zug ohnehin halten muss (Grenzbahnhof), mittels Umschaltung der Gleisversorgung erfolgen.

Der ohmsche Widerstand der Fahrleitung hängt von ihrem Querschnitt ab. Er beträgt zum Beispiel für eine mittelschwere Gleichstrom-Fahrleitung (Tragseil, Zwischentragseil und zwei Fahrdrähte, Totalquerschnitt 400 mm^2) ca. 50 mΩ/km. Dazu kommt noch der Widerstand der Schienenrückleitung von ca. 20 mΩ/km [16].

Bei Wechselstrom ist der ohmsche Widerstand wegen kleinerer Querschnitte höher. Dazu kommt die starke Erhöhung des Schienenwiderstandes durch Stromverdrängung. Der induktive Widerstand der Fahrleitung hängt von der Gesamtanordnung und von der Netzfrequenz ab.

Bei einer zweigleisigen Strecke älterer Bauart der Deutschen Bahn (16 $^2/_3$ Hz) kann pro Gleis mit einer Impedanz von 260 mΩ/km gerechnet werden, wobei der ohmsche Anteil ca. 170 mΩ/km und der induktive ca. 190 mΩ/km beträgt [156].

Bei einer ähnlichen Fahrleitung der Französischen Bahnen (50 Hz) erhöht sich der induktive Widerstand auf ca. 560 mΩ/km, der ohmsche Widerstand bleibt mit ca. 180 mΩ/km praktisch gleich und die Impedanz steigt auf ca. 600 mΩ/km [16].

Die neben dem Gleis angeordnete Stromschienenleitung (*dritte Schiene*) wird isoliert und soweit notwendig vor Berührung geschützt verlegt. Sie ist für Spannungen über 1500 V nicht geeignet.

Als Material wird Weicheisen, Stahl oder Aluminium mit Edelstahlauflage mit Querschnitten zwischen ca. 1000 und 9500 mm^2 verwendet. Das früher im allgemeinen benutzte Weicheisen hat nur 1/7 des Kupferleitwertes und verlangt entsprechend hohe Querschnitte [17, 28, 109, 157...159].

Eine Stromschienen-Oberleitung, die weniger Raum als die übliche Fahrleitung beansprucht, kommt seit neuestem in bestimmten Tunnelstrecken (Schweiz, Österreich, Südkorea, Berlin) nach Vorbild der im Jahre 1990 eröffneten S-Bahn Zürich zum Einsatz. Sie erlaubt Fahrgeschwindigkeiten von 160 km/h oder mehr [1, 45, 160].

Eine gute *Stromrückleitung* über die Fahrschienen ist von besonderer Bedeutung. Der Widerstand soll klein sein, nicht nur wegen des Spannungsabfalles und des gefährdenden Schienenpotentials, sondern um *vagabundierende Ströme* (*Streuströme*), die durch das Erdreich fliessen, zu unterdrücken.

Geschweisste Schienen sind auch diesbezüglich vorteilhaft. Schienenstösse werden zu diesem Zweck oft durch angeschweisste Kupferverbindungen überbrückt. Allerdings benötigt die Zugsicherungstechnik isolierte Schienenstösse, womit eine Schiene für die Stromrückleitung entfällt. Durch zusätzliche Kabelverbindungen lässt sich die Stromverteilung steuern.

Insbesondere bei Gleichstrombahnen im Stadtgebiet können vagabundierende Ströme durch ihre elektrolytische Wirkung (Korrosion) mit der Zeit grosse Zerstörungen an metallischen Gas- und Wasserleitungen sowie an anderen im Boden verlegten Bauwerken verursachen. Bei Wechselstrombahnen entsteht die elektrolytische Wirkung nicht [4]. Dagegen können die in geschlossenen Leiterschleifen induktiv induzierten Spannungen Ströme verursachen, die auch zu Zerstörungen führen [87].

Günstig ist eine Stromrückleitung über ein parallel zu den Schienen geschaltetes Erdseil, das in Nähe des Fahrdrahtes auf Oberleitungsmasten geführt wird.

Gelegentlich wird für die Stromrückleitung eine besondere, in der Gleismitte meistens isoliert verlegte *vierte Schiene* verwendet (Raum London). Die isolierte Stromrückleitung zum Unterwerk unterbindet die vagabundierenden Ströme und vermindert somit die Korrosionsgefahr.

Anhang

A. Formeln für die Fahrwiderstände (Auswahl)

Die zur einheitlichen Darstellung geringfügig angepasste Formeln geben spezifische Fahrwiderstände in N/kN bzw. die Fahrwiderstände in N an. Originalversion siehe Literatur [2, 16, 35, 36, 39, 40, 41, 59].

Laufwiderstand

Formeln der SNCF (Société Nationale des Chemins de fer Français):

$w_f = 1{,}5 + 0{,}00022\, v^2$ für Wagen der Reisezüge
$w_f = 1{,}5 + 0{,}00062\, v^2$ für mittelbeladene Güterzugwagen
$w_f = 1{,}2 + 0{,}00025\, v^2$ für beladene Grossraumgüterwagen
$w_f = 2{,}5 + 0{,}00100\, v^2$ für leere Grossraumgüterwagen

Formel der SBB (Schweizerische Bundesbahnen) für Reisezüge mit k_L Lokomotiven und k_W Wagen:

$$W = c_{0L}\, m_L\, g + \frac{2 + k_L}{3}\,(c_{2L} + \frac{c_{31L}}{F\, c_{32L}})\; v^2 + c_{0W}\, m_W\, g + k_W\,(c_{2W} + \frac{c_{31W}}{F\, c_{32W}})\; v^2$$

wobei F den eventuellen Tunnelquerschnitt im m^2 bedeutet. Die Indizes L und W beziehen sich auf die Zahlenwerte der konkreten Lokomotiven bzw. Wagen. Für einen Zug mit Lokomotiven Re 4/4 ^{II} und Wagen EW ^{IV} lautet die Formel:

$$W = 3{,}18\, m_L\, g + \frac{2 + k_L}{3}\,(0{,}319 + \frac{87{,}9}{F\, 1{,}48})\; v^2 + 1{,}22\, m_W\, g + k_W\,(0{,}0882 + \frac{51{,}1}{F\, 1{,}75})\; v^2$$

Formel nach Sauthoff für Wagen der Reisezüge (Deutsche Bundesbahn):

$$w_f = 1{,}9 + 0{,}0025\, v + 0{,}0048\, \frac{k + 2{,}7}{m} \cdot 1{,}45\,(v + 15)^2$$

wobei k die Anzahl der Wagen im angehängten Zug der Masse m bedeutet.

Formel nach Strahl für gemischte Güterzüge (ohne Lokomotive) mit Wälzlagern (Deutsche Bundesbahn):

$$w_f = 1{,}4 + 0{,}00057\, v^2$$

Empfehlung UIC (Union Internationale des Chemins de fer):

$$w_f = 2{,}5 + 0{,}00025\, v^2$$

wobei die Masse des Triebfahrzeuges mit 150 % einzusetzen ist.

Formeln für die ersten Tokaido-Züge (Japan):

$$w_f = 1{,}6 + 0{,}016\, v + \frac{0{,}0665}{\mathrm{m}}\, v^2$$ für den 12-Wagen-Zug (720 t)

$$w_f = 1{,}6 + 0{,}035\, v + \frac{0{,}30}{\mathrm{m}}\, v^2$$ für den 4-Wagen-Zug (240 t)

Formel für den ersten TGV-Zug (Frankreich), 192 t:

$$w_f = 0{,}750 + 0{,}00954\, v + 1{,}484 \cdot 10^{-4}\, v^2$$

Formel für den ICE / V-Zug (Deutschland), 256 t (viergliedrig), freie Strecke:

$$w_f = 1{,}163 + 0{,}00805\, v + 1{,}115 \cdot 10^{-4}\, v^2$$

Bogenwiderstand

Formeln nach Röckl (Deutsche Bundesbahn):

$$w_b = \frac{650}{r - 55}$$ für $r \geq 300$ m (Normalspur von 1435 mm)

$$w_b = \frac{500}{r - 30}$$ für $r < 300$ m (Normalspur von 1435 mm)

Formel der SNCF (Société Nationale des Chemins de fer Français):

$$w_b = \frac{800}{r}$$ für Normalspur von 1435 mm

Formel nach Protopapadakis:

$$w_b = \frac{\mu\,(0{,}72\, e + 0{,}47\, a)}{\mathrm{r}} \cdot 10^3$$ mit $\mu = 0{,}165$ (Winter) bzw. 0,220 (Sommer)

e Gleisbreite (Schienenmitte) in m
a Achsstand des Drehgestells in m (in Grenzen für Normalspur: 1,75...8,25 m)

B. Beispiele ausgeführter Triebfahrzeuge

Diese Ausführungsbeispiele sollen als Ergänzung zu theoretischen Überlegungen lediglich auf typische Realisierungen hinweisen. Die Auswahl aus neuerer sowie älterer Technik erfolgte ohne Wertung der Fahrzeuge in Bezug auf ihre Bedeutung. Aus diesem Grund beschränken sich die technischen Informationen auf die von Fall zu Fall betrachteten Merkmale, was die Wahl und den Umfang der Angaben bestimmt.

Zwischen den einzelnen Lieferserien sonst gleicher Triebfahrzeuge bestehen gelegentlich Unterschiede, die nicht ausdrücklich vermerkt wurden.

In der Regel wird die Zugkraft am Rad bei halb abgenutzten Bandagen und die Leistung an der Motorwelle angegeben.

Neben den Bahnbezeichnungen sind einheitlich die folgenden Daten jeweils in den ersten zwei Zeilen zu finden:

- Radsatzfolge
- Triebfahrzeugart
- Jahr der Inbetriebsetzung oder erster Lieferung
- Spurweite
- Stromsystem
- Literaturangaben (nähere Beschreibung)
- Dienstmasse
- gebaute Stückzahl
- Erbauer mechanischer Teil
- Erbauer elektrischer Teil

Die Angaben über Bahnen und Erbauer entsprechen den damaligen Bezeichnungen. Als Folge verschiedener Umstellungen lauten sie nun zum Teil anders. Bei den neueren Beispielen ist gemäss der heutigen Lieferungsabwicklung die Unterscheidung der beiden Erbauer (mechanischer/elektrischer Teil) nicht mehr sinnvoll.

Bahnen:

AB	Appenzeller Bahnen
BLS	Bern-Lötschberg-Simplon-Bahn
BT	Bodensee-Toggenburg-Bahn
BVZ	Brig-Visp-Zermatt-Bahn
DB	Deutsche Bundesbahn bzw. Deutsche Bahn
FO	Furka-Oberalp-Bahn
FS	Ferrovie dello Stato (Italien)
GGB	Gornergratbahn
HHA	Hamburger Hochbahn
JR-W	West Japan Railway Co.
LKAB	Luossavaara Kiirunavaaro AB
LSE	Luzern-Stans-Engelberg-Bahn
NRZ	National Railways of Zimbabwe
NS	Nederlandse Spoorwegen

ÖBB	Österreichische Bundesbahnen
RENFE	Red Nacional de los Ferrocarriles Españoles
RhB	Rhätische Bahn
SBB	Schweizerische Bundesbahnen
SNCB	Société Nationale des Chemins de fer Belges
SNCF	Société Nationale des Chemins de fer Français
STA	Südtiroler Transportstrukturen AG, Vinschgerbahn (Italien)
SZU	Sihltal-Zürich-Uetliberg-Bahn
VBZ	Verkehrsbetriebe der Stadt Zürich
VR	Soumen Valtionrautatiet (Finnland)

Triebfahrzeugarten (Abkürzungen):

Lok	Lokomotive	DLok	Doppellokomotive
TW	Triebwagen	DTW	Doppeltriebwagen
GZ	Gelenkfahrzeug		

Stromsysteme:

AC 15 kV 16 2/3 Hz	Einphasenwechselstrom, 15 kV, 16 2/3 Hz
AC 25 kV 50 Hz	Einphasenwechselstrom, 25 kV, 50 Hz
DC 1,5 kV	Gleichstrom 1500 V
DC 3 kV	Gleichstrom 3000 V
4-System	die oben aufgeführten 4 Stromsysteme
3AC 725 V 50 Hz	Drehstrom, 725 V, 50 Hz
andere Spannungen	analoge Bezeichnungen

Erbauer mechanischer / elektrischer Teile:

ABB	Asea Brown Boveri AG, verschiedene Werke
ACEC	Ateliers de Constructions Electriques de Charleroi, Charleroi
Adtranz	Adtranz, verschiedene Werke
AEG	AEG Aktiengesellschaft, verschiedene Werke
Alsthom	Alsthom, Paris
Alstom	Alstom Schienenfahrzeuge, verschiedene Werke
Ansaldo	Ansaldo Trasporti SpA, Napoli
BBC	AG Brown, Boveri & Cie., verschiedene Werke
Bombardier	Bombardier Transportation, verschiedene Werke
ELIN	ELIN-Union AG, Wien
FFA	Flug- und Fahrzeugwerke AG, Altenrhein
FIAT	Fiat Ferroviaria Savigliano, Torino
Henschel	Henschel-Werke, Kassel bzw. Thyssen-Henschel, Kassel
KM	Krauss-Maffei AG, München
Krupp	Krupp Industrie- und Stahlbau GbmH, Essen
LHB	Linke-Hofmann-Busch, Salzgitter
Marelli	Ercole Marelli Trazione, Sesto S. Giovanni
SGP	Simmering-Graz-Pauker AG, Wien
Siemens	Siemens AG, verschiedene Werke
SIG	Schweizerische Industrie-Gesellschaft, Neuhausen am Rheinfall
SLM	Schweizerische Lokomotiv- und Maschinenfabrik, Winterthur

Stadler	Stadler Rail AG, Bussnang (Schweiz)
Strömberg	Oy Strömberg Ab, Helsinki
SWA	Schindler Waggon Altenrhein AG, Altenrhein
SWP	Schindler Waggon AG, Pratteln
SWS	Schweizerische Waggons- und Aufzügefabrik, Schlieren
Valmet	Valmet Oy, Tampere
50-Hz-Gr.	50-Hz-Arbeitsgemeinschaft (AEG, Siemens, Alsthom, ACEC, BBC)

B. 1: SBB Re 4/4 II

Bo'Bo'	Lok	1964...1985	1435 mm	AC 15 kV 16 $^2/_3$ Hz
[161]	80 t	276	SLM	BBC

Nennleistung: 4452 kW bei 105 km/h (Dauerbetrieb)
Höchstwerte: 140 km/h, 255 kN
Merkmale: Hochleistungslokomotive mit Motoren für 16 $^2/_3$ Hz, Hochspannungssteuerung mit 32 Stufen, Nutzbremse

Fahrmotor:
Nennwerte: 1113 kW bei 1200 1/min, 525 V, 2300 A (Dauerbetrieb)
Höchstwerte: 660 V, 3400 A, 1600 1/min, 15 235 Nm
Merkmale: 3900 kg, 10-polig, Federantrieb
Transformator: 4000 kVA, kombinierter Regulier- und Übersetzungstransformator, 12,5 t (mit Stufenschalter)

B. 2: SBB Re 6/6

Bo'Bo'Bo'	Lok	1972...1980	1435 mm	AC 15 kV 16 $^2/_3$ Hz
[162, 163]	120 t	89	SLM	BBC

Nennleistung: 7440 kW bei 111 km/h (Dauerbetrieb); 8020 kW bei 106 km/h (Stundenbetrieb)
Höchstwerte: 140 km/h, 394 kN
Merkmale: Hochleistungslokomotive mit Motoren für 16 $^2/_3$ Hz, Hochspannungssteuerung mit 32 Stufen, Nutzbremse

Fahrmotor:
Nennwerte: 1239 kW bei 1265 1/min, 560 V, 2400 A (Dauerbetrieb); 1338 kW, 1205 1/min , 560 V, 2600 A (Stundenbetrieb)
Höchstwerte: 620 V, 3440 A, 1600 1/min, 15 790 Nm
Merkmale: 3880 kg, 12-polig, zweifache Schleifenwicklung, Transformationsspannung bei Maximalstrom 2,92 V
Antrieb: Übersetzung 2,636, Triebraddurchmesser neu 1,260 m (halb abgenutzt 1,230 m), Federantrieb
Transformatoren (getrennt):
Reguliertransformator: 6600 kVA, 8,06 t (mit Stufenschalter)
Übersetzungstransformator: 7200 kVA, 630 V, 11 430 A, 11,63 t

B. 3: LSE BDhe 4/4

Bo'Bo'	TW	1963...1980	1000 mm	AC 15 kV 16 $^2/_3$ Hz
[164]	48 t	8	SWP, SLM	BBC

Nennleistung: 640 kW (Dauerbetrieb) bei 56 km/h (Adhäsion) bzw. 14,5 km/h (Zahnstange)
Höchstwerte: 75 km/h, 87 kN (Adhäsion) bzw. 20 km/h, 334 kN (Zahnstange)
Merkmale: Triebwagen für kombinierten Zahnrad- und Adhäsionsbetrieb mit Motoren für 16 $^2/_3$ Hz, Niederspannungssteuerung mit 28 Stufen, Widerstandsbremse

Zahnstange: Leiterzahnstange System Riggenbach, max. Neigung 250 ‰
Fahrmotor:
Nennwerte: 160 kW bei 1940 1/min, 285 V, 660 A (Dauerbetrieb)
Höchstwerte: 285 V, 1150 A, 2630 1/min
Merkmale: 930 kg, 6-polig
Antrieb: Übersetzung 5,2 (Adhäsion) bzw. 17,17 (Zahnstange), druckluftbetätigte Kupplungen für Übersetzungswechsel im Getriebe, Adhäsionsantrieb dauernd verkuppelt
Widerstandsbremse: 2 Schaltungen (regulierbare Fremderregung aus dem Netz sowie nicht regulierbare netzunabhängige Selbsterregung)

B. 4: BLS Re 4/4

Bo'Bo'	Lok	1964...1983	1435 mm	AC 15 kV 16 $^2/_3$ Hz
[165, 166]	82 t	35	SLM	BBC

Nennleistung: 5000 kW bei 78 km/h (Stundenbetrieb)
Höchstwerte: 140 km/h, 314 kN
Merkmale: Hochleistungslokomotive mit Mischstrommotoren, Hochspannungssteuerung mit 32 Stufen, Gleichrichter in Brückenschaltung mit Mittelpunkt-Ausgleichleiter, Widerstandsbremse

B. 5: AB BDe 4/4 ^{II}

Bo'Bo'	TW	1986...1993	1000 mm	DC 1,5 kV
[167]	36 t	5	FFA, SIG	BBC (ABB)

Nennleistung: 732 kW bei 39 km/h (Dauerbetrieb)
Höchstwerte: 75 km/h, 150 kN
Merkmale: Regionalbahn-Triebwagen, Halbspannungsmotoren, Umgruppierung Serie/Parallel, Schützensteuerung mit 48 Fahr- und 27 Bremsstufen, Feldschwächung, Widerstandsbremse

B. 6: FS E 656

Bo'Bo'Bo'	Lok	1975...1989	1435 mm	DC 3 kV
[70, 168]	120 t	461	BBC	BBC

Nennleistung: 3860 kW bei 103 km/h bzw. 134 kN (Dauerbetrieb), 4420 kW bei 98 km/h bzw. 158 kN (Stundenbetrieb)
Höchstwerte: 160 km/h, 249 kN
Merkmale: Hochleistungslokomotive, 2 Fahrmotoren pro Radsatz, Stufensteuerung, Umschaltung der Fahrmotoren in 4 Gruppierungen, keine elektrische Bremse, 2 rotierende Umformergruppen 95 kW für Hilfsbetriebe (Drehstrombordnetz 450 V, 60 Hz), zum Teil statischer Umrichter

Fahrmotor:
Nennwerte: 1000 V, 350 A (Dauerbetrieb), 400 A (Stundenbetrieb)
Höchstwerte: 1000 V, 550 A, 1600 1/min
Merkmale: 6-polig, 2 Fahrmotoren als Doppelmotor, Feldschwächung bis 65 %
Gruppierungen: Serie (alle 12 Motoren), Serie/Parallel (je 6 in Serie), Parallel (je 4 in Serie), Superparallel (je 3 in Serie)

B. 7: SBB RBDe 4/4

Bo'Bo'	TW	1984...1996	1435 mm	AC 15 kV 16 $^{2}/_{3}$ Hz
[167, 169, 170]	70 t	120	FFA, SIG, SWP	ABB

Nennleistung: 1680 kW bei 78 km/h (Dauerbetrieb)
Höchstwerte: 140 km/h, 182 kN, 2630 kW (Fahrleistung)
Merkmale: Triebwagen für Einsatz in Nahverkehrs-Pendelzügen NPZ (Führerstand einseitig, dazu passende Steuerwagen), Fahrmotoren mit gemischter Erregung, stufenlose Stromrichtersteuerung (Anschnittsteuerung), Kommutierungsdrosselspule, Nutzbremse, Drehstrom-Hilfsbetriebeumrichter für Bordnetz
Nutzbremse: Maximale Bremsleistung 2800 kW
Hilfsbetriebeumrichter: 80 kVA, 100...380 V, 10...55 Hz

B. 8: ÖBB Rh 1044

Bo'Bo'	Lok	1974...1995	1435 mm	AC 15 kV 16 $^{2}/_{3}$ Hz
[1, 171]	84 t	216 *	SGP	BBC (ABB), ELIN, Siemens

Nennleistung: 5148 kW bei 91 km/h (Dauerbetrieb); 5400 kW bei 90 km/h (Stundenbetrieb)
Höchstwerte: 160 km/h, 337 kN
Merkmale: Hochleistungslokomotive, stufenlose Stromrichtersteuerung (Anschnittsteuerung), Kommutierungsdrosselspule, Widerstandsbremse, Drehstrombordnetz 60...100 Hz

Fahrmotor:
Nennwerte: 1287 kW bei 1161 1/min, 1070 V, 1260 A (Dauerbetrieb); 1350 kW bei 1152 1/min, 1070 V, 1330 A (Stundenbetrieb)
Höchstwerte: 1070 V, 2000 A, 2050 1/min, 18 010 Nm
Merkmale: 3750 kg, 8-polig, gemischte Erregung, Stromwelligkeit 40 %
Antrieb: Übersetzung 3,057, Triebraddurchmesser neu 1,300 m, Federantrieb
Transformator: 4 x 1300 kVA (Traktion), 10,6 t
Glättungsdrosselspule: 2990 kg

* Daten der ersten Serie einschliesslich Prototyp-Lokomotiven

B. 9: SBB/FO/BVZ HGe 4/4 II

Bo'Bo'	Lok	1985...1990	1000 mm	AC 15 kV * 16 2/3 Hz
[120]	63 t *	21 **	SLM	BBC (ABB)

Nennleistung: 1836 kW bei 46 km/h (Dauerbetrieb)
Höchstwerte: 100 km/h (FO/BVZ: 90 km/h), 230 kN (Adhäsion), 280 kN (Zahnstange)
Merkmale: Hochleistungslokomotive für kombinierten Zahnrad- und Adhäsionsbetrieb, stufenlose Stromrichtersteuerung (Anschnittsteuerung), Nutzbremse

Antrieb: Differenzialantrieb mit Schlupfbegrenzung über einen Ölkreislauf, Drehmomentaufteilung im Verhältnis 1:2 (Adhäsion zu Zahnstange)

* FO/BVZ: 11 kV, 64 t
** Aufteilung SBB/FO/BVZ: 8:8:5

B. 10: NRZ Rh EL 1

Co'Co'	Lok	1983...1984	1067 mm	AC 25 kV 50 Hz
[172]	114 t	30	SGP	50-Hz-Gr.

Nennleistung: 2490 kW bei 32 km/h bzw. 258 kN (Dauerbetrieb)
Höchstwerte: 110 km/h, 358 kN
Merkmale: stufenlose Stromrichtersteuerung (Sektorsteuerung), Widerstandsbremse (mit Stützbetrieb aus Stromrichter bei kleinen Geschwindigkeiten), Arno-Umformer 160 kW für Hilfsbetriebe

B. 11: FS E 632 / E 633

B'B'B'	Lok	1982...1989	1435 mm	DC 3 kV
[173]	105 t	220	FIAT, BBC	Ansaldo, BBC, Marelli

Nennwerte: 146 kN bei 105,8 km/h (Dauerbetrieb E 632); 180 kN bei 85,2 km/h (Dauerbetrieb E 633); elektrische Dauerleistung 4500 kW

Höchstwerte: 160 km/h, 236 kN (E 632) bzw. 130 km/h, 293 kN (E 633)
Merkmale: Einmotordrehgestelle, Gleichstromsteller, Widerstandsbremse, statischer Umrichter 190 kVA für Hilfsbetriebe (Drehstrombordnetz 450 V, 60 Hz)

Fahrmotor:
Nennwerte: 1443 kW bei 1027 1/min, 2000 V, 750 A (Dauerbetrieb)
Höchstwerte: 2000 V, 1100 A, 1700 1/min
Merkmale: 5400 kg, 6-polig, Feldschwächung bis 70 %
Gleichstromsteller: Eingangsspannung 2000...4000 V, insgesamt 6 Stellersäulen, jede mit 6 in Serie geschalteten Einheiten, Taktfrequenzen 2 x 65 und 2 x 130 Hz, Ausgangsspannung 0...2000 V
Eingangsfilter: 2250 kg, Kondensator 3,6 mF, Zusatzinduktivität 6...27 mH (gesättigt/ungesättigt)

B. 12: VBZ Be 4/6

B'2'B'	TW	1976...1987	1000 mm	DC 600 V
[174]	26,5 t	133	SWS, SWP	BBC (ABB)

Nennleistung: 276 kW bei 27 km/h (Stundenbetrieb)
Höchstwerte: 65 km/h, 75,3 kN
Merkmale: Strassenbahn-Gelenktriebwagen (Tram 2000), zum Teil als motorisierte Anhänger (Beiwagen) ausgeführt, Gleichstromsteller, automatische Feldschwächung, Widerstandsbremse, Drehstrombordnetz

Bemerkung: Versuchsweiser Umbau auf Drehstromantrieb mit stromgeführtem Umrichter, Anschluss-Serie mit spannungsgeführtem Umrichter und direkter Speisung aus der Fahrleitung sowie mit GTO-Thyristoren gebaut

B. 13: GGB Bhe 4/8

(1Ao) (1Ao) + (1Ao) (1Ao)	DTW	1965...1975	1000 mm	3AC 725 V 50 Hz
[175]	35 t	4	SLM	BBC

Nennleistung: 310 kW bei 14,4 km/h (Dauerbetrieb)
Höchstwerte: 15,2 km/h (übersynchrone Geschwindigkeit), 133 kN
Merkmale: Triebwagen für reinen Zahnradbetrieb, Drehstrom-Asynchronmotor mit Schleifringläufer, Stufenwiderstände für Anfahrt, Nutzbremse und regulierbare netzunabhängige Widerstandsbremse, elektrohydraulische Steuerung der mechanischen Bremsen mit 80...100 bar (8...10 MPa)

Zahnstange: Lamellenzahnstange System Abt (2 Lamellen), max. Neigung 200 ‰
Antrieb: Übersetzung 11,04, Motoren in Längsrichtung

B. 14: VR Dr 16

Bo'Bo'	Lok	1987	1524 mm	Dieselelektrisch
[82]	80...81 t	6	Valmet	Strömberg

Höchstwerte: 140 km/h, 270 kN
Merkmale: Dieselelektrische Universallokomotive mit Umrichter und Asynchronmotoren, Drehstromgenerator mit Gleichrichter, Widerstandsbremse

Dieselmotor: Pielstick oder Wärtsilä
Generator: 700...1500 1/min, 200...1625 kVA, 46...100 Hz, 1285...2750 V, 90...341 A
Umrichter: Zwischenkreis 1500...3500 V mit ausgeführtem Mittelpunkt, spannungsgeführter Umrichter mit zweistufigem Takten, GTO-Thyristoren
Fahrmotor:
Betriebsdaten: 0...158 Hz, 0...3130 1/min, 5560 Nm
Nennwerte: 340...1000 kW, 2400 V (Dauerbetrieb)
Höchstwerte: 4000 1/min
Merkmale: 1700 kg, 6-polig

B. 15: RhB ABe 4/4 III

Bo'Bo'	TW	1988...1990	1000 mm	DC 1000 V
[176]	47 t	6	SWA	ABB

Nennleistung: 1016 kW bei 34 km/h (Stundenbetrieb)
Höchstwerte: 65 km/h, 175 kN
Merkmale: Triebwagen für die Bernina-Strecke der RhB (2253 m über Meer, extreme klimatische Bedingungen, 70 ‰), spannungsgeführter Umrichter mit Asynchronmotoren, kombinierte Nutz- und Widerstandsbremse, speicherprogrammierte Leitelektronik, Drehstrom-Hilfsbetriebeumrichter für Bordnetz, Druckluftbremse, Vakuumbremssystem für den Zug

Fahrmotor:
Nennwerte: 254 kW bei 2106 1/min, 870 V, 71,4 Hz, 127 A, 1152 Nm (Dauerbetrieb)
Höchstwerte: 425 kW bei 4026 1/min, 1250 V, 139,3 Hz, 233 A, 1966 Nm
Merkmale: 4-polig
Antrieb: Übersetzung 10,287, Triebraddurchmesser neu 0,920 m, Hohlwellen-Radsatzgetriebe
Umrichter: Direkte Speisung aus der Fahrleitung, GTO-Thyristoren, Öltauchkühlung

B. 16: DB BR 120

Bo'Bo'	Lok	1979...1989	1435 mm	AC 15 kV 16 2/3 Hz
[84, 177...179]	84 t	65	KM, Krupp, Henschel	BBC (ABB)

Nennleistung: 5600 kW (Dauerbetrieb)
Höchstwerte: 200 (160 *) km/h, 340 kN, 5600 kW
Merkmale: Spannungsgeführter Umrichter mit Asynchronmotoren, Drehstrombordnetz 0...60 Hz, Nutzbremse

Fahrmotor:
Nennwerte: 1400 kW (Dauerbetrieb)
Höchstwerte: 2200 V, 600 A, 4225 (3600 *) 1/min
Merkmale: 2380 kg, 4-polig
Antrieb: Übersetzung 4,818 (ab ca. zweiter Hälfte der Serie: 4,120), Triebraddurchmesser (Vollräder) neu 1,250 m (abgenutzt 1,170 m), Gummigelenk-Kardanantrieb
Umrichter: Zwischenkreis 2800 V, Vierquadrantensteller, Öldosenkühlung
Transformator: 5525 kVA (Oberspannungsseite), 11,2 t (davon Saugkreisdrosselspulen 0,9 t)

* Daten der 5 Prototyp-Lokomotiven

B. 17: BT/SZU Re 4/4

Bo'Bo'	Lok	1987...1988	1435 mm	AC 15 kV 16 2/3 Hz
[80, 114]	69 t	8 *	SLM	BBC (ABB)

Nennleistung: 3000 kW (Dauerbetrieb)
Höchstwerte: 130 km/h, 240 kN, 3200 kW
Merkmale: Spannungsgeführter Umrichter mit Asynchronmotoren, Nutzbremse, speicherprogrammierte Leitelektronik, Drehstrombordnetz 15...60 Hz

Fahrmotor:
Nennwerte: 750 kW bei 1407 1/min, 0...1305 V (Dauerbetrieb)
Höchstwerte: 1305 V, 450 A, 3900 1/min
Merkmale: 1646 kg, 4-polig
Antrieb: Übersetzung 6,055, Triebraddurchmesser neu 1,100 m (halb abgenutzt 1,070 m), Lenk-Schiebelagerantrieb
Umrichter: Zwischenkreis 1500 V, 28,8 mF, Vierquadrantensteller, GTO-Thyristoren, Öltauchkühlung

* Aufteilung BT/SZU: 6:2; weitere 6 Lokomotiven nachgebaut

B. 18: DB ICE 1

Bo'Bo'	Triebkopf	1989...1992	1435 mm	AC 15 kV 16 2/3 Hz
[180...184]	80 t **	120 *	KM, Krupp, Henschel	AEG, BBC (ABB), Siemens

Nennleistung: 4800 kW (Dauerbetrieb, am Rad)
Höchstwerte: 250 km/h (ausgelegt für 280 km/h), 200 kN, 4800 kW (am Rad)
Merkmale: Spannungsgeführter Umrichter mit Asynchronmotoren, Nutzbremse, rechnergesteuerte Leittechnik mit Diagnosegerät, Datenübertragung mit Lichtwellenleitern
Zusammensetzung des Triebzuges: Triebkopf, bis zu 14 Mittelwagen, Triebkopf

Fahrmotor:
Nennwerte: 1250 kW (Dauerbetrieb)
Höchstwerte: 3600 1/min,
Merkmale: 2000 kg, 4-polig, Gummigelenk-Kardanantrieb
Umrichter: Zwischenkreis 2800 V, Vierquadrantensteller, erster Teil der Serie: Öldosenkühlung, zweiter Teil: GTO-Thyristoren mit Siedebadkühlung
Transformator: 4 x 1125 kVA (Traktion) + 200 kVA (Hilfsbetriebe) + 500 kVA (Zugsammelschiene), 10 t

* 2 Triebköpfe pro Zug
** 78 t bei Auslieferung mit GTO-Thyristoren (Differenz genauer 2,7 t)

Bemerkung: Der Versuchszug **ICE/V** (Vorgänger zur Serie) weist einige Abweichungen auf, z.B. (Daten pro Triebkopf):
Nennleistung: 3640 kW (Dauerbetrieb)
Höchstwerte: 300 km/h (für Versuche 350 km/h), 135 kN, 4200 kW
Zusammensetzung des Triebzuges: Triebkopf, 3 Mittelwagen, Triebkopf

B. 19: HHA DT 4

Bo'2'Bo' + Bo'2'Bo'	U-Bahn	1988...1991	1435 mm	DC 750 V
[185, 186]	78 t	30 *	LHB	ABB

Nennleistung: 1000 kW (Dauerbetrieb)
Höchstwerte: 80 km/h, ca. 140 kN, 1,2 m/s^2
Merkmale: Vierteiliger U-Bahn-Triebzug, stromgeführter Umrichter mit Asynchronmotoren, Gleichstromsteller vorgeschaltet, Nutz- und Widerstandsbremse

Fahrmotor:
Nennwerte: 125 kW bei 1920 1/min
Höchstwerte: 6000 1/min
Merkmale: 540 kg, voll gekapselt, Wasser-Kreislaufkühlung
Antrieb: Gummi-Kardan-Gelenkkupplungen, Übersetzung 11,085 (zweistufig), Triebraddurchmesser neu 0,860 m (abgenutzt 0,790 m), Antriebseinheit (Motor, Getriebe, Kardankupplung, Öl- und Kühlwasserfüllung) 942 kg
Umrichter: 0...200 Hz, Siedekühlung mit Wärmetauscher

B. 20: SNCF BB 26 000

B'B'	Lok	1989...1998	1435 mm	AC 25 kV 50 Hz, DC 1,5 kV
[1, 20, 86, 93, 187]	90 t	234	Alsthom	Alsthom

Nennleistung: 5600 kW (Dauerbetrieb)
Höchstwerte: 200 km/h, 320 kN, 5600 kW
Merkmale: Zweisystemlokomotive, Einmotordrehgestelle, stromgeführter Umrichter mit Synchronmotoren, Wechselstromeingang über gesteuerte Gleichrichter, Widerstandsbremse
Übliche Bezeichnung: SYBIC (SYnchron BICourant)

Fahrmotor:
Nennwerte: 2800 kW (Dauerbetrieb)
Höchstwerte: 2800 kW, 1960 1/min, ca. 44 kNm
Merkmale: 6400 kg, 8-polig

Bemerkung: Die einzige Lokomotiv-Serie mit Synchronmotoren, die vorgesehene Anschluss-Serie (30 Lokomotiven) auf Dreisystemtechnik mit Asynchronmotoren umgestellt

B. 21: SNCF/DB/NS/SNCB Thalys PBKA

–	Triebzug	1996...1997	1435 mm	4-System
[188]	385 t	17 *	Alstom	Alstom

Zusammensetzung: Triebkopf, 8 Mittelwagen, Triebkopf
Nennleistung: 8800 kW (unter AC 26 kV 50 Hz), 3680 kW (bei anderen Systemen)
Höchstwerte: 300 km/h
Merkmale: 4 Triebdrehgestelle (2 Triebköpfe), 9 Laufdrehgestelle (8 Mittelwagen), 8 Fahrmotoren, Viersystemtechnik, Gleichstromsteller mit GTO-Thyristoren (DC-Betrieb), halb gesteuerte asymmetrische Brückenschaltung (AC-Betrieb), stromgeführter Umrichter mit Synchronmotoren

* Aufteilung SNCF/DB/NS/SNCB: 6:2:2:7

B. 22: SBB Re 460

Bo'Bo'	Lok	1991...1996	1435 mm	AC 15 kV 16 $^{2}/_{3}$ Hz
[189]	84 t	119	SLM	ABB

Nennleistung: 4800 kW bei 275 kN und 80 km/h (Dauerbetrieb)
Höchstwerte: 230 km/h, 6100 kW, 275 kN (am Rad)
Merkmale: Spannungsgeführter Umrichter mit Asynchronmotoren, Fahrmotoren pro Drehgestell parallel geschaltet und angesteuert, Nutzbremse, Schienenbremse mit Permanentmagneten

Fahrmotor:
Nennwerte: 1200 kW (Dauerbetrieb)
Höchstwerte: 1560 kW, 4180 1/min, 147 Hz
Merkmale: 2200 kg, 4-polig
Antrieb: Flexring-Antrieb (Kardanhohlwelle), Übersetzung 3,6667, Zwischenrad
Umrichter: Zwischenkreis 3500 V mit ausgeführtem Mittelpunkt für die Dreipunkt-Schaltung der GTO-Thyristoren, Zwischenkreiskondensator 4 x 28 mF, Vierquadrantensteller, Taktfrequenz 200 Hz

B. 23: DB BR 185

Bo'Bo'	Lok	2000	1435 mm	AC 15 kV 16,7 Hz AC 25 kV 50 Hz
[190, 191]	84 t	400 *	Adtranz	Adtranz

Nennleistung: 4200 kW (Dauerbetrieb)
Höchstwerte: 140 km/h, 300 kN
Merkmale: Zweifrequenz-Lokomotive für Güterverkehr, spannungsgeführter Umrichter mit Asynchronmotoren, Fahrmotoren pro Drehgestell parallel geschaltet (ein Antriebssystem pro Drehgestell), Nutzbremse
Fahrmotor: 2030 kg, Höchstdrehzahl: 3320 1/min
Antrieb: Tatzenlager
Umrichter: Zwischenkreis 2800 V, Vierquadrantensteller, Zweipunkt-Schaltung der GTO-Thyristoren
Transformator: 5400 kVA, 12,0 t, Unterflurbauart

* zum Teil im Bau

B. 24: JR-W Shinkansen 500

–	Triebzug	1997	1435 mm	AC 25 kV 60 Hz
[47, 192]	688 t	9	Japanische Industrie	

Zusammensetzung: 16 Triebwagen
Nennleistung: 17600 kW
Höchstwerte: 300 km/h (ausgelegt für 320 km/h)
Merkmale: Alle Radsätze angetrieben (64 Triebachsen, 64 Fahrmotoren), spannungsgeführter Umrichter mit Asynchronmotoren, 4 parallel geschaltete Fahrmotoren pro Umrichter, Nutzbremse

Fahrmotor: 375 kg, 4-polig, 1850 V, 275 kW (Dauerbetrieb)
Umrichter: Zwischenkreis 2400 V, GTO-Thyristoren
Transformator: 5000 kVA (für je 16 Fahrmotoren), dazu 400 kVA für Hilfsbetriebe, 4020 kg einschliesslich Kühler, Aluminium-Wicklung (für Hilfsbetriebe Kupferwicklung)

B. 25: DB BR 406 (ICE 3)

–	Triebzug	2000...2002	1435 mm	4-System
[45, 105]	427 t	13 *	Siemens, Bombardier, Alstom	

Zusammensetzung: Achtteiliger, fest gekuppelter Zug
Nennleistung: 8000 kW (unter AC, Dauerbetrieb), 4300 kW (unter DC, 10 min)
Höchstwerte: 330 km/h (220 km/h unter DC), 300 kN
Merkmale: Verteilte Antriebsleistung, 8 Trieb- und 8 Laufdrehgestelle, 50 % der Radsätze angetrieben, 16 Fahrmotoren, höchste Kraftschlussbeanspruchung 0,11, Viersystemtechnik, spannungsgeführter Umrichter mit Asynchronmotoren

Fahrmotor: 2-polig, 500 kW, Höchstdrehzahl: 5880 1/min, Getriebeübersetzung 2,788
Umrichter: Zwischenkreis 2800 V, GTO-Thyristoren, Umschaltung der Stromrichter für 1,5 oder 3 kV

* dazu 4 Züge für NS

B. 26: DB BR 189

Bo'Bo'	Lok	2003	1435 mm	4-System
[65, 193]	88 t	100 *	Siemens	Siemens

Nennleistung: 6400 kW (unter AC), 6000 kW (unter DC 3 kV), 4200 kW (unter DC 1,5 kV)
Höchstwerte: 140 km/h, 300 kN

Merkmale: Viersystem-Lokomotive für Güterverkehr, integrierter Tatzenlagerantrieb, spannungsgeführter Umrichter mit Asynchronmotoren, Einzelradsatzregelung, Vierquadrantensteller (AC-Betrieb), im DC-Betrieb direkte Speisung des Zwischenkreises (über Netzfilter) aus der Fahrleitung, Stern/Dreieck-Umschaltung der Fahrmotoren zur Anpassung an die DC-Spannungen 3 bzw. 1,5 kV, Nutzbremse, Widerstandsbremse

Umrichter: Wassergekühlter 6,5-kV-IGBT-Stromrichter

* zum Teil im Bau

B. 27: RENFE S 252

Bo'Bo'	Lok	1991...1993	1435 mm (1668 mm)	AC 25 kV 50 Hz DC 3 kV
[194, 195]	86 t	75 *	Siemens mit Arbeitsgemeinschaft	

Nennleistung: 5000 kW (Dauerbetrieb)
Höchstwerte: 220 km/h, 300 kN, 5600 kW

Merkmale: Zweisystem-Lokomotive, spannungsgeführter Umrichter mit Asynchronmotoren, getrennte Ansteuerung der 4 Fahrmotoren, Nutzbremse, Widerstandsbremse

Fahrmotor:
Nennwerte: 1428 kW bei 1490 1/min bzw. 50 Hz, 2050 V, 530 A (Dauerbetrieb)
Höchstwerte: 2200 V, 690 A, 1428 kW, 4000 1/min, 134 Hz
Merkmale: 2660 kg, 4-polig
Antrieb: Hohlwellen-Kardanantrieb
Umrichter: Zwischenkreis 2800 V, Vierquadrantensteller, GTO-Thyristoren, Taktfrequenz 250 Hz, Gleichstromsteller für 3 kV mit Benutzung der Phasenbausteine des Vierquadrantenstellers

* ein Teil für Normalspur (1435 mm), Rest für Breitspur (1668 mm)

B. 28: ÖBB Rh 1822

Bo'Bo'	Lok	1991...1996	1435 mm	AC 15 kV 16 $^2/_3$ Hz DC 3 kV
[196]	82 t	5	ABB	ABB

Nennleistung: 4400 kW
Höchstwerte: 140 km/h, 280 kN, DC 4200 V
Merkmale: Zweisystem-Lokomotive, spannungsgeführter Umrichter mit Asynchronmotoren, Fahrmotoren pro Drehgestell parallel geschaltet und angesteuert, Nutzbremse, Widerstandsbremse

Fahrmotor:
Nennwerte: 1105 kW bei 1300 1/min bzw. 66 Hz, 2190 V (verkettet), 364 A
Höchstwerte: 434 A, 2890 1/min, 148,2 Hz
Merkmale: 6-polig
Antrieb: Schiebelagerantrieb
Umrichter: Zwischenkreis 3500 V (AC-Betrieb) bzw. 2000...4200 V (DC-Betrieb) mit ausgeführtem Mittelpunkt für die Dreipunkt-Schaltung der GTO-Thyristoren, Vierquadrantensteller, Taktfrequenz 200 Hz
Transformator: 4 x 1009 kVA (Traktion), Kurzschlussspannung 20,8 %

B. 29: FS E 412

Bo'Bo'	Lok	1996	1435 mm	AC 15 kV 16 $^2/_3$ Hz DC 3 kV
[88]	87 t	20	ABB	ABB

Nennleistung: 6000 kW (DC-Dauerbetrieb) bzw. 5500 kW (AC-Dauerbetrieb)
Höchstwerte: 200 km/h, 300 kN
Merkmale: Zweisystem-Lokomotive, spannungsgeführter Umrichter mit Asynchronmotoren, getrennte Speisung und Steuerung der 4 Fahrmotoren, Widerstandsbremse

Fahrmotor:
Nennwerte: 1531 kW, 2 x 1053 V, 2 x 481 A,
DC-Betrieb: 1795 1/min bzw. 66,6 Hz, AC-Betrieb: 1670 1/min bzw. 56,4 Hz
Merkmale: 2155 kg, 4-polig, Doppel-Stern-Wicklung mit Umschaltung der getrennten Stränge (bei DC-Betrieb) in Stern (bei AC-Betrieb)
Umrichter: 2 Teilzwischenkreise mit Umschaltung von Serie (bei DC-Betrieb) auf Parallel (bei AC-Betrieb), GTO-Thyristoren, Vierquadrantensteller in DC-Betrieb für Wechselrichter mitbenutzt
Transformator: 8100 kVA, Kurzschlussspannung 63 % (Traktion)

B. 30: LKAB IORE

Co'Co' + Co'Co'	DLok	2000...2004	1435 mm	AC 15 kV 16 2/3 Hz
[1, 197]	360 t	9	Adtranz	Adtranz

Nennleistung: 10800 kW bei 1200 kN (Dauerbetrieb)
Höchstwerte: 80 km/h, 1400 kN
Merkmale: Schwere Doppellokomotive für Eisenerztransport, extremer Winterbetrieb, Radsatzlast 30 t, demontierbare Ballastelemente 2 x 30 t in Kästen (für Radsatzlast von 25 t), Länge 45,8 m, spannungsgeführter Umrichter mit Asynchronmotoren, Einstellung der Traktionsleistung in 41 Fahr- und 30 Bremsstufen (Fahrzeugcharakteristik konstanter Leistung)

B. 31: VBZ Be 5/6

–	GZ	2001	1000 mm	DC 600 V
[116]	39 t	6 *	Alstom	Bombardier

Nennleistung: 475 kW
Höchstwerte: 70 km/h, 625 kW

Merkmale: Fünfteiliges Strassenbahn-Gelenkfahrzeug mit niederflurigem Wagenboden, 3 Fahrwerke mit je 4 Einzelrädern, einseitiger Antrieb der Radpaare durch je einen Asynchronmotor, insgesamt 5 Antriebe (äussere Fahrwerke je 2, mittleres Fahrwerk nur 1), 5 Fahrmotoren, 2 IGBT-Wechselrichterbaugruppen mit eigener Regelung

* weitere 68 Fahrzeuge im Bau

B. 32: STA GTW DMU-2 2/6

2'Bo'2'	GZ	2003...2004	1435 mm	Dieselelektrisch
[130]	66 t	8	Stadler	Stadler

Nennleistung: 780 kW (Dieselmotoren)
Höchstwerte: 140 km/h, 80 kN

Merkmale: Dieselelektrischer Gelenktriebwagen, Niedeflurbauweise, spannungsgeführter Umrichter mit Asynchronmotoren, 2 getrennte Antriebssysteme (2 Dieselmotoren, 2 Fahrmotoren)

Dieselmotor: MAN, 6-Zylinder, 390 kW bei 1900 1/min
Generator: Asynchrongenerator mit Erregung aus dem Zwischenkreis über Wechselrichter, 4-polig, 370 kW
Umrichter: Zwischenkreis 740 V, IGBT-Stromrichter, Taktfrequenz 2 kHz
Fahrmotor: 400 kW (Dauerbetrieb)

B. 33: Transrapid Shanghai

–	–	2004	–	–
[135, 136, 198]	257 t *	3 **	siehe Erbauer	

Magnetschwebebahn
Höchstgeschwindigkeit: 430 km/h

Merkmale: Synchroner Langstator-Linearmotor 0...270 Hz, Luftspalt Fahrbahn zum Fahrzeug beim Schweben 5,5...10,5 mm, Tragkufen zum Absetzen des Fahrzeugs bei Geschwindigkeiten unter 10 km/h
Strecke: Verbindung Flughafen-Innenstadt in Shanghai, Länge 30 km, Doppelspur, Reisezeit 7,5 min
Antrieb: Antriebsblöcke 15,6 MVA, Speisung über Gleichrichter aus dem Landesnetz, Spannungszwischenkreis, GTO-Wechselrichter, Grundfrequenz 0...270 Hz, vorgesehen bis 300 Hz

Erbauer: Deutsches Konsortium (Siemens, Thyssen-Krupp, Transrapid International) mit chinesischem Partner Shanghai Maglev Transportation Development Co. Ltd

* 5-Sektionen-Fahrzeug, Nutzlast 61 t dazu
** 3 Fahrzeuge zu je 5 Sektionen
(Möglichkeit zur Bildung der Fahrzeuge zu 2 bis 8 Sektionen)

C. Schweizerische Bezeichnungen für Triebfahrzeuge

Die Bezeichnungen geben Auskunft über die Art und die Geschwindigkeitsklasse der Triebfahrzeuge sowie über die Anzahl und die Art der Radsätze.

Die Bezeichnung besteht aus einer Buchstabenkombination (grosse und anschliessend kleine Buchstaben) und zwei Zahlen in Bruchform.

Mit römischen Zahlen als Indizes werden verschiedene gleich bezeichnete Bauarten unterschieden.

Die Buchstaben haben folgende Bedeutung:

bei *Lokomotiven*:

A	Lokomotiven mit Höchstgeschwindigkeiten über 80 km/h
B	Lokomotiven mit Höchstgeschwindigkeiten von 70...80 km/h
C	Lokomotiven mit Höchstgeschwindigkeiten von 60 und 65 km/h
D	Lokomotiven mit Höchstgeschwindigkeiten von 45...55 km/h
E	Rangierlokomotiven
G	Schmalspurlokomotiven für Adhäsionsantrieb
H	Lokomotiven mit Zahnradantrieb
T	Traktoren

bei *Triebwagen* (und *Steuerwagen*):

A	Personentriebwagen und Steuerwagen 1. Klasse
AB	Personentriebwagen und Steuerwagen 1. und 2. Klasse
B	Personentriebwagen und Steuerwagen 2. Klasse
BD	Personentriebwagen und Steuerwagen 2. Klasse mit Gepäckabteil
D	Triebwagen mit Gepäckabteil
Z	Triebwagen mit Postabteil
h	Triebwagen mit Zahnradantrieb

bei *Lokomotiven* und *Triebwagen*:

R	Triebfahrzeuge, die mit erhöhter Kurvengeschwindigkeit und mit über 110 km/h Höchstgeschwindigkeit verkehren dürfen (bei Triebwagen der Wagenbezeichnung vorangestellt)
a	elektrische Triebfahrzeuge mit Energieversorgung aus der Akkumulatorenbatterie
e	elektrische Triebfahrzeuge mit Stromabnehmer
em	elektrische Triebfahrzeuge mit Stromabnehmer und Dieselmotor
m	Triebfahrzeuge mit Dieselmotor

Die Radsatzzahl der Triebfahrzeuge wird in Bruchform angegeben, wobei der Zähler die Anzahl der Triebradsätze, der Nenner die Gesamtzahl der Radsätze darstellt (z. B. 3/6, 6/8, 4/4).

Vergleichsbeispiele:

Schweizerische Bezeichnungen:	Internationale Bezeichnungen:
Re 4/4, Be 4/4 oder RBe 4/4	Bo' Bo'
Re 6/6, Ae 6/6 oder Am 6/6	Co' Co' bzw. Bo' Bo' Bo'
Ee 3/3	C
Ae 4/7	2' Do 1'
Bhe 2/4	(1Ao) (1Ao) auch zu finden als: (1A) (1A)
ABDe 4/8	Bo' 2' + Bo' 2'
Bhe 4/8	(1Ao) (1Ao) + (1Ao) (1Ao) auch zu finden als: (1A) (1A) + (1A) (1A)
BDhe 4/4 oder HGe 4/4	Bo' Bo'
Be 4/6	B' 2' B'
Ce 6/8	(1'C) (C1')
Ae 8/14	(1Ao) Ao1Ao (1Ao) + (1Ao) Ao1Ao (1Ao) auch zu finden als: (1A) A1A (1A) + (1A) A1A (1A)

D. Regeln und Vorschriften

IEC

Einige Regeln der Internationalen Elektrotechnischen Kommission IEC (International Electrotechnical Commission) über die elektrische Ausrüstung der Bahnfahrzeuge mit stichwortartiger Inhaltsangabe (Original zweisprachig: Englisch und Französisch):

Publication IEC:

60034	Elektrische Maschinen (allgemeine Anwendung)
60310	Transformatoren und Drosselspulen auf Bahnfahrzeugen
60349-1	Elektrische Maschinen für Bahnen (nicht umrichtergespeiste)
60349-2	Umrichtergespeiste Wechselstrommotoren für Bahnen
61508-1	Sicherheit von elektrischen Systemen, Allgemeines
61508-2	Sicherheit von elektrischen Systemen, Systeme
61508-3	Sicherheit von elektrischen Systemen, Software

Ein Beispiel für die Deckung mit Euro-Norm:

Publication IEC:	IEC 60349-1
Euro-Norm:	EN 60349-1

UIC

Einige Regeln des Internationalen Eisenbahnverbandes UIC (Union Internationale des Chemins de fer) über bahnspezifische Probleme mit stichwortartiger Inhaltsangabe (Originalausgaben Deutsch, Englisch, Französisch):

UIC-Kodex (Merkblatt):

500	Normung der Fahrzeuge
505-1	Fahrzeugbegrenzungslinien
552	Versorgung der Züge mit elektrischer Energie
553	Heizung, Lüftung und Klimatisierung der Reisezugwagen
600	Elektrischer Zugbetrieb mit Fahrleitung
608	Bedingungen für die Stromabnehmer
614	Nennleistung elektrischer Triebfahrzeuge
622	Nennleistung der Brennkrafttriebfahrzeuge
650	Bezeichnung der Radsatzfolge
651	Gestaltung der Führerräume
700	Klasseneinteilung der Strecken
794	Zusammenwirkung Oberleitung-Stromabnehmer
800-01	Eisenbahnausdrücke unter Berücksichtigung der SI-Einheiten

EN

Die als Euro-Norm (EN) vom Europäischen Komitee für Elektrotechnische Normung CENELEC (Comité Européen de Normalisation Electrique) festgelegten Richtlinien decken sich weitgehend mit den Regeln der IEC. Sie werden laufend in das Normwerk der einzelnen Länder (wie DIN und VDE in Deutschland, ÖVE in Österreich. SN in der Schweiz), in Nationalsprachen übersetzt, übernommen.

Einige Richtinien EN mit stichwortartiger Inhaltsangabe:

EN-Norm:

50119	Oberleitungen
50121-1	Elektromagnetische Verträglichkeit, Allgemeines
50121-2	Elektromagnetische Verträglichkeit, Bahnsysteme zu Umgebung
50121-3-1	Elektromagnetische Verträglichkeit, Züge und Fahrzeuge
50121-3-2	Elektromagnetische Verträglichkeit, Geräte auf Fahrzeugen
50121-4	Elektromagnetische Verträglichkeit, Signaleinrichtungen
50121-5	Elektromagnetische Verträglichkeit, Energieversorgungsanlagen
50153	Schutzmassnahmen in Bezug auf elektrische Gefahren
50126	Zuverlässigkeit und Verfügbarkeit
50155	Elektronische Einrichtungen auf Schienenfahrzeugen
50163	Speisespannungen von Bahnnetzen
50206-1	Stromabnehmer für Vollbahnfahrzeuge
50206-2	Stromabnehmer für Strassenbahnen
50207	Elektronische Stromrichter auf Fahrzeugen
50215	Prüfung vor Inbetriebsetzung
50367	Zusammenwirken Stromabnehmer und Oberleitung
60310	Transformatoren auf Fahrzeugen
60349-1	Elektrische Maschinen für Bahnen (nicht umrichtergespeiste)
60349-2	Umrichtergespeiste Wechselstrommotoren für Bahnen

Ein Beispiel für die nationale Normung:

Euro-Norm:	EN 50153
Deutschland:	DIN EN 50153
Schweiz:	SN EN 50153

Weitere wichtige Regeln und Vorschriften:

Schweiz:
Ausführungsbestimmungen zur Eisenbahnverordnung (AB-EBV)

Deutschland:
VDV-Schriften (für Nahverkehrsfahrzeuge)
VDE-Normen (beispielsweise ist DIN EN 50153 mit anderen EN-Normen in der Reihe VDE 0115 zu finden).

Literaturverzeichnis

1 Neues in Kürze. Eisenbahn Amateur, Jahrgänge 1983...1991 und 2003...2004.
2 Sachs, K.: Elektrische Triebfahrzeuge, Band 1,2,3. Springer-Verlag, Wien, 2. Auflage 1973.
3 Rossberg, R.R.: Geschichte der Eisenbahn. Sigloch Service Edition, Künzelsau 1977.
4 Ein Jahrhundert Schweizer Bahnen, Band III und V. Verlag Huber, Frauenfeld 1957/1964.
5 Weber, H.H.: Grundlagen der elektrischen Bahnen. SBB/ZfW, Bern 1958.
6 Müller, S.: Elektrische und dieselelektrische Triebfahrzeuge. Birkhäuser Verlag, Basel 1979.
7 Seefehlner, E.E.: Elektrische Zugförderung. Verlag von Julius Springer, Berlin 1922.
8 Berichte. Schweizer Eisenbahn-Revue, Jahrgänge 2003 und 2004.
9 Verordnung über Bau und Betrieb der Eisenbahnen vom 23. 11. 1983 (Schweiz), Ausführungsbestimmungen, Stand Dezember 2003.
10 Kracke, R.: Die weltweite Renaissance der Eisenbahn. Technische Rundschau, Nr. 14/1986, Seiten 54...59.
11 Gesamtverkehrskonzeption Schweiz, Auszug aus dem Schlussbericht. Eidgenössisches Verkehrs- und Energiewirtschaftsdepartement, Bern 1977.
12 Bauermeister, K.: Spezifischer Energieverbrauch der Verkehrsträger - eine neue systematische Betrachtung. Elektrische Bahnen, Nr. 9/1978, Seiten 220...224.
13 Elektrifiziert die Deutsche Bundesbahn. Deutsche Maschinentechnische Gesellschaft, Georg Siemens Verlagsbuchhandlung, Berlin 1959.
14 Henschel-Lokomotiv-Taschenbuch. VDI-Verlag, Düsseldorf 1960.
15 Radojković, B.: Električna vuča. Naučna knjiga, Beograd 1974.
16 Garreau, M.: La Traction électrique. Editions Scientifiques Riber, Paris 1965.
17 Kraus, H.: Grundlagen elektrischer Bahnen. Werner-Verlag, Düsseldorf 1986.
18 Bendel, H. und Autorenkollektiv: Elektrische Triebfahrzeuge. VEB Verlag für Verkehrswesen, Berlin 1981.
19 Steimel, A.: Elektrische Triebfahrzeuge und ihre Energieversorgung. Oldenbourg Industrieverlag, München 2004.
20 Kaller, R. und Allenbach, J.-M.: Traction électrique, Volume 1 et 2. Presses polytechniques et universitaires romandes, Lausanne 1995.
21 Breitling, W.: Entwicklung der elektrischen Zugförderung weltweit. Elektrische Bahnen, Nr. 6/2003, Seiten 249...254.
22 Internationale Eisenbahnstatistik 2001. UIC, Paris.
23 Railway Directory & Yearbook 2003, Railway Gazette.
24 Bosse, E.: Die internationalen Einheiten "SI" im Meßwesen der Eisenbahn. Eisenbahntechnische Rundschau, Nr. 9/1970, Seiten 369...374.
25 DIN 1305, Masse, Wägewert, Kraft, Gewichtskraft, Gewicht, Last, Begriffe. Deutsche Norm, Januar 1988.
26 DIN 25007, Zeichen, Sinnbilder und Einheiten für Schienenfahrzeuge. Deutsche Normen, September 1978, Stand November 1990.
27 DIN 25008, Grundsätze für die Bestimmung der Fahrzeuggewichte, Begriffe. Deutsche Normen, Dezember 1980, Stand April 2002.
28 Fiedler, J.: Grundlagen der Bahntechnik. Werner-Verlag, Düsseldorf, 2. Auflage 1980.

29 Nöthen, J.: Sinuslauf, Wellenlauf, Zickzacklauf. ZEV Glasers Annalen, Nr. 2-3/1985, Seiten 48...51.

30 Krugmann, H.-L.: Lauf der Schienenfahrzeuge im Gleis. Oldenbourg Verlag, München 1982.

31 Müller, P.: Elektrische Fahrzeugantriebe. Oldenbourg Verlag, München 1960.

32 UIC 700, Klasseneinteilung der Strecken. Internationaler Eisenbahnverband, 1994.

33 UIC 800-01, Gebrauch von Eisenbahnfachausdrücken unter Berücksichtigung des internationalen Einheitensystems (SI). Internationaler Eisenbahnverband, 1990.

34 Siemens Formel- und Tabellenbuch für Starkstrom-Ingenieure. Verlag Girardet, Essen 1953.

35 AEG Technische Unterlagen für elektrische Bahnen. Allgemeine Elektricitäts-Gesellschaft, Berlin 1965.

36 Schaefer, H.-H.: Vergleich der Zugwiderstandsformeln europäischer und außereuropäischer Eisenbahnen. Elektrische Bahnen, Nr. 2/1988, Seiten 55...63.

37 Meyer, M., Roth, M. und Schaller, B.: Einfluss der Fahrweise und der Betriebssituation auf den Energieverbrauch von Reisezügen. Schweizer Eisenbahn-Revue, Nr. 8-9/2000, Seiten 360...365.

38 Rotter, R.: Die Phasen hoher Beanspruchung in der Zugförderung und ihr Einfluß auf den Wechselstrombahnmotor. Elektrische Bahnen, Nr. 10/1966, Seiten 233...243.

39 Behmann, U.: Leistungsfähigkeit und Energieversorgung elektrischer Triebfahrzeuge für hohe Geschwindigkeiten. Elektrische Bahnen, Nr. 9/1967, Seiten 194...204.

40 Boutonnet, J.-C.: Die Turbozüge der SNCF, Erfahrungen im Betriebseinsatz und bei Hochgeschwindigkeitsversuchen. ZEV Glasers Annalen, Nr. 7,8/1974, Seiten 210...216.

41 Peters, J.-L.: Bestimmung des aerodynamischen Widerstandes des ICE/V im Tunnel und auf freier Strecke durch Auslaufversuche. Eisenbahntechnische Rundschau, Nr. 9/1990, Seiten 559...564.

42 Hoch, J.: Bericht über die Studie für ein Hochleistungsschnellverkehrssystem in der Bundesrepublik Deutschland. ZEV Glasers Annalen, Nr.2-3/1973, Seiten 41...46.

43 Rappenglück, W.: Die Antriebskonzeption von Triebfahrzeugen für den Schnellverkehr. Elektrische Bahnen, Nr. 12/1978, Seiten 306... 320.

44 Güldepenning, A. und Klein, W.: Die Bahnstromversorgung der Neubaustrecken der Italienischen Staatsbahnen, der Französischen Eisenbahnen und der Deutschen Bundesbahn. Elektrische Bahnen, Nr. 8/1984, Seiten 246...256.

45 Kurznachrichten und Berichte. Elektrische Bahnen, Jahrgänge 1957, 1967, 1974...1978, 1981...1991, 1997, 2000...2003.

46 Jänsch, E.: Der Hochgeschwindigkeitsverkehr der Deutschen Bundesbahn – Basis, Technologien, Ziele. Elektrische Bahnen, Nr. 7/1990, Seiten 275...280.

47 Petrovitsch, H.: Das Shinkansen-Hochgeschwindigkeits-Netz in Japan. Schweizer Eisenbahn-Revue, Nr. 7,8-9/2002, Seiten 320...330 und 372...379.

48 Törnerud, G.: Thyristor-Gleichstromsteller für die Stockholmer U-Bahn. Elektrische Bahnen, Nr. 9/1983, Seiten 292...294.

49 Kraft, K.: Die Haftreibung. Elektrische Bahnen, Nr. 6...9/1968, Seiten 142...150, 161...170, 190...198 und 214...219.

50 Weber, H.H.: Untersuchungen und Erkenntnisse über das Adhäsionsverhalten elektrischer Lokomotiven. Elektrische Bahnen, Nr. 8,9/1966, Seiten 181...190 und 209...215.

51 Verbeeck, H.: Derzeitiger Wissenstand über Reibung und ihre Anwendung. Schienen der Welt, Juni 1973, Seiten 714...753.

52 Weber, H.H: Zur Entwicklung eines sechsachsigen Hochleistungs-Triebfahrzeuges für 15 kV 16 $^{2}/_{3}$ Hz der SBB. Elektrische Bahnen, Nr. 8/1974, Seiten 174...178.

53 Fiehn, H., Weinhardt, M. und Zeevenhooven, N.: Drehstromversuchsfahrzeug der Niederländischen Eisenbahnen – Adhäsionsmessungen. Elektrische Bahnen, Nr. 12/1979, Seiten 329...338.

54 Harprecht, W.: Anfahrverhalten, Leistung und Zuverlässigkeit der Lokomotiven der Baureihe 120 der Deutschen Bundesbahn. Elektrische Bahnen, Nr. 2/1984, Seiten 30...54.
55 Bauer, H.-P., Pfeiffer, R. und Hahn, K.: Optimale Kraftschlußausnutzung durch selbstadaptierende Radschlupfregelung am Beispiel eines Drehstrom-Lokomotivantriebes. Elektrische Bahnen, Nr. 2/1986, Seiten 43...57.
56 Harprecht, W. und Hubrich, W.: Der elektrische Zugbetrieb der Deutschen Bundesbahn im Jahre 1987. Elektrische Bahnen, Nr. 1/1988, Seiten 3...16.
57 Harprecht, W., Pedall, G., Krauß, H.-J. und Behrends, D.: Der elektrische Zugbetrieb bei den Deutschen Eisenbahnen – Deutsche Bundesbahn und Deutsche Reichsbahn im Jahre 1990. Elektrische Bahnen, Nr. 1/1991, Seiten 3...20.
58 SBB AG Generalsekretariat: Statistik 2002. (Internet)
59 Schweizerische Bundesbahnen, Zugförderung und Werkstätten, Angaben Dezember 1988.
60 Bundesamt für Energiewirtschaft, Bern: Schweizerische Elektrizitätsstatistik 1990. Bulletin des Schweiz. Elektrotechnischen Vereins, Nr. 8/1991, Seiten 13...62.
61 Bundesamt für Energie, Bern: Schweizerische Elektrizitätsstatistik 2003. Bulletin des Verbandes Schweizerischer Elektrizitätsunternehmen, Nr. 12/2004, Seiten 10...56.
62 Locomotives électriques quadricourant CC 40100. SNCF, Division des Etudes de Traction Electrique, Paris 1967.
63 IEC 60349-1 und 60349-2: Electric Traction – Rotating electrical machines for rail and road vehicles, Part 1 and 2. International Electrotechnical Commission, 2002.
64 Isaew, I.P. und Kurbassow, A.S.: Die Entwicklung des Antriebes von elektrischen Triebfahrzeugen. Elektrische Bahnen, Nr. 3/1986, Seiten 85...91.
65 Weigel, W.-D.: Moderne Drehstromantriebstechnik – Stand und Perspektiven. ZEVrail Glasers Annalen, 126 Tagungsband SFT Graz 2002, Seiten 112...125.
66 Galliker, F.: Bauformen der BBC-Fahrmotoren für alle kommenden Zugförderungsaufgaben. Brown Boveri Mitteilungen, Nr. 12/1984, Seiten 545...557.
67 Fischer, R.: Elektrische Maschinen. Hanser-Verlag, München, 3. Auflage 1979.
68 Bödefeld, Th. und Sequenz, H.: Elektrische Maschinen. Springer-Verlag, Wien, 6. Auflage 1962.
69 Klockow, T., Hörl, F. und Kunz, M.: Permanenterregte Traktionsmotoren. Elektrische Bahnen, Nr. 3/2003, Seiten 107...112.
70 Peters, A.: Die Schnellzuglokomotive E 646 der Italienischen Staatsbahnen. Elektrische Bahnen, Nr. 1/1960, Seiten 9...11.
71 Schlunegger, H.: Moderne Zahnradbahnen, ZEVrail Glasers Annalen, 126 Tagungsband SFT Graz 2002, Seiten 267...278.
72 Horstmann, D., Wagner, R. und Weigel, W.-D.: 100 Jahre Entwicklung der Antriebstechnik für elektrische Bahnen. Elektrische Bahnen, Nr. 6,7/2003, Seiten 255...270 und 338...345.
73 Leyvraz, P.: Die neuere Entwicklung der Nutzbremsung für Einphasen-Bahnen. Bulletin Oerlikon, Sonderdruck aus Nr. 283 und 284, 1950.
74 Leyvraz, P.: Die neueste Entwicklung der Nutzbremse für Einphasen-Triebfahrzeuge. ZEV Glasers Annalen, Nr.7-8/1971, Seiten 207...212.
75 Schacher, R.: Die Rekuperationsbremse der Lokomotiven Bo'Bo'Bo' der Serie Re 6/6 der Schweizerischen Bundesbahnen. Brown Boveri Mitteilungen, Nr. 12/1973, Seiten 572...576.
76 Silizium Stromrichter Handbuch. AG Brown, Boveri & Cie., Baden 1971.
77 Winter, P.: Einfluss der Glättungs- und Kommutierungsreaktanzen auf das Netzverhalten von mehrfach-folgegesteuerten Stromrichtern in einphasiger halbsteuerbarer Schaltung. Dissertation, Eidgenössische Technische Hochschule, Zürich 1973.
78 Förster, J.: An- und Abschnittsteuerung mit Stromrichtern. Elektrische Bahnen, Nr. 5/1975, Seiten 124...126.
79 Dreimann, K. und Falk, P.: Stand der Betriebserprobung der löschbaren unsymmetrischen Brückenschaltung (LUB). Elektrische Bahnen, Nr. 6/1976, Seiten 132...136.

80 Bohli, W. U. und Steinmann, F.: Die Umrichter-Lokomotive mit GTO-Thyristoren und Mikroprozessorsteuerung für die Schweizer Bahnen. ZEV Glasers Annalen, Nr. 11-12/1987, Seiten 401...417.

81 Teich, W.: Dieselelektrische Triebfahrzeuge mit schleifringlosen Asynchronmotoren. Vortrag, gehalten auf dem Internationalen Congress ICEB 1971, München (Sonderdruck).

82 Ahola, J.: Dieselelektrische Lokomotive Dr 16 mit Drehstromantriebstechnik der Finnischen Staatsbahnen. Elektrische Bahnen, Nr. 3/1988, Seiten 101...109.

83 Kehrmann, H., Lienau, W. und Nill, R.: Vierquadrantensteller – eine netzfreundliche Einspeisung für Triebfahrzeuge mit Drehstromtechnik. Elektrische Bahnen, Nr. 6/1974, Seiten 135...142.

84 Appun, P., Futterlieb, E., Kommissari, K. und Marx, W.: Die elektrische Auslegung der Stromrichterausrüstung der Lokomotive 120 der Deutschen Bundesbahn. Elektrische Bahnen, Nr.10,11/1982, Seiten 290...294 und 314...317.

85 Harprecht, W.: Lokomotive für Einphasen-Wechselstrom der Baureihe 120 mit Drehstromantriebstechnik 3 Jahre auf den Schienen der Deutschen Bundesbahn. ZEV Glasers Annalen, Nr. 8-9/1983, Seiten 269...279.

86 Gathmann, H., Harprecht, W. und Weigel, W. D.: Übersicht über die jüngsten Entwicklungen der Drehstromantriebstechnik bei elektrischen Bahnen. Elektrische Bahnen, Nr. 1/1988, Seiten 22...39.

87 Bethge, W.: Die Lokomotivbaureihe 120 – Beeinflussungsuntersuchungen bezüglich der Fernmelde- und Sicherungsanlagen. Elektrische Bahnen, Nr. 7/1983, Seiten 216...226.

88 Ketteler, K.-H.: Weiterentwicklung der Mehrsystemlokomotiven am Beispiel der Baureihe E 412 der Italienischen Staatsbahnen. ZEV Glasers Annalen, Nr. 9-10/1995, Seiten 396...407.

89 Keve, T.: Die Spannungsbeanspruchung von Asynchron-Normmotoren an Frequenzumrichtern mit eingeprägtem Zwischenkreisstrom. Bulletin des Schweiz. Elektrotechnischen Vereins, Nr. 1/1982, Seiten 14...22.

90 Schaer, R., Schmid, A und Seger T.: Strassenbahn-Gelenktriebwagen Typ "Tram 2000" der Verkehrsbetriebe der Stadt Zürich mit Drehstromantrieb. Brown Boveri Mitteilungen, Nr. 12/1983, Seiten 531...537.

91 Dreimann, K. und Böhm, H.: Drehstromantriebssystem mit eingeprägtem Strom für Wechselstromtriebfahrzeuge. Elektrische Bahnen, Nr. 6/1979, Seiten 145...151.

92 Cossié, A.: Antriebstechnik mit Motoren ohne Kommutator – die Wahl der SNCF. Elektrische Bahnen, Nr. 1/1984, Seiten 16...24.

93 Runge, W.: Bahnantriebssysteme mit synchronen Fahrmotoren. Elektrische Bahnen, Nr. 7/1987, Seiten 205...217.

94 Stemmler, H. und Jäger, A.: Der Einfluss neuer Abschaltthyristoren auf die elektronischen Antriebssysteme bei Triebfahrzeugen. Brown Boveri Mitteilungen, Nr. 12/1984, Seiten 558...566.

95 Schönfisch, J.: Hochgeschwindigkeitszüge in Frankreich. Elektrische Bahnen, Nr. 1-2/2002, Seiten 68...74.

96 Perren, B.: Der TGV – mit hoher Geschwindigkeit zum Erfolg. Minirex AG, Luzern 2003.

97 Bakran, M. M. und Eckel, H.-G.: Einsatz von IGBT-Traktionsstromrichtern in Nah- und Fernverkehrstriebfahrzeugen. Elektrische Bahnen, Nr. 10/2001, Seiten 408...414.

98 Linder, S.: Leistungshalbleiter im Zentrum einer stillen Revolution. ABB Technik, Nr. 4/2003, Seiten 27...31.

99 Harprecht, W., Kießling, F. und Seifert, R.: "406,9 km/h" – Weltrekord auf der Schiene – Energieübertragung bei der Rekordfahrt des ICE der DB. Elektrische Bahnen, Nr. 9/1988, Seiten 268...289.

100 Luppi, J: Les installations fixes de traction électrique de la ligne nouvelle à grande vitesse Paris-Sud-Est. Elektrische Bahnen, Nr. 5/1982, Seiten 148...156.

101 Behmann, U.: Testfahrten mit aktiv geregeltem Stromabnehmer bis 230 km/h. Elektrische Bahnen, Nr. 8/2003, Seiten 395...396.

102 Messerschmidt, W.: Der neue elektrische Triebzug der Italienischen Staatsbahnen, Baureihe ETR 450 für den Hochgeschwindigkeitsverkehr – eine Fortentwicklung des "Pendolino". ZEV Glasers Annalen, Nr. 5/1988, Seiten 163...168.
103 Landwehr, B.: Automatische Senkeinrichtung für Stromabnehmer. Elektrische Bahnen, Nr. 5/2002, Seiten 172...177.
104 Bohli, W. U., Deng, H.-M. und Müller, W.: Transformatoren und Glättungsdrosselspulen für Wechselstrom-Triebfahrzeuge. Brown Boveri Mitteilungen, Nr. 12/1977, Seiten 724...734.
105 Kurz, H.R.: Elektrische Ausrüstung der neuen ICE-Triebzüge der DB Reise & Touristik. Elektrische Bahnen, Nr. 11-12/2000, Seiten 429...440.
106 Grüller, R.: NAVSTAR-GPS, das globale Positionierungssystem. Schweizer Eisenbahn-Revue, Nr. 5,6/1997, Seiten 206...209 und 256...261.
107 Dolder, U.: Führerstandsignalisierung – Chance für Produktivität und Rationalisierung. Schweizer Eisenbahn-Revue, Nr. 2/2002, Seiten 74...75.
108 Savoy, P.: GSM-R, die Kommunikationstechnologie der Zukunft. Schweizer Eisenbahn-Revue, Nr. 11/2003, Seiten 522...523.
109 Länger, K.-H. und Thomas, W.: Betriebserprobung der Tonfrequenz-Multiplex-Fernsteuerung (TFM) im Wendezugbetrieb. Elektrische Bahnen, Nr. 5/1970, Seiten 107...111.
110 Balzarini, G. und Haller, B.: Die neuen Streckenlokomotiven Re 4/4 der Bodensee-Toggenburg-Bahn (BT) und der Sihltal-Zürich-Uetliberg-Bahn (SZU). Brown Boveri Technik, Nr. 12/1987, Seiten 653...663.
111 Meissner, T., Steinicke, W.H., Liesemeier B., Rothbauer, M.F., Gelbert, L., Mades, U. und Weigel, T.: Führertisch für den grenzüberschreitenden Verkehr. Elektrische Bahnen, Nr. 10/2003, Seiten 476...483.
112 Lang, H.P.: Neigetechnik, Erfahrungen aus dem Betriebseinsatz von Neigetechnikfahrzeugen bei der Deutschen Bahn AG. ZEVrail Glasers Annalen, 126 Tagungsband SFT Graz 2002, Seiten 60...69.
113 Beucker, K. und Netzel, A.: Talgo Pendular – Funktionsweise und Einsatzverhalten. ZEVrail Glasers Annalen, 126 Tagungsband SFT Graz 2002, Seiten 78...81.
114 Feldmann, U., Lange, H. und Lienert, W.: Besonderheiten der Bemessung und Konstruktion von modernen Asynchron-Lokomotiv-Motoren. Elektrische Bahnen, Nr. 4,6/1988, Seiten 131...137 und 192...199.
115 Müller-Hellmann, A.: Niederflurbauweise stimuliert die Entwicklung neuer Fahrwerks- und Antriebstechnologien für Nahverkehrsschienenfahrzeuge. Elektrische Bahnen, Nr. 6/1991, Seiten 178...185.
116 Hiestand, M., Eng, B. und Cortesi, A.: Das Cobra-Tram Be 5/6 – die neue Rollmaterialgeneration der Verkehrsbetriebe Zürich. Schweizer Eisenbahn-Revue, Nr. 1/2004, Seiten 19...25.
117 UIC 650, Einheitliche Bezeichnung der Radsatzfolge bei Lokomotiven und Triebzügen. Internationaler Eisenbahnverband, 1983.
118 Hefti, W.: Zahnradbahnen der Welt. Birkhäuser Verlag, Basel 1971.
119 Meier, B.: Neuer Antrieb für Zahnradfahrzeuge mit Leistungsaufteilung zwischen Zahnstange und Adhäsion. SLM Technische Mitteilungen, Dezember 1981, Seiten 23...27.
120 Gerber, M., Wilhelm, O., Hürlimann, W. und Maurer, P.: Neue Lokomotiven HGe 4/4 ^{II} für die Brüniglinie der SBB und die Furka-Oberalp-Bahn. Schweizer Eisenbahn-Revue, Nr. 6/1985, Seiten 183...195.
121 Müller, S.: Das vollautomatische H-Bahn-System Dortmund. ZEV Glasers Annalen, Nr. 11/1984, Seiten 314...320.
122 Lacôte, F.: Geschwindigkeitsweltrekord auf Schienen. ZEV Glasers Annalen, Nr. 11-12/1990, Seiten 422...428.
123 Andersen, S.: Tohoku-Shinkansen von Morioka nach Hachinohe verlängert. Schweizer Eisenbahn-Revue, Nr. 2/2003, Seite 61.
124 Junker, K.: Die Schnellfahrstrecke Köln-Rhein/Main setzt neue Maßstäbe. Elektrische Bahnen, Nr. 7/2002, Seite 235.
125 Weiger, U.: Grenzloser Eisenbahnverkehr in einem Europa ohne Grenzen. Schweizer Eisenbahn-Revue, Nr. 5/1997, Seiten 181...190.

126 Portefaix, A.: Die hohen Eisenbahngeschwindigkeiten: Ziele, Mittel, Ergebnisse. Schienen der Welt, Mai 1978, Seiten 305...325.
127 Frerk, H.-W.: Elektrische Triebfahrzeuge, ihre Pflege und Unterhaltung unter dem Aspekt ihres Einsatzes. Elektrische Bahnen, Nr. 9/1978, Seiten 225...229.
128 Käser, H.: Rollmaterialunterhalt – Weiterentwicklung und Chance. Schweizer Eisenbahn-Revue, Nr. 2/2004, Seiten 85...89.
129 Valter, Z.: Dizel-električne lokomotive. Školska knjiga, Zagreb 1985.
130 Klein, S.: Die neue Generation der Diesel-Gelenktriebwagen GTW 2/6. Schweizer Eisenbahn-Revue, Nr. 5,6/2004, Seiten 215...218 und 253...260.
131 Mettler. H.: Die dieselhydrostatisch angetriebenen Baudienst-Fahrzeuge Tm 234000–012 und Tm 234050–056 der SBB. Schweizer Eisenbahn-Revue, Nr. 10/1999, Seiten 414...423.
132 Angelis, J., Birnbreier, H. und Haase, H.: Elektroauto mit Hochenergiebatterie. Elektrische Bahnen, Nr. 8/1987, Seiten 252...260.
133 Witthuhn, M.: Schwungradspeicher in Dieseltriebfahrzeugen. Elektrische Bahnen, Nr. 3/2002, Seiten 110...113.
134 Klotz, H. und Niemann, K.: Die O-Bahn, ein neu entwickeltes Nahverkehrssystem mit elektrischer Antriebstechnik. Elektrische Bahnen, Nr. 8/1987, Seiten 261...268.
135 Lobach, H. und Köb, G.: Transrapid-Fahrzeuge für Shanghai. ZEVrail Glasers Annalen, Sonderheft Transrapid 2003, Seiten 56...69.
136 Henning, U. und Hellinger, R.: Antriebsausrüstung des Transrapid. Elektrische Bahnen, Nr. 1-2/2003, Seiten 81...90.
137 Lisson, P.: Erstmals Bahnstrom aus einem Kernkraftwerk: Das Gemeinschaftskernkraftwerk Neckar. Elektrische Bahnen, Nr. 3/1977, Seiten 58...66.
138 Lundberg, R.: Die Stromversorgung für den elektrischen Zugbetrieb der Schwedischen Staatsbahnen (SJ). Elektrische Bahnen, Nr. 6...8/1975, Seiten 132...136, 170...174 und 192...200.
139 Niekamp, K.: Die Energieversorgung der französischen Wechselstrombahnen. Elektrische Bahnen, Nr. 11/1976, Seiten 255...261.
140 Serdinov, S.M.: Die Elektrifizierung der Eisenbahnen in der UdSSR. Schienen der Welt, Juni 1981, Seiten 261...276.
141 Bruggisser, W.L.: Grösste rotierende Netzkupplungs-Umformer für Bahnnetze - Die Anlagen Kerzers und Seebach, Schweiz. Brown Boveri Mitteilungen, Nr. 11/1978, Seiten 707...715.
142 Bruggisser, W.L. und Schäfer, R.: Neues Hochlaufverfahren für Netzkupplungsumformer für Bahnnetze. Elektrische Bahnen, Nr. 4/1987, Seiten 118...123.
143 Putz, G.: Die 70-MW-Umformersätze des GKN II. Elektrische Bahnen, Nr. 3/1989, Seiten 82...86.
144 Baumeler, H.: 15-MW-Standardumrichter für DB Energie. Elektrische Bahnen, Nr. 10/2000, Seiten 358...363.
145 Boeck, R., Gaupp, O.J., Dähler, P., Bärlocher, E., Werninger, J. und Zanini, P.: Vollstatische 100-MW-Frequenzkupplung Bremen. ABB Technik, Nr. 9-10/1996, Seiten 4...17.
146 Fieber, E., Gruber, R., Lehmann, V. und Schuster, R.: Statischer 180-MW-Frequenzumrichter für den North-East-Corridor von Amtrak. Elektrische Bahnen, Nr. 8/2003, Seiten 363...370.
147 Linder, C. und Heinze, R.: Umstellung der Sollfrequenz im zentralen Bahnstromnetz von 16 $^{2}/_{3}$ Hz auf 16,70 Hz. Elektrische Bahnen, Nr. 12/2002, Seiten 447...454.
148 Courtois, C. und Kießling, F.: Technische Spezifikation Energie und zugehörige europäische Normen. Elektrische Bahnen, Nr. 4-5/2003, Seiten 144...153.
149 Filipović, Ž.: Trajanje asimetričnog opterećenja. Dissertation, Elektrotehnički fakultet, Zagreb 1964.
150 Filipović, Ž.: Die Berechnung der Asymmetriebelastungsdauer in den Bahnunterwerken bei 50 Hz-Einphasenwechselstrombahnen. Elektrische Bahnen, Nr. 2/1957, Seiten 37...46.
151 IEC 60034-1: Rotating electrical machines, Part 1: Rating and performance. International Electrotechnical Commission, 2004.

152 Xie, J.: Symmetrieumrichter für 50-Hz-Bahnen. Elektrische Bahnen, Nr. 1-2/1999, Seiten 49...55.
153 Schaefer, H.-H.: Untersuchung über die Belastungsunsymmetrie bei der Speisung von 50-Hz- und 60-Hz-Eisenbahnstrecken aus dem Landesnetz. Elektrische Bahnen, Nr. 9/1979, Seiten 262...267.
154 Behrends, D., Brodkorb, A. und Matthes, R.: Konformitätsbewertung und EG-Prüfverfahren für das Teilsystem Energie. Elektrische Bahnen, Nr. 4-5/2003, Seiten 158...166.
155 Berthold, G.: Interoperabilität aus der Sicht des Eisenbahnifrastrukturbetreibers. Elektrische Bahnen, Nr. 4-5/2003, Seiten 154...157.
156 Scheiber, E.G.: Aktuelle Fragen der Stromversorgung für die elektrifizierten Strecken der Deutschen Bundesbahn. Elektrische Bahnen, Nr. 5/1971, Seiten 98...104.
157 Freidhofer, H. und Mier, G.: Technische und wirtschaftliche Aspekte zur Übertragung elektrischer Energie mit Aluminium-Verbundstromschienen bei U- und S-Bahnen. Elektrische Bahnen, Nr. 7/1976, Seiten 157...159.
158 Janetschke, K., Freidhofer, H. und Mier, G.: Erprobung einer neuen Stromschienenbauart mit Aluminium-Verbundstromschienen bei der Berliner U-Bahn. Elektrische Bahnen, Nr. 1/1982, Seiten 17...23.
159 Mier, G.: Stahl/Aluminium-Stromschienen für S- und U-Bahnen. Elektrische Bahnen, Nr. 7/1991, Seiten 212...215.
160 Wili, U.B.: Stromschienenoberleitung für Geschwindigkeiten bis 160 km/h. Elektrische Bahnen, Nr. 10/1989, Seiten 310...315.
161 Meyer, M.: Die Lokomotiven Serie Re 4/4 II und Re 4/4 III der SBB. Schweizerische Bauzeitung, Nr. 14/1970, Seiten 311...333.
162 Meyer, M.: Die Prototyplokomotiven der Serie Re 6/6 der Schweizerischen Bundesbahnen. Schweizerische Bauzeitung, Nr. 48/1972, Seiten 1227...1253.
163 Streiff, H.: Die Bo'Bo'Bo'-Lokomotive Serie Re 6/6 der Schweizerischen Bundesbahnen. Brown Boveri Mitteilungen, Nr. 12/1977, Seiten 688...700.
164 Filipović, Ž., Hinnen, H. und Knecht, H.: Die neuen Pendelzüge der Luzern-Stans-Engelberg-Bahn (LSE). Technica, Nr. 1,2/1966 (Sonderdruck).
165 Kocher, E., Isler, E. und Fehr, A.: Die Gleichrichter-Lokomotiven Ae 4/4 II Nr. 261 und 262 der Berner Alpenbahn-Gesellschaft Bern-Lötschberg-Simplon (BLS). Brown Boveri Mitteilungen, Nr. 9-10/1965, Seiten 661...679.
166 Müri, K.: Die Pionierleistungen der Bern-Lötschberg-Simplon-Bahn auf dem Gebiet der elektrischen Traktion. Schweizer Eisenbahn-Revue, Nr. 6/1984 und 1/1985 (ergänzter Sonderdruck).
167 Brown Boveri Traktion 1985/86. BBC Brown Boveri AG, Zürich 1987.
168 Masi, E.: Die neue 3000-V-Gleichstromlokomotive E 656 – Caimano - der Italienischen Staatsbahnen. Elektrische Bahnen, Nr. 8/1978, Seiten 199...202.
169 Baumgartner, W., Kobel, F. und Goetschi, H.: Die neuen Pendelzüge (NPZ) der Schweizerischen Bundesbahnen. Schweizer Eisenbahn-Revue, Nr. 4/1984, Seiten 111...123.
170 Baumgartner, W.: Die neuen Pendelzüge (NPZ) der Schweizerischen Bundesbahnen in der Serienausführung. Schweizer Eisenbahn-Revue, Nr. 3/1987, Seiten 87...95.
171 Kührer, F. und Mojzis, K.: Die österreichische Thyristorlokomotive ÖBB Reihe 1044. Eisenbahntechnik, Nr. 3/1975, Seiten 7...19 (Sonderdruck).
172 Doppler, W.: Streckenlokomotiven Reihe EL 1 der National Railways of Zimbabwe für 25 kV/50 Hz mit sektorgesteurtem Stromrichter. Brown Boveri Mitteilungen, Nr. 12/1983, Seiten 482...499.
173 Santanera, O. und Ferrazzini, P.: Die elektrischen, mit Gleichstromsteller ausgerüsteten Vollbahn-Lokomotiven der Reihe E 632 / E 633 der Italienischen Staatsbahnen. ZEV Glasers Annalen, Nr. 8-9/1983, Seiten 280...296.
174 Baechler, U.: Strassenbahn-Gelenktriebwagen "Tram 2000" der Verkehrsbetriebe Zürich (VBZ). Brown Boveri Mitteilungen, Nr. 12/1976, Seiten 717...723.
175 Filipović, Ž.: Doppeltriebwagen Bhe 4/8 der Gornergrat-Bahn. Brown Boveri Mitteilungen, Nr. 10/1970, Seiten 429...438.
176 Furgler, H.: Die neuen Triebwagen ABe 4/4 51-53 für die Bernina-Linie der Rhätischen Bahn. Schweizer Eisenbahn-Revue, Nr. 6/1988, Seiten 226...240.

177 Gammert, R.: Die elektrische Ausrüstung der Drehstromlokomotive Baureihe 120 der Deutschen Bundesbahn. Elektrische Bahnen, Nr. 10/1979, Seiten 272...283.
178 Nießen, M.: Versuchsschnellfahrten mit der elektrischen Lokomotive 120 001 der Deutschen Bundesbahn. Elektrische Bahnen, Nr. 8,12/1985, Seiten 260...264 und 418...424.
179 Rappenglück, W.: Serienlokomotive Baureihe 120 der Deutschen Bundesbahn mit Drehstromantriebstechnik. Elektrische Bahnen, Nr. 6/1987, Seiten 163...172.
180 Falk, P., Lößel, W. und Winden, R.: Die elektrische Ausrüstung der ICE-Triebkopfe. Elektrische Bahnen, Nr. 10/1985, Seiten 319...334.
181 Kurz, R.: Der deutsche Hochgeschwindigkeitszug "Intercity-Experimental" (ICE). Schweizer Eisenbahn-Revue, Nr. 5/1985, Seiten 164...170.
182 Voß, M.: IC-Express: Der neue Triebzug für den Hochgeschwindigkeitsverkehr der DB. Elektrische Bahnen, Nr. 9/1987, Seiten 299...309.
183 Hartmann, B.: Die Triebköpfe der InterCityExpress. Elektrische Bahnen, Nr. 5/1991, Seiten 131...146.
184 Hartmann, B.: Neue Technik für die InterCityExpress-Triebzüge – Triebköpfe –. ZEV Glasers Annalen, Nr. 9-10/1990, Seiten 295...303.
185 Wegener, P.: Ein neues Antriebskonzept für Nahverkehrsfahrzeuge und seine Erprobung bei der Hamburger Hochbahn. ZEV Glasers Annalen, Nr. 2-3/1985, Seiten 97...103.
186 Schulze, H.: Schwerpunkte der elektrischen Ausrüstung des Drehstrom-U-Bahn-Fahrzeugs vom Typ DT4 der Hamburger Hochbahn AG. ZEV Glasers Annalen, Nr. 11/1989, Seiten 461...468.
187 Machefert-Tassin, Y. und Gache, A.: Die elektrische Traktion mittels kollektorloser Motoren (Asynchron- und Synchronmotoren). ZEV Glasers Annalen, Nr. 2-3/1985, Seiten 87...96.
188 Schönfisch, J.: Hochgeschwindigkeitszüge in Frankreich. Elektrische Bahnen, Nr. 1-2/2002, Seiten 68...74.
189 Gerber, M., Drabek, E. und Müller, R.: Die Lokomotiven 2000 – Serie 460 – der Schweizerischen Bundesbahnen. Schweizer Eisenbahn-Revue, Nr. 10/1991, Seiten 321...376.
190 Gammert, R.: Zweifrequenzlokomotive Baureihe 185 für DB Cargo. Elektrische Bahnen, Nr. 4/2000, Seiten 125...132.
191 Middendorf, E. und Müller, R.: Lokomotiven für Europa – Die Güterzuglokomotiven der BR 185 von DB Cargo. Schweizer Eisenbahn-Revue, Nr. 9/1999, Seiten 355...365.
192 Yoshie, N., Yano, H. und Norinao, H.: 500-Series Shinkansen for commercial operation at 300 km/h of JR West. Elektrische Bahnen, Nr. 12/1999, Seiten 421...427.
193 Lege, B. und Thoma, C.: Viersystemlokomotive Baureihe 189 für DB Cargo. Elektrische Bahnen, Nr. 8/2000, Seiten 298...299.
194 Distelrath, V. und Martin, A.: The S 252 Dual-System AC Electric Locomotive with Three-Phase Drive for Spanish Railways. Elektrische Bahnen, Nr. 5/1990, Seiten 224...235.
195 Weschta, A.: Antriebstechnik für die neuen Hochleistungslokomotiven der Baureihe S 252 der Spanischen Eisenbahnen. ZEV Glasers Annalen, Nr. 11-12/1990, Seiten 492...502.
196 Leichtfried, H. und Karner, R.: Die Brennerlokomotive Baureihe 1822. Elektrische Bahnen, Nr. 10/1991, Seiten 299...308.
197 Dvořáček, V., Olovsson, J. und Buchholz, K.-H.: Elektrische Doppellokomotiven für die nordskandinavische Erzbahn. Elektrische Bahnen, Nr. 8/2001, Seiten 311...324.
198 Fürst, R.: Transrapid Shanghai: Von der Planung bis zur Inbetriebnahme. ZEVrail Glasers Annalen, Sonderheft Transrapid 2003, Seiten 46...55.

Sachverzeichnis

Sachverzeichnis

Druck: Strauss GmbH, Mörlenbach
Verarbeitung: Schäffer, Grünstadt